高等职业教育系列教材

完整的电子产品SMT生产流程为主线 | 有机融入虚拟仿真、PCB设计等知识

SMT基础与工艺项目教程

主　编 | 沈　敏　郭文剑
副主编 | 胡　玥　唐志凌
参　编 | 唐　东　肖永武

机械工业出版社
CHINA MACHINE PRESS

本书全面、系统地阐述了电子产品生产中的核心内容——SMT 生产设备的基本工作原理、生产工艺流程和质量安全控制。全书共 9 个项目，分别介绍了 SMT 生产流程、印制电路板（PCB）设计、SMT 外围设备与辅料、锡膏印刷、贴片技术、再流焊、SMT 产品质量检测与维修、微组装技术、SMT 产品品质管理及控制。

本书涵盖了 SMT 整个生产过程的主要工艺，选取的生产设备具有通用性。同时，加入了集成电路设计相关知识、SMT 虚拟仿真演示部分内容。本着实用原则，本书以实训操作为主，虚拟仿真为辅，将理论知识贯穿于虚拟仿真和实训操作中，练习和考核也以实训操作为主，可在具备虚拟仿真环境的实训室或具备 SMT 生产线的教室中完成此课程的学习。

本书适合作为高等职业院校电子信息类、通信类相关专业的教材，也可作为相关工程技术人员的参考书。

本书配有教学视频等资源，可扫描书中的二维码直接观看。另外，本书还配有授课用的电子课件、源文件素材等，需要的教师可登录机械工业出版社教育服务网 www.cmpedu.com 免费注册后下载，或联系编辑索取（微信：13261377872，电话：010-88379739）。

图书在版编目（CIP）数据

SMT 基础与工艺项目教程 / 沈敏，郭文剑主编．北京：机械工业出版社，2025.5．--（高等职业教育系列教材）．--ISBN 978-7-111-77531-7

Ⅰ．TN305

中国国家版本馆 CIP 数据核字第 2025K81E19 号

机械工业出版社（北京市百万庄大街 22 号　邮政编码 100037）
策划编辑：和庆娣　　责任编辑：和庆娣　赵晓峰
责任校对：郑　婕　陈　越　　责任印制：单爱军
北京虎彩文化传播有限公司印刷
2025 年 5 月第 1 版第 1 次印刷
184mm×260mm · 15.75 印张 · 410 千字
标准书号：ISBN 978-7-111-77531-7
定价：65.00 元

电话服务
客服电话：010-88361066
　　　　　010-88379833
　　　　　010-68326294

网络服务
机　工　官　网：www.cmpbook.com
机　工　官　博：weibo.com/cmp1952
金　书　网：www.golden-book.com
机工教育服务网：www.cmpedu.com

Preface

前 言

在整个电子行业中，表面安装技术（Surface Mounted Technology，SMT）正推动着电子产品制造业发生巨大的变化。从20世纪80年代SMT开始应用以来，随着元器件的小型化和电子产品的精密化，SMT也经历了多次工艺革新。

电子、通信专业作为高职院校的传统专业，市场对相关技术人才的需求量一直以来都很巨大，其中SMT生产和维护技术人才一直是电子产品产业链中的主要高端需求人才。但电子产品的制造和生产工艺日新月异，这也对高等职业教育的人才培养提出了新的需求。为满足相关人才能力培养的特定需求，本书编者以注实践、重能力的原则设置了专业领域的学习内容，本着理论够用、注重实践的思想编写了本书。通过对本书的学习和实际操作，学生可以实现安全上机，以及初步独立完成简单电子产品的PCB贴片流程，并具备良好的安全意识和产品质量控制意识。

本书的编写以满足目标岗位对学生能力的要求为指导思想，力求实现“任务导向、项目驱动”的教学理念。本书以完整电子产品的SMT生产流程为主线，将设备知识、原材料知识、操作知识、质量控制和安全意识融入其中。为了顺应数字化和虚拟仿真的发展趋势，本书新增了SMT虚拟仿真演示及印制电路板设计的相关知识，力求让那些不具备SMT生产线环境的学生也能体验SMT生产线的整个操作流程。完成本书的学习之后，学生可对SMT生产工艺和制程有所了解，具备从事SMT生产的基本技能，为进入相关工作岗位打下坚实基础。

考虑到SMT生产设备种类繁多，本书为确保通用性和实用性，所有设备均选取目前市场上应用广泛的设备。本书由重庆工商职业学院的沈敏任主编，主要负责项目2、5、8的编写和全书统稿；郭文剑任第二主编，主要负责项目3、4的编写；胡玥、唐志凌任副主编，主要负责项目6、7的编写。重庆精英电子技术研究所的唐东和肖永武参编，负责项目1、9的编写及实训任务的编写。本书的建议参考学时为80学时，可以安排在具备虚拟仿真环境的多媒体教室或实训室授课，也可根据学校自身的设备情况安排。

特别感谢常州奥施特信息科技有限公司在本书编写过程中给予的大力支持。

由于编者水平有限，书中难免还存在一些不足之处，恳请读者批评指正。

编 者

二维码资源清单

名　　称	二维码	页码	名　　称	二维码	页码
丝印机 VR 操作		89	热风电机异常-VR处理		178
贴片机工作原理		100	贴片机-VR 维修		188
吸嘴损坏-VR 处理		146	贴片缺料-VR 处理		188
贴片机正面、反面2D 仿真		148	BGA-IA 单面贴装流程		207
贴片机正面 3D仿真		148	QFP-IIA 组装工艺		208
贴片机 VR 仿真		152	BGA QFP 工控组装工艺		210
再流焊原理		158	FC 智能卡组装工艺		222
再流焊 VR 仿真		177	PoP 手机组装工艺		222
再流炉 VR 维修		178	MCM 军工组装工艺		222

（续）

名称	二维码	页码	名称	二维码	页码
缺焊膏-VR 处理		234	贴装飞件-VR 处理		234
网板塞孔-VR 处理		234	产品质量 VR 控制		236

目录 Contents

项目 1　SMT 生产流程

我国作为全球最大的电子制造业市场，表面安装技术（SMT）的应用和发展也取得了很大的进步。随着我国制造业的升级转型，对高质量和高效率生产的要求越来越高，SMT 得到了广泛的应用。目前，我国已经拥有世界一流的 SMT 制造设备和技术，能够满足各类电子产品的生产需求。随着物联网、智能制造和人工智能等新兴技术的快速发展，我国的 SMT 面临着自动化、智能化、绿色环保、多品种和小批量的趋势。

本项目从 SMT 的基础元器件和生产流程入手，让读者对 SMT 元器件及 SMT 生产流程有一个初步的认识。然后采用实物元器件识别方式，加深对 SMT 元器件的认识和理解，并通过图片和虚拟仿真演示方式，对 SMT 生产线的构成和典型工艺流程，以及对 SMT 这种现代电子产品的主流制造技术有一个整体性、轮廓性的认识。

任务 1.1　SMT 元器件识别

任务描述

本任务从 SMT 基础元器件入手，让读者对 SMT 元器件有一个初步的认识，即初步了解 SMT 的基本概念和常见 SMT 元器件的类型，熟悉 SMT 元器件的型号及参数。然后采用实物元器件识别方式，使用测试工具对 SMT 元器件的参数进行测试，加深对 SMT 元器件的认识和理解，从而为 SMT 后续生产流程的学习奠定基础。

相关知识

1.1.1　SMT 概述

表面安装技术（Surface Mounted Technology，SMT）是相对于传统的贯通孔插件焊接技术（Through Hole Technology，THT）发展起来的一种新式组装技术，也是目前电子组装行业里最流行的一种技术。SMT 是在印制电路板（Printed Circuit Board，PCB）基础上进行加工的系列工艺流程的简称。

从广义上来讲，SMT 是表面安装元件（Surface Mounted Component，SMC）、表面安装器件（Surface Mounted Device，SMD）、表面安装印制电路板（Surface Mounted print circuit Board，SMB）以及普通混装印制电路板的点胶、涂锡膏、表面安装设备、元器件取放、焊接和在线测试等技术过程的统称。

SMT 是将表面安装元器件贴到指定的涂覆了锡膏或黏结剂的 PCB 焊盘上，然后经过再流焊或波峰焊的方式使表面安装元器件与 PCB 焊盘之间建立可靠的机械和电气连接的技术。

如今电子行业飞速发展，电子产品追求小型化，以前使用的贯通孔元器件已无法缩小。随着电子产品功能更为完整，所采用的集成电路（Integrated Circuit，IC）已无贯通孔元器件，特别是大规模、高集成的 IC，不得不采用表面安装元器件，以实现产品批量化和生产自动化，厂方也要以低成本和高产量来出产优质产品以迎合顾客需求及加强市场竞争力。

SMT 加工的优点是组装密度高、电子产品体积小、质量小，SMT 元器件的体积和质量只有传统 THT 元器件的 1/10 左右，一般采用 SMT 之后，电子产品体积可缩小 40%~60%，质量减轻 60%~80%。SMT 的可靠性高，抗振能力强，焊点缺陷率低，高频特性好，减少了电磁和射频干扰，且易于实现自动化，提高生产效率。SMT 可降低成本达 30%~50%，并可节省材料、能源、设备、人力和时间等。

1. SMT 的特点

SMT 是在 THT 基础上发展起来的，SMT 与 THT 的比较如图 1-1 所示。在图 1-1a 中，大多数元器件与其引脚都位于 PCB 的同一面上，而在图 1-1b 中，元器件的引脚要穿过 PCB，焊点与元器件位于 PCB 的不同面上。

a) SMT

b) THT

图 1-1 SMT 与 THT 的比较

表 1-1 较详细地介绍了 SMT 与 THT 两种技术的特点。

表 1-1 SMT 与 THT 两种技术的特点

类型	SMT	THT
元器件	SOIC、SOT、SSOIC、LCCC、PLCC、QFP、PQFP、片式电阻电容，元器件体积和面积更小	双列直插或 DIP 元器件、针阵列 PGA、有引线电阻和电容，元器件体积和面积大
基板	PCB：1.27mm 网格或更细网格导电孔仅在层与层互连时调用布线密度高，为 0.3~0.5mm 厚膜电路和薄膜电路：0.5mm 网格或更细网格	PCB：2.54mm 网格 通孔：0.8~0.9mm
焊接方法	再流焊或波峰焊	波峰焊
面积	小，跟 THT 相比，缩小比为 1:3~1:10	大
组装方法	表面安装	穿孔插入
自动化程度	自动贴片机，效率高	自动插件机

2. SMT 的优势

(1) 组装密度高

因为表面安装元器件（SMC/SMD）在体积和质量上都大幅减小，所以 PCB 的单位面积上元器件数目自然也就增多了。

(2) 可靠性高

由于SMC/SMD小而轻，抗振动能力强，自动化生产程度高，故安装可靠性高。目前，几乎所有中、高端电子产品都采用SMT工艺。

(3) 高频特性好

由于SMC/SMD通常为无引线或短引线元器件，因此在PCB设计方面，可降低寄生电容的影响，提高电路的高频特性。采用SMC/SMD设计的电路最高频率可达3 GHz，而采用贯通孔元器件时仅为500 MHz。

(4) 降低成本

SMT使用的PCB面积小，一般为贯通孔PCB面积的1/12，且PCB上的钻孔数量也小，节约了返修费用。频率特性的提高减少了电路调试的费用。SMC/SMD体积小、质量小，减少了包装、运输和储存费用。SMC/SMD发展快，成本迅速下降，价格也相当低。

(5) 便于自动化生产

SMT采用自动贴片机的真空吸嘴吸放元器件，真空吸嘴小于元器件外形，因此可完全自动化生产；而贯通孔PCB要想实现完全自动化生产，则需扩大原PCB的面积，这样才能确保自动插件的插装头将元器件插入到位，若没有足够的空间间隙，将碰坏零件。

1.1.2 SMT元器件

SMT元器件是无引线或短引线元器件，常把它们分为表面安装元件（SMC）和表面安装器件（SMD）两大类。比如片式电阻器、电容器和电感器等便是SMC；小外形封装（SOP）的晶体管及四方扁平封装（QFP）的集成电路等便是SMD。

1. 表面安装元件

表面安装元件包括片式电阻器、片式电容器和片式电感器等，常见的SMT元件如图1-2所示。

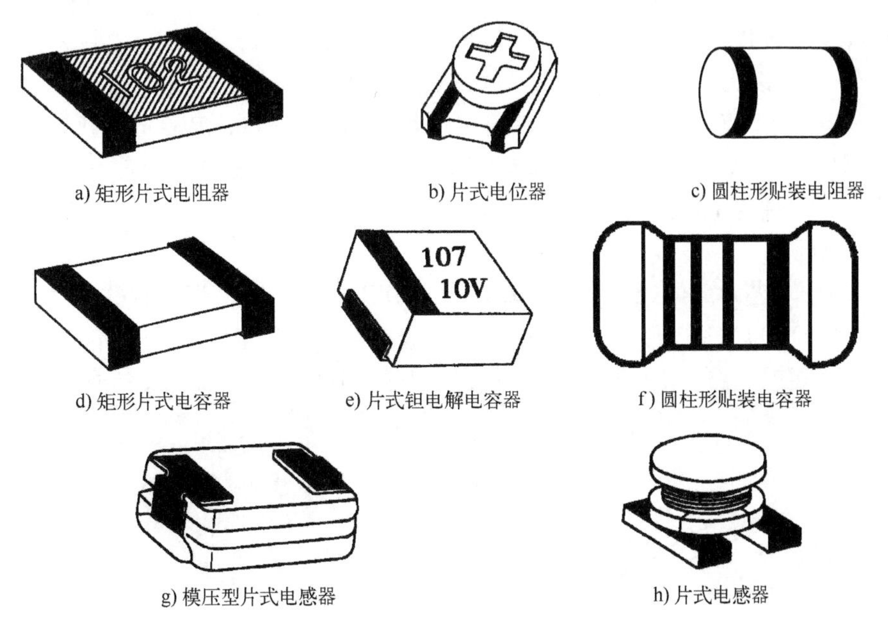

a) 矩形片式电阻器　b) 片式电位器　c) 圆柱形贴装电阻器　d) 矩形片式电容器　e) 片式钽电解电容器　f) 圆柱形贴装电容器　g) 模压型片式电感器　h) 片式电感器

图1-2 常见的SMT元件

2. 表面安装器件

(1) 表面安装二极管

表面安装二极管常用的封装形式有圆柱形、矩形薄片和 SOT-23 型 3 种，如图 1-3 所示。

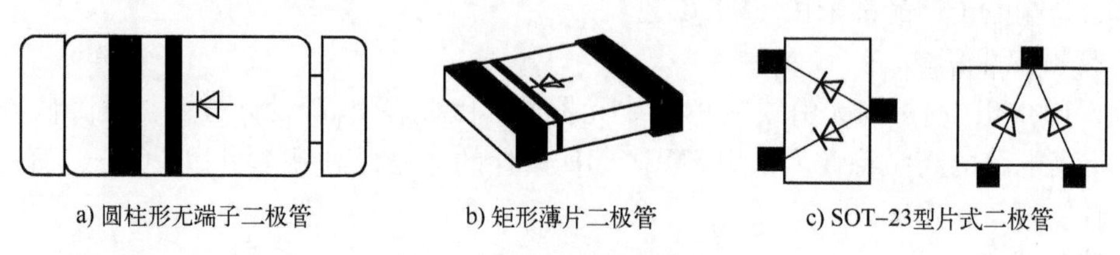

图 1-3 常用表面安装二极管

(2) 表面安装晶体管

表面安装晶体管常用的封装形式有 SOT-23 型、SOT-89 型、SOT-143 型和 SOT-252 型 4 种，如图 1-4 所示。

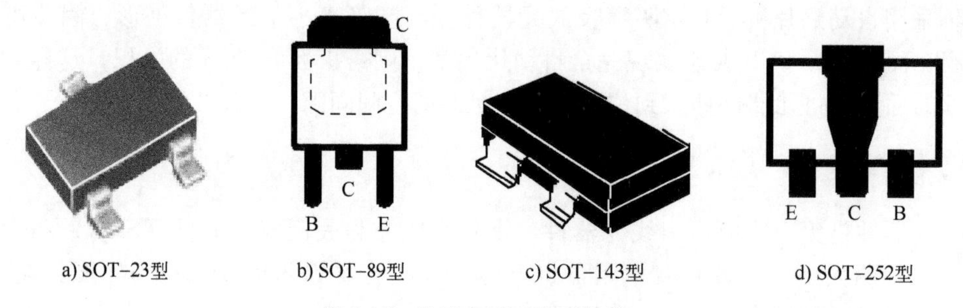

图 1-4 常用表面安装晶体管

(3) 表面安装集成电路

表面安装集成电路常用的封装形式有小外形封装型（Small Out-Line Package，SOP）、塑封有引线芯片载体封装型（Plastic Leaded Chip Carrier Package，PLCCP）、四方扁平封装型（Quad Flat Pack，QFP）、球阵列封装型（Ball Grid Array，BGA）、芯片尺寸封装型（Chip Size Package，CSP）和多芯片模块型（Multi Chip Module，MCM）等。

1）小外形封装型（SOP）：由双列直插式封装（Dual In-Line Package，DIP）演变而来，引脚分布在器件的两边，其引脚数目在 28 个以下。这种封装形式具有两种不同的引脚，一种为翼形引脚，另一种为 J 形引脚。此类封装常见于线性电路、逻辑电路和随机存储器，其实物外形如图 1-5 所示。

2）塑封有引线芯片载体封装型（PLCC）：由 DIP 演变而来，当引脚数超过 40 个时便采用此类封装，PLCC 也采用 J 形引脚。每种 PLCC 表面都有标记定位点，以供贴片时判定方向，此类封装常见于逻辑电路、微处理器阵列和标准单元，其实物外形如图 1-6 所示。

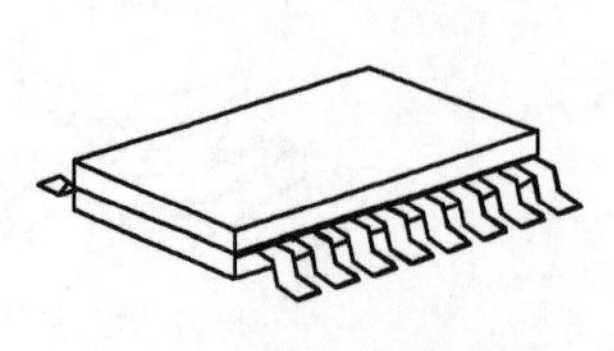

图 1-5 SOP 实物外形

图 1-6 PLCC 实物外形

3）四方扁平封装型（QFP）：这是一种塑封多引脚结构，其四周有翼形引脚，外形有正方形和矩形两种。美国开发的 QFP 器件封装则在四周各有一个凸出的角，起到对器件端子的防护作用。此类封装常见于门阵列的专用集成电路（ASIC）器件，其实物外形如图 1-7 所示。

4）球阵列封装型（BGA）：其引脚构成球形阵列，分布在封装的底面，因此它可以有较多的引脚数量且引脚间距较大。由于这种封装的引脚更短，组装密度更高，所以电气性能更优越，特别适合在高频电路中使用。但是，BGA 的焊后检查和维修比较困难，必须使用 X 射线透视或 X 射线分层检测，才能确保焊接的可靠性，因此需要投入较大的设备费用。另外，BGA 封装易吸湿，使用前应经烘干处理。其实物外形如图 1-8 所示。

图 1-7　QFP 实物外形

图 1-8　BGA 实物外形

5）芯片尺寸封装型（CSP）：其见于尺寸与裸芯片（Bare Chip）相同或稍大的集成电路，比 BGA 进一步微型化。

CSP 提供了比 QFP 更短的互连，因此电性能更好，即阻抗低、干扰小、噪声低、屏蔽效果好，更适合应用在高频领域。其实物外形如图 1-9 所示。

6）多芯片模块型（MCM）：为解决单一芯片集成度低和功能不够完善的问题，人们把多个高集成度、高性能、高可靠性的芯片，在高密度多层互连基板上用 SMT 组成多种多样的电子模块系统，从而出现 MCM 封装，其具有封装延迟时间短，易于实现模块高速化，可缩小整机模块的封装尺寸和质量，系统可靠性大幅提高的优点。其实物外形如图 1-10 所示。

图 1-9　CSP 实物外形

图 1-10　MCM 实物外形

任务实施

1. 实训目的及要求

1）熟悉 SMT 元器件的型号及参数。

2）掌握使用测试工具的操作方法，以便准确测试 SMT 元器件的技术参数。

2. 实训设备

1）表笔特制的数字式万用表：1 块。

2）焊接有 SMT 元器件的电路板：1 块。

3）带台灯的放大镜：1 个。

4）SMT 元器件：若干。

5）游标卡尺：1 套。

3. 知识储备

（1）表面安装电阻器

1）矩形片式电阻器由于制造工艺不同，有厚膜型（RN 型）和薄膜型（RK 型）两种。

厚膜型（RN 型）电阻器是在扁平的高纯度三氧化二铝（Al_2O_3）基板上印一层二氧化钌基浆料，烧结后经光刻而成的。

薄膜型（RK 型）电阻器是在基体上喷射一层镍铬合金而成的。其精度高，电阻温度系数小，稳定性好，但阻值范围比较窄，适用于精密和高频领域，在电路中应用得最广泛。

① 常见外形尺寸。片式电阻、电容器常以它们的外形尺寸的长宽命名，以标志它们的大小，这些尺寸以 in（1 in = 25.4 mm）及 mm 为单位。如外形尺寸为 0.12 in×0.06 in 的，记为 1206，即 3.2 mm×1.6 mm。片式电阻器外形尺寸见表 1-2。

表 1-2　片式电阻器外形尺寸

尺　寸　号	长 L/mm	宽 W/mm	高 H/mm	端头宽度 T/mm
RC0201	0.6±0.03	0.3±0.03	0.3±0.03	0.15~0.18
RC0402	1.0±0.03	0.5±0.03	0.3±0.03	0.3±0.03
RC0603	1.56±0.03	0.8±0.03	0.4±0.03	0.3±0.03
RC0805	1.8~2.2	1.0~1.4	0.3~0.7	0.3~0.6
RC1206	3.0~3.4	1.4~1.8	0.4~0.7	0.4~0.7
RC1210	3.0~3.4	2.3~2.7	0.4~0.7	0.4~0.7

② 片式电阻器的精度。根据 IEC3 相关标准的规定，电阻值允许偏差为±10%的，称为 E12 系列；电阻值允许偏差为±5%的，称为 E24 系列；电阻值允许偏差为±1%的，称为 E96 系列。

③ 片式电阻器的功率。片式电阻器功率与外形尺寸的对应关系见表 1-3。

表 1-3　片式电阻器的功率与外形尺寸的对应关系

尺寸号	0805	1206	1210
功率/W	1/16	1/8	1/4

2）圆柱形贴装电阻器。圆柱形贴装电阻器是一类金属电极无端子端面元件（MELF），主要有碳膜 ERD 型、高性能金属膜 ERO 型及跨接用的 0Ω 型 3 种。

圆柱形贴装电阻器与片式电阻器相比，具有无方向性和正反面性，包装使用方便，装配密度高，具有较高的抗弯能力，噪声电平和三次谐波失真都比较低等许多特点，常用于高档音响电器产品中。

① 圆柱形贴装电阻器的结构。圆柱形贴装电阻器在高铝陶瓷基体上覆有金属膜或碳膜，两端压上金属帽电极，采用刻螺纹槽的方法调整电阻值，并在表面涂上耐热漆密封，最后根据电阻值涂上色码标志。

② 圆柱形贴装电阻器的性能指标。圆柱形贴装电阻器的主要技术特征和额定值见表 1-4。

表 1-4　圆柱形贴装电阻器的主要技术特征和额定值

型　号	碳　膜		金　属　膜		
	ERD-21TL	ERD-25TL [RD41B2E]	ERO-21L	ERO-10L [RN41C2B]	ERO-25L [RN41C2E]
使用环境温度/℃	-55～155		-55～150		
额定功率/W	0.125	0.25	0.125	0.125	0.25
最高使用电压/V	150	300	150	150	150
最高过载电压/V	200	600	200	300	500
标称阻值范围/Ω	1～1M	1～2.2M	100～200k	21～301k	1～1M
阻值允许偏差（%）	J±5	J±5	F±1	F±1	F±1
电阻温度系数/($\times10^{-6}$/℃)	-1300/350	-1300/350	±10	±100	±100
质量/(g/1000 个)	10	66	10	17	66

注：J 表示精度为 5%，F 表示精度为 10%。

（2）表面安装电容器

1）多层片式瓷介电容器（Multi-Layer Ceramic，MLC）。在实际应用中，多层片式瓷介电容器大约占表面安装电容器的 80%，其通常是无引线矩形三层结构。由于电容器的端电极、金属电极和介质的热膨胀系数不同，因此在焊接过程中升温速率不能过快，否则易造成电容器损坏。

① 多层片式瓷介电容器的性能。多层片式瓷介电容器根据用途分为Ⅰ类（国内型号为 CC41）和Ⅱ类（国内型号为 CT4）两种。

Ⅰ类是温度补偿型电容器，其特点是损耗低，电容量稳定性高，适用于谐振回路、耦合回路和需要补偿温度效应的电路。Ⅱ类是高介电常数类电容器，其特点是体积小、容量大，适用于旁路、滤波或对损耗及容量稳定性要求不太高的鉴频电路中。

② 片式电容器的外形尺寸。片式电容器的外形尺寸见表 1-5。

表 1-5　片式电容器的外形尺寸　（单位：mm）

尺 寸 号	尺　寸			
	L	W	H_{max}	T
CC0805	1.8～2.2	1.0～1.4	1.3	0.3～0.6
CC1206	3.0～3.4	1.4～1.8	1.5	0.4～0.7
CC1210	3.0～3.4	2.3～2.7	1.7	0.4～0.7
CC1812	4.2～4.8	3.0～3.4	1.7	0.4～0.7
CC1825	4.2～4.8	6.0～6.8	1.7	0.4～0.7

2）片式钽电解电容器。其容量一般在 0.1～470μF 范围内，外形多为矩形。由于其电解质响应速度快，因此在需要高速运算处理的大规模集成电路中应用广泛。片式钽电解电容器有裸片

型、模塑封装型和端帽型 3 种。其极性的标注方法是在基体的一端用深色标志线标注正极。

3）片式铝电解电容器。其容量一般在 0.1～220 μF 范围内，主要应用于各种消费类电子产品中，价格低廉。按外形和封装材料的不同，片式铝电解电容器可分为矩形铝电解电容器（树脂封装）和圆柱形电解电容器（金属封装）两类。通过在基体上用深色标志线标注负极来标注其极性，容量及耐电压值也会在基体上加以标注。

（3）表面安装电感器

表面安装电感器的种类较多，按形状可分为矩形和圆柱形；按磁路可分为开路型和闭路型；按电感量可分为固定型和可调型；按结构的制造工艺可分为绕线型、多层型和卷绕型。同插装式电感器一样，表面安装电感器在电路中起扼流、退耦合、滤波、调谐、延迟和补偿等作用。

1）片式电感器的性能。绕线型电感器的电感量范围宽、Q 值高、工艺简单，因此在片式电感器中使用最多，但其体积较大，耐热性较差。

2）片式电感器的外形尺寸。绕线型片式电感器的品种很多，尺寸各异。一些常见的绕线型片式电感器的型号、尺寸及主要性能参数见表 1-6。

表 1-6　常见的绕线型片式电感器的型号、尺寸及主要性能参数

厂　家	型　号	尺寸（长×宽×高）/mm	L/μH	Q 值	磁路结构
TOKO	43CSCROL	4.5×3.5×3.0	1～410	50	—
Murata	LQNSN	5.0×4.0×3.15	10～330	50	—
TDK	NL322522	3.2×2.5×2.2	0.12～100	20～30	开磁路
	NL453232	4.5×3.2×3.2	1.0～100	30～50	开磁路
	NFL453232	4.5×3.2×3.2	1.0～1000	30～50	闭磁路
SIEMENS	—	4.8×4.0×3.5	0.1～470	50	闭磁路
Coilcraft	—	2.5×2.0×1.9	0.1～1	30～50	闭磁路

4. 实训内容及步骤

（1）SMT 元器件的直观识别

1）准备一块有大量 SMT 元器件的电路板。

2）对各类 SMC/SMD 的标称阻值、允许偏差、额定功率、标注方法、种类及引脚顺序等进行识别并做好记录。

（2）片式电阻器的参数标注方法及识别

1）识别采用文字符号法和数码法标注的片式电阻器。

文字符号法用于欧姆级的电阻值，比如 4R7 为 4.7 Ω。

数码法是在片式电阻器上用数码表示标称值的标注方法，有用三个数字表示的，也有用四个数字表示的。

三数字数码法中只有两位是有效数字，比如 R47 为 0.47 Ω，821 为 820 Ω，475 为 4.7 MΩ，000 为跨接线。

四数字数码法中有三位是有效数字，比如 4R70 为 4.7 Ω，8200 为 820 Ω，4704 为 4.7 MΩ，0000 为跨接线。

2）识别在料盘上“字母+数字”表示的电阻器。

例如在 RC05K103JT 中，RC 为产品代号，表示片式电阻器（05 指型号，02 即 0402，03

即0603，05即0805，06即1206），K为电阻器的温度系数（±250），103为电阻值（10 kΩ），J为允许偏差为±5%，T为编带包装（B为塑料盒散包装）。

（3）片式电容器的参数标注方法及识别

1）识别采用直标法、数码法或单独使用某种颜色等方法来标注参数的片式电容器。

2）识别英文字母加数字标注的片式电容器。片式电容器容值系数见表1-7。

表1-7 片式电容器容值系数

字母	A	B	C	D	E	F	G	H	I	K	L
数字	1.0	1.1	1.2	1.3	1.5	1.6	1.8	2.0	2.2	2.4	2.7
字母	M	N	P	Q	R	S	T	U	V	W	X
数字	3.0	3.3	3.6	3.9	4.3	4.7	5.1	5.6	6.2	6.8	7.5
字母	Y	Z	a	b	d	e	f	m	n	t	y
数字	8.2	9.1	2.5	3.5	4.0	4.5	5.0	6.0	7.0	8.0	9.0

（4）片式电感器的标注方法及识别

由于片式电感器是由线径极细的导线绕制而成的，故在电路板上是容易识别的，其各参数的标注在料盘上极为详细。

例如在HDW2012UCR10KGT片式电感器中，HDW为产品代码，2012为规格尺寸，UC为心子类型（UC指陶瓷心、UF指铁氧体心），R10为电感量（R10指0.1 μH、2N2指2.2 nH、033指0.033 μH），K为公差（J指5%、K指10%、M指20%），G为端头（G指金端头、S指锡端头），T为包装方法（B指散包装、T指编带包装）。

（5）片式二极管、晶体管的极性识别

1）片式二极管的极性标识同传统二极管一样，在一端采用某种颜色来标记正负极性。一般情况下，有颜色的一端就是负极。当然，也可以通过万用表的电阻档来进行测量。但要注意的是，片式二极管的封装也有以片式晶体管的形式出现的，实为双二极管。

2）片式晶体管的极性识别一般是：将器件有字模的一面面对自己，有一只引脚的一端朝上或有两只引脚的一端朝下，则上端（只有一只引脚的一端）为集电极（C），下左端为基极（B），下右端为发射极（E）。当然，也可以通过查阅手册确定或使用万用表来测量。

（6）片式集成电路的引脚识别

1）在芯片上找到标志孔。

2）将芯片有字模的一面按书写方向面对自己。

3）从标志孔处开始按从左到右和逆时针方向进行计数。片式集成电路的引脚识别如图1-11所示。

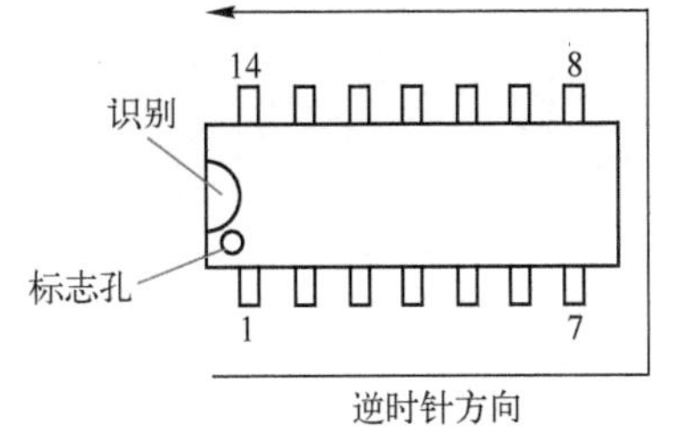

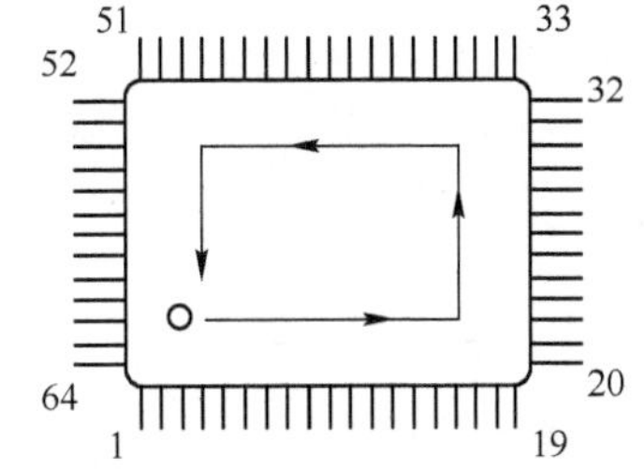

图1-11 片式集成电路的引脚识别

5. 实训结果及数据

1）直观各种 SMT 元器件识别并填写各项性能参数。测量 SMT 元器件的外形尺寸和引脚尺寸参数。

2）用万用表对先前识别的元器件进行电阻测试、极性测试和电压特性测试，以验证先前对元器件电参数的识别正确与否。

6. 考核评价

序号	考核内容	配分	评分标准	考核记录	扣分	得分
1	熟练测试各种电阻器的阻值和误差	25	正确测试各种电阻器的阻值和误差			
2	熟练测试各种电容器的电容量	25	正确测试各种电容器的电容量			
3	识别并测试二极管和晶体管的极性	25	正确识别二极管和晶体管的参数			
4	测量 SMT 芯片的引脚尺寸和间距	25	准确测量芯片的各种尺寸和间距			
	分数总计	100				

任务 1.2 SMT 生产准备

任务描述

通过本任务的学习，读者应了解并熟悉 SMT 生产的整个准备流程，熟悉各种 SMT 生产设备及其生产工艺，熟悉各个 SMT 生产工位的工艺文件并能初步掌握和正确执行 SMT 生产过程的质量控制目标。

相关知识

1.2.1 SMT 典型工艺与流程

目前，我国已打破主要 SMT 设备依赖进口的局面，表 1-8 为国产 SMT 设备品牌，它们都是具有自主知识产权的产品。我国 SMT 产业发展的历史，就是数以十万计的广大从业人员在探索中发展、在学习中提高的历史。

表 1-8 国产 SMT 设备品牌

设备名称	波峰焊炉、再流焊炉	印刷机	自动光学检测（AOI）设备	自动 X 射线检测（AXI）设备	点胶涂覆设备	返修站
国产品牌	日东、安达、劲拓科隆威、和西、常荣	凯格、德森、日东	神州、振华兴	日联	安达、腾盛	卓茂、福斯托
市场占有率	70%	50%	80%	25%	30%	40%

1. SMT 基本工艺

SMT 基本工艺的构成要素包括丝印（或点胶）、贴装（固化）、再流焊、清洗、检测和返修。

1）丝印：其作用是将锡膏或贴片胶漏印到PCB的焊盘上，为元器件的焊接做准备。所用设备为丝印机（丝网印刷机），位于SMT生产线的最前端。

2）点胶：它是将胶水滴到PCB的固定位置上，其主要作用是将元器件固定到PCB上。所用设备为点胶机，位于SMT生产线的最前端或检测设备的后面。

3）贴装：其作用是将SMT元器件准确安装到PCB的固定位置上。所用设备为贴片机，位于SMT生产线中丝印机的后面。

4）固化：其作用是将贴片胶熔化，从而使SMT元器件与PCB牢固粘接在一起。所用设备为固化炉，位于SMT生产线中贴片机的后面。

5）再流焊：其作用是将锡膏熔化，使SMT元器件与PCB牢固粘接在一起。所用设备为再流焊炉，位于SMT生产线中贴片机的后面。

6）清洗：其作用是去除组装好的PCB上面对人体有害的焊接残留物，如助焊剂等。所用设备为清洗机，其位置不固定，可以在线，也可以不在线。

7）检测：其作用是对组装好的PCB进行焊接质量和装配质量的检测。所用设备有放大镜、显微镜、在线测试仪（ICT）、飞针测试仪、自动光学检测（AOI）、自动X射线检测（AXI）和功能测试仪等。其位置根据检测的需要，可以配置在生产线的合适地方。

8）返修：其作用是对检测发现的故障PCB进行返工。所用工具为烙铁、返修工作站等，可配置在生产线中的任意位置。

2. SMT生产流程

图1-12所示为一条典型SMT生产线的构成。

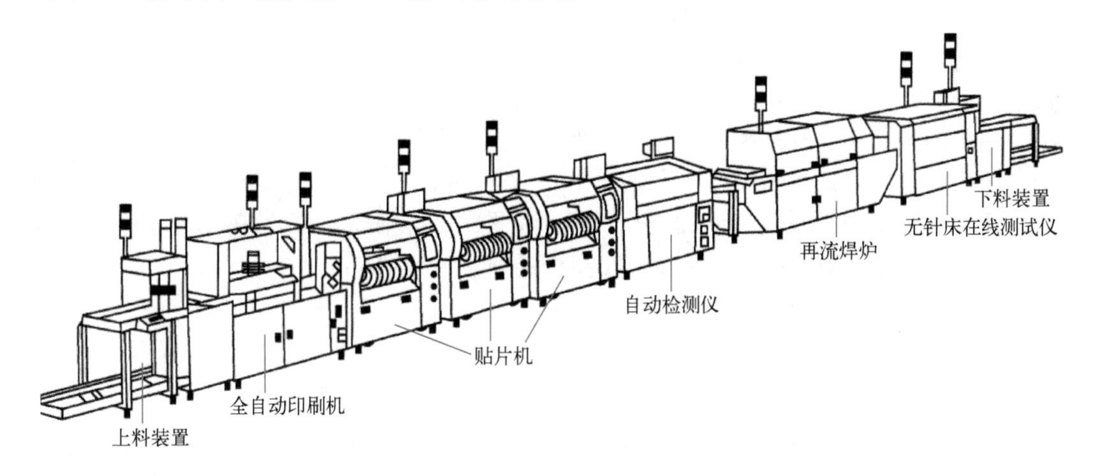

图1-12 典型SMT生产线的构成

SMT生产流程主要由备料、丝印、点胶、贴装、再流焊、清洗、测试及返修等几个步骤构成。在实际的生产流程中还包括生产之前的工艺设计和测试设计，生产过程中的品质管理、设备管理和产品返修等。SMT的4个关键工序如图1-13所示。

1）丝印：丝印就是将PCB放到或是运到工作台面，以真空或是夹具固定PCB，将钢板和PCB定位好，把锡膏或是导电胶用刮刀缓慢地压挤过钢板上的小开孔，再使其附着到PCB的焊盘上。

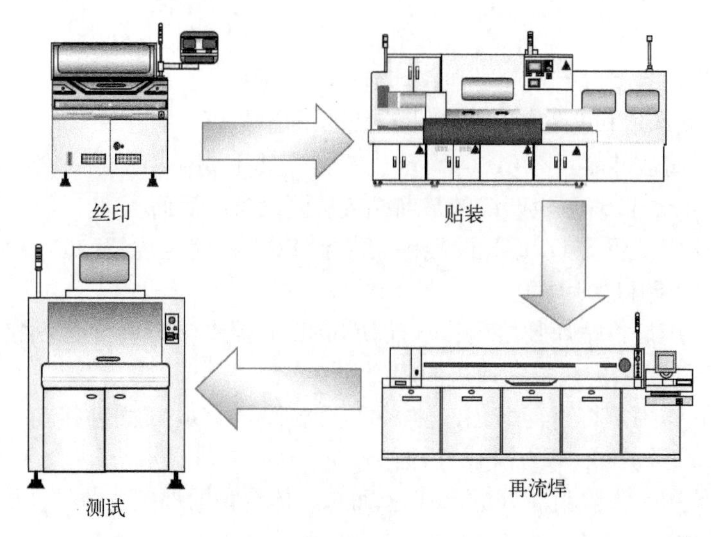

图 1-13　SMT 的 4 个关键工序

2）贴装：即利用贴片机将 SMT 元器件准确安装到 PCB 的固定位置上的工艺，贴片机的贴装精度及稳定性将直接影响所加工 PCB 的品质及性能。目前主流的贴片机有两种类型：拱架型和转塔型。

3）再流焊：再流焊是 SMT 生产流程中非常关键的一环，其作用是将锡膏熔化，使 SMT 元器件与 PCB 牢固粘接在一起，如不能较好地对再流焊进行控制，将对所生产产品的可靠性及使用寿命产生灾难性影响。再流焊的方式有很多，较早以前比较流行的方式有红外式及气相式，现在较多厂商采用的是热风式再流焊，还有部分先进的或特定的场合使用再流方式，如热型芯板、白光聚焦和垂直烘炉等。

4）测试：测试包括两种基本类型：裸板测试和加载测试。裸板测试是在完成 PCB 生产后进行的，主要检查短路、开路和网表的导通性。加载测试在组装工艺完成后进行，它比裸板测试复杂。组装阶段的测试具体包括生产缺陷分析（MDA）、在线测试（ICT）、功能测试（使产品在应用环境下工作）及这三者的组合。最近几年，组装阶段的测试还增加了自动光学检测和自动 X 射线检测。图 1-14 所示为 SMT 生产的详细流程图。

1.2.2　SMT 生产典型案例

1. SMT 生产线的设备配置

SMT 生产基本由机器来完成，不同的工序配置有不同的机器设备，操作员根据机器的操作手册设置参数并进行操作。SMT 生产线的基本机器配置如图 1-15 所示。

SMT 生产线上各机器的作用如下。

1）上板机：上板机负责向印刷机送板，即根据印刷机的需求，把装在集板箱中的 PCB 送到印刷机里，如图 1-16 所示。

2）印刷机：印刷机通过钢网将锡膏或红胶按一定剂量和形状转移到 PCB 的指定位置，以便在贴片时粘住元器件，如图 1-17 所示。

3）贴片机：贴片机可按生产要求，把指定的元器件放置到对应的位置，如图 1-18 所示。

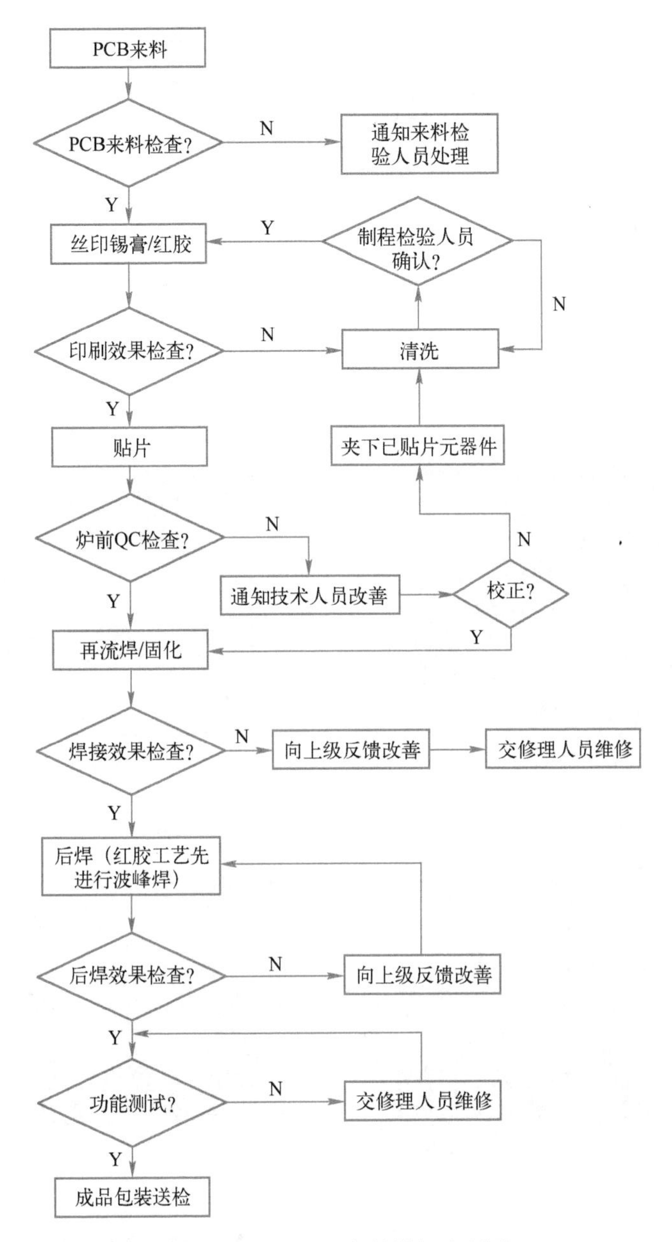

图 1-14　SMT 生产的详细流程图

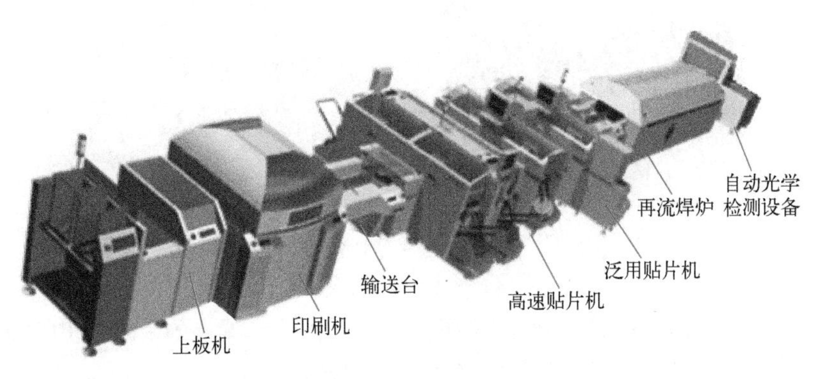

图 1-15　SMT 生产线的基本机器配置

图 1-16　上板机

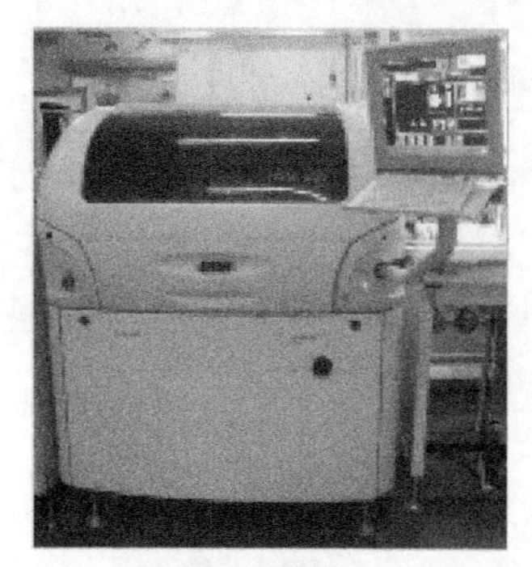

a) DEK印刷机

b) MPM印刷机

图 1-17　印刷机

a) SIEMENS高速贴片机

b) SIEMENS泛用贴片机

c) PHILIPS高速贴片机

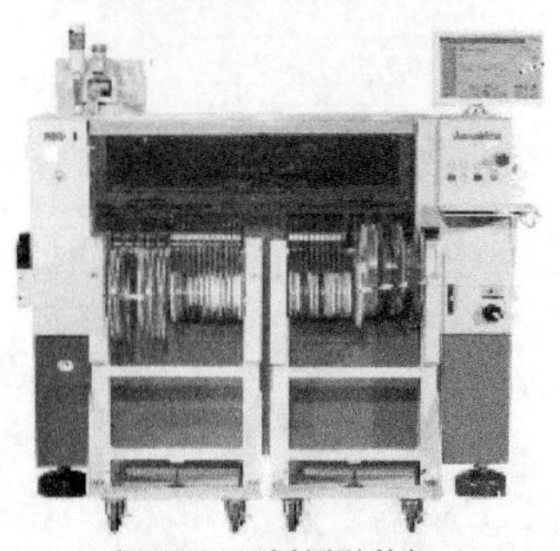

d) PHILIPS泛用贴片机

图 1-18　贴片机

4）再流焊炉：再流焊炉用热风回流将锡膏熔化后，使元器件的引脚和 PCB 的焊盘之间形成共晶体，或对红胶加温使其固化，从而将元器件和 PCB 粘在一起，如图 1-19 所示。

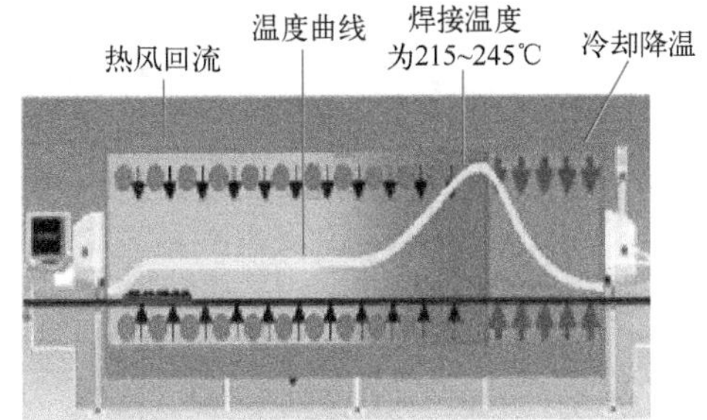

图 1-19 再流焊炉

5）自动光学检测设备（见图 1-20）：自动光学检测设备可对完成再流焊的 PCB 进行贴装和焊接效果检查，其主要检查内容有缺件、错位（偏位）、错件、极性反（反向）、破损、污染、少锡、多锡、短路（连锡）和虚焊（假焊）等。

图 1-20 自动光学检测设备

2. SMT 常用生产工艺

（1）普通单面锡膏生产工艺（见图 1-21）

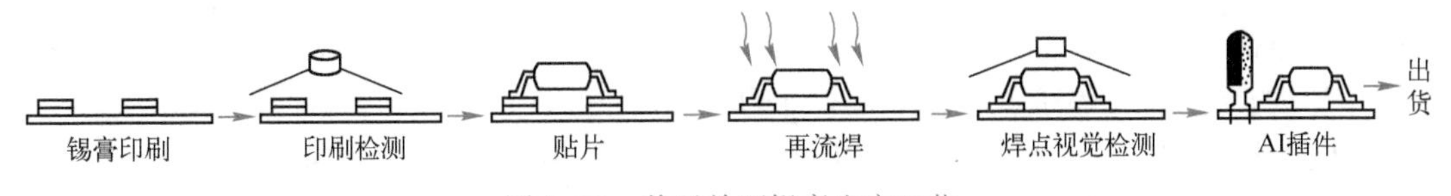

图 1-21 普通单面锡膏生产工艺

1）单面组装工艺流程：来料检测→丝印锡膏（点贴片胶）→贴片→烘干（固化）→再流焊→清洗→检测→返修。

2）单面混装工艺流程：来料检测→PCB 的 A 面丝印锡膏（点贴片胶）→贴片→烘干（固化）→再流焊→清洗→插件→波峰焊→清洗→检测→返修。

（2）普通双面贴装（一面锡膏一面红胶）生产工艺（见图 1-22）

1）来料检测→PCB 的 A 面丝印锡膏（点贴片胶）→贴片→PCB 的 B 面丝印锡膏（点贴片胶）→贴片→烘干→再流焊（最好仅对 B 面）→清洗→检测→返修。

2）来料检测→PCB 的 A 面丝印锡膏（点贴片胶）→贴片→烘干（固化）→A 面再流焊→清洗→翻板→PCB 的 B 面点贴片胶→贴片→固化→B 面波峰焊→清洗→检测→返修。

在 PCB 的 A 面再流焊、B 面波峰焊时，且在 PCB 的 B 面组装的 SMD 中，只有 SOT 或 SOIC 引脚数不超过 28 个时，宜采用此工艺。

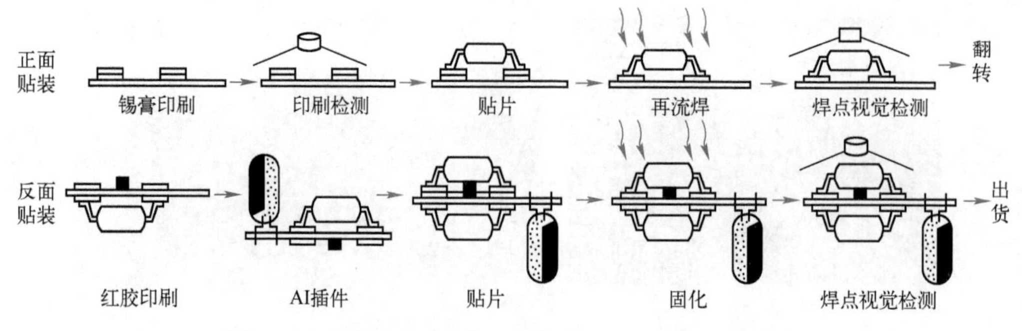

图 1-22 普通双面贴装（一面锡膏一面红胶）生产工艺

（3）普通双面贴装生产工艺（见图 1-23）

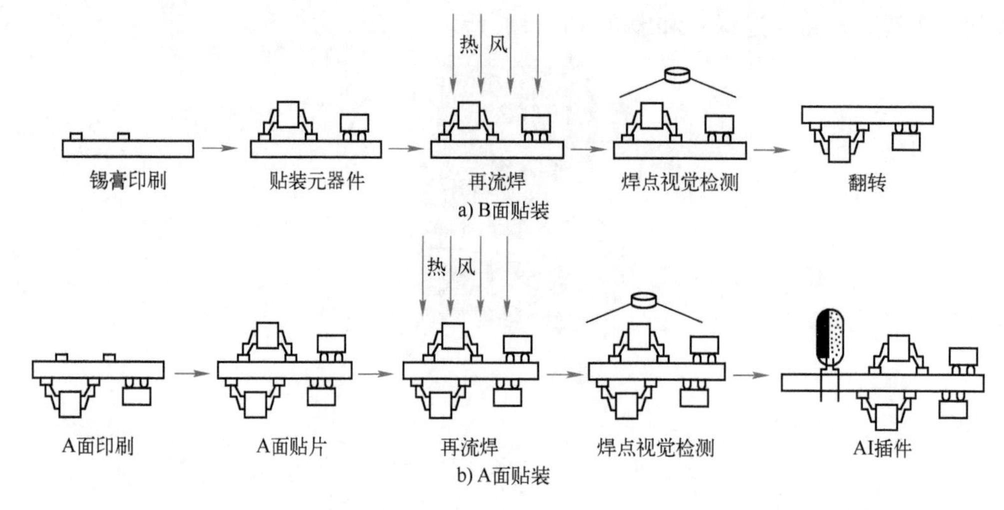

图 1-23 普通双面贴装生产工艺

1）来料检测→PCB 的 B 面点贴片胶→贴片→固化→翻板→PCB 的 A 面插件→波峰焊→清洗→检测→返修。

先贴后插，适用于 SMD 多于分离元器件的情况。

2）来料检测→PCB 的 A 面插件（引脚打弯）→翻板→PCB 的 B 面点贴片胶→贴片→固化→翻板→波峰焊→清洗→检测→返修。

先插后贴，适用于分离元器件多于 SMD 的情况。

3）来料检测→PCB 的 A 面丝印锡膏→贴片→烘干→再流焊→插件（引脚打弯）→翻板→PCB 的 B 面点贴片胶→贴片→固化→翻板→波峰焊→清洗→检测→返修。

此工艺适用于 A 面混装、B 面贴装的情况。

4）来料检测→PCB 的 B 面点贴片胶→贴片→固化→翻板→PCB 的 A 面丝印锡膏→贴片→A 面再流焊→插件→B 面波峰焊→清洗→检测→返修。

此工艺适用于 A 面混装、B 面贴装的情况。

任务实施

1. 实训目的及要求

1）熟悉 SMT 生产的整个准备流程。

2）熟悉 SMT 的各种生产设备及其生产工艺。

3）熟悉 SMT 生产线各个工位的工艺文件并能正确执行。

4）初步掌握 SMT 生产的质量控制过程。

2. 实训设备

SMT 生产线设备（上板机、锡膏印刷机、贴片机、再流焊炉）：1 套。

SMT 工位操作任务单：1 套。

SMT 工位质量控制单：1 套。

3. 知识储备

SMT 有两类最基本的工艺流程，一类是锡膏-再流焊工艺流程，另一类是贴片-波峰焊工艺流程。但在实际生产中，往往将两种基本工艺流程进行混合与重复，以此演变成多种工艺流程，供电子产品组装之用。

（1）锡膏-再流焊工艺流程

该工艺流程的特点是简单、快捷，有利于产品体积的减小。锡膏-再流焊工艺流程如图 1-24 所示。

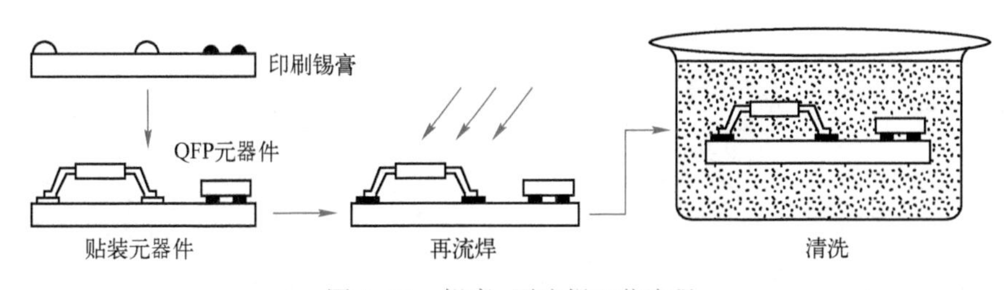

图 1-24　锡膏-再流焊工艺流程

（2）贴片-波峰焊工艺

该工艺流程的特点是利用了双面板的空间，使电子产品的体积进一步减小，且仍使用价格低廉的贯通孔元器件，但设备要求增多，且波峰焊过程中缺陷较多，难以实现高密度组装。贴片-波峰焊工艺流程如图 1-25 所示。

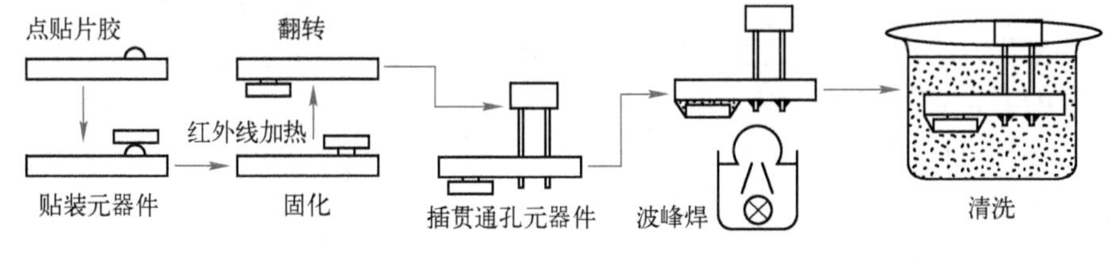

图 1-25　贴片-波峰焊工艺流程

（3）混合安装

该工艺流程的特点是充分利用了 PCB 的双面空间，是实现安装面积最小化的方法之一，并仍保留贯通孔元器件，混合安装多用于消费类电子产品的组装，其工艺流程如图 1-26 所示。

（4）双面均采用锡膏-再流焊工艺

该工艺流程的特点是双面采用锡膏-再流焊工艺，能充分利用 PCB 空间，并实现安装面积

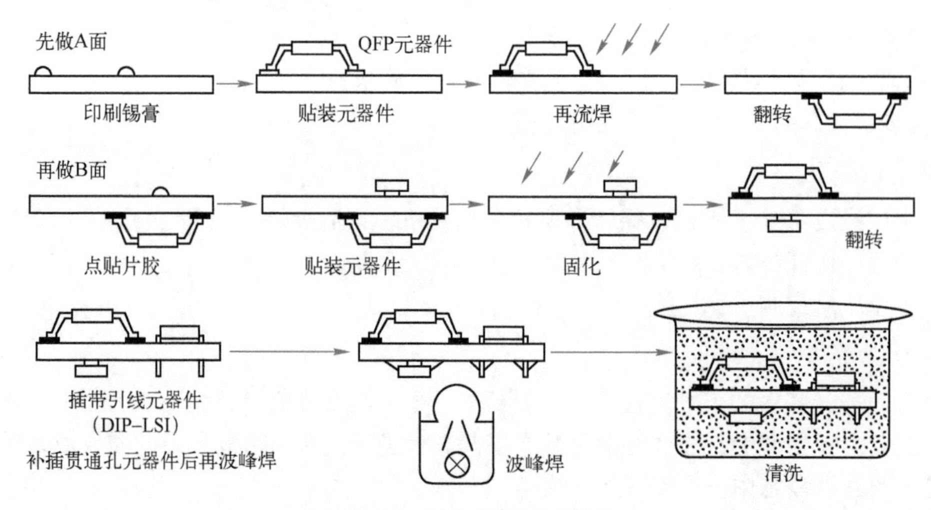

图 1-26　混合安装工艺流程

最小化，其工艺控制复杂，要求严格，常用于密集型或超小型电子产品，如移动电话。双面均采用锡膏-再流焊工艺流程如图 1-27 所示。

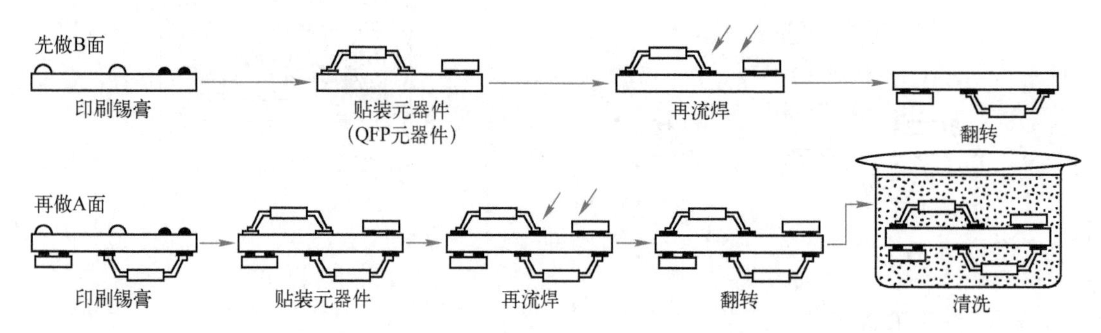

图 1-27　双面均采用锡膏-再流焊工艺流程

4. 实训内容及步骤

SMT 生产工艺流程如图 1-28 所示。学生应在实训教师带领下熟悉 SMT 生产的设备，了解生产的每一步流程，重点对每个工位的操作任务单进行熟悉。在观察完教师的操作之后才可开始操作，过程中一定要注意生产安全和防静电操作。

各工序流程简要说明如下。

(1) 物料准备

该流程中的物料领取、物料点料、分料、上料和物料装卸等内容由准备工段的相关人员遵循相关工艺进行。

(2) 上板

该流程即操作员将 PCB 按生产程序的要求方向放入框架，并送入上板机。要求上板时按从下到上的顺序执行，最下面一块板要一次装到位，然后每装一块板时，其位置要更靠近人的一侧，并检查是否在同一层装了两块板，确认无误后再整体推入。上板时应预先戴好干净的布手套，避免徒手污染 PCB 表面。手套平常不用时，要放在干净的地方保存。

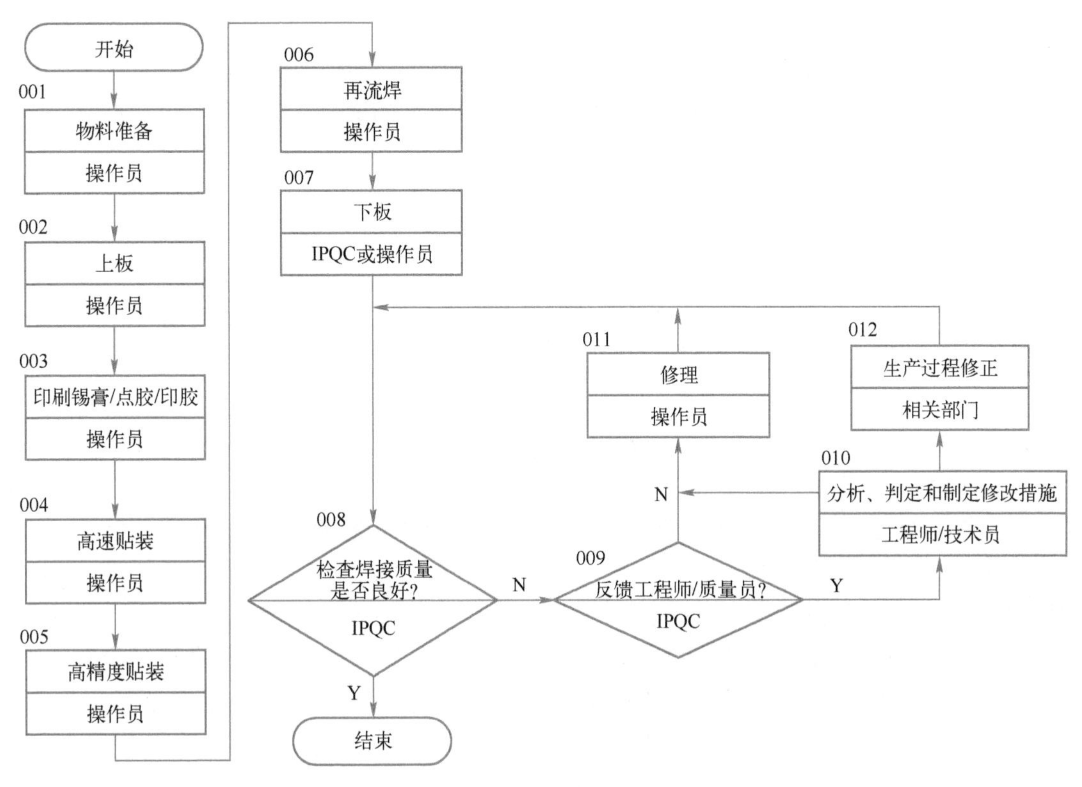

图 1-28 SMT 生产工艺流程

（3）印刷锡膏/印胶/点胶

1）车间环境要求、印刷用锡膏和锡膏印刷控制是保证生产过程得到有效控制的必要条件，需严格参照相关工艺文件执行。

2）印胶或点胶的控制也是保证生产过程得到有效控制的必要条件，需严格参照相关工艺文件执行。

（4）高速贴装

1）送料器（Feeder）不用时，应放回放置台，并确认摆放正确、平稳。

2）操作员在上料时需对物料进行检查。生产前 IPQC 必须对贴片机上所有物料的种类进行确认，并对贴片机上首次上料的 TRAY 盘料中的每个 BGA 的型号和方向进行确认。

3）操作员每天应做好贴片机保养并进行记录，设备工程师/技术员要定期保养高速贴片机（和高精度贴片机）并做好相应记录。

4）对超过备损的物料申请领料时必须开零星领料单，并对物料损耗严重的原因做进一步的分析，判定物料损耗严重的权力首先在车间，其次在设备科。

5）电阻、电容、电阻排备损率的制订和维护参照相关工艺文件执行。

（5）再流焊过程控制

1）生产中每天上午做一次炉温曲线测试，由操作员负责操作。

2）车间对炉温测试板进行定置管理，操作员使用时应避免损坏测试板，测试时要将测试线放在两条轨道的中间位置，防止测试线被轨道的托板齿缠上。如果已被缠上，不要急于扯拉，应按下红色紧急按钮，待轨道停止运转后再处理。测试完要将测试板放回固定位置。

3）标准炉温曲线以 SMT 再流焊程序操作指导书所提供的曲线为准。

4）操作员应将炉温曲线及相关参数粘贴或记录在专用表格上，给白班工程师/技术员确认后，放入专用文件夹保存，保存期为 1 个月，保存部门为 SMT 车间。

5）具体某种板的炉温参数设定，由工艺工程师或工艺技术员参照 SMT 再流焊程序操作指导书制作，程序的正确性由工艺工程师/工艺技术员保证，为了便于以后复查，任何一类炉温参数设定的炉温曲线必须有电子流的备份。

6）每次对已加工板炉温程序进行调整时，工艺工程师或工艺技术员要做好记录，数据记在其专用的表格内，经工艺主管或高级工艺工程师确认后保存，保存期为 3 个月，保存部门为焊接工艺科。

7）每次转线时，操作员应对再流焊炉的轨道宽度进行检查，如有问题，应反馈设备工程师/技术员处理。

8）操作员每天应做好再流焊炉保养并进行记录，设备工程师/技术员要定期保养再流焊炉并做好相应记录。

（6）下板及质量检测

1）IPQC 或操作员应将焊接的制成板放入托盘或周转车，下板时应预先戴好干净的防静电手套，避免徒手污染 PCB 表面。防静电手套平常不用时，要放在干净的地方保存。

2）IPQC 应按相关的技术文件对焊点进行检查。

3）IPQC 应按相关的技术文件检查元器件位置和方向的正确性。

4）IPQC 对合格品及不合格品应分别标识和放置，并对不合格品的处理结果和数量进行跟踪。

5）加工双面板时，在第二面过再流焊炉后，IPQC 需对前 3 块板正、反面进行全检。

（7）反馈及修正

1）若检查出现问题，且超过质检的控制范围时，应立即向生产线班长或设备工程师/技术员反馈，仍无法解决时，相关人员应联系工艺工程师/技术员解决。未超过质检的控制范围时，可以在标识后直接交给修理位维修。

2）在收到反馈后，相关人员要进行分析、判定并制定修改措施，同时在措施实施后跟踪结果。

3）半成品及不合格品处理单的分析、判定和修改措施只能由 IE、设备或工艺工程师/技术员填写。

4）维修员应按相关文件的要求，对不良焊点进行修理并送检。

5）各相关环节责任人应按半成品及不合格品处理单中的修改措施执行。

5. 实训结果及数据

1）熟悉各种 SMT 生产设备的操作指导书并能对设备进行简单操作。

2）熟悉各个工位的操作指导书并能独立完成每个工位的工作任务。

3）熟悉各种耗材的存储和正确使用方法。

4）初步熟悉各种 SMT 生产工艺的流程并可进行简单的操作。

5）熟悉各个工位的质量标准并能严格执行。

6）每个学生完成一块简单的含有 SMT 元器件的 PCB 的焊接和维修。

6. 考核评价

序号	考核内容	配分	评分标准	考核记录	扣分	得分
1	熟悉各种 SMT 生产设备的操作指导书	20	熟悉设备的操作指导书			
2	熟悉各个工位的操作指导书	20	能按照工位的操作指导书进行操作			
3	熟悉各种耗材的存储和正确使用方法	20	能正确使用耗材			
4	初步熟悉各种 SMT 生产工艺的流程并可进行简单的操作	20	对 SMT 生产工艺流程有基本认识			
5	熟悉各个工位的质量标准	20	对 SMT 生产质量标准有基本认识			
	分数总计	100				

项目小结

本项目主要对 SMT 生产工艺流程做了简单介绍，对 SMT 与 THT 进行了对比。SMT 的优点包括组装密度高、电子产品体积小、质量小等。通过使用 SMT，电子产品的体积可以缩小 40%~60%，质量可以减小 60%~80%。此外，SMT 还适用于大批量生产和中小批量生产，具有灵活性和高效性。SMT 生产工艺流程的主要步骤包括元器件准备、锡膏印刷、贴片、再流焊、检测和清洗。SMT 生产工艺流程的主要设备包括点胶机、锡膏印刷机、贴片机、再流焊炉、波峰焊炉、清洗机和检测设备等。

习题与练习

1. 单项选择题

1）表面组装印制电路板（SMB）最细导线宽为（　　）。

A. 0.05 in㊀　　B. 0.5 in　　C. 0.1 in　　D. 0.01 in

2）LCCC 指的是（　　）。

A. 陶瓷无引线芯片载体　　B. 塑封有引线芯片载体

C. 金属封装有引线芯片载体

3）QFN 比传统的 QFP 器件（　　）。

A. 体积更小、质量更小　　B. 体积更大、质量更小

C. 体积更小、质量更大　　D. 体积更大、质量更大

2. 简答题

1）查阅相关资料，简述 SMT 的产生背景和发展简史。

2）试比较 SMT 与 THT 在安装 PCB 时的差别。SMT 有什么优越性？

3）SMT 的主要发展方向是什么？

4）试简述 SMT 的特点。

㊀ 1 in = 2.54 cm。

项目 2 印制电路板（PCB）设计

印制电路板的设计以电路原理图为根据，目的是实现电路设计者所需要的功能。印制电路板的设计主要指板图设计，需要考虑外部连接的布局、内部电子元器件的优化布局、金属连线和贯通孔的优化布局、电磁保护及热耗散等各种因素。优秀的板图设计可以节约生产成本，实现良好的电路性能和散热性能。简单的板图设计可以用手工实现，复杂的板图设计需要借助电子设计自动化（EDA）实现。

任务 2.1 单片机 PCB 设计

任务描述

印制电路板（PCB）设计是电子产品生产的基础性条件。PCB 设计合理，才能为生产出合格的电子产品奠定基础，因此 PCB 设计是 SMT 生产前端非常重要的环节。对本任务的学习，旨在让学生了解 PCB 文件的建立、原理图文件导入 PCB 的方法、PCB 布线的基本流程以及 PCB 的优化和审核，同时通过本任务的实施，强化对于 EDA 工具的使用技能。

相关知识

2.1.1 电子设计自动化（EDA）

电子设计自动化（Electronic Design Automation，EDA）是指利用计算机辅助设计（Computer Aided Design，CAD）软件来完成超大规模集成电路（Very Large Scale Integration，VLSI）芯片的功能设计、综合、验证、物理设计（包括布局、布线、板图、设计规则检查等）等流程的设计方式。EDA 软件可大致分为芯片设计辅助软件、可编程芯片设计辅助软件和系统设计辅助软件三类。

目前具有广泛影响的 EDA 软件是系统设计辅助软件和可编程芯片设计辅助软件，如 Protel、Altium Designer、OrCAD、EWB、MATLAB 和嘉立创 EDA 等。这些软件都有较强的功能，可用于很多场合，例如很多软件都可以进行电路设计与仿真，同时还可以进行 PCB 自动布局布线，以及输出多种网表文件与第三方软件接口。

1. Protel

Protel 是 Altium 公司在 20 世纪 80 年代末推出的 EDA 软件，它在国内开始使用的时间较早，在国内的普及率也很高。

2. Altium Designer

Altium Designer 是 Altium 公司推出的一体化电子产品开发系统，其主要运行在 Windows 操作系统中。这套软件通过把原理图设计、电路仿真、PCB 绘制编辑、拓扑逻辑自动布线、信号完整性分析和设计输出等技术予以融合，为设计者提供了全新的设计解决方案，使设计者可以轻松进行设计，熟练使用这一软件可使电路设计的质量和效率大大提高。

3. OrCAD

OrCAD 是一套可用于个人计算机的电子设计自动化套装软件，其专门用来让电子工程师设计电路图及相关图表，设计 PCB 所用的印制图，以及开展电路的模拟。

4. EWB

EWB（Electronics Workbench EDA）是交互图像技术有限公司在 20 世纪 90 年代初推出的 EDA 软件，用于模拟电路和数字电路的混合仿真。利用它可以直接从屏幕上看到各种电路的输出波形。

5. MATLAB

MATLAB 是美国 MathWorks 公司出品的商业数学软件，用于数据分析、无线通信、深度学习、图像处理、计算机视觉、信号处理、量化金融与风险管理、机器人和控制系统等领域。MATLAB 可为科学计算、可视化和交互式程序设计提供适宜的计算环境。

MATLAB 将数值分析、矩阵计算、科学数据可视化以及非线性动态系统的建模和仿真等诸多功能集成在一个易于使用的视窗环境中，为科学研究、工程设计以及必须进行有效数值计算的众多科学领域提供了一种全面的解决方案，并在很大程度上摆脱了传统非交互式程序设计语言（如 C、Fortran）的编辑模式。

6. 嘉立创 EDA

嘉立创 EDA 是一款国产的 EDA 软件，也是我国发展自主 EDA 软件的一大突破。该软件主要有以下特点：

1）具有完全的独立自主知识产权。

2）具有交互式布线引擎。

3）支持基于云端的在线设计。

4）具有原理图设计功能。

5）具有 PCB 设计功能。

6）具有产业链优势，支持设计制造一条龙。

7. 华大九天 EDA

北京华大九天科技股份有限公司（简称“华大九天”）成立于 2009 年，致力于为半导体行业提供一站式 EDA 及相关服务。在 EDA 方面，华大九天可以提供模拟/数模混合 IC 设计全流程解决方案、数字 SoC IC 设计与优化解决方案、晶圆制造专用 EDA 工具和平板显示（FPD）设计全流程解决方案。其围绕 EDA 提供的相关服务包括晶圆制造工程服务及设计支持服务，其中晶圆制造工程服务包括 PDK 开发、模型提取以及良率提升大数据分析等。

2.1.2　电路设计流程

EDA 技术的应用可以大大提高电路设计的效率和准确性。下面简单介绍使用 EDA 技术进行电路设计的步骤和流程。

1. 需求分析

在进行任何一项工程之前，都需要明确需求。在电路设计上也不例外。在需求分析阶段，需要明确设计目标、功能要求、性能指标、输入/输出要求等。同时还需要考虑实际应用环境、成本限制以及市场需求等因素。

2. 原理设计

原理设计是整个电路设计过程中最为关键的一步。在原理设计阶段，需要根据需求分析的结果开始进行电路拓扑结构的选择和优化。这包括选择合适的元件、器件和电源等，并确定它们之间的连接方式。在这一阶段，可以使用 EDA 软件中提供的原理图绘制工具进行设计。

3. 参数设定

在进行参数设定之前，需要对所选元器件进行详细的调研和了解，然后根据元器件的数据手册，设定合适的参数。这些参数包括电源电压、电流、频率范围和工作温度等。此外还需要进行一些特殊参数的设定，如滤波器的截止频率、放大器的增益等。

4. 电路仿真

在进行实际电路设计之前，需要进行电路仿真。通过电路仿真可以验证原理设计的正确性和稳定性，并对电路性能进行评估。常用的电路仿真工具有 SPICE 软件（如 LTspice、PSpice）和 EDA 软件中提供的仿真模块。

5. PCB 布局设计

在完成原理设计和电路仿真之后，需要将电路转换为 PCB 布局。在这一阶段，需要根据原理图进行元器件位置布置、走线规划以及地线和电源线的布局等。同时还需要考虑信号完整性、电磁兼容性（Electro Magnetic Compatibility，EMC）和热管理等因素。

6. PCB 布线设计

在完成 PCB 布局设计之后，需要进行具体的 PCB 布线设计。在这一阶段，需要根据信号传输特性、电磁干扰抑制等要求进行布线规划。可利用 EDA 软件中提供的自动布线工具辅助完成布线设计。

7. PCB 制造

在完成 PCB 布线设计之后，需要将设计好的 PCB 进行制造。可以选择将 PCB 文件发送给专业的 PCB 制造厂商进行加工，也可以自行制作。无论是外包加工还是自行制作，都需要根据实际情况选择合适的制造工艺和材料。

8. 电路调试和测试

在完成 PCB 制造之后，需要进行电路调试和测试，即通过仪器设备对电路进行各种性能指标的测量，并对电路进行调整和优化。常用的测试仪器有示波器、信号发生器和频谱分析仪等。

9. 产品验证

在完成电路调试和测试之后，需要进行产品验证。这包括对整个系统的功能、性能和稳定性等进行全面检验和评估。如果系统可以满足设计要求，则进入下一个设计阶段；如果不满足，则需要返回前面的设计阶段进行修改和优化。

10. 文档编写和备案

在完成产品验证之后，需要编写相关文档并备案。这些文档包括设计说明书、测试报告和用户手册等。同时还需要将设计文件和仿真文件等保存备份，以备后续修改或再次使用。

以上就是使用EDA技术进行电路设计的流程。通过这些步骤，可以确保电路设计的清晰性、准确性和实用性，提高设计效率和产品质量。当然，实际的设计过程中还需要根据具体情况对设计流程进行调整和优化。

2.1.3 PCB布局设计

在PCB布局设计之前，先要进行PCB结构设计。在PCB结构设计中首先要考虑外形尺寸，这是PCB最终装配时的尺寸。与PCB安装壳体进行尺寸核实后，确定PCB的外轮廓尺寸，在EDA软件中将外轮廓尺寸画好后导入PCB图纸中，这一步根据已经确定的PCB尺寸和各项机械定位，按定位要求放置所需的插接件、按键/开关、螺纹孔和装配孔等。其次要考虑禁止布线尺寸，该尺寸影响到元器件安装和绝缘耐压问题，要预留足够的空间用于测试调整，并充分考虑和确定布线区域及非布线区域（如螺纹孔周围多大范围属于非布线区域）。最后考虑异形板的尺寸，尽可能使用规则外形，有利于拼板降低生产成本，减少材料浪费。

布局就是在PCB上放元器件。如果布局之前的准备工作都已完成，就可以在原理图上生成网络表，之后若没有出现错误提示，就可以对元器件布局了。一般布局采用将元器件全堆上去的方式。如果各引脚之间还有飞线提示连接，则应当再对元器件进行细致布局。

1. 一般布局

一般布局按如下原则进行。

1）按电气性能合理分区，一般分为数字电路区（既怕干扰，又产生干扰）、模拟电路区（怕干扰）和功率驱动区（干扰源）。

2）完成同一功能的电路，应尽量靠近放置，并调整各元器件以保证连线最为简洁。同时，调整各功能块间的相对位置，使功能块间的连线也最简洁。

3）对于质量大的元器件，应考虑安装位置和安装强度；会发热的元器件应与温度敏感的元器件分开放置，必要时还应考虑热对流措施。

4）I/O驱动器件应尽量靠近PCB的边及引出插接件。

5）时钟发生器（如晶振或钟振）要尽量靠近用到该时钟的元器件。

6）在每个集成电路的电源输入引脚和地之间，需加一个去耦合电容（一般采用高频性能好的独石电容）；PCB空间较密时，也可在几个集成电路周围加一个钽电容。

7）继电器线圈处要加放电二极管（1N4148即可）。

8）布局要均衡，疏密应有序，不能头重脚轻。需要特别注意的是，在放置元器件时，一定要考虑元器件的实际尺寸大小（所占面积和高度）及元器件之间的相对位置，在保证PCB的电气性能及生产安装的可行性和便利性的同时，适当修改元器件的摆放，使之整齐美观，如同样的元器件要摆放整齐，方向一致，不能摆得“错落有致”。这个步骤关系到PCB的整体形象和布线的难易程度，所以需要花较大精力去考虑。在布局时，对不太确定的地方可以先做初步布线，然后再充分考虑。

2. 元器件排列方向

（1）再流焊

1）PCB 上两个端头的片式元器件的长轴应垂直于再流焊炉的输送带方向；SMD 的长轴应平行于再流焊炉的输送带方向；两个端头的 CHIP 元器件长轴应与 SMD 长轴垂直。

2）对于大尺寸的 PCB，为了使 PCB 两侧的温度尽量保持一致，PCB 长边应平行于再流焊炉的输送带方向。

3）对于双面组装的 PCB，两个面上的元器件取向应一致。

（2）波峰焊

1）CHIP 元器件的长轴应垂直于波峰焊机的输送带方向；SMD 的长轴应平行于波峰焊机的输送带方向。

2）为了避免阴影效应，同尺寸元器件的端头应在平行于焊料波的方向排成一条直线，不同尺寸的元器件应交错放置，小尺寸的元器件要排布在大尺寸元器件的前方，防止元器件遮挡焊接端头和引脚。当不能按以上要求排布时，元器件之间应留有 3~5 mm 的间距。

3）延伸元器件体外的焊盘长度。将 SOP（小外形封装）最外侧的两对焊盘加宽，以吸附多余的焊锡（俗称窃锡焊盘）。小于 3.2 mm×1.6 mm 的矩形元器件，在焊盘两侧可做 45°倒角处理。

4）高密度布线时，应采用椭圆形焊盘，以减少连焊。

5）导通孔应设置在焊盘的尾部或靠近焊盘处。导通孔的位置应不被元器件覆盖，以便于气体排出。

3. 元器件的电气间隙设计

目前，国际上通用的 PCB 元器件最小电气间隙标准是 IPC-2221B。这个标准由 IPC 制定，旨在规范 PCB 设计和制造的相关技术参数。IPC-2221B 规定了不同元器件之间所需保留的最小电气间隙，具体数值如下：

1）两条相邻导线之间的最小电气间隙为 0.25 mm。

2）两个相邻焊盘之间的最小电气间隙为 0.25 mm。

3）两个相邻贴片元器件之间的最小电气间隙为 0.25 mm。

4）两个相邻插件元器件之间的最小电气间隙为 1.0 mm。

4. PCB 外形设计

在 PCB 设计中，一般对外形和定位孔有一定的要求，具体要求如下。

1）外形：一般为矩形，长宽比为 3∶2 或 4∶3，厚度一般在 0.5~2 mm。为方便加工，单板的板角或工艺边应为 R 型倒角，一般圆角直径为 5 mm，小板可适当调整。

2）定位孔：大小为（4±0.1）mm，为了迅速定位，其中一个孔可以设计成椭圆形。PCB 拼板内的每块小板至少要有三个定位孔。

5. 拼板设计

单板尺寸小于 100 mm×70 mm 的 PCB 应进行拼板（Panelization），如图 2-1 和图 2-2 所示。

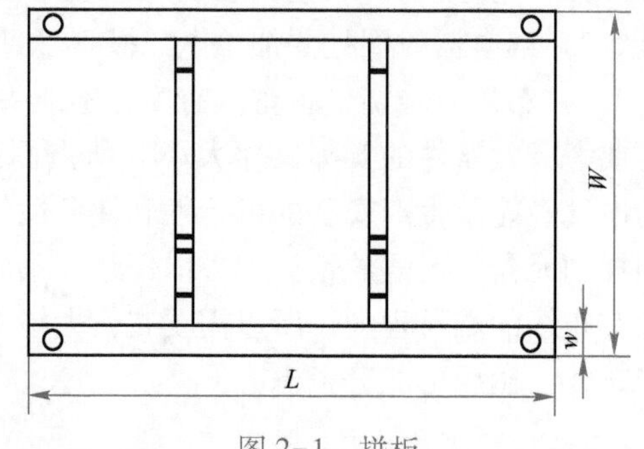

图 2-1　拼板

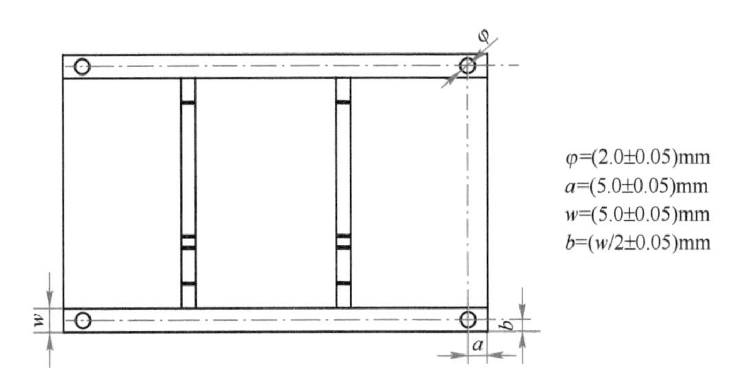

图 2-2　拼板尺寸要求

（1）拼板尺寸要求

拼板尺寸要求如下。

1）长度 L 为 100~400 mm。

2）宽度 W 为 70~400 mm。

拼板方向应平行输送边方向，当尺寸不能满足上述拼板尺寸要求时例外。一般要求 V-CUT 或邮票孔线数量≤3（对于细长的单板可以例外），如图 2-3 所示。当工艺边与 PCB 的连接为 V 形槽时，元器件外边缘与 V 形槽的距离≥2 mm；当工艺边与 PCB 的连接为邮票孔时，邮票孔周围 2 mm 内不允许布置元器件和线路。

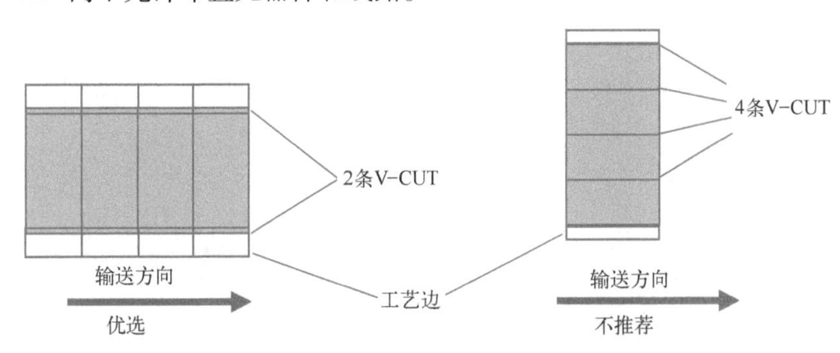

图 2-3　特殊拼板设计要求

（2）拼板注意事项

一般情况下，PCB 生产都会进行所谓的拼板作业，目的是增加 SMT 生产线的生产效率，在 PCB 拼板中有 10 个注意事项。

1）PCB 拼板外框（夹持边）应采用闭环设计，确保 PCB 拼板固定在夹具上以后不会变形。

2）PCB 拼板外形应尽量接近正方形，推荐采用 2×2、3×3 等尺寸的拼板，但不要拼成阴阳板。

3）PCB 拼板宽度≤260 mm（SIEMENS 线）或≤300 mm（FUJI 线）；如果需要自动点胶，PCB 拼板的宽度×长度应小于或等于 125 mm×180 mm。

4）PCB 拼板内的每块小板至少要有 3 个定位孔，孔径为 3~6 mm，边缘定位孔 1 mm 内不允许布线或者贴片。

5）小板之间的中心距控制在 75~145 mm 之间。

6）设置基准定位点时，通常在定位点的周围留出比定位点大 1.5 mm 的无阻焊区。

7）拼板外框与内部小板、小板与小板之间的连接点附近不能有大的元器件或伸出的元器件，且元器件与 PCB 的边缘应留有大于 0.5 mm 的空间，以保证切割刀具正常运行。

8）在拼板外框的四角开出 4 个定位孔，孔径为（4±0.01）mm。孔的强度要适中，保证在上下板过程中不会断裂。孔径及位置精度要高，孔壁光滑无毛刺。

9）用于 PCB 的整板定位和用于细间距元器件定位的基准符号的设定位置，原则上间距小于 0.65 mm 的 QFP 应在其对角位置设置。用于 PCB 拼板内的小板的定位基准符号应成对使用，布置于定位要素的对角处。

10）大的元器件要留有定位柱或者定位孔，重点如 I/O 接口、传声器、电池接口、微动开关、耳机接口和电动机等。

（3）拼板的连接方式

1）V-CUT 连接。图 2-4 所示为一个三拼板，其上下各留 5 mm 工艺边，中间拼三个板，横的两根线和竖的两根线就是 V-CUT 线，V-CUT 线在板的上面和下面各划两刀，但不把板割断，在焊接好后，可用手工或机器将其轻易掰断。

2）空心加连接边。此形式会在板与板之间留个空隙，然后用很细的条边连接起来，如图 2-5 所示。

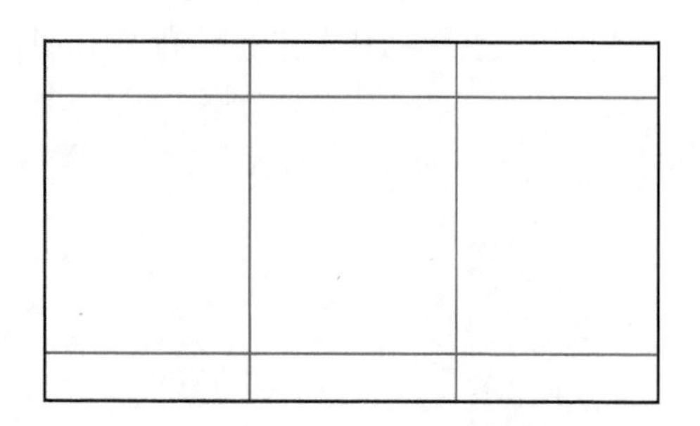

图 2-4　V-CUT 连接的三拼板

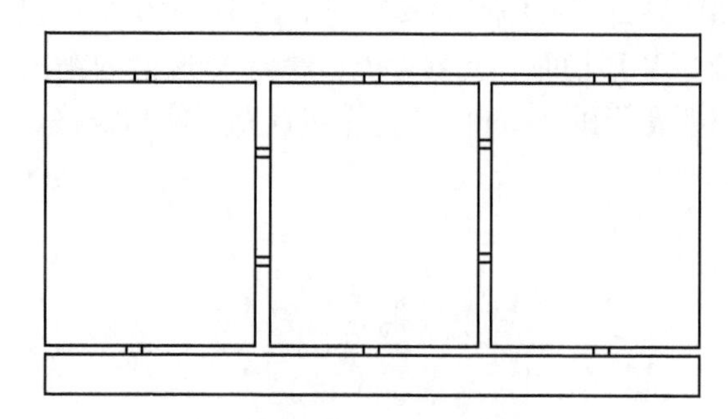

图 2-5　空心加连接边

（4）PCB 拼板相关名词术语

1）MARK 点。

MARK 点，即光学基准点，如图 2-6 所示，在贴片机贴装元器件时，会以 MARK 点为基准点定位 PCB 内的贴片元器件。把元器件坐标输入机器后，可由机器对每个贴片元器件进行自动贴装。

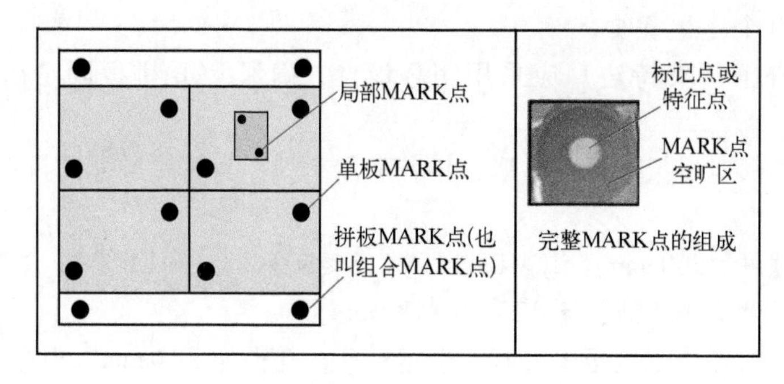

图 2-6　MARK 点

在拼板时，MARK 点有一些要求必须注意：

① 四个角中至少对角线两个角必须有两个 MARK 点，四角各放一个 MARK 点也是可以的，但贴片厂一般只会选其中对角线上的两个。

② MARK 点附近 2 mm 以内不能有其他丝印、焊盘或走线等，不然会导致机器识别不出 MARK 点。

③ 在空旷且无任何线路的区域，MARK 点要加一圈金属圈，以防止被蚀刻掉。

2）工艺边。

工艺边也称夹持边。工艺边就是在 PCB 两边各留出的 5 mm 边缘，在这 5 mm 边缘以内不能有任何贴片元器件，这是为了再流焊生产用的，因为再流焊设备有个轨道，留出的 5 mm 工艺边就是用来挂在再流焊轨道上的，如图 2-7 所示。

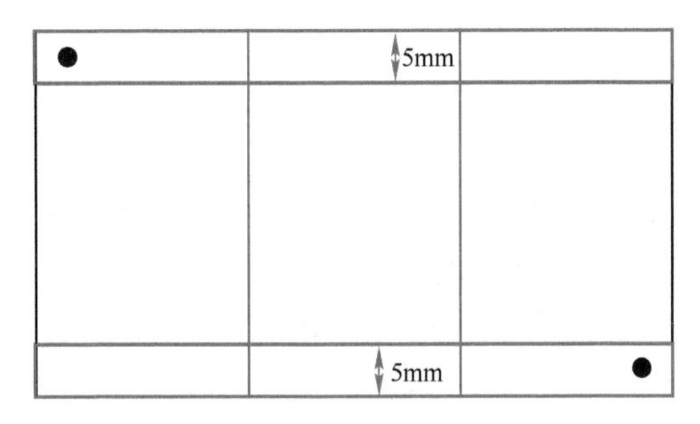

图 2-7　工艺边

2.1.4　PCB 布线设计

布线是整个 PCB 设计中最重要的工序，它直接影响着 PCB 的性能。在 PCB 的设计过程中，布线一般有 3 个递进的阶段：首先是布通，这是 PCB 设计时最基本的要求。如果线路没有布通，到处是飞线，那就是一块不合格的板子，不能满足产品的设计要求。其次是电气性能的满足，这是衡量一块 PCB 是否合格的标准，应在布通之后，认真调整 PCB 布线，使其达到最佳的电气性能。最后是美观，假如布线布通了，也没有影响电气性能的地方，但是布线看上去杂乱无章，对于厂家来说这还是不合格的设计，也会给测试和维修带来极大的不便。布线需要调整得整齐划一，不能纵横交错毫无章法。这些都要在保证电气性能和满足其他要求的情况下实现。

1. 布线的主要原则

1）一般情况下，首先应对电源线和地线进行布线，以保证 PCB 的电气性能。在条件允许的范围内，应尽量加宽电源线和地线，最好是地线比电源线宽，它们的关系是：地线>电源线>信号线，通常信号线宽为 0.2~0.3 mm，最细宽度可为 0.05 mm，电源线宽为 1.2~2.5 mm。数字电路的 PCB 可用宽的地导线组成一个回路，即构成一个地网来使用（模拟电路的地则不能这样使用）。

2）预先对要求比较严格的线（如高频线）进行布线，输入端与输出端的边线应避免相邻平行，以免产生反射干扰。必要时应加地线隔离，两个相邻层的布线要互相垂直，因为平行布线容易产生寄生耦合。

3）振荡器外壳应接地，时钟线要尽量短，且不能引得到处都是。时钟振荡电路下面和特殊高速逻辑电路部分要加大地的面积，而不走其他信号线，以使周围电场趋近于零。

4）尽可能采用45°的折线布线，不可使用90°的折线，以减小高频信号的辐射（要求高的线还要用双弧线）。

5）任何信号线都尽量不要形成环路，如不可避免，环路应尽量小。信号线的过孔也要尽量少。

6）关键的线尽量短而粗，并在两边加上保护地。

7）通过扁平电缆传输敏感信号或噪声场带信号时，要用“地线-信号线-地线”的方式引出。

8）关键信号应预留测试点，以便生产和维修检测用。

9）原理图初步布线完成后，应再进行优化。经初步网络检查和设计规则检查无误后，应对未布线区域进行地线填充，即用大面积铜层作为地线，在 PCB 上把没被用上的地方都与地相连，或是做成多层板，电源和地线各占用一层。

2. 布线的工艺要求

1）一般情况下，信号线宽为 0.3 mm（12 mil），电源线宽为 1.2 mm（50 mil）或 2.5 mm（100 mil）。线与线之间和线与焊盘之间的距离应大于或等于 0.33 mm（13 mil），在实际应用中，条件允许时应考虑加大距离。在布线密度较高时，可考虑（但不建议）采用 IC 引脚间走两根线的方式，线的宽度为 0.254 mm（10 mil），线间距不小于 0.254 mm（10 mil）。特殊情况下，当元器件引脚较密，宽度较窄时，可适当减小线宽和线间距。

2）焊盘（Pad）与过孔（Via）的基本要求是盘的直径比孔的直径要大至少 0.6 mm。例如，通用插脚式电阻、电容和集成电路等，采用的盘/孔尺寸为 1.6 mm/0.8 mm（63 mil/32 mil）；插座、插针和 1N4007 二极管等，采用的盘/孔尺寸为 1.8 mm/1.0 mm（71 mil/39 mil）。实际应用中，应根据元器件的尺寸来定，有条件时，可适当加大焊盘尺寸。PCB 上设计的元器件安装孔径应比元器件引脚的实际尺寸大 0.2~0.4 mm。

3）过孔的尺寸一般为 1.27 mm/0.7 mm（50 mil/28 mil），当布线密度较高时，过孔尺寸可适当减小，但不宜过小，可考虑设计为 1.0 mm/0.6 mm（40 mil/24 mil）。

4）焊盘、线、过孔的间距要求如下：

焊盘和过孔的间距为≥0.3 mm（12 mil）。

焊盘和焊盘的间距为≥0.3 mm（12 mil）。

焊盘和导线的间距为≥0.3 mm（12 mil）。

导线和导线的间距为≥0.3 mm（12 mil）。

在密度较高时：

焊盘和过孔的间距为≥0.254 mm（10 mil）。

焊盘和焊盘的间距为≥0.254 mm（10 mil）。

焊盘和导线的间距为≥0.254 mm（10 mil）。

导线和导线的间距为≥0.254 mm（10 mil）。

当完成 PCB 的初次布线工作以后，还需要对布线进行修改和优化。一般的设计经验是优化布线的时间是初次布线的时间的 2 倍。

注意：正式布线时，必须先设置好布线规则，利用布线规则检查布线当中的错误，并实时利用在线检查功能调整布线。

2.1.5 丝印和铺铜

在 PCB 布线优化完成之后，就可以铺铜了，铺铜一般会铺地线（注意模拟地和数字地的分离），设计多层板时还可能需要铺电源。对于丝印，要注意不能被元器件挡住或被过孔和焊盘去掉。同时，设计时应正视元器件面，底层的字应做镜像处理，以免混淆层面。

2.1.6 DRC 和结构检查

在确定电路原理图设计无误的前提下，可将所生成的 PCB 网络文件与原理图网络文件进行物理连接关系的网络检查（Net Check），并根据输出文件的结果及时对设计进行修正，以保证布线连接关系的正确性。在网络检查通过后，可对 PCB 设计进行设计规则检查（Design Rules Checking，DRC），并根据输出文件的结果及时对设计进行修正，以保证 PCB 布线的电气性能。最后需进一步对 PCB 的机械安装结构进行检查和确定。

2.1.7 审核与检查

在进行制板之前，PCB 一般还需要一个审核的过程。这个审核的过程要极其细心，充分考虑各方面的因素，比如便于维修和检查这一项很多人就不去考虑，这是不应该的。设计过程中要秉承精益求精的职业精神，才能设计出好的 PCB。

1. 电源、地线的处理

即使整个 PCB 的布线完成得都很好，但由于电源、地线的考虑不周到而引起的干扰，仍会使产品的性能下降，有时甚至会影响产品开发的成功率。所以对电源、地线的布线要认真对待，把电源、地线所产生的干扰降到最低限度，以保证产品的质量。一般采取在电源、地线之间加上去耦合电容的方法降低或抑制噪声。用大面积铜层作为地线时，可在 PCB 上把没被用到的地方都做成地线，或是做成多层板，其中电源和地线各占用一层。

2. 数字电路与模拟电路的共地处理

许多 PCB 不再是单一功能电路（数字或模拟电路），而是由数字电路和模拟电路混合构成的。因此在布线时就需要考虑它们之间互相干扰的问题，特别是地线上的噪声干扰。数字电路的频率高，模拟电路的敏感度强，对信号线来说，高频的信号线应尽可能远离敏感的模拟电路元器件，对地线来说，整个 PCB 对外界只有一个节点，所以必须在 PCB 内部处理数、模共地的问题。在 PCB 内部，数字地和模拟地实际上是分开的，它们之间互不相连，只在 PCB 与外界的接口处（如插头等）有一点短接，即只有一个连接点，也有在 PCB 上不共地的，这由具体的系统设计来决定。

3. 信号线布在电源（地）层上

在多层 PCB 布线时，由于在信号线层没有布完的线已经剩下不多，再多加层数就会造成浪费，也会给生产增加一定的工作量，成本也会相应增加，为解决这个矛盾，可以考虑在电源（地）层上进行布线。布线时首先应考虑使用电源层，其次才是地层，因为要保留地层的完整性。

4. 大面积导体中引脚的处理

在大面积的接地（电）中，常用元器件的引脚与铜面连接，对引脚的处理需要进行综合考虑，就电气性能而言，引脚的焊盘与铜面以满接为好，但在焊接装配元器件时，可能会存在一些隐患，如焊接需要大功率加热器，容易造成虚焊等。所以为了兼顾电气性能与工艺需要，可以做成十字花焊盘，称为热隔离（Heat Shield）俗称热焊盘。这样，可使在焊接时因截面过分散热而产生虚焊点的可能性大大减少。多层板的接地（电）层引脚的处理相同。

5. 布线中网格系统的作用

在许多 EDA 系统中，布线是依据网格系统决定的。如果网格过密，通路虽然会因此有所增加，但步进太小，图场的数据量过大，必然对设备的存储空间有更高的要求，同时也会对计算机类电子产品的运算速度有极大的影响。此外，有些通路是无效的，如被引脚的焊盘占用或被安装孔、定位孔占用等。如果网格过疏，通路太少，则对布通率的影响极大。所以要有一个疏密合理的网格系统来支持布线的进行。标准元器件两引脚之间的距离为 2. 54 mm（0. 1 in），所以网格系统的基础一般就定为 2. 54 mm（0. 1 in）或与 2. 54 mm 成倍数关系，如 0. 05 in 和 0. 025 in 等。

6. 注意事项

PCB 在设计完成之后，发往供应商制板之前，要着重检查以下 6 项，确保设计没有遗漏。

（1）尺寸

PCB 边框尺寸涉及产品的安装和性能测试，在 PCB 设计中，应注意安装尺寸、安规尺寸（尤其是螺钉安装位）、接口尺寸、外轮廓最大尺寸（与金属外壳的安规距离）以及 PCB 上的元器件尺寸。

（2）有极性的元器件封装

着重检查有极性的元器件，如二极管、晶体管、MOS 管、继电器、IC 和排线插座等，确保采购的实物封装与画图封装一致。对于同一个元器件，不同生产厂家会使用不同的封装，因此采购中会出现封装不一致的情况，在 PCB 设计时要考虑采取预留封装设计，防止因采购不到物料而出现代用的问题。

（3）丝印

丝印放置应遵从看图习惯，即从左到右、从上到下放置，在元器件密集区域应独立引出标记。

（4）元器件布局

PCB 在设计完成后，最终要进入生产焊接环节，因此要考虑机器焊接和手工焊接的不同。元器件放置应遵从先低后高、先里后外的原则。在波峰焊接时，要在 IC 多引脚的走锡方向放置拖锡盘，防止元器件堆锡。元器件放置时也要考虑维修拆卸的问题，尽可能做到拆装方便。

（5）线径

特别要检查大电流线径的载流能力，必要时可加厚铺铜或露窗挂锡，对有插接器的大电流焊盘，要加强焊盘走线连接，防止大电流发热造成的焊盘脱落。

（6）布线

在线路走通的情况下，要结合元器件考虑线路的合理性，直插元器件的布线走底层，贴片元器件放置在顶层则布线走顶层，放置在底层则布线走底层，尽可能地减少过孔，同时也方便调试检查。

任务实施

1. 实训目的及要求

1）熟悉并掌握 PCB 设计的流程。

2）了解 PCB 设计的注意事项。

3）完成单片机电路 PCB 的设计任务。

2. 实训设备

PC：1 台。

EDA 设计软件：1 套。

单片机 PCB 设计任务单：1 套。

3. 设计要求

使用 Altium Designer 软件绘制如图 2-8 所示的单片机电路原理图，本任务使用双面板设计。

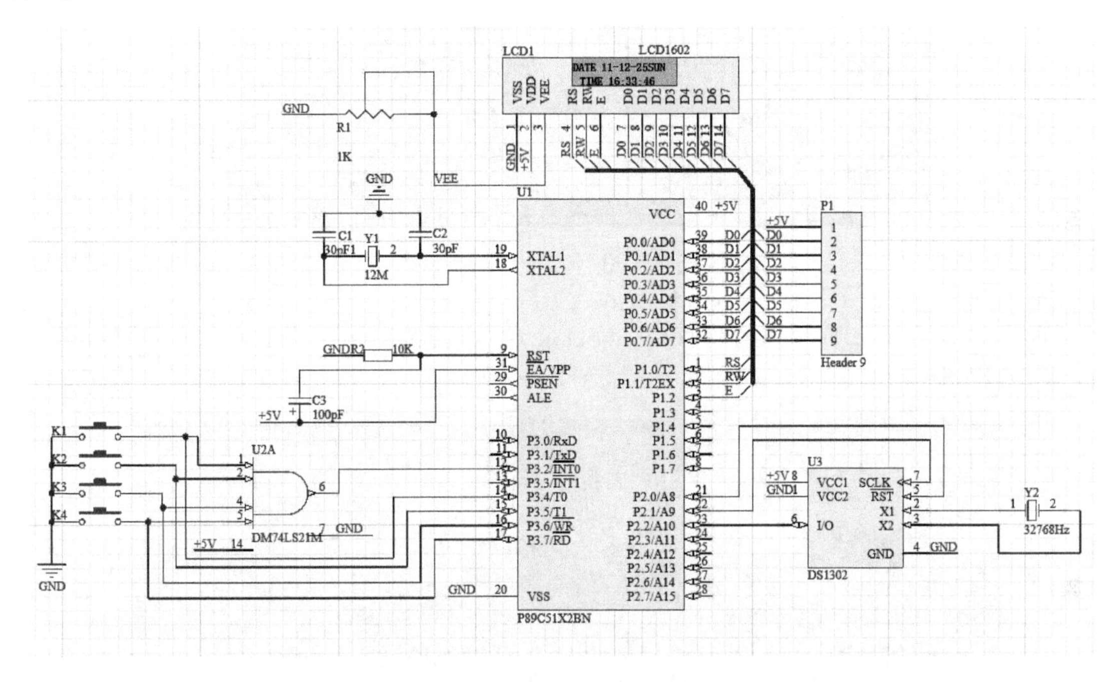

图 2-8　单片机电路原理图

4. 知识储备

Altium Designer 集成了强大的开发管理环境，能够有效地对设计的各项文件进行分类及层次管理，如图 2-9 所示。关于该软件的使用这里不再赘述，读者可查阅相关文件进行自学。

关于电路原理图的绘制，这里同样不再赘述。下面主要介绍 PCB 的设计，本任务要求读者了解学习 PCB 的设计流程和基本设计方法，本任务的 PCB 是由电路原理图直接更新到 PCB 中的。

（1）PCB 文件建立

1）打开“单片机电路 . PrjPcb”工程项目，在 Projects 界面下选中该文件，单击鼠标右键，弹出一个快捷菜单，选择“Add New to Project”→“PCB”，或者选择菜单命令“文件”→“新的”→“PCB”，就会产生一个默认名称为“PCB1. PcbDoc”的文件，如果重复操作，则名称会变成“PCB2. PcbDoc”。

图 2-9 Altium Designer 界面

2）将“PCB1. PcbDoc”文件保存到工程目录下，并更改名称为“单片机电路 . PcbDoc”，这时该 PCB 文件就加入到了工程文件中，如图 2-10 所示。

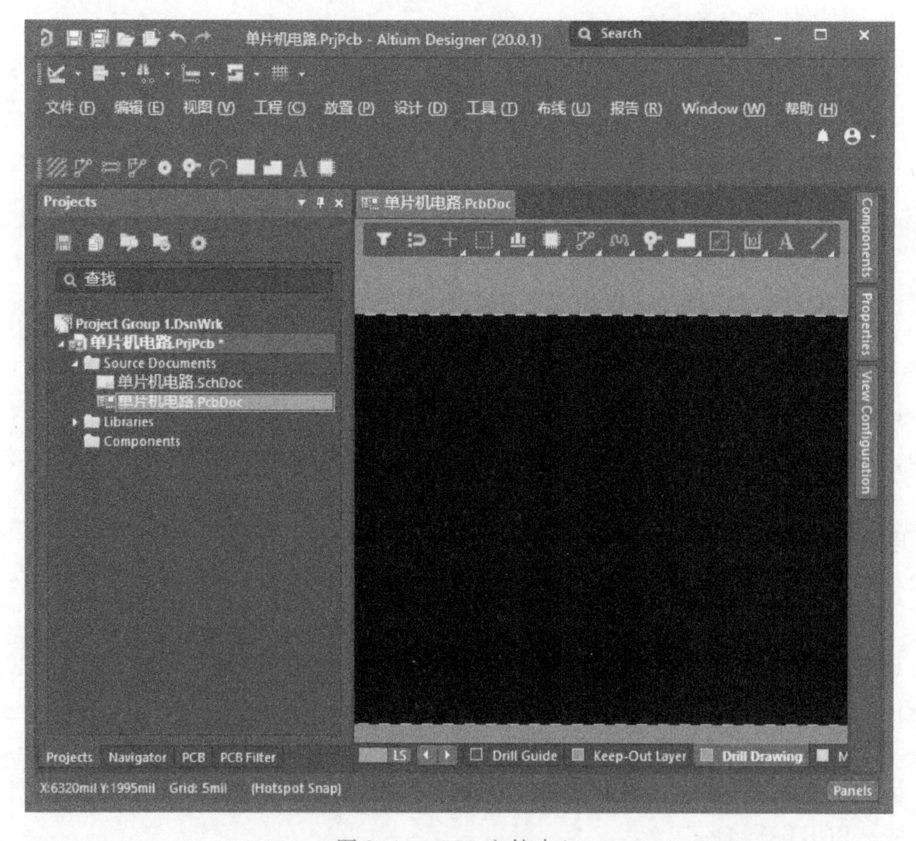

图 2-10 PCB 文件建立

小提示：电路原理图和 PCB 文件必须要在同一个工程项目中，如果二者不在同一个工程项目中，则电路原理图将无法导入到 PCB 文件中，建议将 PCB 文件保存在和电路原理图文件相同的路径下，否则 PCB 文件在装入的时候可能因找不到路径而无法开展后续操作。

（2）电路原理图导入

1）为了限定元器件布局和布线的范围，可设置禁止布线区。在 PCB 编辑窗口中，单击“Keep-Out Layer”，然后选择菜单命令“放置”→“Keepout”→“线径”，也可以直接在快捷工具栏中单击按钮，绘制禁止布线区，如图 2-11 所示。

注意：如果没有选择在 Keep-Out Layer 层绘制禁止布线区，则无法实现禁止布线的功能，而且如果没有修改系统默认的颜色，则禁止布线区在绘制后一定是紫色的线条，如果是其他颜色的线条则意味着绘制错误。事实上，Keep-Out Layer 层在 PCB 中没有实际的层面对象与其对应，它是 PCB 编辑器的逻辑层，起着规范信号层布线的目的，如果设计时没有规定 PCB 的尺寸必须有多大，那么就可以根据布线情况调整禁止布线区的大小和边界。

2）在 PCB 文件建立之后，需要把编译好的电路原理图导入到 PCB 文件中，此时可选择命令“设计”→“Import Changes From 单片机电路 . PrjPcb”，如图 2-12 所示，系统将弹出用于“工程变更指令”对话框，如图 2-13 所示。

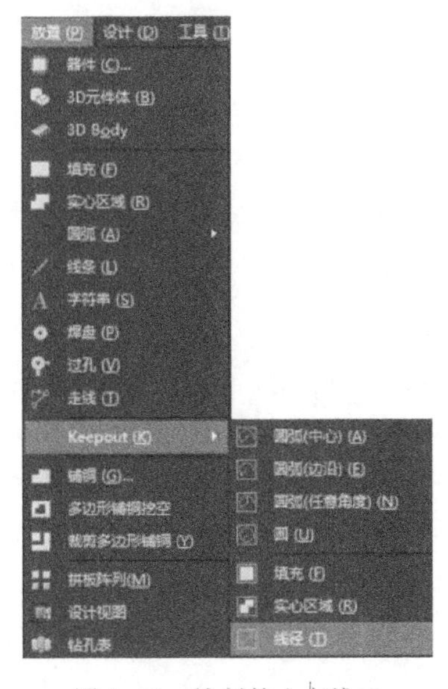

图 2-11 绘制禁止布线区

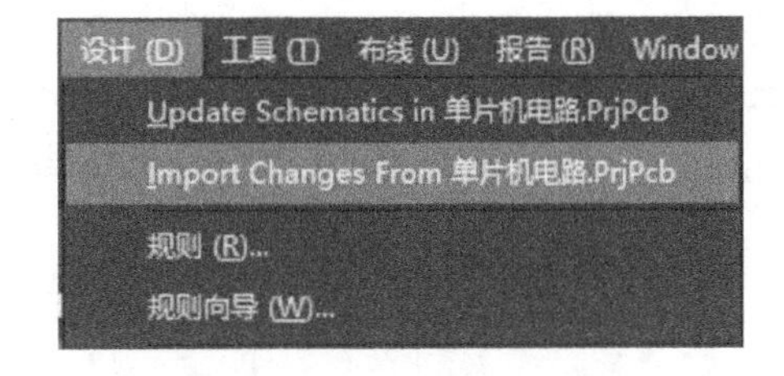

图 2-12 将电路原理图导入到 PCB 文件

在图 2-12 中，有两个更新选项，其中“Update Schematics in 单片机电路 . PrjPcb”的含义是当电路原理图已经画好并导入到 PCB 文件后，在 PCB 布局布线的过程中，发现有部分封装不好用，便直接在 PCB 文件里面更改了封装，更改后如果要同步到电路原理图，就执行该命令。而“Import Changes From 单片机电路 . PrjPcb”的含义是把电路原理图导入到 PCB 文件。

3）单击“验证变更”按钮，可检查所有的更改是否都有效，如果更改有效，则检测栏的对应位置会出现绿色的“√”，否则会出现红色的“×”表示错误。若有错误，则应单击“关闭”按钮，返回电路原理图进行修改，如图 2-13 所示。

工程变更指令

启用	动作	受影响对象		受影响文档	检测	完成	消息
	Add Components(16)						
✓	Add	C1	To	单片机电路.PcbDoc	✓		
✓	Add	C2	To	单片机电路.PcbDoc	✓		
✓	Add	C3	To	单片机电路.PcbDoc	✓		
✓	Add	K1	To	单片机电路.PcbDoc	✓		
✓	Add	K2	To	单片机电路.PcbDoc	✓		
✓	Add	K3	To	单片机电路.PcbDoc	✓		
✓	Add	K4	To	单片机电路.PcbDoc	✓		
✓	Add	LCD1	To	单片机电路.PcbDoc	×		Footprint Not Found LCD1602
✓	Add	P1	To	单片机电路.PcbDoc	✓		
✓	Add	R1	To	单片机电路.PcbDoc	✓		
✓	Add	R2	To	单片机电路.PcbDoc	✓		
✓	Add	U1	To	单片机电路.PcbDoc	✓		
✓	Add	U2	To	单片机电路.PcbDoc	✓		
✓	Add	U3	To	单片机电路.PcbDoc	✓		
✓	Add	Y1	To	单片机电路.PcbDoc	✓		
✓	Add	Y2	To	单片机电路.PcbDoc	✓		
	Add Nets(28)						
✓	Add	+5V	To	单片机电路.PcbDoc	✓		
✓	Add	D0	To	单片机电路.PcbDoc	✓		
✓	Add	D1	To	单片机电路.PcbDoc	✓		
✓	Add	D2	To	单片机电路.PcbDoc	✓		
✓	Add	D3	To	单片机电路.PcbDoc	✓		

验证变更 执行变更 报告变更(R)... 仅显示错误 关闭

图 2-13 “工程变更指令”对话框

若检查全部正确，则单击“执行变更”按钮，系统将执行所有的更改操作。若执行成功，在完成栏将全部出现“√”。

4）关闭对话框，自动转到 PCB 文件编辑器界面下，选择菜单命令“视图”→“适合板子”，在工作区右下角就会出现从电路原理图导入的元器件及其连接关系，它们会被放在一个四周封闭的框内（称为元器件空间框，即 Room 框）。

小提示：在导入电路原理图之前，必须创建好相关的工程项目，且“Free Document”类型的电路原理图是无法导入的。在完整工程下，如果已经建立了 PCB 文件，也可以在电路原理图编辑界面中，选择菜单命令“设计”→“Update PCB Document 单片机电路.PcbDoc”，以此实现电路原理图到 PCB 的导入。

（3）网表对比导入

1）在工程目录下单击鼠标右键，从弹出的快捷菜单中选择“添加已有文档到工程”命令，把需要对比导入的网表添加到工程中。

2）选中加入工程的网表，单击鼠标右键，从弹出的快捷菜单中选择“显示差异”命令，如图 2-14 所示，进入网表对比窗口，并按照下列操作进行，如图 2-15 所示。

① 选中“高级模式”复选按钮。

② 选择左边需要导入的网表。

③ 选择右边需要更新的 PCB 文件，单击“确定”按钮。

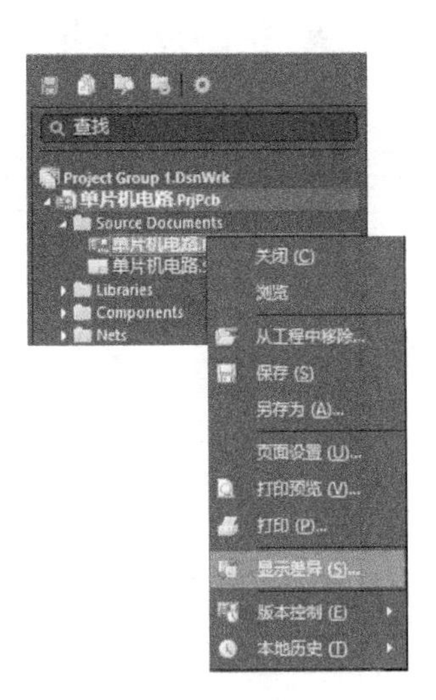

图2-14 添加网表

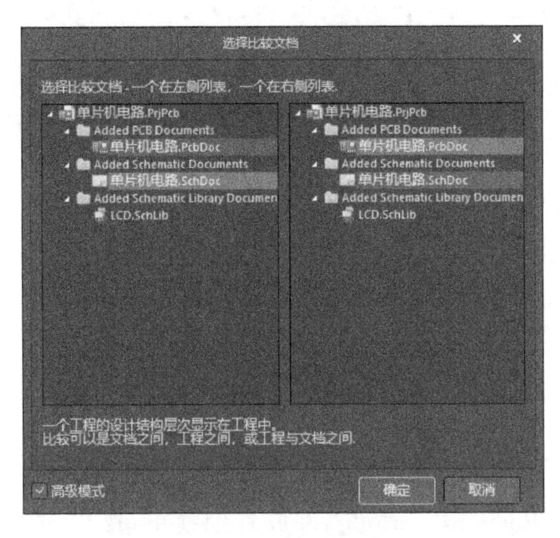

图2-15 网表对比窗口

3）出现对比结果反馈窗口，继续单击鼠标右键，从弹出的快捷菜单中选择“更新所有(Update All in)>PCB Document［单片机电路.PcbDoc］”命令，即把网表和PCB对比的所有相关结果准备导入进PCB文件，如图2-16所示。

4）单击左下角的“创建工程变更列表...”按钮，进入和直接导入法一样的导入执行对话框，如图2-17所示，单击“执行变更”按钮更新PCB文件即可。导入效果图如图2-18所示。

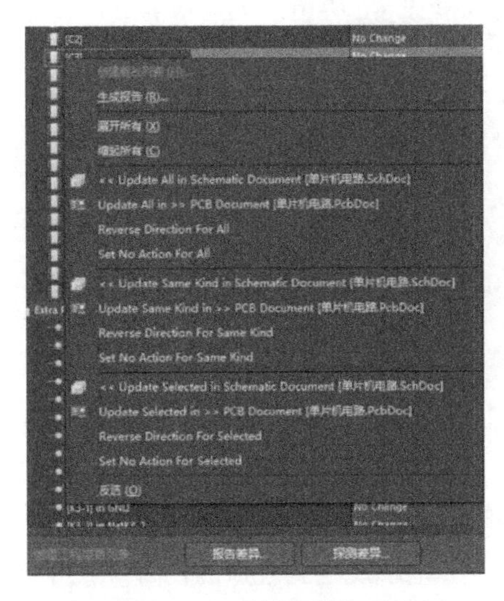

图2-16 对比结果反馈对话框

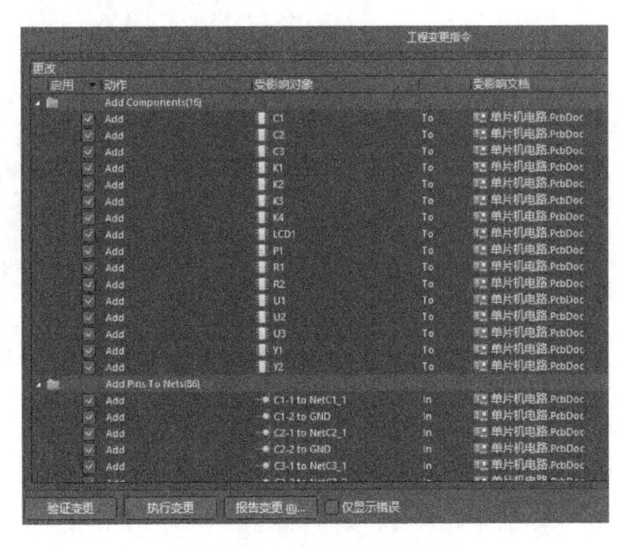

图2-17 导入执行对话框

LCD在PCB元器件库中不常见，需要自制，所以这里需要制作一个与LCD1602对应的PCB元器件库文件，关于PCB元器件库文件的制作，这里不再赘述。

（4）PCB布局

完成元器件库调入之后，可以通过移动Room框把所有元器件一次性移动到禁止布线区里面，当然有些元器件可能会超出禁止布线区，需要手动把元器件拖动到区域内，也可以

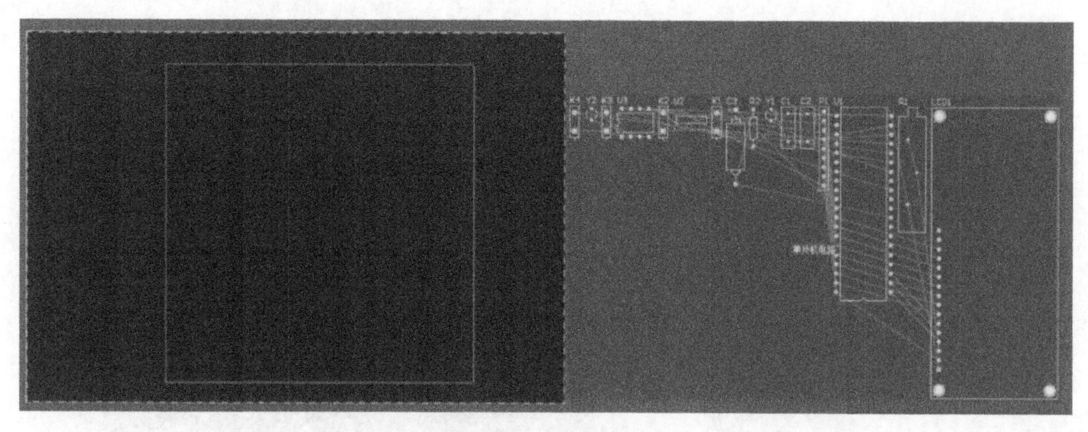

图 2-18　导入效果图

直接删除 Room 框，把元器件放置到禁止布线区内。

1）单片机电路元器件的初步调整如图 2-19 所示。

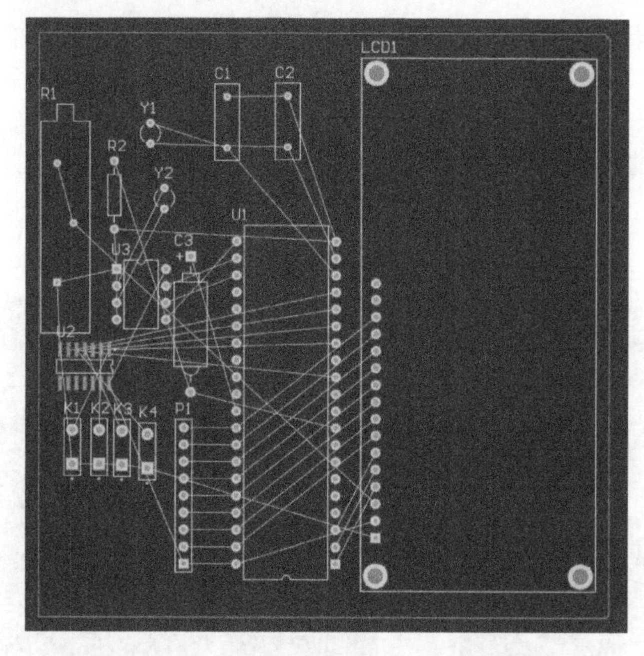

图 2-19　单片机电路元器件的初步调整

2）根据电路原理图的功能，按照就近原则调整元器件并重新布局，如图 2-20 所示。

从新的布局来看，禁止布线区稍微大了一些，可以调整禁止布线区到合适的位置。禁止布线区越大，则加工的 PCB 越大，成本就越高，因此，理论上禁止布线区越小越好。

3）从图 2-20 可以看出，按键 K1～K4 布局较乱，因此将这 4 个按键全部选中，单击鼠标右键，选择“对齐”，系统将弹出“排列对象”对话框，如图 2-21 所示，设置“水平”为“等间距”，“垂直”为“顶部”，单击“确定”按钮，对齐效果如图 2-22 所示。

4）调整元器件编号和外框之后，如图 2-23 所示，调整元器件的标注信息，使其不在元器件的图形、焊盘或过孔下面。

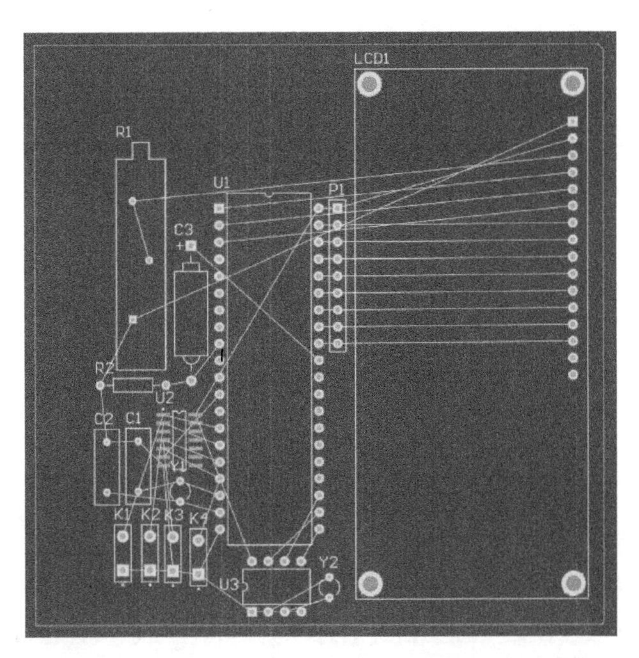

图 2-20 调整元器件并重新布局

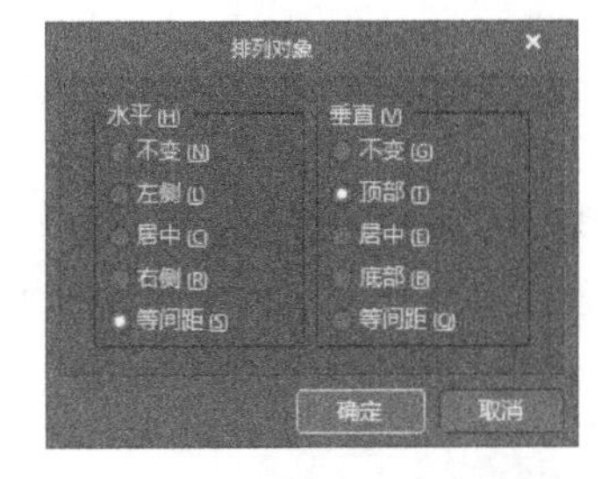

图 2-21 “排列对象”对话框

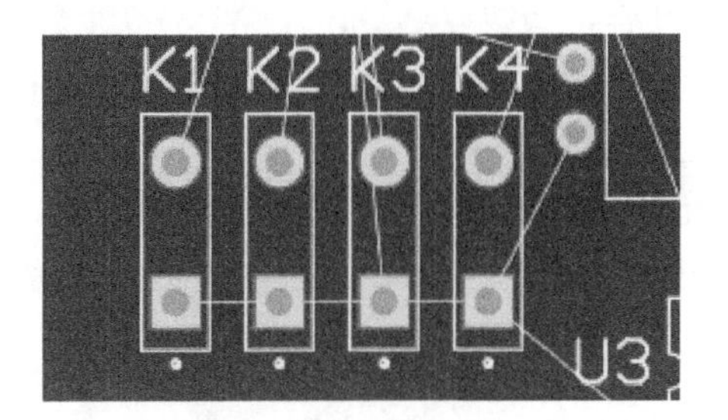

图 2-22 对齐效果

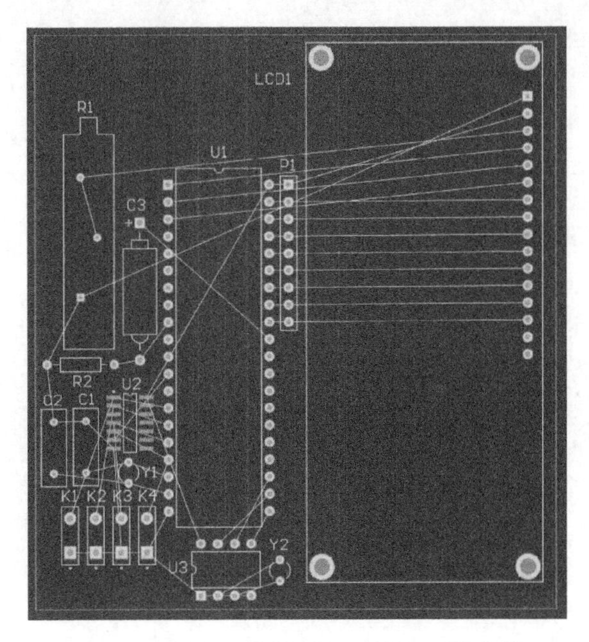

图 2-23 调整元器件编号和外框之后的布局

5）元器件位置调整后，若想锁定元器件以免不小心改变已调整好的元器件位置，可双击元器件轮廓，进入“属性”对话框，单击🔓按钮，以此锁定元器件位置，如图 2-24 所示。

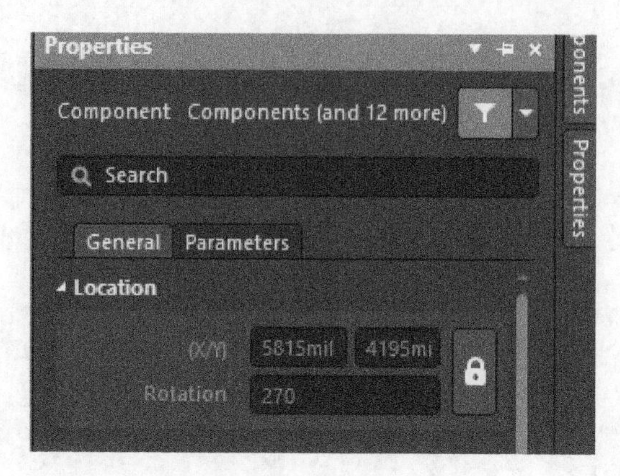

图 2-24　锁定元器件位置

锁定元器件之后，在工作区对该元器件的操作就不起作用了，若想移动该元器件，必须双击元器件轮廓，然后单击🔒按钮取消锁定。

（5）PCB 自动布线

任务要求 PCB 双面布线，电源导线宽度为 45 mil，接地导线宽度为 50 mil，一般导线宽度为 8 mil，电气间隙为 8 mil。

1）调用规则界面：执行菜单命令“设计”→“规则”，系统将弹出“PCB 规则及约束编辑器”对话框，如图 2-25 所示。对话框左侧显示设计规则类型，本任务用到的是电气类型（Electrical）和布线（Routing）设计规则，对话框右侧显示对应设计规则的具体属性界面。

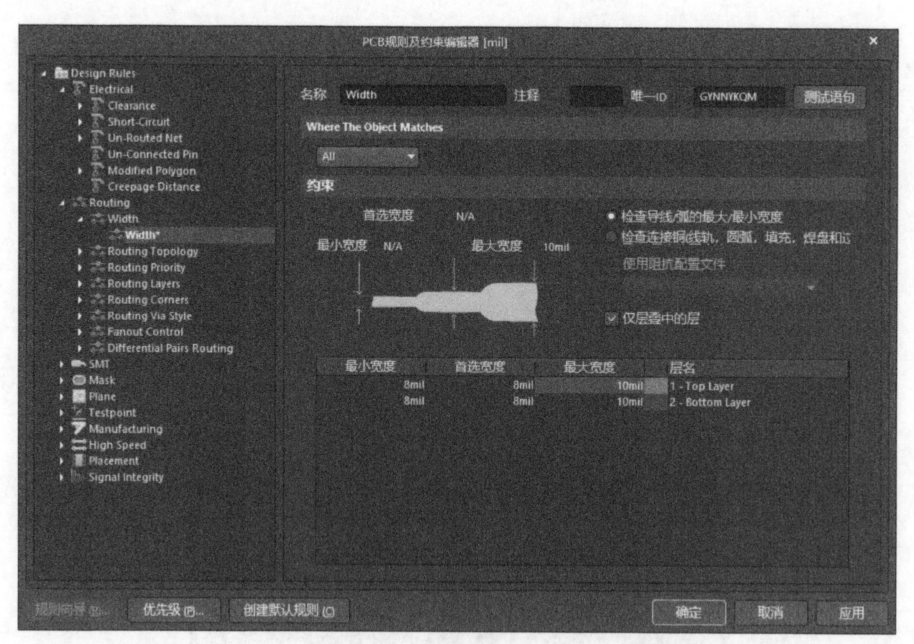

图 2-25　设置导线宽度

2）设置一般导线宽度：设置双面布线层面，双击左边栏的“Routing”，双击其下的“Width”标签，展开右边的属性设置界面，选中顶层（Top Layer）和底层（Bottom Layer），设置导线宽度为 8 mil。

3）设置电源和接地导线宽度：任务要求电源和接地导线宽度分别为 45 mil 和 50 mil。选择菜单命令“设计”→“规则”，选择图 2-25 中的“Width”标签，单击鼠标右键，弹出如图 2-26 所示菜单，选择“新规则...”，将出现“Width_1”选项，双击“Width_1”选项，进行相应设置，如图 2-27 所示。

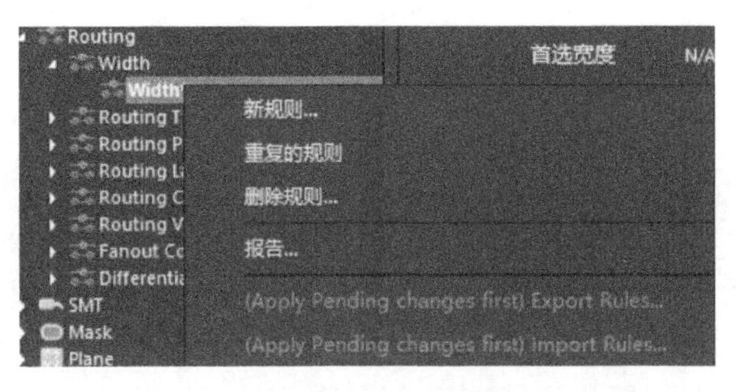

图 2-26 宽度菜单

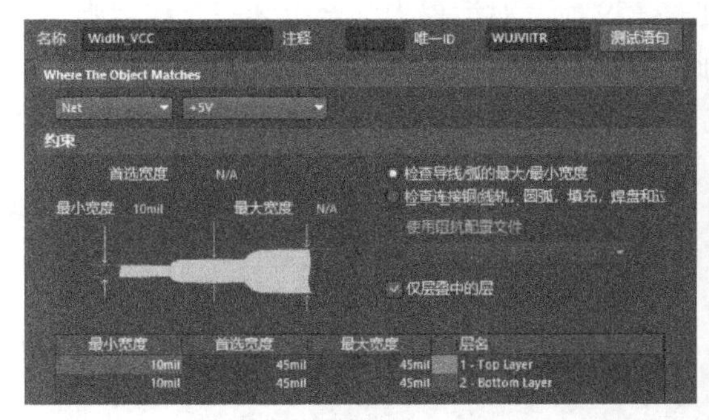

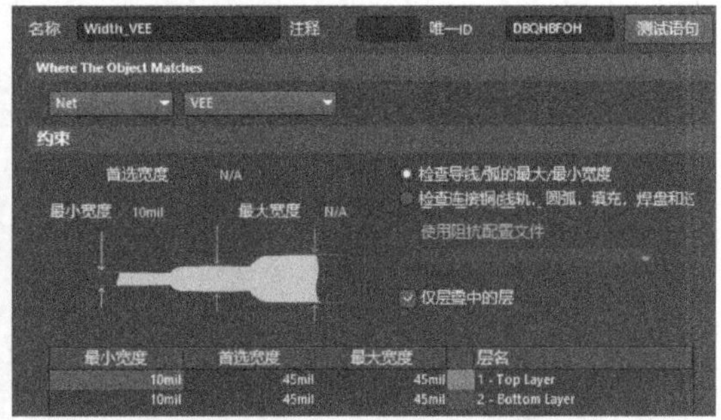

图 2-27 电源导线宽度设置

在图 2-27 中，电源分别为“+5 V”和“VEE”，都采用 45 mil 线宽，在“Where The Object Matches”下面选择“Net”，然后选择“+5 V”和“VEE”，修改最大宽度和首选宽度为 45 mil 即可。使用同样的方法设置接地导线宽度为 50 mil，如图 2-28 所示。

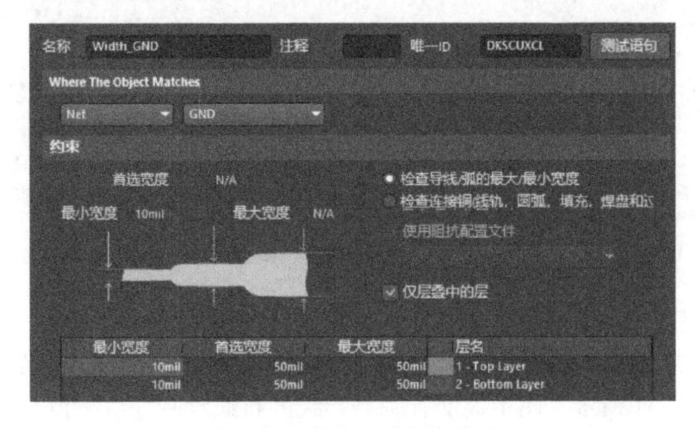

图 2-28 接地导线宽度设置

4）设置布线规则优先级。在完成了一般导线、电源导线和接地导线的设置之后，要想实现这些设置要求，还需要进一步设置，以保证这些有特殊要求或约束条件的导线的布线规则优先级高于一般导线，在“PCB 规则及约束编辑器”对话框中，单击“优先级”按钮，将弹出“编辑规则优先级”对话框，如图 2-29 所示。

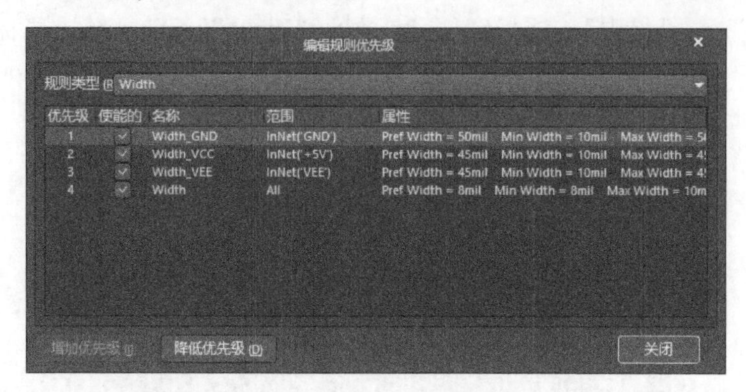

图 2-29 “编辑规则优先级”对话框

从图 2-29 中可以看到，布线规则优先级顺序为 Width_GND>Width_VCC>Width_VEE>Width，如果布线规则优先级顺序不正确，可在图 2-29 所示对话框中，选中某一布线规则，单击“降低优先级”或“增加优先级”按钮，以此更改布线规则的优先级。

5）电气间隙设置。不同导线之间、焊盘之间、导线与焊盘之间要保持适当的电气间隙，以免造成短路。系统默认的电气间隙为 10 mil，可按图 2-30 所示进行设置。

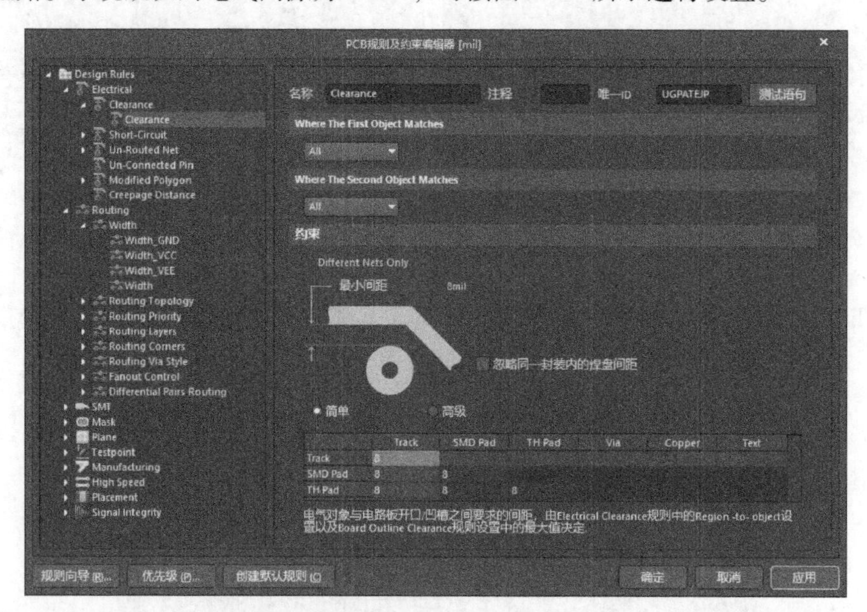

图 2-30 电气间隙设置

6）按布线规则进行自动布线。选择菜单命令“布线”→“自动布线”→“All”，系统将弹出“布线策略”对话框，选择默认的双面板选项，单击“Route All”按钮，即可自动布线。布线结果提示如图 2-31 所示，图中提示有一条导线的布线没有完成，没有完成的布线可以手动修改，自动布线结果如图 2-32 所示。

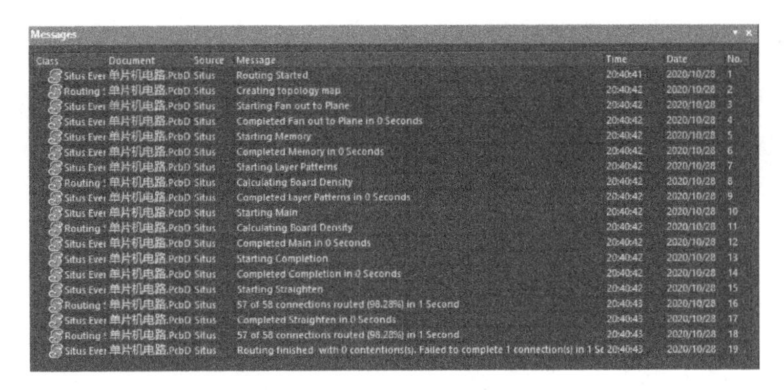

图 2-31　布线结果提示

特别提示： 对于同一个电路，每一次自动布线的结果都不相同。而且自动布线结果也往往存在一定的不足和缺陷，必须仔细检查和修改，比如图 2-32 中 P1 到 LCD1 的布线就有缺陷。

（6）手动布线

自动布线是一种简单而强大的布线功能，但自动布线存在一些问题，如走线凌乱、拐弯较多和舍近求远等。对于一些需要特殊考虑的电气性能，自动布线不能很好地解决，在这些情况下，可以在自动布线后进行手动修改，或者进行全手动布线。

为了便于更好地分析布线情况，这里暂时不去考虑元器件布局、元器件编号、参数和元器件外形等信息，并采用单层显示模式，单独查看各层导线的布线情况。

在 PCB 界面下，单击右侧的“View Configuration”或者选择菜单命令“视图”→“面板”→“View Configuration”，系统会弹出层显示界面，如图 2-33 所示，在“Signal And Plane Layers”中可以修改为单层显示模式。

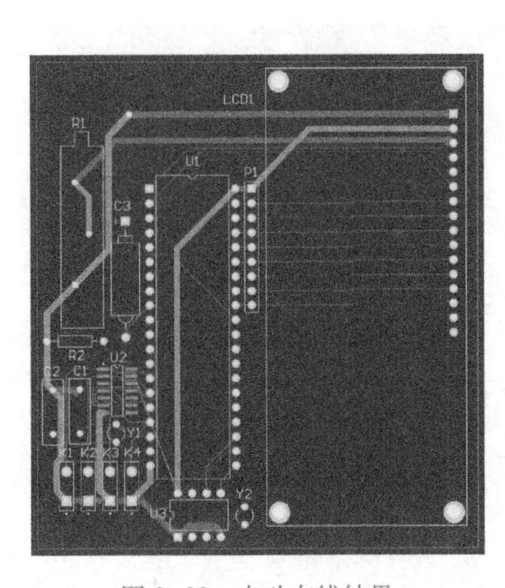

图 2-32　自动布线结果

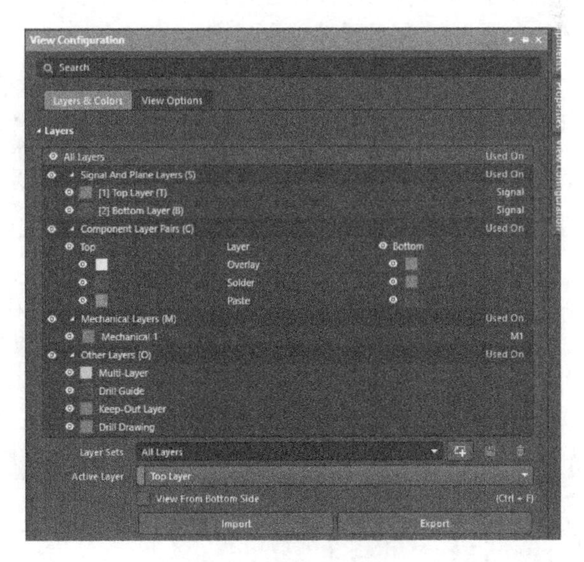

图 2-33　层显示界面

检查 PCB 的布线情况，发现存在导线重叠和布线冗余问题，如图 2-34 所示。且存在直角布线问题，如图 2-35 所示。

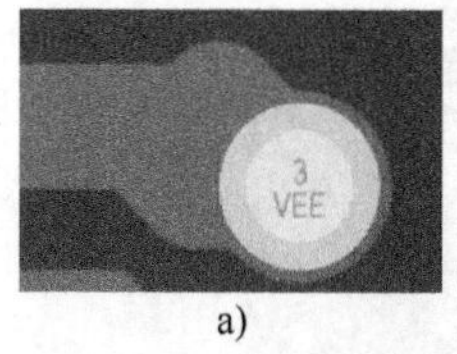

a)

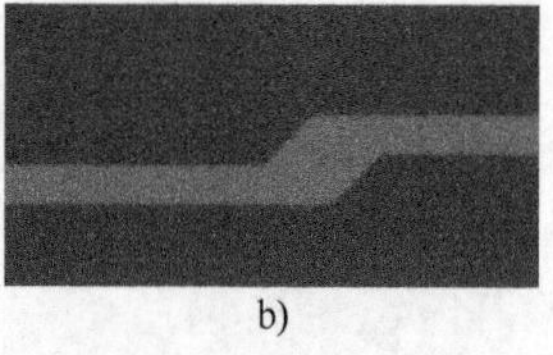
b)

图 2-34　导线重叠和布线冗余

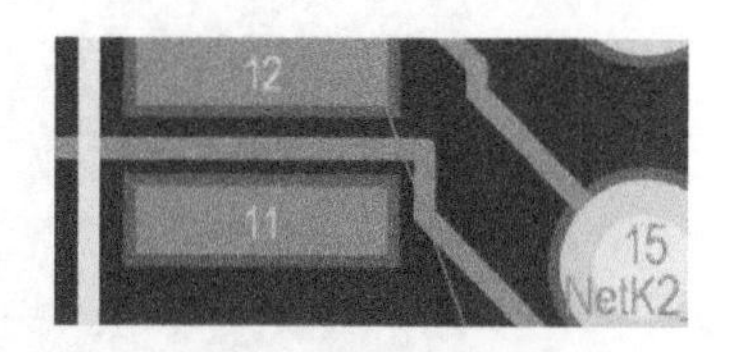

图 2-35　直角布线

通过上面的分析，已基本能知道哪些导线需要修改，但双面板在修改时要兼顾顶层和底层的布线，才能确定修改方案。可以在单层显示模式或者同时显示顶层和底层的情况下修改，单层和双层切换快捷键为〈Shift+S〉。针对以上情况，进行修改操作：

1）对于重叠导线，应直接删除。

2）对于绕行较远的导线，应移动元器件，重新布线。

3）布线冗余的修改。LCD1 导线有冗余线存在，并且是在 Bottom Layer 层中，在 PCB 编辑界面选中 Bottom Layer 层，直接使用快捷键〈P+T〉进行修改。修改后的布线如图 2-36 所示。

4）U2 的连接网络有明显的直角布线，应找到起止焊盘的位置，选择菜单命令“放置(Place/Interactive Routing)”或直接按下快捷键〈P+T〉，即可开始布线，在布线完成之后，原来的布线会自动消失。

5）顶层导线在布线过程中，可能会遇到同层导线的阻碍，为继续布线，必须改变导线层面，在手动布线过程中，改变导线层面时应按〈+〉键，切换一次就会出现一个过孔。一块 PCB 上的过孔应尽量少，一方面是因为过孔越少则在规定尺寸上可供布线的空间越多，另一方面是因为过孔少可降低工艺成本。

特别提示：修改顶层布线必须将顶层作为当前工作层，修改底层布线必须将底层作为当前工作层。

反复手动调整元器件位置，修改布线，最终效果如图 2-37 所示。布线的调整往往不会一步到位，需要结合元器件综合考虑。

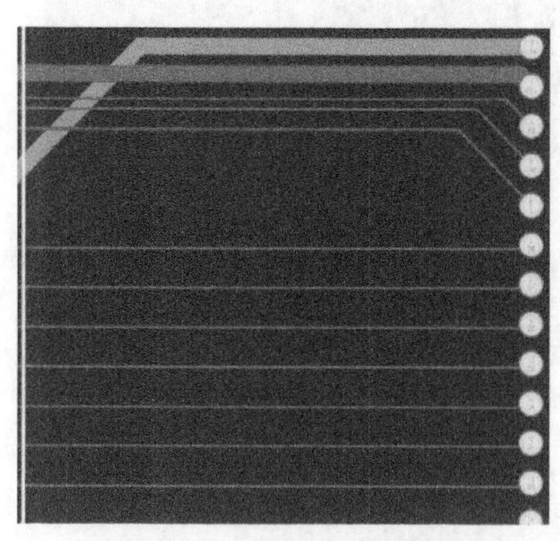

图 2-36　修改后的布线

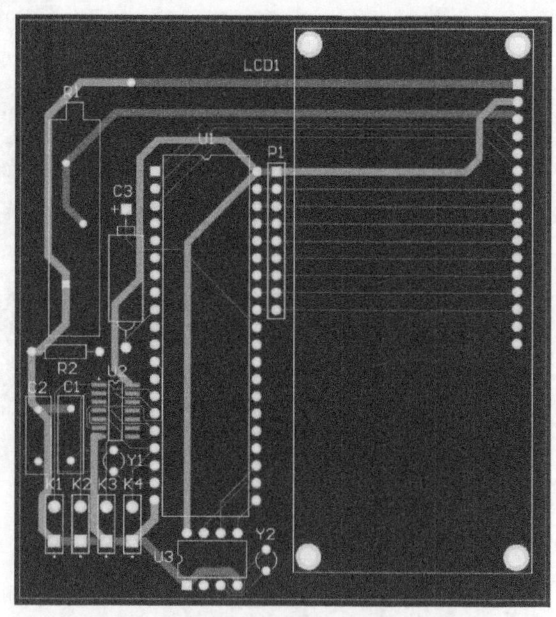

图 2-37　单片机电路 PCB 布线最终效果

5. 实训结果及数据

1）熟悉并掌握 PCB 设计的流程。

2）熟悉 PCB 设计的注意事项。

3）掌握 PCB 设计的设置要求。

4）能按要求完成单片机电路 PCB 的设计任务。

6. 考核评价

序号	考核内容	配分	评分标准	考核记录	扣分	得分
1	熟悉 PCB 的设计流程	20	熟悉设计流程			
2	掌握 PCB 的设计注意事项	20	熟悉注意事项			
3	掌握 PCB 的设计步骤	30	能说出 PCB 设计的主要步骤			
4	单片机电路 PCB 设计文件满足设计要求	30	设计文件满足设计要求			
	分数总计	100				

任务 2.2　PCB 设计检测

任务描述

PCB 的制造是集成电路发展中重要的一环。本任务主要采用常州奥施特信息科技有限公司的虚拟仿真软件，通过虚拟仿真检查和验证，发现 PCB 设计中存在的问题，以便提前修改和完善，并使读者了解和熟悉 PCB 可制造性设计（DFM）的相关知识和 PCB 的设计检测（含 PCB 仿真、裸板检测、可装配性检测和可焊接性检测）等。

相关知识

2.2.1　可制造性设计（DFM）的概念

可制造性设计（Design For Manufacture，DFM）就是指从产品开发设计时起，就考虑到产品的可制造性和可测试性，使设计和制造之间紧密联系，实现从设计到制造一次成功的目的。DFM 具有缩短开发周期，降低成本和提高产品质量等优点，图 2-38 所示为传统设计方法与现代设计方法的比较。

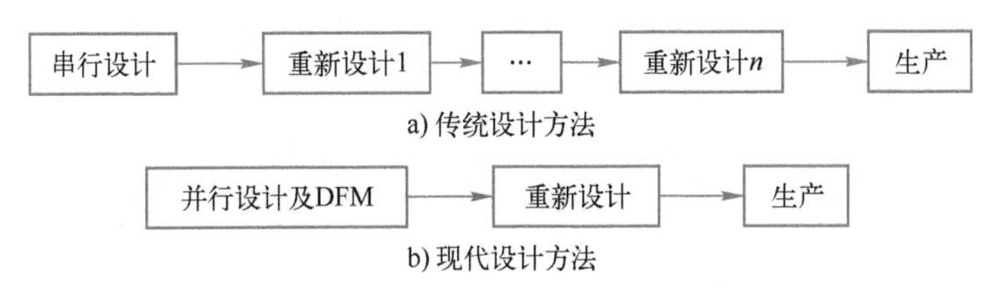

图 2-38　传统设计方法与现代设计方法的比较

1. 现代设计 DFX 系列

作为一种科学的方法，DFX 将不同团队的资源组织在一起，共同参与产品的设计和制造过程。通过团队的共同作用，缩短产品的开发周期，提高产品的质量、可靠性和客户满意度。DFX 中的一些常用专业术语见表 2-1。

表 2-1　DFX 中的一些常用专业术语

专业术语	中文释义
DFM：Design For Manufacturing	可制造性设计
DFT：Design For Test	可测试性设计
DFD：Design For Diagnosibility	可分析性设计
DFA：Design For Assembly	可装配性设计
DFE：Design For Environment	环保设计
DFF：Design For Fabrication of the PCB	可加工性设计
DFS：Design For Sourcing	物流设计
DFR：Design For Reliability	可靠性设计

2. 提高 PCB 设计质量的 DFM 措施

1）管理层要重视 DFM，认识到 DFM 的必要性，编制本企业的 DFM 规范文件。

DFM 规范文件的制定一般参照 IPC、SMEMA 和 EIA 等标准，并结合本公司的实际情况，如制造能力、工艺水平以及供应商提供的资料等。DFM 规范文件既可以是一页简单合理的行动列表（类似检查表），也可以是一本复杂、全面的手册，以此定义每一个部分和过程。

2）设计人员要了解 SMT 工艺，熟悉 DFM 规范，自觉考虑组装、测试、检验和返修等整个流程，选择标准元器件和标准工艺，减少制具、工具的复杂性和成本。

3）组建专业的 DFM 团队，加强信息沟通，团队人员来源于各个部门，由 DFM 工程师来协调工作。全面了解工程和制造两大块，既懂设计又懂生产，同时不断进行培训，学习掌握新的技术和工艺。

4）工艺从设计阶段就要开始介入，在设计过程中，产品设计师要与 SMT 加工厂的 SMT 工艺师保持联系和沟通，使 PCB 设计符合 SMT 工艺要求。

5）建立假想分析模型（有生产单位用 EMS 模型）。对设计进行可制造性量化测量与评估。将标准产品所需的工艺过程和所有工序等罗列出来，将每道工序所需的时间、产量、成本和缺陷率（百万单位 ppm）以标准数值列出，向模型中输入每种新产品的元器件数量和工序等，计算出预计的周期时间、预计的成本和预计的产量。

6）通过反馈步骤来收集所有 DFM 内容对生产的影响和起到的作用。

7）制定审核制度（可利用 DFM 工具和软件实现）。

2.2.2　SMT PCB 设计中的常见问题

1. 焊盘结构和尺寸不正确

如图 2-39 所示，如果焊盘间距过大或过小，再流焊时由于元器件焊端不能与焊盘搭接交叠，会产生吊桥或移位。如果焊盘尺寸大小不对称，或两个元器件的端头设计在同一个焊盘上时，由于表面张力不对称，也会产生吊桥或移位。

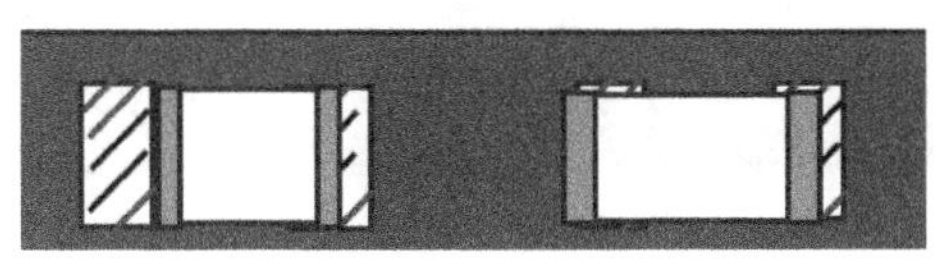

a) 焊盘间距过大或过小

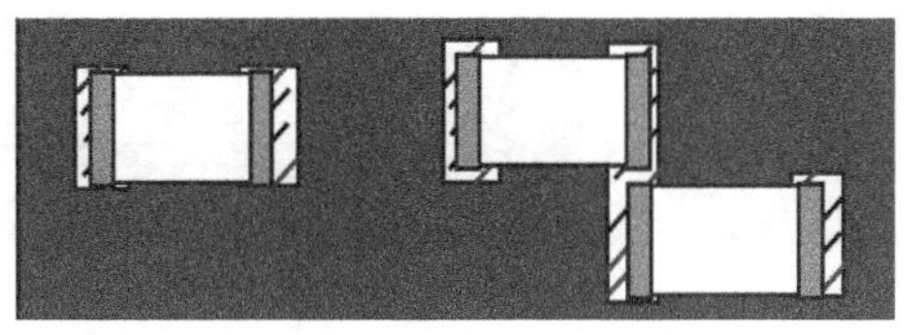

b) 焊盘尺寸大小不对称，或两个元器件的端头在同一个焊盘上

图 2-39　焊盘结构和尺寸不正确

2. 通孔设计不正确

如图 2-40 所示，如果通孔设计在焊盘上，焊料就会从通孔中流出，造成焊料不足。

a) 不正确　　b) 正确

图 2-40　通孔设计示意图

3. 阻焊膜和丝印不规范

如图 2-41 所示，阻焊膜和丝印加工在了焊盘上，其原因一是设计失误，二是 PCB 制造加工精度差。这种不规范会造成虚焊或电气断路。

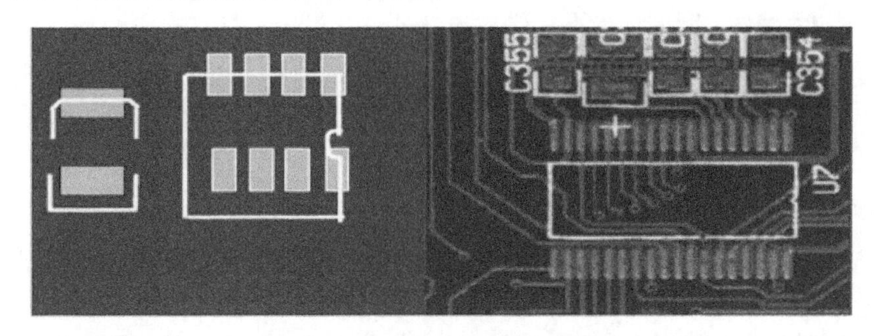

图 2-41　阻焊膜和丝印不规范

4. 元器件布局不合理

如果元器件布局没有按照波峰焊要求设计，则波峰焊时会造成阴影效应；如果元器件布局没有按照再流焊要求设计，则再流焊时会造成温度不均匀。

5. PCB 外形设计不正确

1）MARK 点做在大面积接地的网格上，或 MARK 点周围有阻焊膜，由于图像不一致与反光造成不能正确识别 MARK 点、频繁停机。

2）导轨传输时，由于 PCB 外形异形、PCB 尺寸过大/过小或 PCB 定位孔不标准，造成无法上板或无法实施机器贴片操作。

3）在定位孔和工艺边附近布放了元器件，导致只能采用人工补贴。

4）拼板槽和缺口附近的元器件布放不正确，裁板时造成元器件损坏。

5）PCB 厚度与长度/宽度尺寸比不合适，造成贴装及再流焊时变形，这种情况容易造成焊接缺陷，还容易损坏元器件，特别是在焊接 BGA 时容易造成虚焊，如图 2-42 所示。

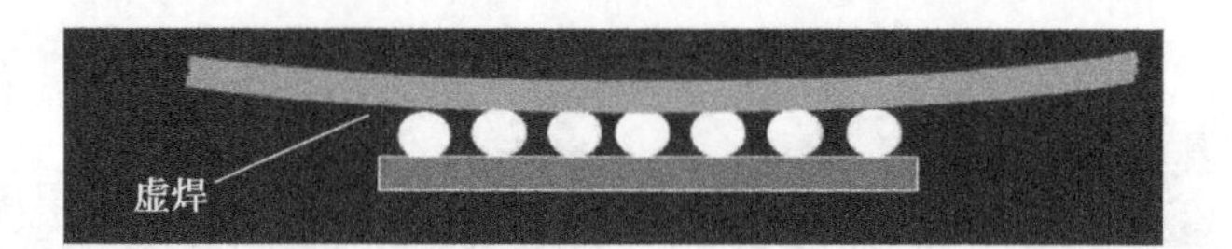

图 2-42 焊接 BGA 时容易造成虚焊

6）PCB 外形不规则，PCB 尺寸太小，没有加工拼板造成不能上机器贴装等。

6. BGA 的常见设计问题

焊盘尺寸不规范，过大或过小；通孔设计在焊盘上，通孔没有做埋孔处理，如图 2-43 所示。

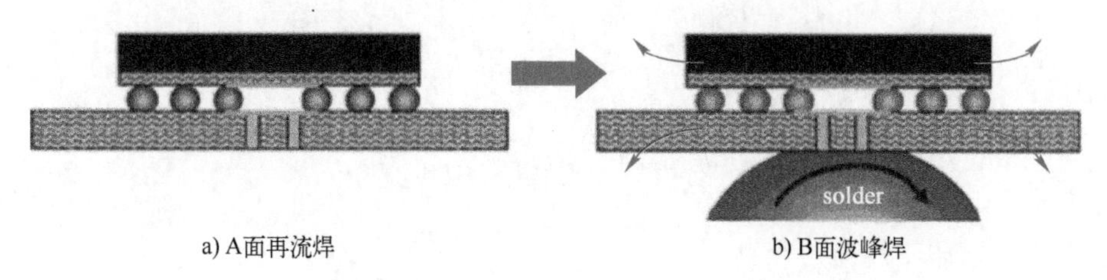

图 2-43 A 面再流焊，B 面波峰焊工艺时，BGA 的通孔应设计盲孔

7. 元器件和元器件的封装选择不合适

没有按照贴装机供料器的要求选择元器件和元器件的封装，造成无法用贴装机贴装。

2.2.3 热设计和抗干扰设计

1. 热设计

热设计在 SMT 的应用上是很重要的，一是因为 SMT 技术在组装密度上不断增加，而在元器件体形上不断缩小，造成单位体积内热量的不断提高。二是因为 SMT 元器件和组装结构对因尺寸变化引起的应力的消除或分散能力不佳。常见的故障是在一定时间的热循环后（环境温度和内部电功率温度），焊点易发生断裂。

（1）热设计要考虑的问题

热设计应考虑半导体本身界面的温度和焊点界面的温度。在分析热性能的时候，有两大注意方面：一是温度的变化幅度和速率，二是处在高低温环境下的时间。前者关系到和温差有关的故障，如热应力断裂等，后者关系到和时间长短有关的故障，如蠕变之类。产品在其使用寿命期间，尤其是在组装过程中受到的热冲击（来自焊接和老化），如果处理不当，将会大大影响产品的质量和寿命。除了组装过程中的热冲击，产品在服务期间也会受到热冲击，比如汽车电子设备在冷天气下启动而升温等。

（2）散热处理和热平衡设计

为了确保产品有较长的使用寿命，实施有效的散热处理和热平衡设计显得尤为重要。散热的方式有热的传导、对流和辐射。在散热考虑上有两个难处：产品组装起来的外形（元器件高矮距离的布局）对空气流动造成的影响；基本结构和对不同热源（元器件）的散热分担。一些有用的散热方法如下。

1）在空气流动的方向上，对热量较敏感的元器件应分布在“上游”位置。在使用强制空气对流散热的情况下，较高的元器件应分布在热源的“下游”位置，并和热源有一定的距离，高长形的元器件应和空气流动的方向平行。

2）高热元器件应考虑放于出风口或利于空气对流的位置。散热器的放置也应考虑利于空气对流。

3）对于自身温升高于30℃的热源，一般要求在风冷条件下，电解电容等对温度敏感的元器件离热源的距离要大于或等于2.5 mm；在自然冷却条件下，电解电容等对温度敏感的元器件离热源的距离要大于或等于3.0 mm。

4）为了保证透锡良好，在大面积铜箔上的元器件要求用隔热带与焊盘相连，对于会流过5 A以上大电流的焊盘，不能为隔热焊盘。

5）为了避免元器件过再流焊后出现偏位、立碑现象，0805以及0805以下片式元器件两端焊盘应保证散热对称性，焊盘与印制导线的连接部宽度应不大于0.3 mm。

2. 抗干扰设计

没有按照电磁兼容（EMC）规格设计的电子设备，很可能会散发电磁能量，并且干扰附近的其他设备。EMC对电磁干扰（EMI）、电磁场（EMF）和射频干扰（RFI）等都有最大限制的规定，目的就是要防止电磁能量进入或由装置散发出。一般的PCB会使用电源线和地线层，或是将PCB放进金属盒子当中来解决这些问题。

（1）电源线设计

根据PCB电流的大小，应尽量加大电源线的宽度，减少环路电阻。同时，使电源线、地线的走向和数据传递的方向一致，这样有助于增强抗噪声能力。

（2）地线设计

在电子产品的设计中，接地是控制干扰的重要方法。如果能将接地和屏蔽正确结合起来使用，可解决大部分干扰问题。电子产品中的地线结构大致有系统地、机壳地（屏蔽地）、数字地（逻辑地）和模拟地等。在地线的设计中，应注意以下4点：正确选择单点接地与多点接地；数字地与模拟地分开；地线应尽量加粗；地线应构成闭环路。

（3）退耦电容配置

PCB抗干扰设计的常规做法之一是在PCB的各个关键部位配置适当的退耦电容。

（4）反射干扰

随着电路信号的高速化，反射干扰成了比较大的问题，目前降低反射干扰的常用方法是使用终端连接器（Terminator），有时终端连接器的使用数量会很多，一般可在大规模集成电路（Large Scale Integration，LSI）的周边错开或并行配置。

2.2.4 可测试性设计（DFT）

可测试性设计（Design For Test，DFT）可以大大减少生产测试的准备和实施成本。随着电子产品的结构尺寸越来越小，目前出现了两个特别引人注目的问题：一是可接触的电路节点越来越少；二是在线测试（In-Circuit-Test）等方法的应用受到限制。为了解决这些问题，可以在电路布局上采取相应的措施，也可以采用新的测试方法和创新性解决方案。

1. 什么是可测试性

可测试性指测试工程师可以用尽可能简单的方法来检测某种元器件的特性，看它能否满足预期的功能。简单地讲，就是检测产品是否符合技术规范的方法简单化到什么程度，编制的测试程序能快到什么程度，以及全面化发现产品故障到什么程度。可制造性和可测试性之间有明确的区别，这是两个完全不同的概念，具有不同的前提。

测试本身是有成本的，测试成本随着测试级数的增加而加大。从在线测试、功能测试到系统测试，测试成本越来越大，但如果跳过其中一项测试，所需成本甚至会更大。一般的规则是每增加一级测试，则相应成本的增加系数是 10 倍。通过测试友好的电路设计，可以及早发现故障，从而使测试友好的电路设计所需成本迅速得到补偿。

2. 在线测试的一般原则

（1）测试点的选择

1）测试点应均匀分布于整个电子产品的装配印制板（Printed Board Assembly，PBA）上。

2）元器件的引脚、测试焊盘和插接器的引脚均可作为测试点，贴片元器件最好采用测试焊盘作为测试点，如图 2-44 所示。

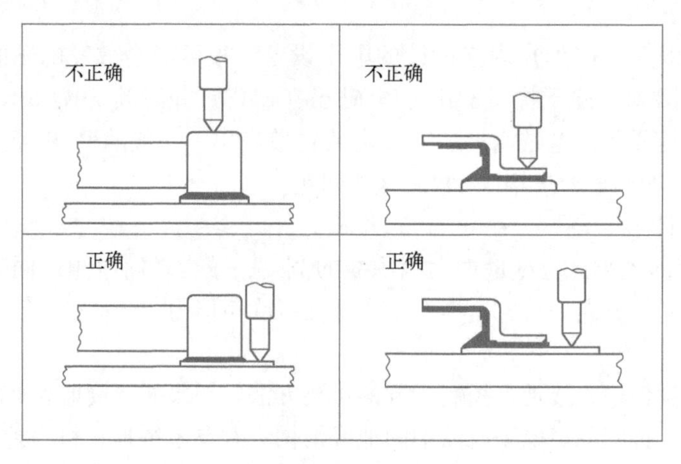

图 2-44 采用在线测试时的测试点

3）在布线时，每一条网络线都要加上测试点，测试点尽量远离元器件，两个测试点的间距不能太近，其中心间距应有 2.54 mm。如果在一条网络线上已经有焊盘或过孔时，可以不用另加测试焊盘。

4）对电源线和地线应各留 10 个以上的测试点，且均匀分布于整个 PCB 上，用以减小测试时反向驱动电流对整个 PCB 上电位的影响，并确保整个 PCB 等电位。对带有电池的 PBA 进行测试时，应使用跨接线，以防止电池周围的短路无法检测。

5）添加测试点时，附加线应该尽量短，如图 2-45 所示。

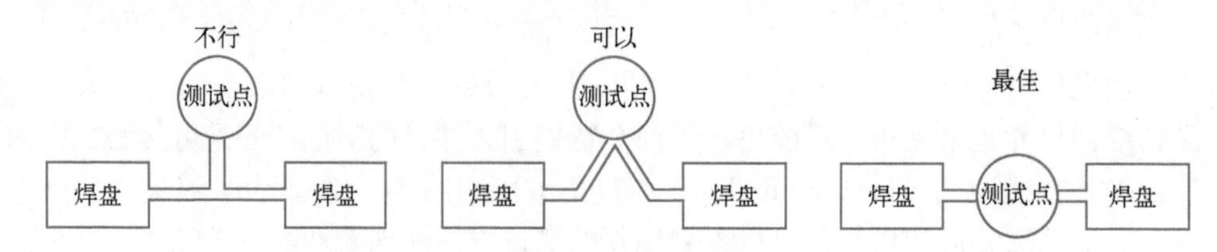

图 2-45 测试点的附加线应尽量短

6）测试焊盘与焊盘的表面处理应相同，测试孔的设置与再流焊通孔的设置要求相同。

7）尽量采用一面测试，避免两面用针床测试。

（2）测试点的要求

采用在线测试时，PCB 上要设置若干个探针测试支撑通孔和测试点，这些孔或点和焊盘相连时，可从有关布线的任意处引出，但应注意以下 5 点：

1）通孔不能选在焊盘的延长部分，这与再流焊通孔的要求相同，探针测试的焊盘直径通常不小于 0.9 mm，在 PCB 面积小于 7700 mm^2 的情况下，焊盘直径可为 0.6 mm。

2）测试点不能选在元器件的焊点上，且金手指不能作为测试点，以免造成损坏。

3）测试针周围的间隙由装配工艺决定，最小间隙等于相邻元器件高度的 80%，最小为 0.6 mm，最大为 5 mm。

4）在 PCB 有探针的一面，元器件高度不应超过 5.7 mm，若超过 5.7 mm，则测试工装必须让位，避开高的元器件，所以焊盘必须远离高的元器件 5 mm。

5）套牢孔应呈对角线配置，其定位精度为±0.05 mm，直径精度为±0.076 mm，相对于测试点的定位精度为±0.05 mm，离开元器件边缘至少 3 mm。

2.2.5　仿真课程平台

本任务采用常州奥施特信息科技有限公司开发的微电子 SMT 组装技术仿真课程平台 V2.5，它集成了 PCB 设计检测、微电子 SMT 组装技术、SMT 组装设备和工厂、质量控制和维修，可帮助使用者了解和掌握现代微电子 SMT 组装技术。

平台严格按照国际专业认证规范设计，实现了教学大纲、课件、作业、实验、工程实训和考试的一体化，其平台界面如图 2-46 所示，技术参数见表 2-2。

图 2-46　仿真课程平台界面

表 2-2　微电子 SMT 组装技术仿真课程平台 V2.5 技术参数

模　　块		技术参数和功能
PCB 设计检测		课件、视频、作业 工程 1：PCB 设计检测：文件提取：EDA（Protel 软件） 静态 3D 仿真：PCB 基板（正反面）、钻孔、贴片元器件 物理参数检测：通孔、焊盘、线段 可装配性检测：PCB 尺寸、MARK 点标号、工艺边、定位孔、机插间距 可焊接性检测：再流焊/波峰焊元器件排列检测、SMT 焊盘宽度设计检测 可视化检测：3D 可视化显示 PCB 上的具体错误位置和类型
微电子 SMT 组装工艺	SMT 组装工艺	实验 1：BGA 计算机工艺流程设计和仿真 根据组装类型，选择工艺流程的每个工序，并选择工艺流程的每个工序的设备；3D 仿真显示所设计的工艺流程
		实验 2：QFP 家电工艺流程设计和仿真 根据组装类型，选择工艺流程的每个工序，并选择工艺流程的每个工序的设备；3D 仿真显示所设计的工艺流程
		实验 3：BGA/QFP 工控工艺流程设计和仿真 根据组装类型，选择工艺流程的每个工序，并选择工艺流程的每个工序的设备；3D 仿真显示所设计的工艺流程
		实验 4：BGA/QFN 汽车电子工艺流程设计和仿真 根据组装类型，选择工艺流程的每个工序，并选择工艺流程的每个工序的设备；3D 仿真显示所设计的工艺流程
		工程 2：BGA 计算机工艺参数设计
	微电子组装工艺	实验 5：FC 智能卡工艺流程设计和仿真
		实验 6：PoP 手机组装工艺流程设计和仿真
		实验 7：MCM 军工组装工艺流程设计和仿真
SMT 组装设备和工厂	SMT 组装设备	工程 3：丝印机 CAM 编程和 VR 操作
		工程 4：点胶机 CAM 编程和 VR 操作
		工程 5：贴片机 PCB 正反面 CAM 编程，并进行设备的交互式 VR 操作
		工程 6：再流焊 PCB 正反面 CAM 编程和温度曲线仿真，并进行设备的交互式 VR 操作
	SMT 组装工厂	工程 7：QFP 家电组装 VR 工厂 在 VR 制造工厂中，按照电子产品的工艺流程，漫游找到每个工序的设备，完成模拟生产运行；查看每个工序的设备加工完成前后产品的结构变化，模拟产品的真实生产过程
		工程 8：QFP 家电生产准备
		工程 9：QFP 家电故障处理
		工程 10：FC 智能卡组装 VR 工厂
		工程 11：BGA 计算机组装 VR 工厂
		工程 12：BGA/QFP 工控组装 VR 工厂
		工程 13：BGA/QFN 汽车电子组装 VR 工厂
		工程 14：PoP 手机组装 VR 工厂
		工程 15：MCM 军工组装 VR 工厂

（续）

模块		技术参数和功能
质量控制和维修	SMT 质量控制	工程 16：生产故障 VR 处理 针对每个生产故障（缺焊膏、网板塞孔、贴片缺料、贴装飞件等）的原因，正确选择相应的处理方法；在 VR 工厂中漫游到相应设备处并撞击，查看所选方法的对应动画
		工程 17：产品质量 VR 控制 针对每个产品质量缺陷（元器件移位、桥接、虚焊、立碑和焊料球）的原因，正确选择相应的处理方法；在 VR 工厂中漫游到相应设备处并撞击，查看所选方法的对应动画
	SMT 设备维修	工程 18：丝印机维修维护 针对每个设备故障的原因，正确选择相应的处理方法；在 VR 工厂中漫游到相应设备处并撞击相应的故障部位，查看所选方法的对应动画或图片
		工程 19：贴片机维修维护 针对每个设备故障的原因，正确选择相应的处理方法；在 VR 工厂中漫游到相应设备处并撞击相应的故障部位，查看所选方法的对应动画或图片
		工程 20：点胶机维修维护 针对每个设备故障的原因，正确选择相应的处理方法；在 VR 工厂中漫游到相应设备处并撞击相应的故障部位，查看所选方法的对应动画或图片
		工程 21：再流焊设备维修维护 针对每个设备故障的原因，正确选择相应的处理方法；在 VR 工厂中漫游到相应设备处并撞击相应的故障部位，查看所选方法的对应动画或图片
考评和教师系统	课程大纲	可查询课程大纲
	课程考试出题	基于课程大纲选择出题，知识题 10 个（20 分），实践题 8 个（80 分），系统自动出题
	考评和成绩统计	系统自动考评，课程总成绩=课程考试成绩+作业成绩+实验成绩+工程成绩，系统自动执行成绩统计和分析
	成绩查询	可查询课程考试、作业、实验和工程的成绩
网络平台	局域网教室	带宽 500 MB 以上，PC 为 2G 独显，Windows 7 以上（学校自配）
	工作站	i5 处理器，内存容量 8 GB，硬盘 1 TB，显存 4 GB
	加密卡	加密算法为 AES（128 位），受保护功能/应用程序的最大数目为 10 点

任务实施

1. 实训目的及要求

1）了解常用的 PCB 设计检测手段。

2）了解 DFM 的相关知识。

3）了解 PCB 的设计检测内容（含 PCB 仿真、裸板检测、可装配性检测、可焊接性检测）。

4）了解使用仿真课程平台进行 PCB 测试的步骤。

2. 实训设备

PC：1 台。

微电子 SMT 组装技术仿真课程平台：1 套。

使用 EDA 软件设计完成的 PCB 电子文件：1 个。

3. 实训内容及步骤

1）打开仿真课程平台，单击主界面上的“PCB 设计检测”按钮，如图 2-47 所示。

图 2-47 单击“PCB 设计检测”按钮

2）进入 PCB 设计检测界面，如图 2-48 所示。

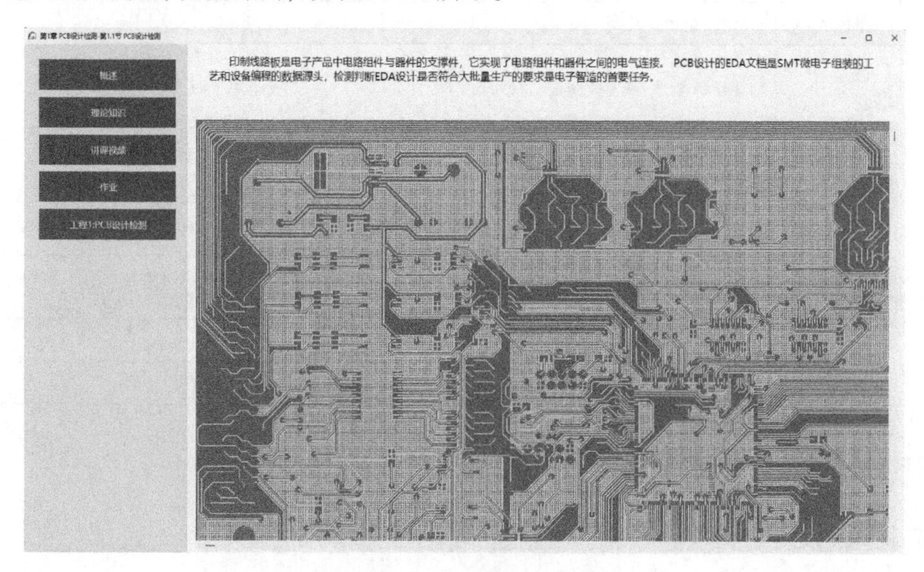

图 2-48 PCB 设计检测界面

3）单击“工程 1：PCB 设计检测”按钮，进入检测界面，如图 2-49 所示。

在“设计文件输入”界面进行 EDA 设计文件信息提取。单击界面中“AD 文件选择”选项组的“文件路径”文本框旁边的 ... 按钮，进入 EDA 文件加载选择界面，如图 2-50 所示，找到设计好的 EDA 文件，单击“确定”按钮即可完成加载。

这里以示范文件“Protel IA 单面拼板贴装 Demo 板”为例，读者也可以使用自己设计的 EDA 文件。

从界面中可以看到这个单面拼板贴装板的信息，界面同时也会显示这个设计文件中的元器

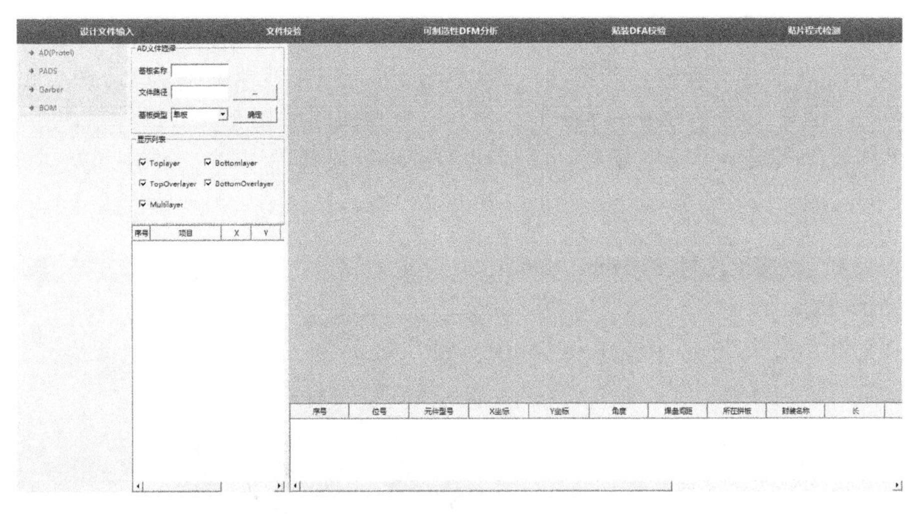

图 2-49 检测界面

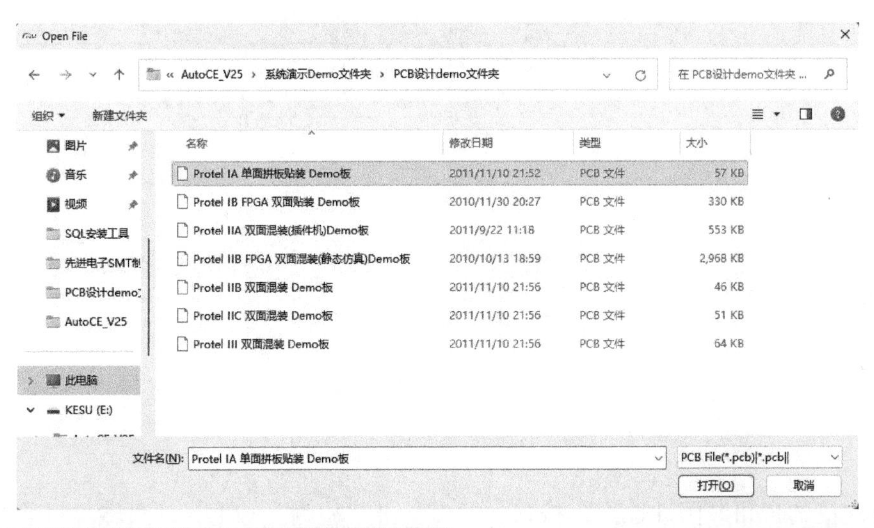

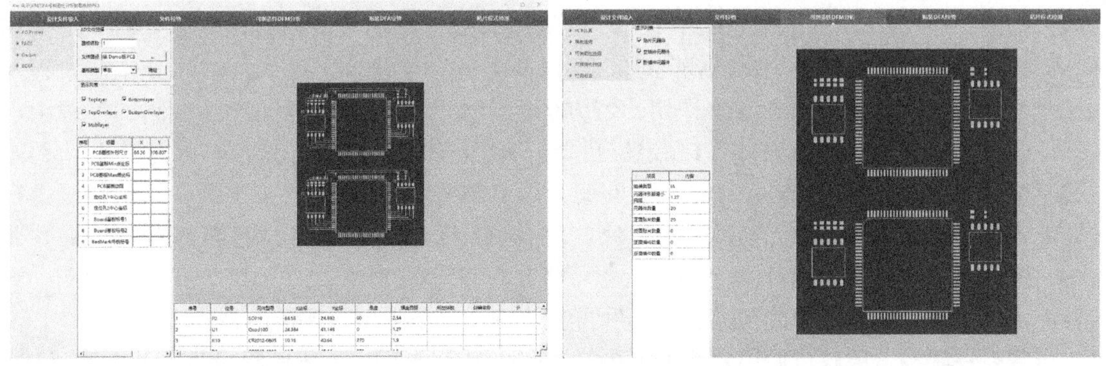

图 2-50 EDA 设计文件信息提取

件相关信息。在相关信息中可以明确看到元器件的型号、X 坐标、Y 坐标、角度和焊盘间距等。在导入了 EDA 文件之后，就可以针对这个 PCB 设计进行检测了。

4）DFM 分析。单击如图 2-49 所示界面顶部的“可制造性 DFM 分析”按钮，出现检测界面。单击左侧的“裸板检测”按钮，然后单击“检测”按钮，即可输出裸板检测结果，如图 2-51 所示。从图 2-51 中看出，裸板检测输出 4 条错误代码，主要涉及 E10 和 E2 两种错误。第一种是导线问题，即导线的两端或一端悬空，端点不与其他图形相连；第二种错误是焊盘问题，即导线与焊盘最小间距小于密度规则。读者也可将自行设计的 PCB 文件用该方式进行检测。针对检测出的问题，应及时修改与完善，然后再次检测，直至不再出现错误为止。

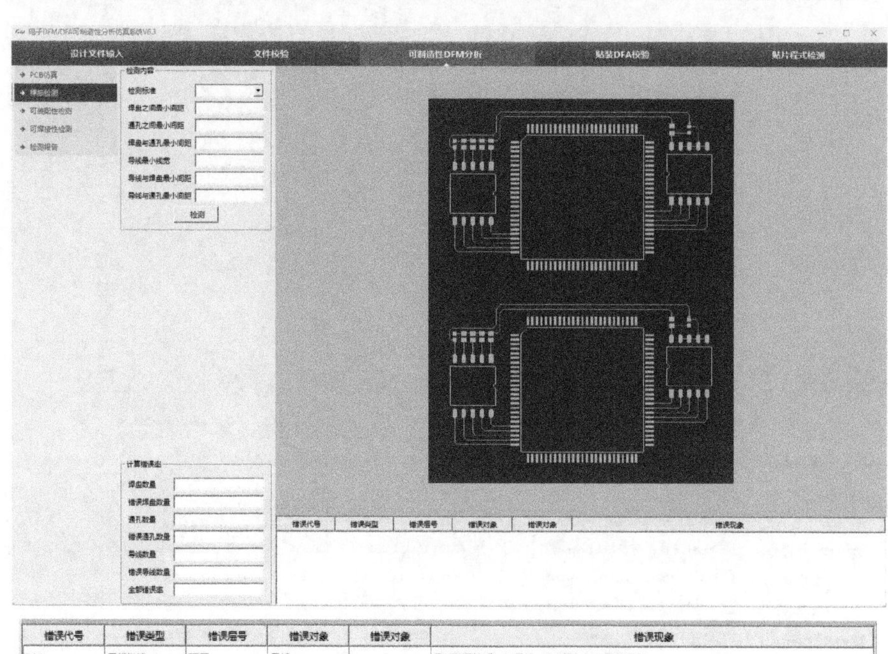

错误代号	错误类型	错误层号	错误对象	错误对象	错误现象
E10	导线链接	顶层	导线		导线的两端或一端悬空，端点不与其它图形相连
E10	导线链接	顶层	导线		导线的两端或一端悬空，端点不与其它图形相连
E2	焊盘与导线间距	顶层	焊盘	导线	导线与焊盘最小间距小于密度规则
E2	焊盘与导线间距	顶层	焊盘	导线	导线与焊盘最小间距小于密度规则

图 2-51　裸板检测结果

5）单击左侧的“可装配性检测”按钮，然后单击“检测”按钮，即可输出可装配性检测结果，如图 2-52 所示。从图 2-52 中看出，可装配性检测输出 2 条错误代码，主要涉及 W10 和 W7 两种错误。W10 错误是定位孔问题，即 PCB 上的定位孔少于两个。在 PCB 生产过程及测试过程中，PCB 定位孔起到定位作用，可方便生产及测试，并且保证产品在测试过程中不被损坏（如高压测试和绝缘测试等）。定位孔少于两个则不能实现有效定位，因此 PCB 上的定位孔不能少于两个。W7 错误是 MARK 点问题，即 PCB 上的 MARK 点少于两个。贴片机进行贴装元器件时，需要对每个元器件进行定位，即以 MARK 点为基准点，定位 PCB 内的贴片元器件，所以 MARK 点不能少于两个。读者也可将自行设计的 PCB 文件用该方式进行检测。针对检测出的问题，应及时修改与完善，然后再次检测，直至不再出现错误为止。

可焊接性检测一般较少使用，这里不再赘述。DFM 分析还可生成检测报告，如图 2-53 所示。检测报告中主要涉及物理参数检测和装配性检测两方面。

4. 实训结果及数据

1）掌握常用的 PCB 设计检测手段。

2）了解 DFM 的相关知识。

3）了解使用仿真课程平台开展 PCB 设计检测的主要步骤。

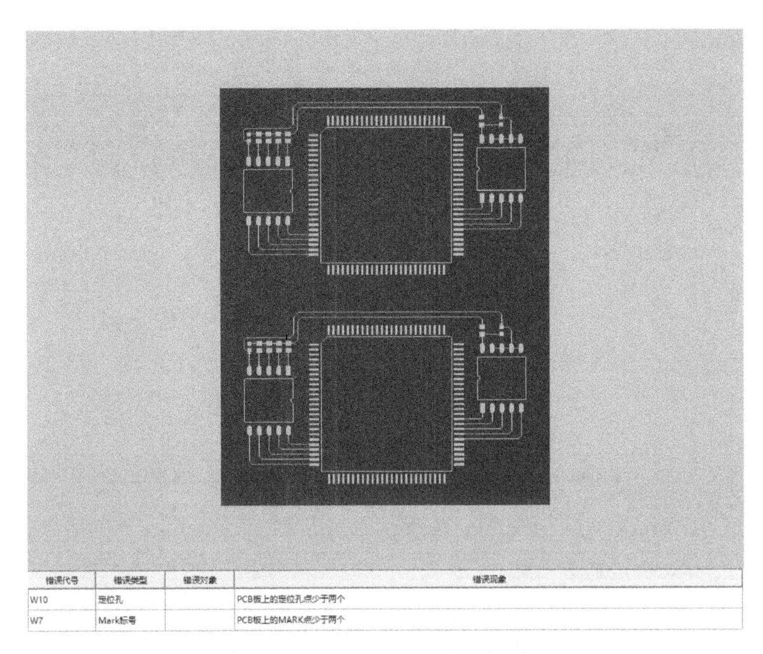

图 2-52　可装配性检测结果

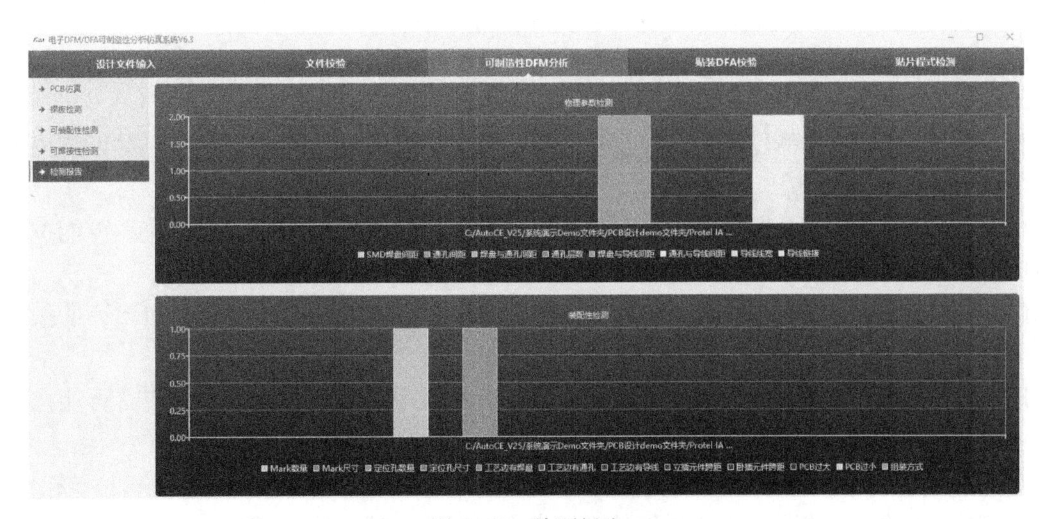

图 2-53　检测报告

4）分析 PCB 的 DFM 检测结果，并对设计文件进行修正。

5. 考核评价

序号	考核内容	配分	评分标准	考核记录	扣分	得分
1	熟悉 PCB 设计检测手段	30	熟悉检测手段			
2	了解 DFM 的相关知识	30	了解 DFM 的相关知识			
3	了解使用仿真课程平台开展 PCB 设计检测的主要步骤	20	能说出检测的主要步骤			
4	分析 PCB 的 DFM 检测结果，并对设计文件进行修正	20	能根据结果对文件进行修正			
	分数总计	100				

项目小结

本项目主要介绍了使用 EDA 软件进行 PCB 设计、元器件布局和布线的相关要求，并强调了在 PCB 布局中的常见注意事项，进行了 PCB 布线流程展示。同时，对于设计的 PCB 文件采用仿真平台进行可制造性检测和可焊接性检测等。通过仿真平台的使用，可发现并完善 PCB 设计中存在的问题。

习题与练习

1. 单项选择题

1）PCB 的外形一般为矩形，其长宽比为（　　）。

A. 3∶3 或 4∶3　　B. 3∶2 或 4∶3　　C. 3∶2 或 4∶2.

2）设计定位孔的一般准则是（　　）。

A. 大小为(4±0.1) mm，周围 1 mm² 范围内不能有元器件

B. 大小为(2±0.1) mm，周围 1 mm² 范围内不能有元器件

C. 大小为(4±0.1) mm，周围 2 mm² 范围内不能有元器件

D. 大小为(2±0.1) mm，周围 2mm² 范围内不能有元器件

3）PCB 整体布局设计的一般准则是（　　）。

A. 尽可能使元器件平行排列，大质量元器件必须集中布置，同类元器件应尽可能按相同的方向排列

B. 尽可能使元器件垂直排列，大质量元器件必须分散布置，同类元器件应尽可能按相同的方向排列

C. 尽可能使元器件平行排列，大质量元器件必须分散布置，同类元器件应尽可能按相同的方向排列

D. 尽可能使元器件垂直排列，大质量元器件必须集中布置，同类元器件应尽可能按相同的方向排列

4）再流焊元器件排列方向设计的一般准则是（　　）。

A. SMD 的长轴应平行于再流焊炉的输送带方向，两个端头的 CHIP 元件的长轴与 SMD 的长轴应相互垂直

B. SMD 的长轴应垂直于再流焊炉的输送带方向，两个端头的 CHIP 元件的长轴与 SMD 的长轴应相互垂直

C. SMD 的长轴应平行于再流焊炉的输送带方向，两个端头的 CHIP 元件的长轴与 SMD 的长轴应相互平行

D. SMD 的长轴应垂直于再流焊炉的输送带方向，两个端头的 CHIP 元件的长轴与 SMD 的长轴应相互平行

5）为了避免阴影效应，波峰焊元器件排列方向设计的一般准则是（　　）。

A. 同尺寸元器件的端头在垂直于焊料波的方向排成一条直线，不同尺寸的元器件应交错放置，小尺寸元器件要排布在大尺寸元器件的前方

B. 同尺寸元器件的端头在平行于焊料波的方向排成一条直线，不同尺寸的元器件应交错

放置，小尺寸元器件要排布在大尺寸元器件的后方

C. 同尺寸元器件的端头在平行于焊料波的方向排成一条直线，不同尺寸的元器件应交错放置，小尺寸元器件要排布在大尺寸元器件的前方

D. 同尺寸元器件的端头在垂直于焊料波的方向排成一条直线，不同尺寸的元器件应交错放置，小尺寸元器件要排布在大尺寸元器件的后方

6）家用电子产品的元器件密度设计的一般规则为（　　）。

A. 2 级　　B. 4 级　　C. 5 级

7）BOM 文件是（　　）。

A. PCB 上元器件的代号，包括元器件的坐标

B. PCB 上元器件的名称，不包括元器件的坐标

C. PCB 钻孔的制造图形文件，可导出元器件的坐标

D. PCB 钻孔的制造图形文件，不能导出元器件的坐标

8）工厂对 PCB 装配的主要要求包括（　　）。

A. 元器件最小间距、PCB 尺寸、标号、定位孔、工艺边、插件跨距

B. 元器件数量、PCB 上的元器件布局、PCB 厚度

9）通用电子产品（包括消费产品、计算机和外围设备、一般军用硬件）的 IPC 性能等级是（　　）。

A. 1 级　　B. 2 级　　C. 3 级

10）根据 IPC 性能等级的要求，元器件的引脚宽度至少是焊盘宽度的（　　）。

A. 30%　　B. 50%　　C. 90%

11）在 SMD 中心距为 1.27 mm 的引线焊盘之间没有布线，而在通孔之间可有一条 0.25 mm 的布线，是（　　）。

A. 1 级布线密度　　B. 2 级布线密度　　C. 3 级布线密度

D. 4 级布线密度　　E. 5 级布线密度

12）工艺边设计的一般准则是（　　）。

A. 范围为 4 mm，在此范围内允许有元器件和焊盘

B. 范围为 4 mm，在此范围内不允许有元器件和焊盘

C. 范围为 2 mm，在此范围内不允许有元器件和焊盘

D. 范围为 2 mm，在此范围内允许有元器件和焊盘

13）下列情况下要采用拼板方式的是（　　）。

A. <100 mm×100 mm　　B. <50 mm×50 mm　　C. <200 mm×200 mm

2. 简答题

1）PCB 设计包含哪些内容？试简述 PCB 设计的主要步骤。

2）试简述 PCB 设计的一般布局原则。

3）试简述再流焊与波峰焊元器件排列方向的异同。

4）PCB 布线。

① 试简述 PCB 布线的设计原则。

② 试简述 PCB 电源线和地线的布线原则。

5）MARK 点是否应至少有两个？MARK 点是否必须加上阻焊膜？

项目 3　SMT 外围设备与辅料

SMT 外围设备与辅料对 SMT 生产线的生产品质和生产效率起着重要的作用。本项目主要介绍 SMT 外围设备与辅料，旨在介绍相关知识，并使读者学会正确操作 SMT 生产线上的上板机、锡膏测厚仪和锡膏搅拌器等外围设备，掌握相应设备的操作规范，了解贴片胶、锡膏和钢网等 SMT 辅料并学会正确使用。

任务 3.1　SMT 外围设备操作

任务描述

上板机、锡膏测厚仪和锡膏搅拌器等设备是常见的 SMT 外围设备。其中，上板机在电子产品制造中扮演着重要角色，它是 SMT 生产线的起点，负责将未贴装的 PCB 自动送至贴片机上，从而有效节省人力成本。上板机的使用避免了人工上板过程中可能出现的错误和损害，提高了生产线的生产效率和质量。通过本任务的学习，读者可以了解上板机的主要操作步骤。

相关知识

3.1.1　外围设备概述

在 SMT 生产线上，印刷机、贴片机、再流焊机及在线检测仪器等统称为生产设备，而上板机、锡膏测厚仪和锡膏搅拌器等为外围设备。这些外围设备能实现上下料和锡膏搅拌等动作，节省人力成本，辅助实现 SMT 工艺的自动化精益生产。

3.1.2　上板机

上板机用于 SMT 生产线上的 PCB 上板（上料）操作，它安装于 SMT 生产线的前端，可根据生产速度自动供板。任何有无元器件的 PCB 都可以通过该机上板，免去了人工上板。下面以 LD 系列上板机的操作为例来说明。

1. 上板机的参数

（1）技术参数

1）PCB 上板时间约 6 s。

2）料箱更换时间约 30 s。

3）步距选择：1~5（10~50 mm 步距）。

4）电源及负荷：AC 220 V，单向最大 300 V · A。

5）气压：400~600 kPa。

6）气流量：最多 10 L/min。

7）PCB 厚度：最少 0.4 mm。

（2）规格参数（见表 3-1）

表 3-1 LD 系列上板机的规格参数

规格	型号	外形尺寸	PCB 尺寸	质量/kg	料箱尺寸
S	LD-S-NC	1800 mm×765 mm×1250 mm	50 50-330 250	140	355 cm×320 cm×560 cm
M	LD-M-NC	1650 mm×845 mm×1250 mm	50 50-460 330	200	460 cm×400 cm×560 cm
LL	LD-LL-NC	1800 mm×910 mm×1250 mm	50 50-530 390	250	535 cm×460 cm×570 cm
XL	LD-XL-NC	1800 mm×970 mm×1250 mm	50 50-530 460	300	535 cm×530 cm×560 cm

2. 上板机的操作

图 3-1 所示为上板机的操作面板示意图。

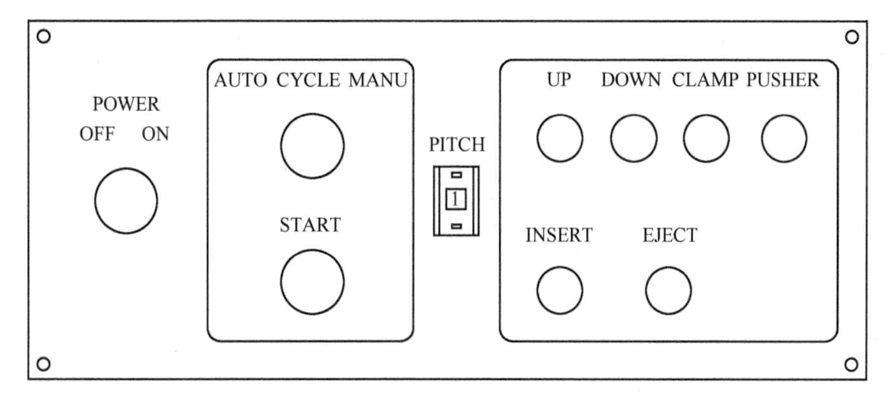

图 3-1 上板机的操作面板示意图

上板机的各按键功能/操作说明见表 3-2。

表 3-2 上板机的各按键功能/操作说明

序号	符号	名称	功能/操作说明
1	POWER	电源开关	对准“OFF”时断电
			对准“ON”时通电
2	AUTO	模式开关	对准“AUTO”时，按下 START 则投入自动运行
	CYCLE		对准“CYCLE”时，按下 START 则投入循环运行
	MANU		手动运行模式
3	PITCH	拨码开关	推板间距：1 为 10 mm，2 为 10 mm，3 为 30 mm，4 为 40 mm，5 为 50 mm
4	START	启动按钮	启动自动和循环模式
5	UP	向上按钮	点动一次，升降台上升设置的间距
6	DOWN	向下按钮	点动一次，升降台下降设置的间距
7	CLAMP	夹紧料箱按钮	按下则夹紧料箱，再按一次松开料箱
8	PUSHER	PCB 推板按钮	在循环和手动模式下，按下则推板
9	INSERT	料箱载入按钮	在手动模式下按下，则料箱载入
10	EJECT	料箱载出按钮	在手动模式下按下，则料箱载出

基本操作步骤：

1）将物料（PCB）置于轨道中并调整宽度，解除锁机。

2）旋转操作面板的电源开关至“ON”，开启电源。

3）旋转操作面板的模式开关至“自动”。

4）按下操作面板的启动按钮，启动自动操作模式。

5）关闭设备时，旋转按下面板的电源开关至“OFF”，关闭电源，并按下急停按钮。

上板机的常见故障与排除方法见表3-3。

表3-3　上板机的常见故障与排除方法

故　障	原因与排除方法
总电源灯不亮	检查设备的电源插头是否正确良好地插在AC 220 V的插座上，是否正常供电
低压电源灯不亮	查看急停开关是否开启，内部低压保护装置是否正常
气缸不动作	检查是否有供气及压力是否达到，总气开关有无开启，电磁阀工作指示灯是否亮，检查各个保护传感器是否正常
阻挡不工作	检查是否有供气及压力是否达到，总气开关有无开启，电磁阀工作指示灯是否亮，检查升降传感器是否有感应及输送信号至PLC
接驳不过板	查看是否处于自动状态，两机的信号是否正确连接（应仔细查看信号接线图），轨道是否平衡对齐
升降台不动作	检查推板气缸缩回传感器是否有感应，PCB推出保护传感器是否无感应，料箱保护传感器有无反应
三色灯不亮	检查灯泡是否正常，有无松动

为实现PCB的自动精确走位，上板机会安装多个传感器，其安装位置如图3-2所示。

下板机的操作与上板机类似，此处省略。

3.1.3 锡膏测厚仪

SMT组装中的绝大部分缺陷来自于锡膏印刷。一些调查甚至指出，这类缺陷的数量已占总缺陷数量的74%。因此，锡膏测厚仪是SMT生产线上不可或缺的设备之一。图3-3所示为SPI-6000 3D锡膏测厚仪，下面以此为例，对锡膏测厚的原理和方法加以详细说明。该锡膏测厚仪具有全自动、高精度、高灵活性、高适应性、易使用与易维护等特点。

1. 锡膏测厚仪的基本功能

锡膏测厚仪能对锡膏厚度进行测量，并支持平均值、最高点和最低点结果记录，面积测量，体积测量，以及XY长宽测量。此外，该设备还能对焊点的锡膏进行截面分析（包括高度、最高点、截面积和距离测量），以及焊点2D测量（包括距离、矩形、圆、椭圆、长宽和面积等测量），锡膏测厚仪也可支持焊点自动XY定位，自动识别MARK点，自动测量跑位，在线编程，生成统计分析报表并打印，以及制程优化。

2. 锡膏测厚仪的测量原理

锡膏测厚仪利用激光非接触扫描和密集取样来获取物体表面形状，然后自动识别和分析锡膏区域，并计算高度、面积和体积。

3. 锡膏测厚仪的技术参数

以SPI-6000 3D锡膏测厚仪为例，其技术参数见表3-4。

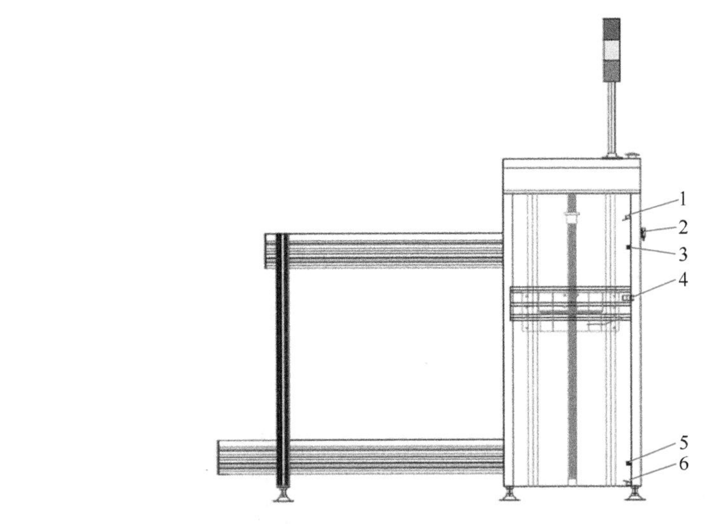

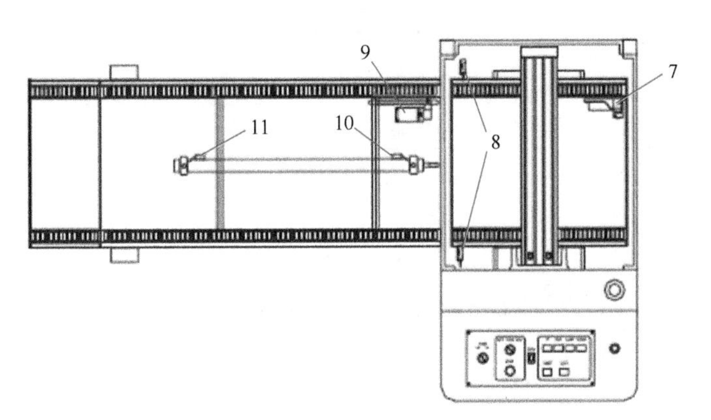

序号	说明
1	上保护传感器
2	出板保护传感器
3	上限位传感器
4	间距传感器
5	下限位传感器
6	下保护传感器
7	料箱入升降台到位传感器
8	检测MG进位传感器
9	料箱出口传感器
10	气缸推出传感器
11	气缸缩回传感器

图 3-2　上板机各传感器安装位置

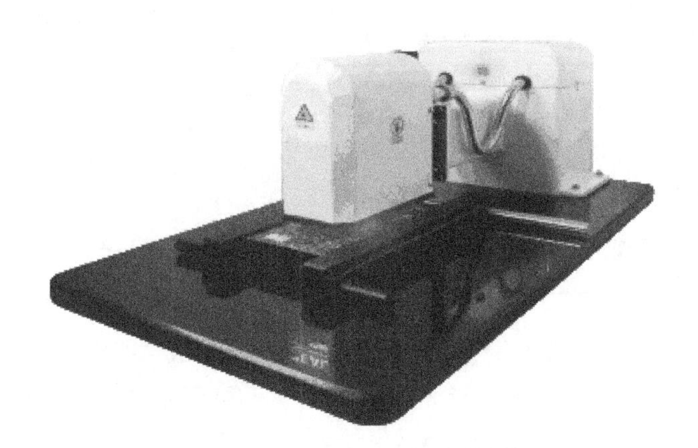

图 3-3　SPI-6000 3D 锡膏测厚仪

表 3-4　SPI-6000 3D 锡膏测厚仪的技术参数

最大装夹 PCB 尺寸	365 mm×860 mm
XY 扫描范围	350 mm×430 mm
PCB 厚度	0. 45 mm

（续）

允许被测物高度	75 mm
可测锡膏厚度	5~500 μm
扫描速度（最高）	51.2 mm²/s
扫描帧率	400 帧/s
扫描宽度	12.8 mm
高度分辨率	0.056 μm
高度重复精度	<0.5 μm
体积重复精度	<0.75%
PCB 平面修正	多点参照修正倾斜和扭曲
绿油铜箔厚度补偿	支持
影像采集最大分辨率	约 400 万有效像素（彩色）
视场	12.8 mm×10.2 mm
扫描光源	650 nm 红激光
背景光源	红、绿、蓝色 LED（三原色）
影像传输	高速数字传输
MARK 点识别	支持
3D 模式	色阶、网格、等高线模拟图
测量模式	一键全自动、半自动、手动截面分析
测量结果	平均高度、最高高度、最低高度、面积、体积、面积比、体积比、长、宽和目标数量等，主要结果可导出至 Excel 文件
截面分析	截面模拟图和报告，某点高度、平均高度、最高高度、最低高度和截面积，支持正交截面和斜截面
2D 平面测量	圆、椭圆直径和面积，矩形长度、宽度和面积，直线距离等
SPC 统计功能	平均值、最大值、最小值、极差、标准差等 Xbar-R 均值极差控制图（带超标警告区），直方图
制程优化分类统计	可按生产线、操作员、班次、印刷机、印刷方向、印刷速度、脱网速度、刮刀压力、清洁频率、锡膏型号、锡膏批号、解冻搅拌参数、钢网、刮刀、拼板、位置名称、有铅/无铅及自定义注释分类统计
条形码或编号追溯功能	支持（条形码扫描器另配）

1）Xbar-R 图、分布概率直方图、平均值、标准差和 CPK 等常用统计参数。

2）按被测产品独立统计，支持可追溯的品质管理，可记录产品条形码或编号，由此追踪该产品生产时的几乎所有制程工艺参数。

3）制程优化分类统计，可根据不同印刷参数（比如刮刀压力、速度、脱网速度和清洁频率等）、不同锡膏、不同钢网和不同刮刀进行条件分类统计，且条件可以多选，由此方便地根据不同的统计结果寻找最稳定的制程参数配置。

4. 锡膏测厚仪的基本测量步骤

（1）启动软件，准备测试

1）双击系统中的“GAM70”程序，启动测试软件。

2）将完成锡膏印刷的 PCB 放置在测试台上，调整 PCB 的 X、Y 坐标，使其与锡膏测厚仪一致。

（2）准备登记测量记录

1）选择菜单“参数设置”→“生产线”，单击“LINE1”。

2）在弹出的对话框中，选择“班次目录”（如 SMT1），输入记录文件即可。

（3）正确采样

采样方式如图 3-4 所示。

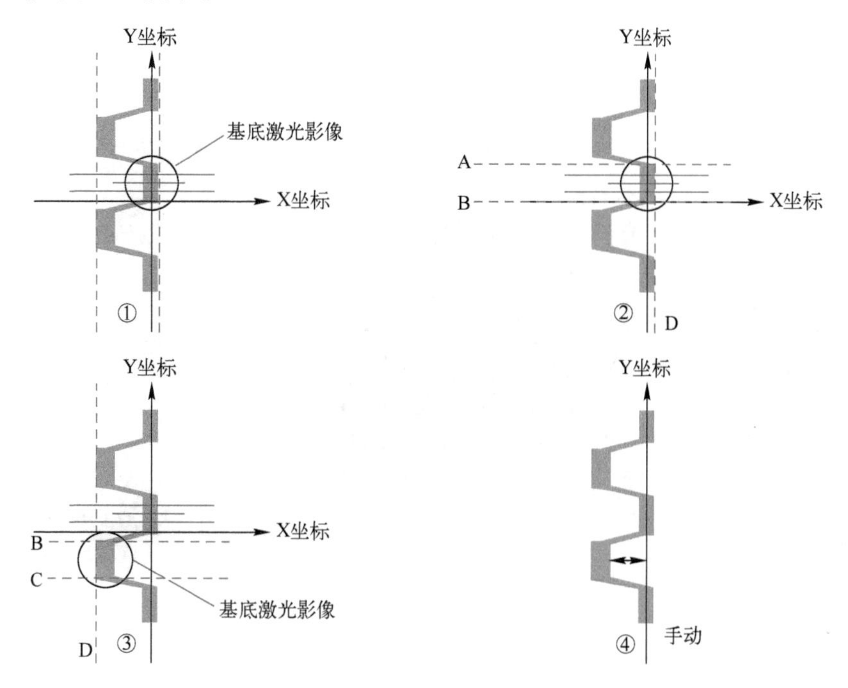

图 3-4　采样方式

（4）测量操作及记录

1）移动已置入的 PCB，将待测锡膏移至影像监视器中心，并按下打光按钮。

2）调整镜头焦距，使影像监视器取像清楚且基底处的红色光束对准蓝色中心线。

3）移动待测 PCB，将待测锡膏移至激光投射的红色光束处，使红色光束弯曲，移动红色间距框，框住 PCB 的无锡膏部分作为测量参考，再用黄色矩形框架框住待测锡膏的均匀部分。

4）按测量按钮或按〈Enter〉键进行测量。

5）如要记录存档，则按记录键或〈F1〉键；如要测量间距，则将上下标移动至相邻物件边缘，即可得出间距大小；如要测量面积、体积、截面积，则应使黄色框架完全框住锡膏，再按测量键即可。

（5）关闭设备

1）单击软件界面左上角的“关闭”按钮，退出测试软件。

2）单击系统的“开始”菜单，关闭系统。

3.1.4　锡膏搅拌器

锡膏在使用前，必须仔细搅拌。锡膏搅拌器可以有效地将锡粉和助焊膏搅拌均匀，实现良好的印刷和再流焊效果，在节省人力的同时，也令这一作业标准化。当然，无需打开罐子也减少了锡膏吸收水汽的机会。

1. 锡膏搅拌器操作流程

（1）加装锡膏，准备搅拌

1）将已完成解冻的锡膏放进锡膏搅拌器的指定位置。

2）将扣子扣好，固定锡膏罐，如图 3-5 所示。

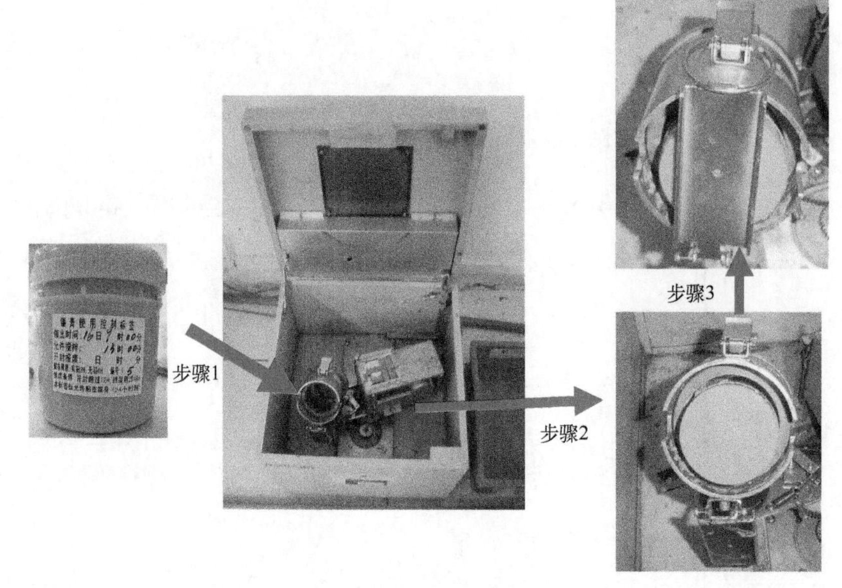

图 3-5　加装锡膏

（2）设定时间，开始搅拌

1）关闭机箱盖，开启电源，并将时间设定在 1~5 min 范围内。

2）按下 START 按钮开始搅拌，如图 3-6 所示。

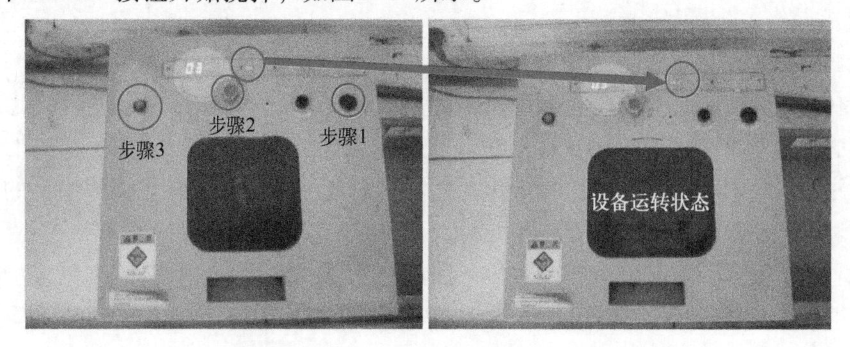

图 3-6　搅拌锡膏

3）按下 STOP 按钮可中止设备的运转。

（3）取出锡膏，关闭机器

1）打开机箱盖，解开扣子，将已完成搅拌的锡膏取出，如图 3-7 所示。

2）在取出的锡膏罐上标注开封报废的实际时间，锡膏罐开封报废的时限为 12 h。

3）关闭机箱盖，按下控制面板上的 POWER 按钮，关闭机器。

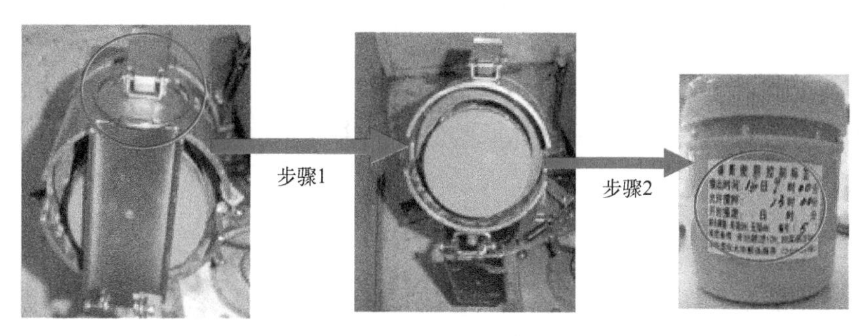

图3-7　取出锡膏

2. 锡膏搅拌器操作岗位的工作规范

（1）开机前准备

检查电源是否接好。

（2）开机运行

1）按POWER按钮至“ON”。

2）根据锡膏质量，选择比重砣，然后放入锡膏并锁紧。

3）设定时间至5 min。

4）开始搅拌锡膏。

5）搅拌好锡膏后，解锁并取出锡膏，填写锡膏使用记录表。

6）每日检查锡膏搅拌器是否清洁及有无损坏，填写记录表。

（3）关机

按POWER按钮至“OFF”。

（4）安全注意事项

1）在运行中切勿将机箱盖打开。

2）装锡膏时一定要锁紧扣子。

3）切勿将门盖开关短接。

任务实施

1. 实训目的及要求

1）熟练使用上、下板机进行PCB上、下板操作。

2）遵守设备的安全操作流程。

3）建立防静电的初步意识。

2. 实训设备

PCB上、下板机：1台。

静电防护服及防静电手套：1套。

PCB：若干。

3. 知识储备

进入SMT生产车间以及进行SMT生产过程时，必须要重视防静电的处理。生产场所的地面、工作台面垫和座椅等均应符合防静电要求。车间内应保持恒温、恒湿的环境，并配备防静电料盒、周转箱、PCB架、物流小车、防静电包装袋、防静电腕带和防静电烙铁等设施。

（1）防静电基本要求

1）根据防静电要求设置防静电区域，并应有明显的防静电警示标志。作业区按所使用元器件的静电敏感程度分成1、2、3级，应根据不同的级别制定不同的防护措施。

① 1级静电敏感程度范围：0～1999 V。

② 2级静电敏感程度范围：2000～3999 V。

③ 3级静电敏感程度范围：4000～15999 V。

④ 16000 V以上是非静电敏感产品。

2）静电安全区（点）的室温为(23±3)℃，相对湿度为45%～70%。禁止在相对湿度低于30%的环境内操作静电敏感元器件（SSD）。

3）定期测量地面、桌面、周转箱等的表面电阻值。

4）静电安全区（点）的工作台上禁止放置非生产物品，如餐具、茶具、提包、毛织物、报纸和橡胶手套等。

5）工作人员进入防静电区域时需放电。操作人员在操作时，必须穿工作服和防静电鞋、袜。每次上岗操作前必须做静电防护安全性检查，合格后才能生产。

6）操作时要戴防静电腕带，每天应测量腕带是否有效。

7）测试SSD时，应从包装盒、管、盘中取一块，测一块，放一块，不要堆在桌子上。经测试不合格的SSD应退库。

8）加电测试时必须遵循加电和去电顺序。加电顺序为低电压→高电压→信号电压，去电时与此相反，同时注意电源极性不可颠倒，电源电压不得超过额定值。

（2）SSD的运输、存储、使用要求

1）SSD在运输过程中不得掉落在地，不得任意脱离包装。

2）存放SSD的库房相对湿度应为30%～40%。

3）在SSD存放过程中保持原包装，若需更换包装，要使用具有防静电性能的容器。

4）在库房里，放置SSD的位置上应贴有防静电专用标签。

5）发放SSD时，应在SSD的原包装内清点数量。

6）对EPROM进行写、擦及信息保护操作时，应将写入器/擦除器充分接地，要戴防静电腕带。

7）装配、焊接、修板和调试等操作人员都必须严格按照静电防护要求进行操作。

8）测试、检验合格的PCB在封装前应用离子喷枪喷射一次，以消除可能积聚的静电荷。

（3）防静电工作区的管理与维护

1）制定防静电管理制度，并有专人负责。

2）设置备用防静电工作服、鞋、腕带等个人用品，以备外来人员使用。

3）定期维护、检查防静电设施的有效性。

4）腕带每天检查一次。

5）桌垫、地垫的接地性，以及静电消除器的性能应每月检查一次。

6）防静电元器件架、PCB架、周转箱、物流小车、桌垫、地垫的防静电性能应每6个月检查一次。

4. 实训内容及步骤

（1）上板机开机前的准备

1）执行设备日常保养项目，并在保养表上做记录。

2）用所生产的PCB检查上料框宽度，并检查机台出口宽度是否顺畅。

3）检查PCB推杆所推处是否在1/2宽度位置。

（2）开机生产

1）开启机台电源，按下启动键，设定机台送板PITCH与框架上所装PCB放置PITCH相同。

2）将装满PCB的框架按照红色箭头的标识，正确地放在上板机下层的输送带上（框架顶上的红色箭头对应机台入口，框架侧面的红色部分朝上放置）。

3）当一框自动送板时，可放另一框于上板机下层的输送带上待命，当一框送完时，会自动输送下一框。

4）机台运行时，若需停止，可按停止（STOP）键。

（3）生产结束

生产结束时，先按手动（MANUAL）键，再按向上退出键来退出框架，最后按停止键停止工作。

（4）生产中安全注意事项

1）机台运行中，若遇异常情况，必须马上按下紧急停止键，通知技术人员处理。

2）机台运行中，手不可伸入机台内。

3）若要调整PCB推杆位置，必须先停止机器运行。

5. 实训结果及数据

1）用万用表测试防静电工作服和防静电腕带及防静电工作台的电流导通性。

2）使用上、下板机对PCB进行上、下板操作。

6. 考核评价

序号	考核内容	配分	评分标准	考核记录	扣分	得分
1	测试各种防静电设备的电流导通性	25	测量出各种防静电设备的电流导通性			
2	正确、安全地开关上、下板机	25	安全操作上、下板机			
3	实现PCB的上、下板	25	能实现PCB的上、下板			
4	操作规范性及安全性	25	操作符合国家标准及安全要求			
	分数总计	100				

任务3.2 SMT外围辅料储存及使用

任务描述

SMT外围辅料在产品生产过程中起着非常重要的作用，可以说，没有外围辅料，SMT生产设备就不可能生产出合格的电子产品。这些外围辅料的使用及存储方式都有其特定的要求。本任务的学习可使读者了解锡膏和贴片胶的存储条件，掌握使用锡膏搅拌器对锡膏的搅拌，掌握正确的冰箱温度参数设置，并进行锡膏和贴片胶的存储。

相关知识

3.2.1 辅料

在 SMT 生产过程中，通常将锡膏、贴片胶（红胶）称为 SMT 外围辅料。这些辅料在 SMT 生产的整个过程中，对生产品质、生产效率起着至关重要的作用。因此，作为 SMT 生产工作人员，必须了解它们的性能并学会正确使用它们。涉及 SMT 外围辅料的常用概念有以下这些。

1）储存期（Shelf Life）：在规定条件下，材料或产品仍能满足技术要求并保持适当性能的存放时间。

2）放置时间（Working Time）：贴片胶、锡膏在使用前暴露于规定环境中仍能保持规定的化学、物理性能的最长时间。

3）黏度（Viscosity）：贴片胶、锡膏在自然滴落时的滴延性，主要涉及它们的黏度（Viscosity）和触变性（Thixotropic Ratio）。

4）触变性（Thixotropy）：贴片胶与锡膏在施压挤出时具有流体的特性，在挤出后迅速恢复为具有固塑性的特性。

5）坍落（Slump）：锡膏印刷后，由于重力和表面张力的作用及温度升高或停放时间过长等原因而引起的高度降低、底面积超出规定边界的坍流现象。

6）扩散（Spread）：室温条件下，贴片胶在点胶后展开的距离。

7）黏附性（Tack）：锡膏对元器件黏附力的大小随锡膏印刷后存放时间的变化而变化。

8）润湿（Wetting）：熔化的焊料在铜表面形成均匀、平滑且不断裂的焊料薄层的状态。

9）免清洗锡膏（No-clean Solder Paste）：焊后只含微量无害焊剂残留物而无需清洗 PCB 的锡膏。

10）低温锡膏（Low Temperature Paste）：熔化温度比 183℃低 20℃以上的锡膏。

3.2.2 贴片胶

贴片胶的作用是固定片式元器件、SOT 和 SOIC 等在 PCB 上，以使其在插件、过再流焊的过程中避免脱落或移位。

贴片胶可分为两大类型：环氧树脂型和丙烯酸型。一般生产中较多采用环氧树脂型贴片胶（如乐泰 3609），而较少采用丙烯酸型贴片胶（因其需要紫外线照射固化）。环氧树脂型贴片胶的特点是热固化速度快、连接强度高、电特性较佳等。贴片胶在使用时应主要注意以下方面。

1. SMT 对贴片胶的基本要求

1）包装内无杂质及气泡。

2）储存期限长。

3）可用于高速或超高速点胶机。

4）胶点形状及体积一致。

5）点断面高，无拉丝。

6）易识别，便于人工及自动化机器检查胶点的质量。

7）初粘力高。

8）固化温度低，固化时间短。

9）热固化时，胶点不会坍落。

10）具有高强度及弹性，可以抵挡波峰焊时的温度突变。

11）固化后有优良的电特性。

12）无毒。

13）具有良好的返修特性。

2. 贴片胶引起的生产品质问题

1）失件（有/无贴片胶痕迹）。

2）元器件偏斜。

3）接触不良（拉丝、贴片胶过多）。

3. 贴片胶使用规范

1）储存：贴片胶领取后应登记到达时间、失效期和型号，并为每罐贴片胶编号。然后把贴片胶保存在恒温、恒湿的冰箱内，温度在1~10℃。

2）取用：贴片胶在使用时，应做到先进先出，且应提前至少1h从冰箱中取出，写下时间、编号、使用者和应用的产品，并密封置于室温下，待贴片胶达到室温时，按一天的使用量把贴片胶用注胶枪分别注入点胶瓶里。注胶时，应小心并缓慢地将贴片胶注入点胶瓶，防止气泡的产生。

3）使用：把装好贴片胶的点胶瓶重新放入冰箱，在生产时提前0.5~2h从冰箱中取出，标明取出时间、日期和罐号，填写贴片胶解冻、使用时间记录表，使用完的点胶瓶用乙醇或丙酮清洗干净，放好以备下次使用，未使用完的点胶瓶，应在标明时间后放入冰箱存放。

3.2.3 锡膏

在表面安装元器件的再流焊中，锡膏用来实现元器件的引脚或端点与PCB上焊盘的连接。锡膏是由合金焊料粉、焊剂和一些添加剂混合而成的，具有一定黏性和良好触变性的膏状均质混合物，具有良好的印刷性能和再流焊性能，并在储存时具有稳定性。

合金焊料粉是锡膏的主要成分，占锡膏质量的85%~90%。合金焊料粉通常有锡-铅（Sn-Pb）、锡-铅-银（Sn-Pb-Ag）、锡-铅-铋（Sn-Pb-Bi）。

最常用的合金焊料粉成分为Sn63Pb37。合金焊料粉的形状可分为球形和椭圆形（无定形），其形状、颗粒度大小关系到表面氧化度和流动性，因此对锡膏的性能影响很大。一般由印刷钢板或网板的开口尺寸或注射器的口径来决定合金焊料粉的大小和形状。不同的焊盘尺寸和元器件引脚应选用不同颗粒度的合金焊料粉，不能都选小颗粒的，因为小颗粒有大得多的表面积，使得焊剂在处理表面氧化时负担加重。

在锡膏中，焊剂是合金焊料粉的载体，其主要作用是清除被焊件及合金焊料粉的表面氧化物，使合金焊料迅速扩散并附着在被焊件表面。焊剂的组成为活性剂、成膜剂、胶粘剂、润湿剂、触变剂、溶剂、增稠剂以及其他各类添加剂。对焊剂的活性剂必须加以控制，活性剂太少可能因活性差而影响焊接效果，但活性剂太多又会引起残留量的增加，甚至使腐蚀性增强，而对焊剂中的卤素含量更需严格控制。

根据性能要求，焊剂的质量比还可扩大至8%~20%。锡膏中焊剂的组成及含量对坍落度、黏度和触变性等影响很大。

金属含量较高（大于90%）时，可以改善锡膏的坍落度，有利于形成饱满的焊点，并且由于焊剂相对较少，可减少焊剂残留物，有效防止焊球的出现，但其缺点是对印刷和焊接工艺的要求较严格；金属含量较低（小于85%）时，印刷性好，锡膏不易粘刮刀，漏板使用寿命长，润湿性好，容易加工，但其缺点是易坍落，易出现焊球和桥接等缺陷。

1. 锡膏的分类

1）按熔点的高低分：高温锡膏的熔点大于250℃，低温锡膏的熔点小于150℃，常用锡膏的熔点为179~183℃，成分为Sn63Pb37和Sn62Pb36Ag2。

2）按焊剂的活性分：可分为无活性（R）、中等活性（RMA）和活性（RA）锡膏。常用的为中等活性锡膏。

2. 对锡膏的要求

1）具有较长的储存寿命，在2~10℃下可保存3~6个月，贮存时不应发生化学变化，也不应出现合金焊料粉和焊剂分离的现象，并保持其黏度和粘接性不变。

2）有较长的工作寿命，在印刷或滴涂后通常要求锡膏能在常温下放置12~24 h，期间性能保持不变。

3）在印刷或涂布后，以及在再流焊的预热过程中，锡膏应保持原来的形状和大小，不产生堵塞。

4）具有良好的润湿性能，要正确选择焊剂中的活性剂和润湿剂的成分，以便达到润湿性能要求。

5）不发生合金焊料飞溅。这主要取决于锡膏的吸水性与锡膏中溶剂的类型、沸点和用量，以及合金焊料粉中杂质的类型和含量。

6）具有较好的焊接强度，确保不会因振动等因素出现元器件脱落。

7）焊后残留物稳定性好，无腐蚀，有较高的绝缘电阻，清洗性好。

3. 锡膏的选用

1）具有优异的稳定性。

2）具有良好的印刷性（流动性、脱板性和连续印刷性等）。

3）印刷后在长时间内对SMD有一定的黏性。

4）焊接后能得到良好的接合状态（焊点）。

5）其焊接成分具有高绝缘性，低腐蚀性。

6）焊后残留物有良好的清洗性，清洗后不可留有残渣成分。

4. 锡膏使用和储存的注意事项

1）领取锡膏时应登记到达时间、失效期和型号，并为每罐锡膏编号。然后保存在恒温、恒湿的冰箱内，温度为2~10℃。锡膏的储存和处理方法见表3-5。

表3-5 锡膏的储存和处理方法

条　件	时　间	环　境
装运	4天	<10℃
货架寿命（冷藏）	3~6个月（标签上标明）	2~10℃冰箱
货架寿命（室温）	5天	相对湿度：30%~60%RH 温度：15~25℃
锡膏的稳定时间 （从冰箱中取出后）	8h	相对湿度：30%~60%RH 温度：15~25℃
锡膏的模板寿命	4h	相对湿度：30%~60%RH 温度：15~25℃

2）锡膏在使用时，应做到先进先出，且应提前至少2h从冰箱中取出，写下时间、编号、使用者和应用的产品，并密封置于室温下，待锡膏达到室温时打开盖子。如果在低温下打开，锡膏容易吸收水汽，再流焊时容易产生锡珠。

小提示：不能把锡膏置于热风机、空调等设备旁边，容易加速它的升温。

3）锡膏开封前，应使用离心式的锡膏搅拌器进行搅拌，使锡膏中的各成分均匀混合，降低锡膏的黏度。锡膏开封后，原则上应在当天一次用完，超过使用期的锡膏绝对不能使用。

4）锡膏置于网板上超过30min未使用时，应重新用搅拌器搅拌后再使用。若中间间隔时间较长，应将锡膏重新放回罐中，盖紧盖子，放于冰箱中冷藏。

5）根据PCB的幅面及焊点的多少，决定第一次加到网板上的锡膏量，一般第一次加200~300g，印刷一段时间后再适当加入一点。

6）锡膏印刷后应在24h内贴装完，超过此时间则应把PCB上的锡膏清洗后重新印刷。

7）锡膏印刷时的最佳温度为(23±3)℃，相对湿度以55%±5%为宜。相对湿度过高时，锡膏容易吸收水汽，再流焊时会产生锡珠。

尤其需要注意的是，锡膏在储存时因合金焊料粉与焊剂比重不同，会导致合金焊料粉在下而焊剂在上的现象，即产生分布不均的问题。故使用前必须搅拌锡膏，使合金焊料粉与焊剂均匀混合，从而达到锡膏的最佳作用效果。一般搅拌锡膏的方式有两种：一种是人工搅拌，一种是机器搅拌。

任务实施

1. 实训目的及要求

1）在认识锡膏的基础上，使用锡膏搅拌器完成对锡膏的搅拌。

2）正确储存及使用贴片胶。

3）设置正确的冰箱温度参数，进行锡膏和贴片胶的储存。

2. 实训设备

锡膏、贴胶：1罐。

专业冰箱：1台。

锡膏搅拌器：1台。

3. 知识储备

（1）锡膏的回温

从专用冰箱里取出锡膏，在不开启盖子的前提下，放置于室温中自然解冻，回到常温，回温时间4h左右。

注意事项：

1）未充足回温，不可打开盖子。

2）不能用加热的方式缩短回温时间。

（2）锡膏的人工搅拌

锡膏回温后，在使用前需充分搅拌。人工搅拌方式如下：按同一方向，以80~90r/min的速度轻轻搅拌锡膏。人工搅拌时间为3~4min。

（3）锡膏的储存

1）领取锡膏时应登记到达时间、失效期和型号，并为每罐锡膏编号，然后保存在恒温、恒湿的冰箱内，温度为 2~10℃。

2）锡膏在使用时，应做到先进先出，且应提前至少 2 h 从冰箱中取出，写下时间、编号、使用者和应用的产品，并密封置于室温下，待锡膏达到室温时打开盖子。如果在低温下打开，锡膏容易吸收水汽，再流焊时容易产生锡珠。

（4）贴片胶的使用

1）储存：贴片胶领取后应登记到达时间、失效期和型号，并为每瓶贴片胶编号。然后把贴片胶保存在恒温、恒湿的冰箱内，温度在 1~10℃。

2）取用：贴片胶在使用时，应做到先进先出，且应提前至少 1 h 从冰箱中取出，写下时间、编号、使用者和应用的产品，并密封置于室温下，待贴片胶达到室温时，按一天的使用量把贴片胶用注胶枪分别注入点胶瓶里。注胶时，应小心并缓慢地将贴片胶注入点胶瓶，防止气泡的产生。

3）使用：把装好贴片胶的点胶瓶重新放入冰箱，在生产时提前 0.5~2.0 h 从冰箱中取出，标明取出时间、日期和罐号，填写解冻、使用时间记录表，使用完的点胶瓶用乙醇或丙酮清洗干净，放好以备下次使用，未使用完的点胶瓶，应在标明时间后放入冰箱存放。

4. 实训内容及步骤

（1）开机前准备

检查电源是否接好。

（2）开机运行

1）按 POWER 按钮至“ON”。

2）根据锡膏质量，选择比重砣，然后放入锡膏并锁紧。

3）设定时间为 1~5 min。

4）开始搅拌锡膏。

5）搅拌好锡膏后，解锁并取出锡膏，填写锡膏使用记录表。

6）每日检查锡膏搅拌器是否清洁及有无损坏，填写记录表。

（3）关机

按 POWER 按钮至“OFF”。

（4）安全注意事项

1）在运行中切勿将盖子打开。

2）装锡膏时一定要锁紧螺钉。

3）切勿将门盖开关短接。

5. 实训结果及数据

1）采购回来的锡膏应放置在专用冰箱里冷藏，使用时再取出回温。

2）罐中有剩余未使用过的锡膏时，应盖上内外盖，保存在专用冰箱内，不可暴露在空气中，以免锡膏吸潮和氧化。

3）钢网上的剩余锡膏应装入另一个空罐内，并放置于冰箱内保存，留待下次使用。切不可将用过的锡膏与未使用的锡膏混合装入同一个罐中。

思考：锡膏为什么要进行搅拌和冷藏？

6. 考核评价

序号	考核内容	配分	评分标准	考核记录	扣分	得分
1	人工搅拌锡膏	30	搅拌时间合理，搅拌速度合适			
2	机器搅拌锡膏	30	正确、安全地使用锡膏搅拌器对锡膏进行搅拌			
3	锡膏储存	20	冰箱温度设定得当			
4	贴片胶使用、储存规范	20	贴片胶使用、储存符合规范			
	分数总计	100				

项目小结

本项目介绍了常见的 SMT 外围设备与辅料。SMT 外围设备主要包括上板机、下板机、接驳台、锡膏搅拌器及锡膏测厚仪等。外围设备主要起到辅助作用，可提高 SMT 生产线的效率。SMT 外围辅料主要包括锡膏、贴片胶、清洗剂、擦拭纸及各种防静电材料等。这些外围设备与辅料在 SMT 生产过程中起着至关重要的作用，它们共同保证了电子产品的质量和生产效率。

习题与练习

1. 单项选择题

1）Sn63 Pb37 的共晶点为（　　）。

A. 153℃　　B. 183℃　　C. 220℃　　D. 230℃

2）锡膏的成分为（　　）。

A. 锡粉+焊剂

B. 锡粉+焊剂+稀释剂

C. 锡粉+稀释剂

3）无铅锡膏的熔化温度范围为（　　）。

A. 100~153℃　　B. 183~188℃　　C. 200~250℃　　D. 100~230℃

2. 简答题

1）在 SMT 生产线上，除了常用的生产设备，还有哪些外围设备？请简单阐述。

2）简单阐述锡膏搅拌器的操作流程。

3）锡膏的储存注意事项有哪些？

4）SMT 工艺对贴片胶有什么要求？SMT 工艺的常用贴片胶有哪些？

5）查阅相关资料，阐述无铅焊接工艺对无铅焊料提出了哪些技术要求，并说明为什么要使用无铅焊料。

项目 4　锡膏印刷

锡膏印刷是 SMT 生产线上的重要生产环节之一。本项目主要从 SMT 生产的锡膏印刷流程入手，让读者对 SMT 生产中的锡膏印刷有一个初步的认识，然后以任务的方式进行锡膏印刷实训，让读者加深对锡膏印刷的认识和理解，并了解手动印刷和自动印刷两种印刷方式。通过锡膏印刷实训任务，读者可加强对锡膏印刷过程中主要参数的理解与把握，提升实训技能水平。

任务 4.1　锡膏的手动印刷

任务描述

锡膏的手动印刷是制作带有简单表面安装元器件电子产品的必要技能。锡膏的手动印刷工艺参数控制也很重要。电子产品生产过程中的问题大部分出现在锡膏印刷阶段。通过锡膏手动印刷任务的实施，让读者可以加强对手动印刷工艺主要参数的理解与把握，并了解印刷质量缺陷的成因及对策，提升实训技能水平。

相关知识

4.1.1　锡膏印刷的原理及设备

锡膏印刷是把一定的锡膏按印刷要求分布在 PCB 上的过程。它为再流焊提供了焊料，是整个 SMT 电子装联工序中的第一道工序，也是影响整个工序直通率的关键因素之一。据业内评测分析，约有 60%的 PCB 返修是因锡膏印刷不良引起的，在锡膏印刷中，有三个重要部分：锡膏、网板和锡膏印刷机，如能正确选择这三个部分，则可以获得良好的印刷效果。

1. 锡膏印刷的原理

锡膏印刷机由网板、刮刀和印刷工作台等构成。网板和 PCB 定位后，机器对刮刀施加压力，同时移动刮刀，使锡膏滚动，把锡膏填充到网板的开口部位（网孔），进而利用锡膏的触变性和黏附性，通过网孔把锡膏转印至 PCB 上，印刷过程示意如图 4-1 所示，图 4-2 所示为局部放大示意。

2. 锡膏的印刷工艺

锡膏应用的涂布工艺可分为两种：一种是使用钢网作为网板，把锡膏印刷到 PCB 上，这种工艺适合大批量生产，也是目前最常用的涂布工艺，即丝网印刷，如图 4-3 所示；另一种是注射涂布，即锡膏喷印技术，它与丝网印刷技术最明显的不同就是，它是一种无钢网技术，其喷射器在 PCB 上方以极高的速度喷射锡膏，类似于喷墨打印机，即模板印刷。

丝网印刷与模板印刷的区别见表 4-1。

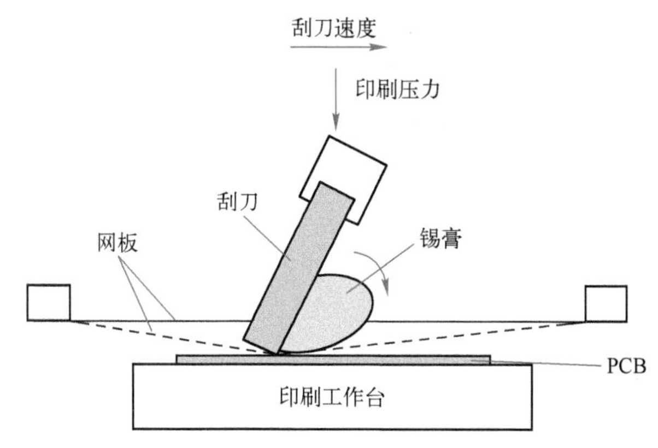

图 4-1 印刷过程示意

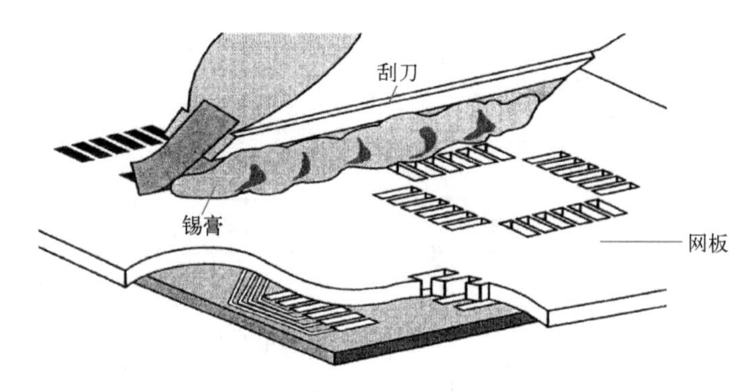

图 4-2 印刷过程局部放大示意

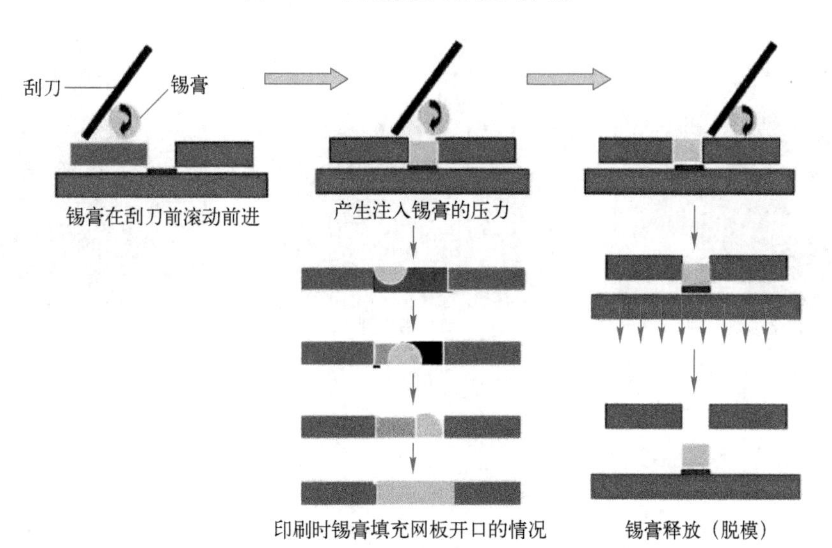

图 4-3 丝网印刷

表 4-1 丝网印刷与模板印刷的区别

印刷技术	使用寿命	成本	手工或机器印刷	接触或非接触印刷	对粒度的敏感性	黏度范围	准备时间	在同面印刷不同厚度的锡膏	清洗性	多层次印刷	周转时间
丝网印刷	短	低	只能机器印刷	只能非接触印刷	强，易堵塞	窄	长	不可以	不易清洗	不允许	短
模板印刷	长	高	两者皆可	两者皆可	弱，不易堵塞	宽	短	可以	易清洗	允许	长

1）从使用角度看，模板印刷精度优于丝网印刷，印刷时可直接看清焊盘，因此定位方便。模板印刷可使用的锡膏的黏度范围宽，喷射器不会堵塞，容易清洗。

2）从制造角度看，丝网印刷制作成本低，制造周期短，适合快速周转，是当前主流的印刷技术。

3. 钢网

钢网的主要功能是将锡膏准确地涂敷在 PCB 中需要涂锡膏的焊盘上。钢网在印刷工艺中必不可少，它的好坏直接影响印刷质量的高低。

目前钢网主要有三种制作方法：化学蚀刻、电镀成型和激光切割。三种方法的比较见表 4-2。钢网通过三种制作方法形成的网孔显微图如图 4-4 所示。

表 4-2 钢网的三种制作方法的比较

模板制作方法	说　明	优　点	缺　点
化学蚀刻	在金属箔上涂抗蚀刻保护剂，用销钉定位，感光工具将图形曝光在金属箔两面，然后使用双面工艺同时从两面蚀刻	成本最低，周转最快	可形成刀锋或沙漏形状
电镀成型	在一个要形成开孔的基板上显影刻胶，然后逐个、逐层地在周围电镀出模板	可提供准确的工艺定位，没有几何形状的限制，可改进锡膏的释放	需要用感光工具，电镀不均匀导致密封效果不佳，造成密封块有脱落的可能
激光切割	相关文件直接从客户的原始数据中产生，在做必要的修改后传输到激光切割机，由激光光束进行切割	减少错误，消除位置不正的可能	激光光束产生的金属熔渣造成孔壁粗糙

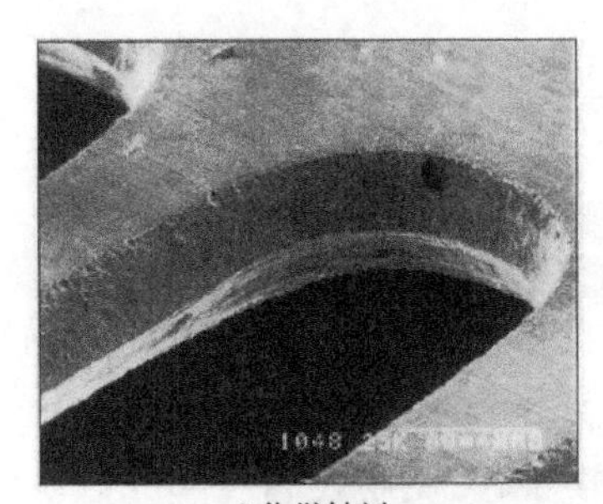

a) 化学蚀刻

b) 电镀成型

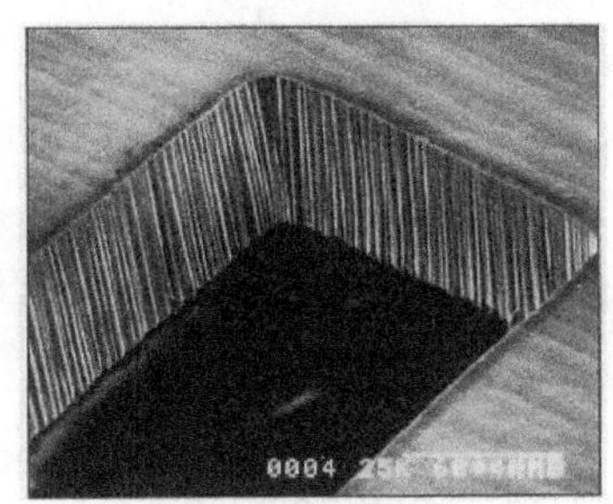

c) 激光切割

图 4-4 钢网通过三种制作方法形成的网孔显微图

4.1.2 影响印刷质量的重要因素

锡膏的印刷是一项复杂的系统工艺，需要多种技术的整合。同时，有许多因素（比如印刷厚度、离网速度、印刷速度、刮刀夹角、刮刀压力、刮刀宽度、刮刀形状与材质等）会影响锡膏的印刷质量。

1. 表征印刷质量的重要参数

（1）图形对准

通过印刷机的相机将工作台上的 PCB 和钢网的 MARK 点对准，再进行 PCB 与钢网的 *X*、*Y* 轴精细调整，使 PCB 的焊盘图形与钢网的开孔图形完全重合。

(2) 刮刀夹角

刮刀夹角越小，向下的压力越大，也越容易将锡膏注入网孔中，但同时也容易将锡膏挤压到网板的底面，造成锡膏粘连。刮刀夹角一般为45°~60°。目前，自动和半自动印刷机的刮刀夹角大多为60°。

(3) 锡膏的投入量（滚动直径）

锡膏的滚动直径h为13~23 mm时较合适。锡膏的滚动直径，如图4-5所示。h过小易造成锡膏漏印和锡量少。h过大时，过多的锡膏可能无法形成滚动运动，使锡膏无法被刮干净，造成印刷脱模不良和印刷后锡膏偏厚等，且过多的锡膏长时间暴露在空气中不利于保证锡膏质量。

在生产中，作业员每0.5 h应检查一次网板上的锡膏条的高度，并且每0.5 h应将网板上超出刮刀长度的锡膏移到网板的前端并使之均匀分布。

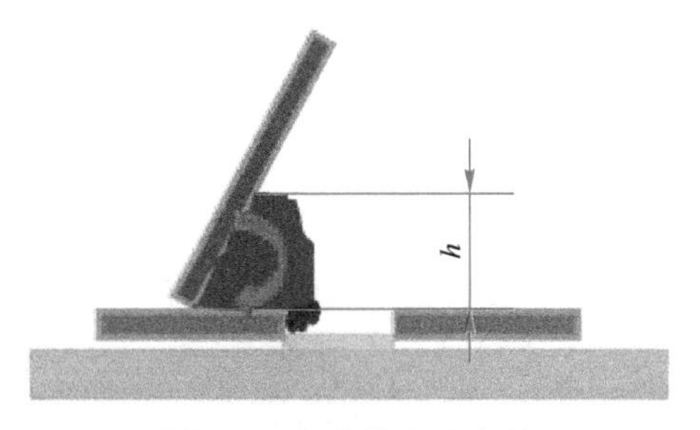

图4-5 锡膏的滚动直径

(4) 刮刀压力

刮刀压力也是影响印刷质量的重要因素。刮刀压力实际是指刮刀下降的深度，压力太小，刮刀就无法贴紧网板表面，相当于增加了印刷厚度。另外，刮刀压力过小也会使网板表面残留一层锡膏，容易造成印刷缺陷。

(5) 印刷速度

印刷速度与锡膏的黏度成反比，有窄间距、高密度的图形时，印刷速度也要慢一些。印刷速度过快时，刮刀经过网板开孔的时间就会过短，使锡膏不能充分渗入开孔中，造成锡膏不饱满或漏印等印刷缺陷。

印刷速度和刮刀压力之间存在一定的关系，降印刷速度相当于增加刮刀压力，适当降低刮刀压力可起到提高印刷速度的作用。理想的印刷速度与刮刀压力应该可以正好把锡膏从网板表面刮干净。

(6) 印刷间隙

印刷间隙是网板与PCB之间的距离，它关系到印刷后锡膏在PCB上的留存量。

(7) 离网速度

锡膏印刷后，网板离开PCB的瞬间速度即为离网速度，它关系到印刷质量，在小间距、高密度印刷中最为重要。对于先进的印刷机，其网板在离开锡膏图形时，有1个（或多个）微小的停留过程，即多级脱模，这样可以保证获取最佳的印刷效果。

离网速度偏大时，锡膏与焊盘的凝聚力小，使部分锡膏粘在网板底面和开孔壁上，造成印刷缺陷。离网速度减慢时，锡膏的凝聚力大，很容易脱离网板开孔壁，印刷状态好。

(8) 清洗模式和清洗频率

清洗网板底面也是保证印刷质量的因素。应根据锡膏、网板材料、网板厚度及开孔大小等情况确定清洗模式和清洗频率（设定干洗、湿洗、一次往复和擦拭速度等）。

网板污染主要是锡膏从开孔边缘溢出造成的，如果不及时清洗，会污染PCB表面，网板开孔四周的残留锡膏会变硬，严重时还会堵塞网板开孔。

2. 缺陷的成因及对策

(1) 影响印刷质量的主要因素

1) 网板质量：网板厚度与开口尺寸决定了锡膏的印刷量。锡膏过多会产生桥接，锡膏过少会造成锡膏不足或虚焊。网板开口形状及开孔壁的光滑程度也会影响印刷质量。

2）锡膏质量：锡膏的黏度、印刷性（滚动性、转移性）和常温下的使用寿命等都会影响印刷质量。

3）印刷工艺参数：刮刀速度、刮刀压力、刮刀夹角及锡膏的黏度之间存在一定的制约关系，因此只有正确控制这些参数，才能保证印刷质量。

4）设备精度：在印刷高密度、小间距产品时，印刷机的印刷精度和重复印刷精度也会对印刷质量有一定影响。

5）环境温度、湿度及环境卫生：环境温度过高时会降低锡膏的黏度，环境湿度过大时锡膏会吸收空气中的水分，环境湿度过小时会加速锡膏中溶剂的挥发。环境中的灰尘混入锡膏后，会使焊点产生针孔等缺陷。

（2）缺陷产生的原因及对策

表 4-3 总结了印刷过程中出现的缺陷及其原因和对策。

表 4-3　印刷过程中出现的缺陷及其原因和对策

缺　陷	原　因	对　策
锡膏过多、印刷偏厚	刮刀压力过小，锡膏多出	调节刮刀压力
	网板与 PCB 间隙过大，锡膏多出	调整间隙
锡膏拉尖、表面凹凸不平	离网速度过快	调整离网速度及脱模方式
	锡膏自身问题	更换锡膏
	PCB 焊盘与网板开孔对位不准	调整 PCB 与网板的对位，调整 X（长度）、Y（宽度）、θ（夹角）
	印刷机支撑引脚位置设定不当	调整支撑引脚位置，使连锡位置的支撑强度增大，减少 PCB 的变形量，保证印刷质量
	印刷速度太快，破坏锡膏里面的触变剂，于是锡膏变软，即黏度变低	调节印刷速度
连锡	刮刀压力过大，离网速度过快	调节刮刀压力和离网速度
锡膏不足	网板上锡膏的放置时间过长，溶剂挥发，黏度增加	更换新鲜锡膏
	网孔堵塞，下锡不足	清洗网孔
	网板设计不良	更改网板设计
	锡膏没有及时添加	及时添加适量锡膏，采用良好的锡膏管制方法，管制好印刷间隔时间和锡膏的添加量

从以上介绍中可以看出，影响印刷质量的因素非常多，而且锡膏印刷是一种动态工艺。

1）锡膏的量随时间而变化，如果不能及时添加锡膏，会造成漏印、锡量少、成型不饱满。

2）锡膏的黏度和质量随时间、环境温度、环境湿度和环境卫生而变化。

3）网板底面的清洁程度及开孔内壁的状态会不断变化。

因此，建立一套完整的印刷工艺管制方法是非常必要的，选择合适的锡膏、网板和刮刀，并结合最合理的印刷机参数设定，可使整个印刷工艺过程更稳定、可控和标准化。

任务实施

1. 实训目的及要求

1）了解手动印刷锡膏的相关工具及注意事项。

2）了解手动印刷锡膏的整个操作流程。

3）熟练掌握手动印刷锡膏的工艺。

2. 实训设备

手动印刷台：1 台。

锡膏：1 罐。

锡膏搅拌器：1 台。

放大镜：1 个

刮刀：1 套。

3. 知识储备

手动印刷台的结构如图 4-6 所示。

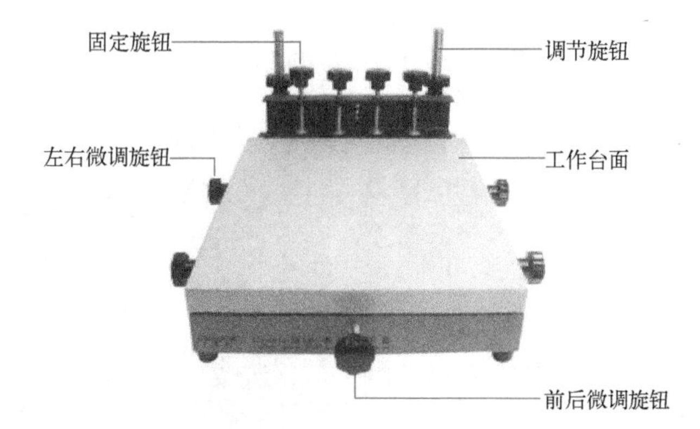

图 4-6 手动印刷台的结构

1）固定旋钮：用于固定模板。

2）调节旋钮：用于调节模板的高度。

3）左右微调旋钮：当初步对好位后，用此旋钮对左右方向进行微调。

4）工作台面：用于放置待焊接的 PCB。

5）前后微调旋钮：当初步对好位后，用此旋钮对前后方向进行微调。

4. 实训内容及步骤

1）准备锡膏。锡膏一般放置在冰箱中冷藏，用时需取出回温 4~8 h，再用锡膏搅拌器搅拌 3~4 min，开封后用搅拌刀搅至稠糊状，每 8 h 搅拌一次，如图 4-7 和图 4-8 所示。

注意：不同厂家的锡膏各参数或指数稍有差异。有的厂家的锡膏不适合用锡膏搅拌器进行搅拌。是否需要用搅拌器进行搅拌，可观察使用搅拌器之后锡膏的状态来确定。

2）安装与定位。

① 将模板安装到手动印刷台上，用固定旋钮将模板固定好。

② 用调节旋钮调节模板的高度，使模板处于合适的位置。

图 4-7　锡膏存放环境

图 4-8　锡膏搅拌器

3）调试。

① 检查模板是否干净，若有锡膏或其他固体物质残留，应使用乙醇和毛巾将残留在模板上的杂物清洗干净。

② 检查锡膏硬度是否适中。检查方法如下：在模板上选择引脚比较密集的元器件，把锡膏刮在测试板（板子或纸张）上，观察锡膏印刷情况。

4）PCB 缺陷检查。先用放大镜或立体显微镜检查模板有无毛刺或蚀刻不透等缺陷。在实训中，应采用电路较为简单的 PCB。若要考虑实训的连续性，可由实训参与者进行电路设计、PCB 制作、锡膏印刷、贴片及焊接等整个流程。

5）把检查过的模板装在手动印刷台上，拧紧焊盘与模板的螺栓，把需要焊接的 PCB 放在手动印刷台上。

6）移动 PCB，将 PCB 上一些大的开口对准，再用微调旋钮调准，如图 4-9 所示。

图 4-9　将模板与 PCB 的开口对准

7）印刷锡膏（见图 4-10）。

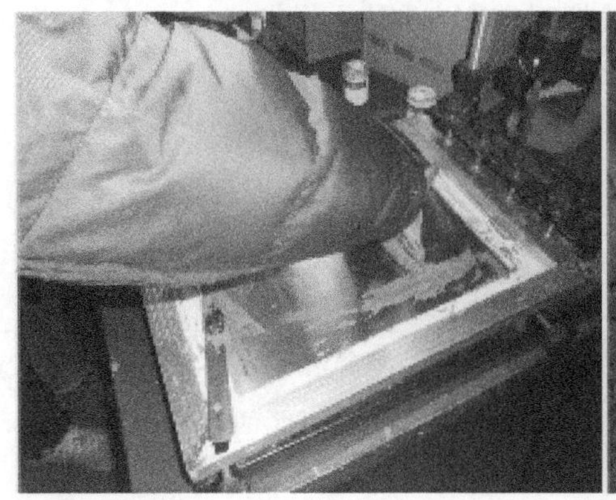

图 4-10　印刷锡膏

① 把锡膏放在模板前端，尽量放均匀，注意不要加在孔里。

② 用刮刀从锡膏的前面向后面均匀刮动，刮刀夹角以45°~60°为宜，刮完后将多余的锡膏放回模板前端。

③ 抬起模板，将印好锡膏的PCB取下来，再放上第二块PCB。

④ 检查印刷效果，根据结果判断印刷缺陷的原因，再根据印刷缺陷的原因进行相应调节，然后再次印刷并检查印刷效果，直至印刷效果达到要求为止。

⑤ 印刷窄间距产品时，每印刷完一块PCB都必须将模板底面擦干净。

手动印刷锡膏的工艺适用于小批量的PCB生产，此工艺简单，成本极低，使用方法灵活。

5. 注意事项

1）刮刀夹角一般为45°~60°。

2）由于是手动印刷，刮刀可能受力不均，因此要掌握好刮刀压力。

3）手动印刷速度不要太快，不然易造成锡膏图形不饱满和印刷缺陷。

4）锡膏暴露在空气中易干燥，印刷完一批PCB后应把锡膏及时放回容器，暂停印刷时应把模板擦干净。

5）若需要双面印刷，则需在工作台面上加装加工垫条，把PCB架起。

6. 实训结果及数据

1）进行手动印刷锡膏的锡膏准备和网板准备。

2）正确准备好锡膏，并完成PCB与对应的网板安装调试。

3）进行手动印刷锡膏。

4）锡膏印刷质量的判定及如何调整工作台面。

7. 考核评价

序号	考核内容	配分	评分标准	考核记录	扣分	得分
1	锡膏准备	25	准备的锡膏应适合于印刷，锡膏混合应适当			
2	网板安装调试	25	PCB与对应的网板应正确匹配，将模板准确固定于工作台面上，并与PCB上需要印刷锡膏的部分对准			
3	判定锡膏印刷质量	25	刮刀夹角适当，压力合适，根据质量标准进行锡膏印刷质量判定			
4	调整工作台面，提高锡膏印刷质量	25	锡膏印刷均匀，无粘连，厚度适当，锡膏质量达标			
	分数总计	100				

任务4.2 锡膏的自动印刷

任务描述

锡膏的自动印刷是一项复杂的系统工艺，其中影响印刷质量的因素有很多且会相互作用。

完成本任务后，读者应能掌握印刷过程中常见的质量缺陷的成因及解决办法。对于自动锡膏印刷机的工作原理及操作流程也应有相应的了解。

相关知识

4.2.1 锡膏印刷机

1. 锡膏印刷机的分类

从自动化程度来分锡膏印刷机可分为手动印刷机、半自动印刷机和全自动印刷机等，如图4-11所示。

a) 手动印刷机

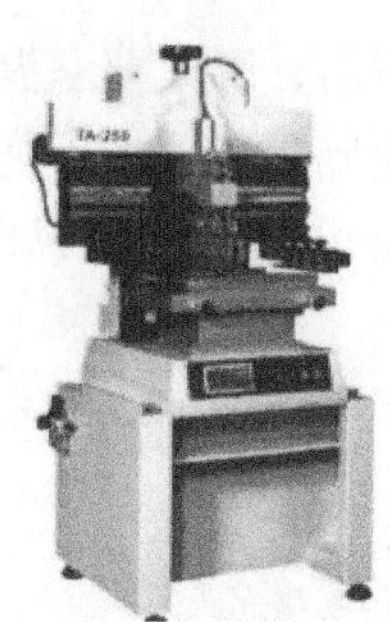

b) 半自动印刷机

c) 全自动印刷机

图4-11 锡膏印刷机

半自动印刷机操作容易，印刷速度快，结构简单，缺点是印刷工艺参数可控点较少，印刷对准精度不高，锡膏脱模效果差，一般适用于0603（英制）以上的元器件和引脚间距大于1.27 mm的PCB印刷工艺。

全自动印刷机的印刷对准精度高，锡膏脱模效果好，印刷工艺较稳定，适用于密间距元器件的印刷，其缺点是维护成本高，对作业人员的技术水平要求较高。

2. 锡膏印刷机的基本功能

1）基板处理机能：包括PCB基板的传输运送、定位和支撑。

① 传输运送是指PCB的搬入、搬出以及PCB固定前的小幅来回移动。

② 基板的定位分为孔定位和边定位两种，还有光学定位进行补正，以确保位置的准确。

③ 基板的支撑是指让被印刷的PCB保持一个平整的平面，使PCB基板在印刷过程中不发生变形扭曲。所用方式有支撑引脚、支撑块和支撑板三种。支撑引脚灵活性较强，局限性较小，目前较常用；支撑块和支撑板局限较多，一般用在单面制程中。

2）基板和钢网的对准机能：包括机械定中心和光学定中心，光学定中心是机械定中心的补正，可大大提高印刷精度。

3）对刮刀的控制机能：包括压力、推行速度、下压深度、推行距离、刮刀夹角和刮刀提升等。

4）对钢网的控制机能：包括钢网平整度调整、钢网和基板的间距控制、分离方式的控制和对钢网的自动清洗设定。

4.2.2 德森自动锡膏印刷机

德森自动锡膏印刷机的外观如图 4-12 所示。

德森自动锡膏印刷机的主要组成部分包括三色灯、刮刀系统、网框固定部和 CCD 相机、可调印刷工作台、自动网板清洗装置。

(1) 三色灯

三色灯是 SMT 生产线设备上用于显示设备状态的一种指示灯。红灯表示设备出现异常报警，绿灯表示设备正常工作，黄灯表示设备处于待命状态。

(2) 刮刀系统

刮刀系统包括印刷头（刮刀升降行程调节装置、刮刀片安装部分）、刮刀横梁及刮刀驱动部分（步进电动机）等。印刷头具有高刚性结构，刮刀的压力和速度均由计算机伺服控制，调节方便，可维持印刷质量的均匀稳定。

(3) 网框固定部和 CCD 相机

网框固定部包括网板移动装置及网板固定装置等，可夹持网板（夹持的宽度可调），并可对网板位置夹紧固定。

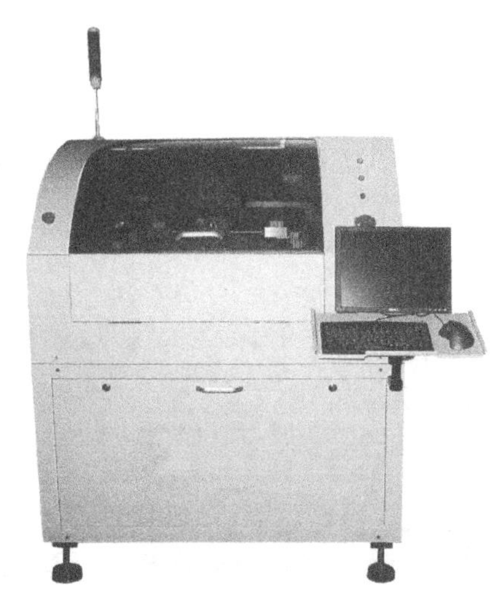

图 4-12 德森自动锡膏印刷机的外观

CCD 相机包括 CCD 运动部分、CCD-Camera 装置（摄像头和光源）及高分辨率显示器等，由视觉系统软件进行控制。CCD 相机可支持上视/下视视觉系统，具有独立控制与调节的照明设备，其高速移动的镜头可确保快速、精确地进行 PCB 和网板对准，无限制的图像模式识别技术使其具有 0.01 mm 的辨识精度。

(4) 可调印刷工作台

可调印刷工作台包括 Z 轴升降装置（升降底座、升降丝杠、伺服电动机、升降导轨和阻尼减振器等）、平台移动装置（丝杠、导轨及分别控制 X、Y 及 θ 方向移动的伺服电动机等）、工作台面（磁性顶针、真空吸盘）等。

通过机器视觉，可调印刷工作台可以自动调节 X、Y 及 θ 方向的位置偏差，精确实现网板与 PCB 的对准。

(5) 自动网板清洗装置

此部分包括真空管、真空发生器、清洗液储存和喷洒装置、卷纸装置及升降气缸等。网板清洗装置安装在机器视觉系统后面，通过机器视觉系统决定清洗行程，从而自动清洗网板底面。

在进行清洗时，清洗卷纸上升，并且贴着网板底面移动，用过的清洗卷纸被不断地绕到另一个滚筒上。清洗间隔时间可自由选择，清洗行程可根据印刷行程自行设定。在进行湿洗时，如果储存装置中的清洗液不够，系统会出现报警显示，此时应将清洗液充满。干、湿、真空洗的周期可自由调节。自动网板清洗装置可以清除网板孔中的残留锡膏，保证印刷质量。

4.2.3 丝印机编程与 VR 仿真

1. 丝印机编程

运用仿真方式可以加深对丝印机整个工作流程的理解，掌握锡膏印刷过程中参数的设置。

下面详细说明采用软件进行相关仿真的步骤和流程。

1）单击“SMTAutoCE_V25”图标，进入仿真课程平台主界面，如图 4-13 所示。

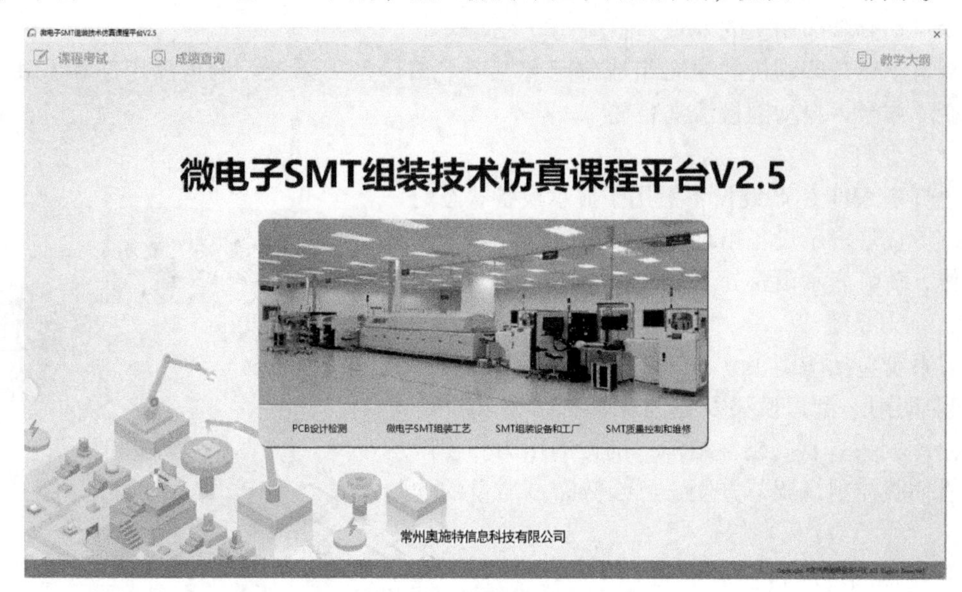

图 4-13　进入仿真课程平台主界面

2）在平台主界面单击“SMT 组装设备和工厂”按钮，出现下一级界面，如图 4-14 所示。

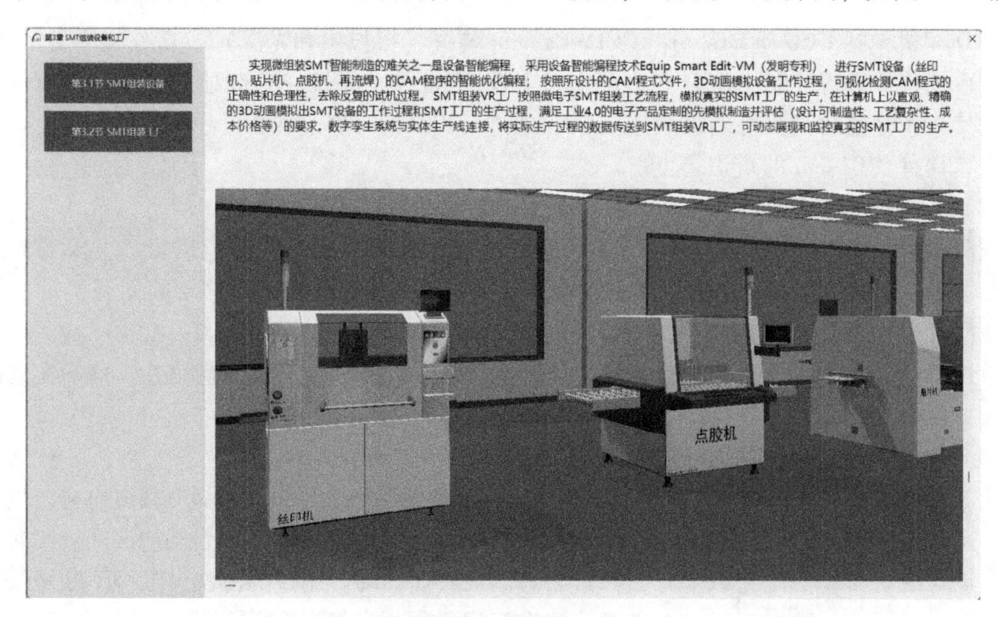

图 4-14　SMT 组装设备和工厂界面

3）在界面中单击“第 3.1 节　SMT 组装设备”按钮，出现下一级界面，如图 4-15 所示。从图 4-15 中可以看出，该部分内容主要包含以下 8 项：概述、理论知识、讲课视频、作业、丝印机编程和 VR 操作、点胶机编程和 VR 操作、贴片机编程和 VR 操作、再流焊编程和 VR 操作。

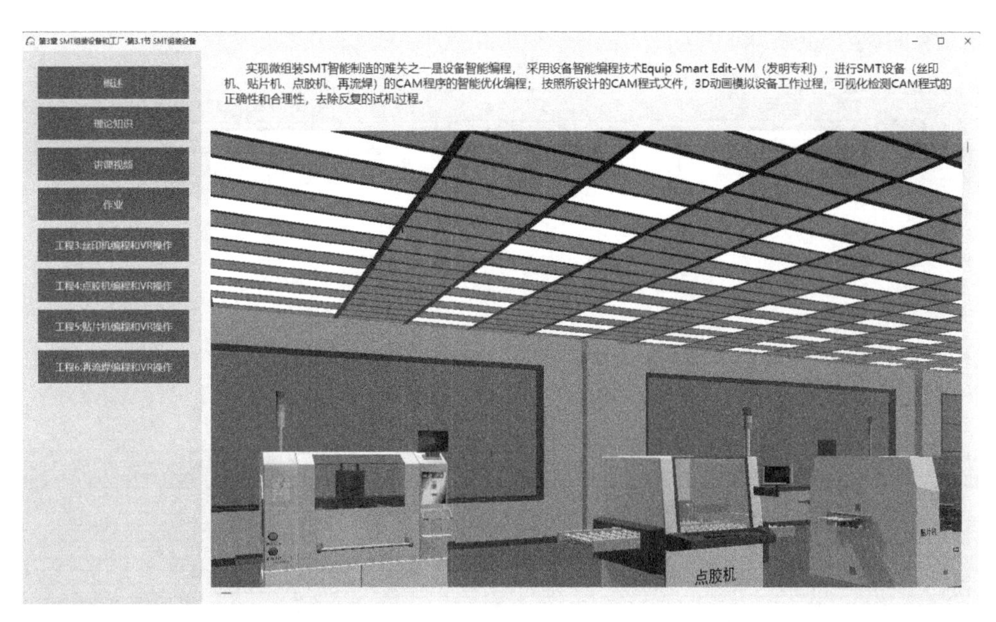

图 4-15 SMT 组装设备界面

4）在界面中单击“工程 3：丝印机编程和 VR 操作”按钮，即可进入丝印机编程和 VR 操作界面，如图 4-16 所示。

图 4-16 丝印机编程和 VR 操作界面

5）在此界面中，单击“丝印机编程”按钮，进入编程界面，如图 4-17 所示。

在编程界面中，系统默认的 PCB 参数如图 4-18 所示，主要包括 PCB 的组装类型、元器件类型、长度、宽度、正面最小间距和反面最小间距等参数。需要设置的参数包括传输设定、印刷和清洗长度、视觉参数、正面印刷参数和反面印刷参数。其中传输设定、印刷和清洗长度需要按照系统给定的 PCB 参数进行设置，而视觉参数、正面印刷参数和反面印刷参数则可用下拉方式进行选择。当输入参数和参数选择正确时，所选项将会以蓝色字体进行显示，当参数不正确时，所选项将以红色字体进行显示，以提示使用者进行参数的修改和完善。参数设置结果如图 4-18 所示。

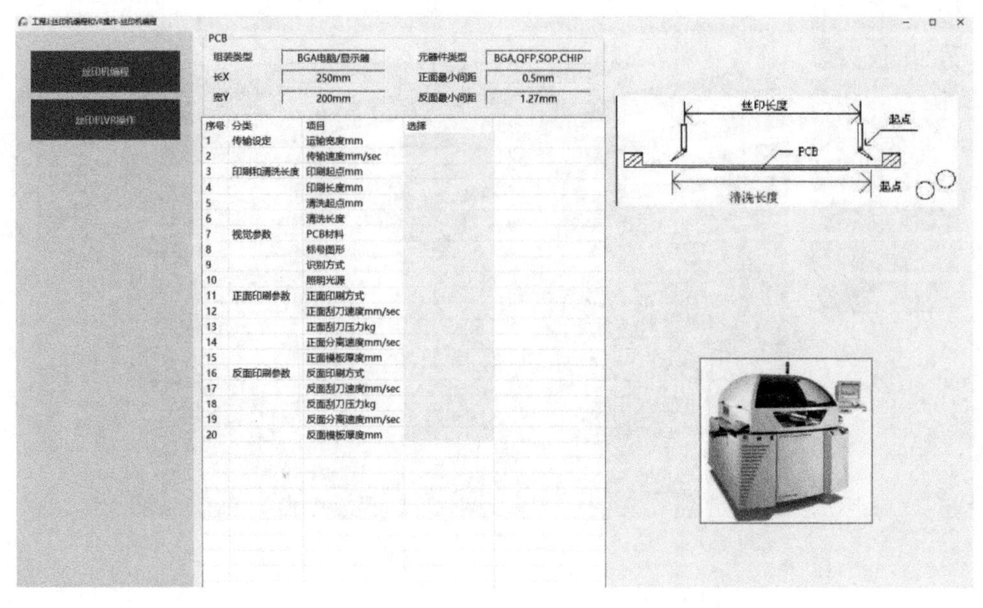

图 4-17 编程界面

序号	分类	项目	正确答案
1	传输设定	运输宽度mm	201
2		传输速度mm/sec	50~80
3	印刷和清洗长度	印刷起点mm	285
4		印刷长度mm	230
5		清洗起点mm	425
6		清洗长度	270
7	视觉参数	PCB材料	0:环氧树脂板材
8		标号图形	1:圆形
9		识别方式	0:用颜色来判断
10		照明光源	1:环状LED点亮
11	正面印刷参数	正面印刷方式	双刮
12		正面刮刀速度mm/sec	15~20
13		正面刮刀压力kg	3.5~5
14		正面分离速度mm/sec	0.5~0.8
15		正面模板厚度mm	0.15
16	反面印刷参数	反面印刷方式	双刮
17		反面刮刀速度mm/sec	20~30
18		反面刮刀压力kg	4~6
19		反面分离速度mm/sec	0.8~1
20		反面模板厚度mm	0.2

图 4-18 参数设置结果

2. 丝印机 VR 仿真

在丝印机编程和 VR 操作界面中单击“丝印机 VR 操作”按钮，即可进入丝印机 VR 操作界面，如图 4-19 所示。

1）在界面中单击“丝印机”按钮，进入 VR 仿真模式。

在界面中，利用键盘上的〈Q〉键进行镜头的锁定和解锁，利用键盘中的〈W〉键、〈S〉键、〈A〉键、〈D〉键和鼠标的配合，分别进行前进、后退、左移和右移操作。

图 4-19 丝印机 VR 操作界面

2）移动界面中的指针到激活点，如图 4-20 所示，当到达激活点并进行激活之后，界面即进入丝印机 VR 仿真操作，如图 4-21 所示。

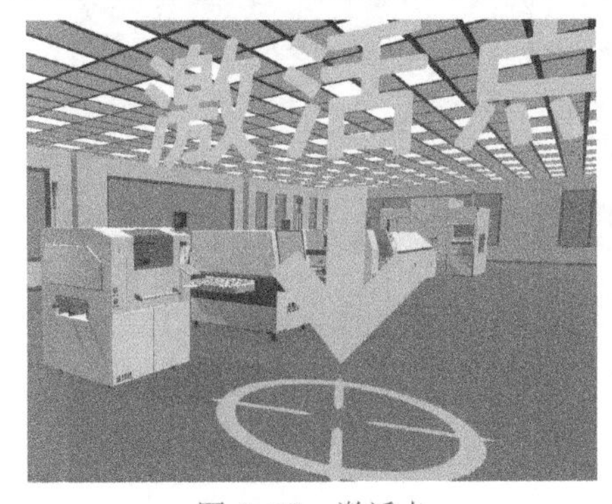

图 4-20 激活点

图 4-21 丝印机 VR 仿真操作

3）在 VR 操作界面中，依次单击“调用丝印程式”“调整定位针”“校正刮刀”“载入模板”“载入锡膏”“补充溶剂”按钮，即可按照顺序模拟出每个步骤的设备运行情况，依次如图 4-22~图 4-27 所示。最后单击“运行”和“设备运行”按钮，即可看到设备的模拟运行过程。

序号	项目	程式1	程式2
1	运输宽度	PCB宽+1	PCB宽+1
2	传输速度	50mm/s	60mm/s
3	印刷方式	双刮	双刮
4	刮刀速度	30mm/sec	50mm/sec
5	刮刀压力	3.5kg	5kg
6	分离速度	0.8mm/sec入	1.5mm/sec入
7	印刷起点	PCB长+35	PCB长+35
8	印刷长度	PCB长-20	PCB长-20
9	清洗起点	425(defult)	425(defult)
10	清洗长度	PCB长+20	PCB长+20
11	PCB材料	环氧树脂板材	环氧树脂板材
12	标号图形	圆形	圆形
13	识别方式	用颜色来判断	用颜色来判断
14	照明光源	环状LED点亮	环状LED点亮
15	模板厚度	0.15mm	0.2mm
选择			

确定

图 4-22 调用丝印程式

图 4-23 调整定位针

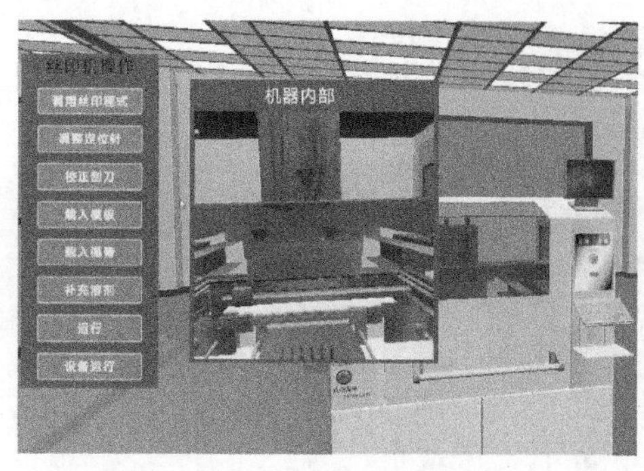

图 4-24 校正刮刀

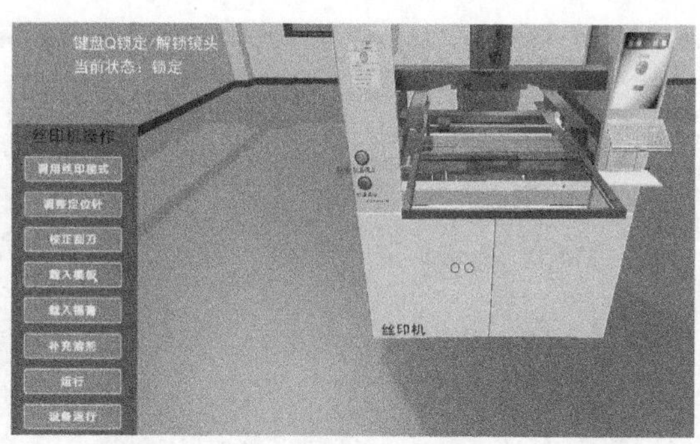

图 4-25 载入模板

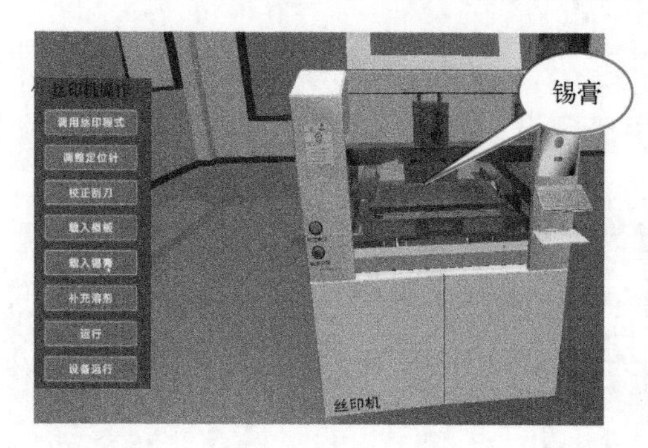

图 4-26 载入锡膏

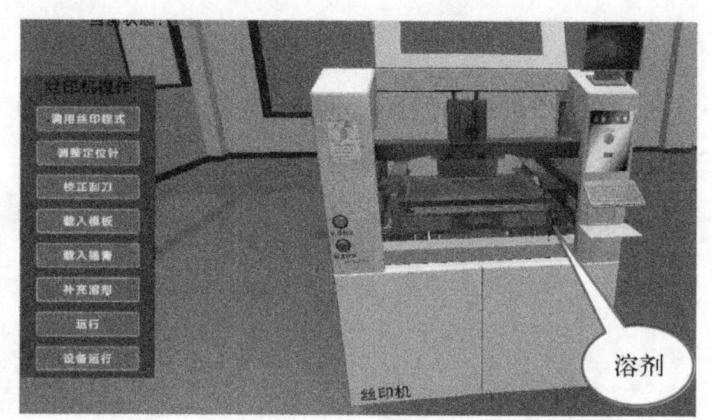

图 4-27 补充溶剂

任务实施

1. 实训目的及要求

1）了解自动锡膏印刷机的工作原理。

2）熟悉自动锡膏印刷的操作软件界面。

3）掌握锡膏自动印刷工艺。

4）熟悉自动锡膏印刷机的使用及操作事项。

5）通过自动锡膏印刷机，将锡膏均匀、饱满地印刷至 PCB 上指定的焊盘位置。

2. 实训设备

德森自动锡膏印刷机：1 台。

锡膏：1 罐。

锡膏搅拌器：1 台。

放大镜等辅助工具：1 套。

PCB：若干块。

3. 实训内容及步骤

（1）开机前检查

即检查所有相关设备及部件是否正常，以及设备内部是否有异物等。

检查电源的电压和气源的气压是否符合要求；检查设备接线是否连接好；检查设备是否良

好接地。

（2）开始生产前准备

在 SMT 中，锡膏的选择是影响产品质量的关键因素之一。锡膏的种类决定了允许印刷的最高速度，锡膏的黏度、润湿性和金属颗粒大小等性能参数都会影响最后的印刷质量。对锡膏的选择应根据清洗方式、元器件及 PCB 的可焊接性、焊盘的镀层、元器件的引脚间距和用户的需求等综合考虑。

锡膏选定后，应根据所选锡膏的使用说明书来使用。在锡膏使用之前必须搅拌均匀，直至锡膏呈浓稠的糊状，并用刮刀挑起后能够很自然地分段落下。锡膏从冰箱中取出后不能直接使用，必须在室温 25℃左右回温（具体使用应根据锡膏的使用说明而定）。锡膏的温度应保持与室温相同才可使用。使用时，应将锡膏均匀地刮涂在刮刀前面的网板上，且应超出网板的开口位置，以保证刮刀运动时能使锡膏通过网板开口印到 PCB 的所有焊盘上。

（3）系统启动

1）打开设备的主电源开关，将自动进入印刷机主界面。操作过程如下：

打开总电源开关⟶打开气源开关⟶打开设备的主电源开关⟶进入印刷机主界面。

2）进入印刷机主界面后，如图 4-28 所示，主界面包含三部分：主菜单栏、主工具栏和信息栏。

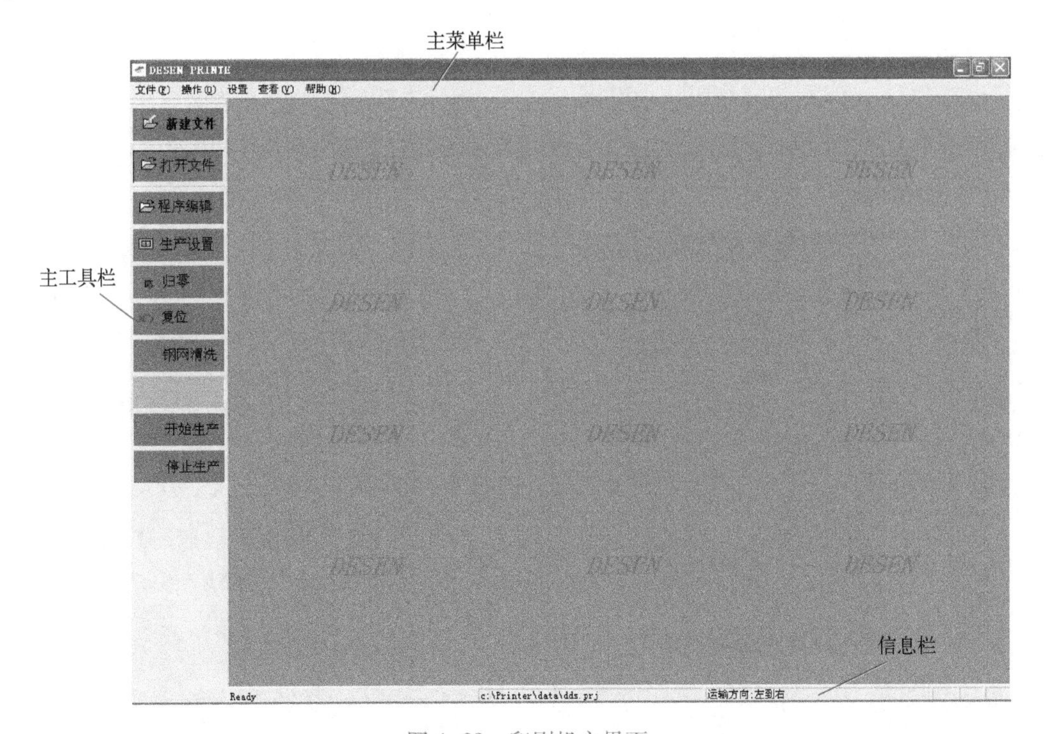

图 4-28 印刷机主界面

3）选择主菜单中的“归零”命令或单击主工具栏中的“复位”，让设备的运动部件回到原点。在主界面显示的“现在进行归零操作吗?”对话框中，若单击“Cancel”，则仍回到主界面画面；若单击“Start”，设备将进行归零操作，出现如图 4-29 所示画面，并显示“当前位置”对话框，指出各运动轴的当前坐标值。

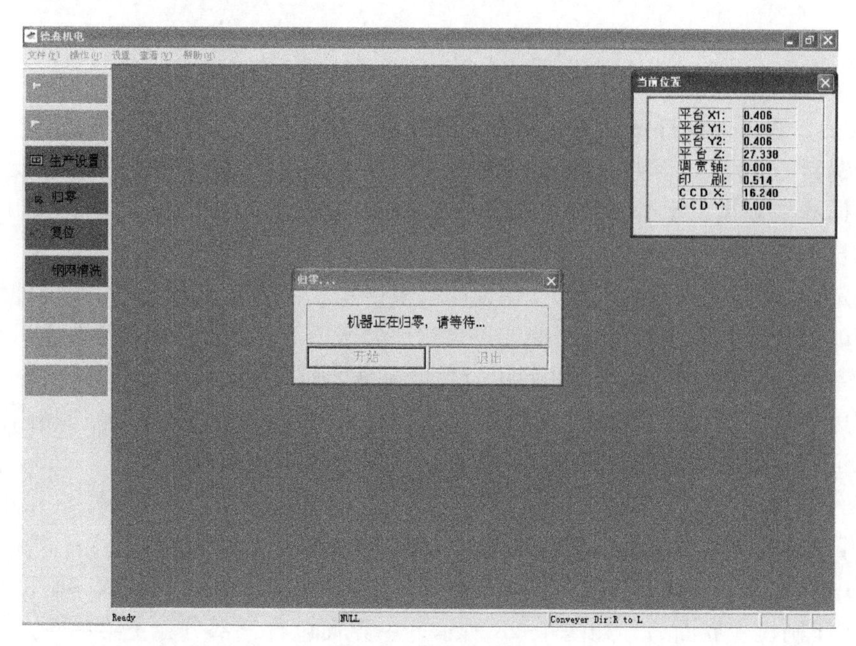

图 4-29 归零操作

（4）自动印刷机的设置

1）单击主菜单栏的“文件”→“新建”，并输入新建文件名。

2）单击主工具栏中的“程序编辑”按钮或“设置”→“印刷参数设置”，即可进入“生产编辑”对话框，如图 4-30 所示。在“生产编辑”对话框中可进行 PCB 设置、控制方式设置（系统默认为自动）、运输设定与宽度调节、清洗与印刷长度设置、PCB 定位等设置。

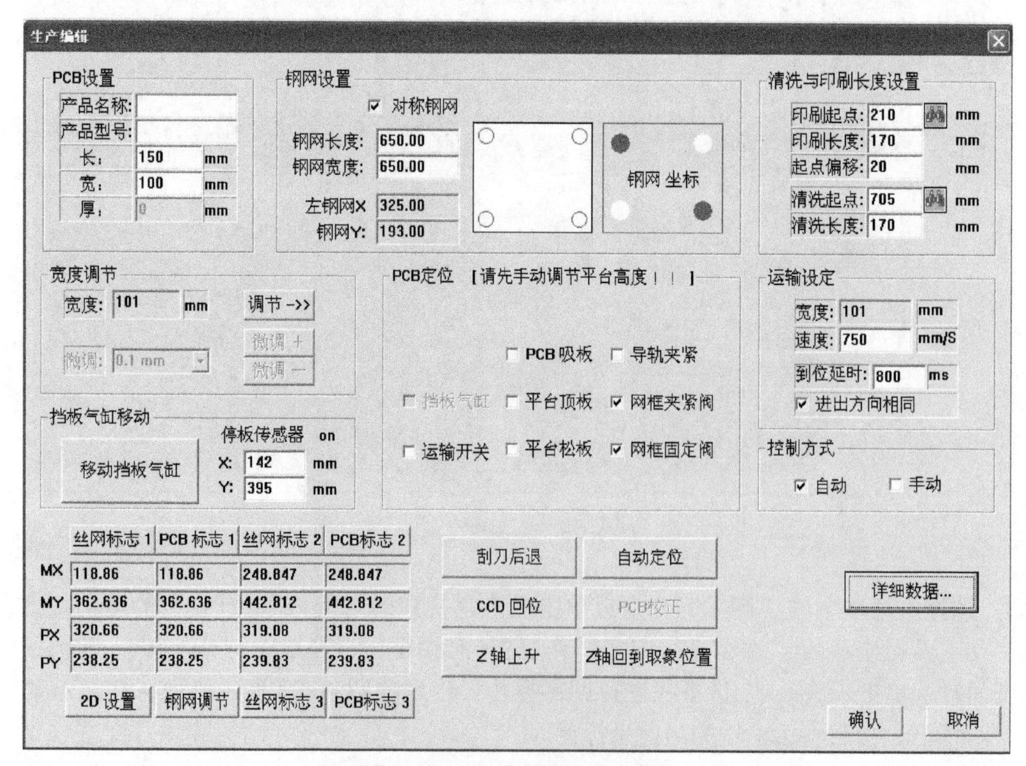

图 4-30 “生产编辑”对话框

（5）说明

1）只要将PCB参数设置好，则印刷起点、印刷长度、清洗起点、清洗长度等数值即可自动生成，用户也可以根据生产的实际情况进行修改。注意输入数值应大于PCB的宽度。

2）在“生产编辑”对话框中输入PCB的长度、宽度、厚度参数后，运输宽度即自动显示为“PCB的宽度+1”。

3）在进行参数设置时，如果输入的数值超出设备的设置范围，则会有“输入超出范围”的错误提示，并指出输入参数的设置范围。

4）设置刮刀压力、刮刀速度、选择单刮或双刮及刮刀的运行方向，然后选择干、湿或真空自动清洗方式及清洗的速度和时间间隔，也可选择人工清洗方式，此外还可设置标志点图标类型，如图4-31所示。

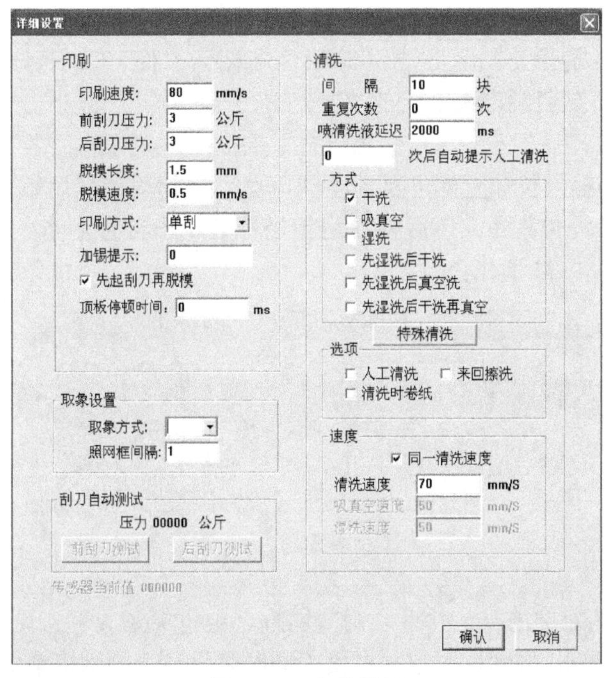

图4-31 参数设置

5）设置视觉校正的取像方式——双照或只在第一次时双照，还可对印刷精度进行设置。

（6）注意事项

1）在设置视觉校正的取像方式时，如果选择只在第一次时双照，则只在开始生产时进行双照，以后每次进板时只对PCB进行单照。

2）如选择人工清洗方式，则在正常生产过程中，设备会按设定的清洗间隔，在生产完一定数量的产品后自动停下，并弹出“人工清洗”对话框，如图4-32所示，等待人工清洗网板，步骤如下：

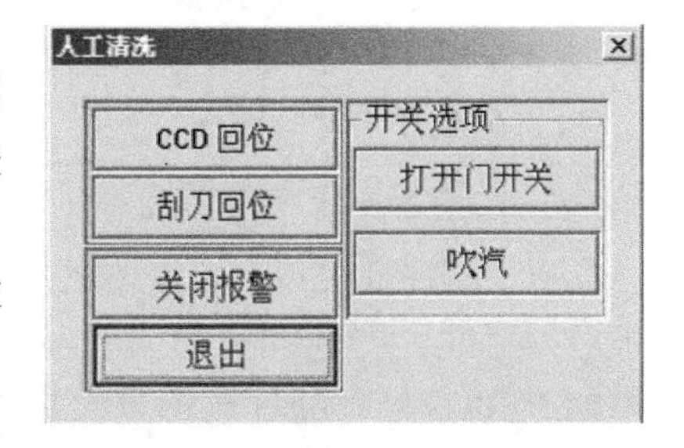

图4-32 “人工清洗”对话框

① 在“人工清洗”对话框中单击“打开门开关”按钮，将设备的前罩门打开，并单击“CCD回位”按钮，使CCD部分回到原点位置。

② 此时可将手伸到网板下进行人工清洗。

③ 清洗完成后将前罩门关闭，并按下操作面板上的START按钮，此时黄色指示灯会亮，

设备开始继续生产。

（7）PCB 定位

PCB 定位的操作流程主要在图 4-30 所示的界面中进行。在 PCB 定位时，首先要确认停板气缸的位置是否居中且合适。单击“挡板气缸移动”按钮，使 CCD 移动到停板位置，进行 PCB 定位校正；单击“刮刀后退”按钮，将刮刀移动到后限位处；单击“移动”按钮，将挡板气缸移动到 PCB 停板位置，此时将 PCB 放到运输导轨的进板入口处，再将停板气缸开关打开，停板气缸工作，即气缸轴向下运动到停板位置。

打开运输开关，将 PCB 送到停板气缸位置，观察 PCB 是否停在运输导轨的中间，如 PCB 不在运输导轨中间，则需要调整停板气缸位置，即修改停板气缸的 X、Y 坐标，X 往左为减，X 往右为加，Y 往上为减，Y 往下为加，直到 PCB 位置合适。

再将运输开关关闭，同时打开 PCB 吸板阀，关闭停板气缸，打开平台顶板开关，工作台向上升起，打开导轨夹紧开关，单击“CCD 回位”按钮，使 CCD 部分回到原点位置，打开“Z 轴上升”，将 PCB 升到紧贴网板底面的位置。

（8）网板定位

居中开的网板只需输入长和宽即可自动生成 X、Y 坐标值，然后根据坐标值将网板定位，非居中开网板除了输入长和宽外，还需要在网板坐标处单击红色小点，输入 MARK 点到网板边的最小绝对值，如图 4-33 所示。

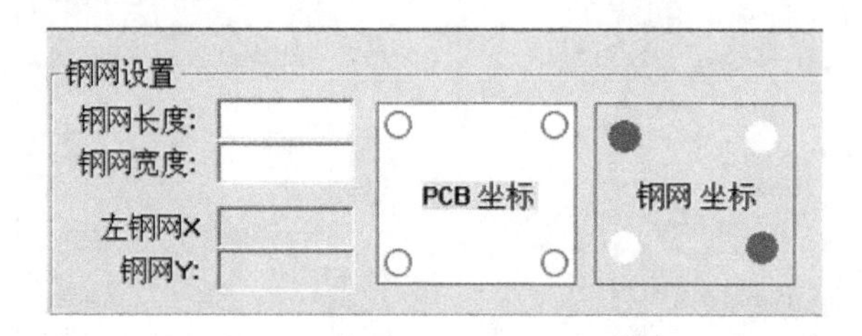

图 4-33　网板定位

观察网板与 PCB 的对准情况，并手动调节网框、定位夹紧装置，使之与 PCB 对准。打开网框固定阀和网框夹紧阀，将网框固定并夹紧，同时将设备上的网框锁紧气缸用挡环固定，移动 Y 向定位挡住网框，关闭“Z 轴上升”，使工作台回到取像位置。

注意：单击“平台顶板”按钮，使 PCB 支撑块进入顶板位置，手动将 PCB 放于支撑块上，确认 PCB 上表面与导轨中间压板表面平齐。如果不平齐，应手动调节平台调节旋钮，使之平齐。

（9）标志点设置

在以上程序完成以后，需要调用图像处理功能及标志点位置选择的辅助功能，使 PCB 和网板对得更准。先选择标志点位置，双击“生产编辑”对话框中 PCB 坐标处的红色小点，出现“Input”对话框，输入标志点到 PCB 边缘 X、Y 坐标的最小绝对值，如图 4-34 所示。

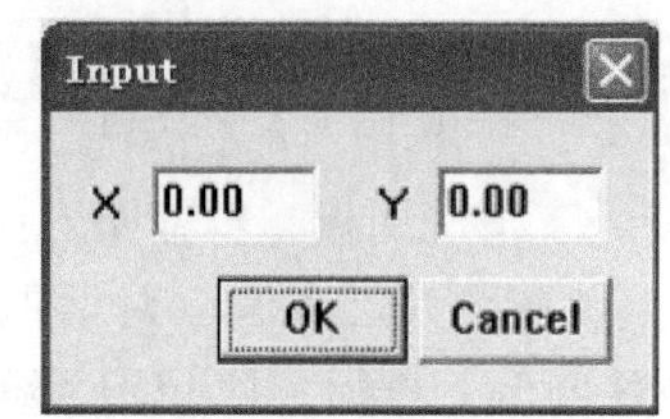

图 4-34　“Input”对话框

然后即可进行标志点设置，此时单击［PCB 标志 1］，出现“寻找标志点”对话框，如图 4-35 所示。

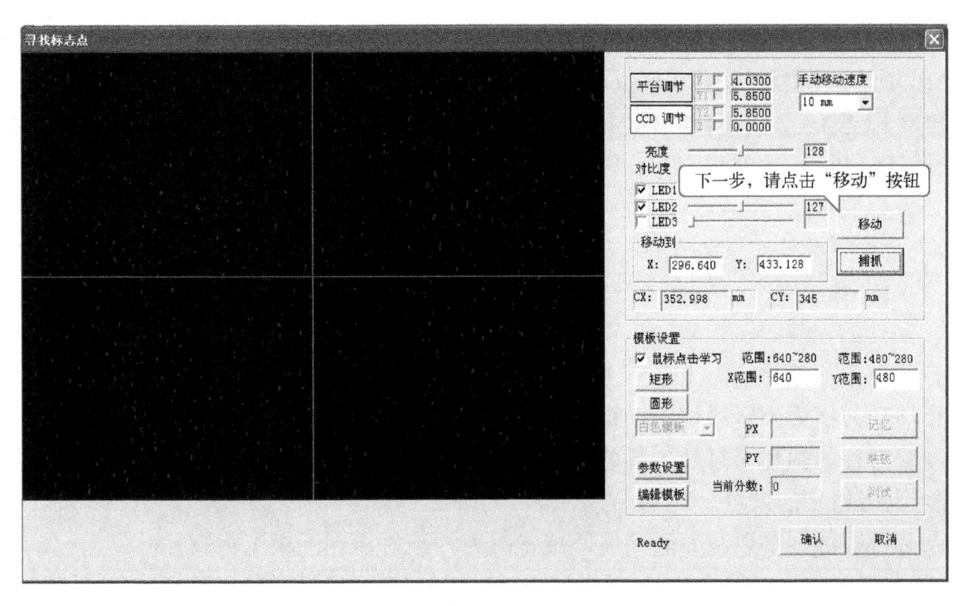

图 4-35 “寻找 MARK 点”对话框

单击图 4-35 中的“移动（Move）”按钮，然后根据对话框中手动移动速度的设置，通过键盘上的方向键寻找到标志图像，找到后单击“捕抓（Catch）”按钮，将图像定位，如图 4-36 所示。

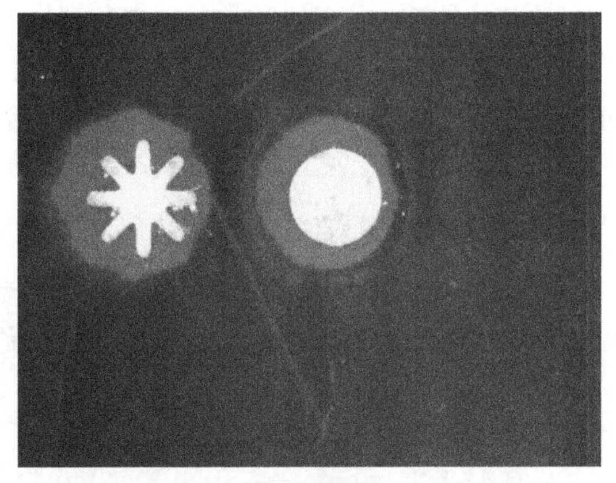

图 4-36 定位图像

在图 4-36 所示图像中，按住鼠标左键，从图像的中间往外拉（即用红色圆圈将 MARK 点图像包住），然后用鼠标点住红色方框中心的十字形图标，使之与 MARK 点图像相切。

接下来进行匹配选项设置，匹配分数（700）和匹配精度（高）为设备的默认值（这里匹配分数的设置范围为 0~1000，如在进行匹配时发现 MARK 点周围有相似图像或 MARK 点图像缺损，可能会影响印刷精度，匹配分数越高，印刷精度就越高，同时对 MARK 点的形状要求也越高）。

单击“记忆（Learnning）”按钮，再单击“装载（Loading）”按钮，读取丝印机中的 MARK 点数据。单击“测试（Testing）”按钮，得出网板标志 1 的图像坐标 PX、PY。单击“OK”按钮，回到“生产编辑”对话框，同时得出 PCB 标志 1 的机械坐标 MX、MY。用同样的方法，找出 PCB 标志 2 后单击“平台调节（Stencil adjust）”按钮，在弹出的对话框中直接单击“OK”按钮，用 PCB 的 MARK 点坐标值覆盖网板 MARK 点坐标值，并回到“生产编辑”对话框，用上面的方法分别设置丝网标志 1 和丝网标志 2 的图像，单击“Stencil adjust”按钮，根据提示移动网板，完成后回到“生产编辑”对话框。

（10）MARK 点设置注意事项

1）在进行 MARK 点图像采集时，可以通过调节“寻找 MARK 点”对话框中 LED1~LED3 的亮度来采集清晰的图像。

2）丝网标志 1、2 和 PCB 标志 1、2 的数据采集完后，单击右下角的“OK”按钮，可退回到主界面并保存数据；单击“Cancel”按钮则取消此次编辑。

3）PCB 标志 1、2 的机械坐标 MX 、MY 的值与网板标志 1、2 的机械坐标 MX 、MY 的值必须分别保持一致。

（11）保存文件

单击主菜单栏中的“文件”→“保存”，将此次 PCB 的参数设置保存到新建的文件夹下，待开始生产时打开使用。

（12）刮刀的安装

1）打开设备前盖。

2）移动刮刀横梁到合适位置，将装有刀片的刮刀压板装到刮刀头上。

3）刮刀行程的调整：打开工具栏中的“参数设置”，输入二级密码，打开“Setting”对话框，进行刮刀行程的调整。

4）刮刀行程的调整以刮刀降到最低位置时刀片正好压在网板上为宜。

注意：*刀片安装前应检查其刀口是否平直，有无缺损。*

（13）试生产

1）快捷按钮控制开关可控制生产的开始。操作步骤如下。

① 单击主工具栏中的“开始生产”按钮，显示“现在进行归零操作吗”对话框，单击“退出”，机器仍回到主窗口画面；单击“开始”，机器进行归零操作，出现如图 4-37 所示画面，并显示“当前位置”对话框，显示各运动轴当前的坐标值。

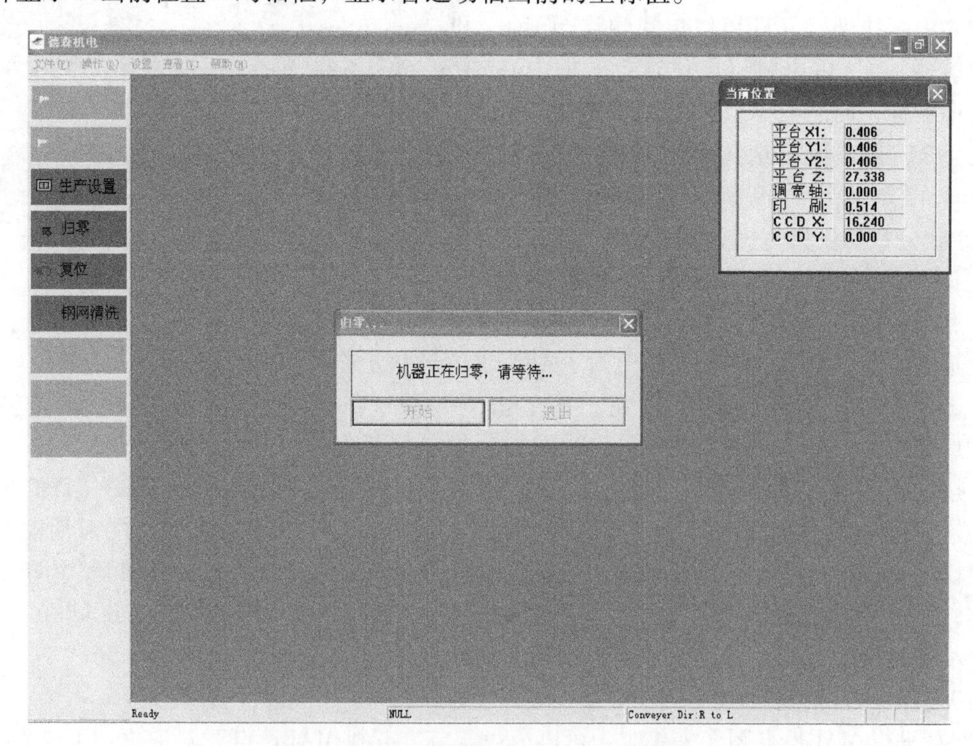

图 4-37 “现在进行归零操作吗”对话框

② 归零完成后的界面如图 4-38 所示，单击“开始”，回到主界面。

③ 单击“开始生产”按钮，显示“在开始生产前请确认生产文件或数据是否正确”的“生产提问”对话框，如图 4-39 所示。

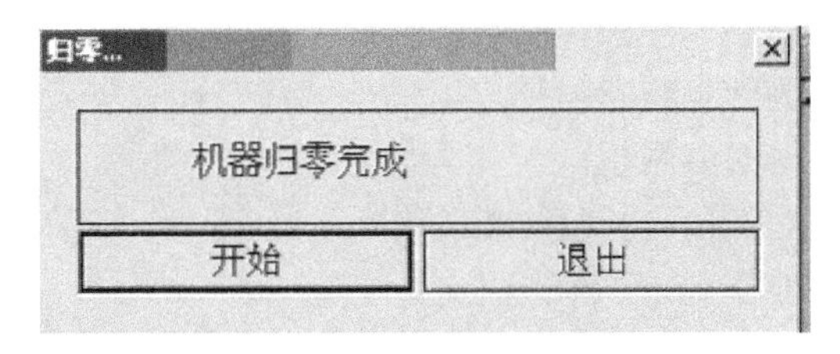

图 4-38　归零完成

图 4-39　“生产提问”对话框

④ 单击“否”，则回到主界面，此时可打开正确的生产文件或进行参数设置；单击“是”，则出现“是否要添置锡膏?”对话框，如图 4-40 所示。

⑤ 单击“是”，则进入运输宽度调节；单击“否”，则在主界面上显示“生产状态”对话框，如图 4-41 所示。

2）设备开始生产，并在图 4-41 中对话框的下面一栏动态显示当前状态，即“等待进板-------”。

3）在“生产状态”对话框中，可以直接修改运输、印刷、脱模和清洗的速度和长度，以及刮刀压力、导轨夹紧等参数，且不必停止生产，在确定好后会于下一个生产周期生效。

图 4-40　“是否要添置锡膏?”对话框

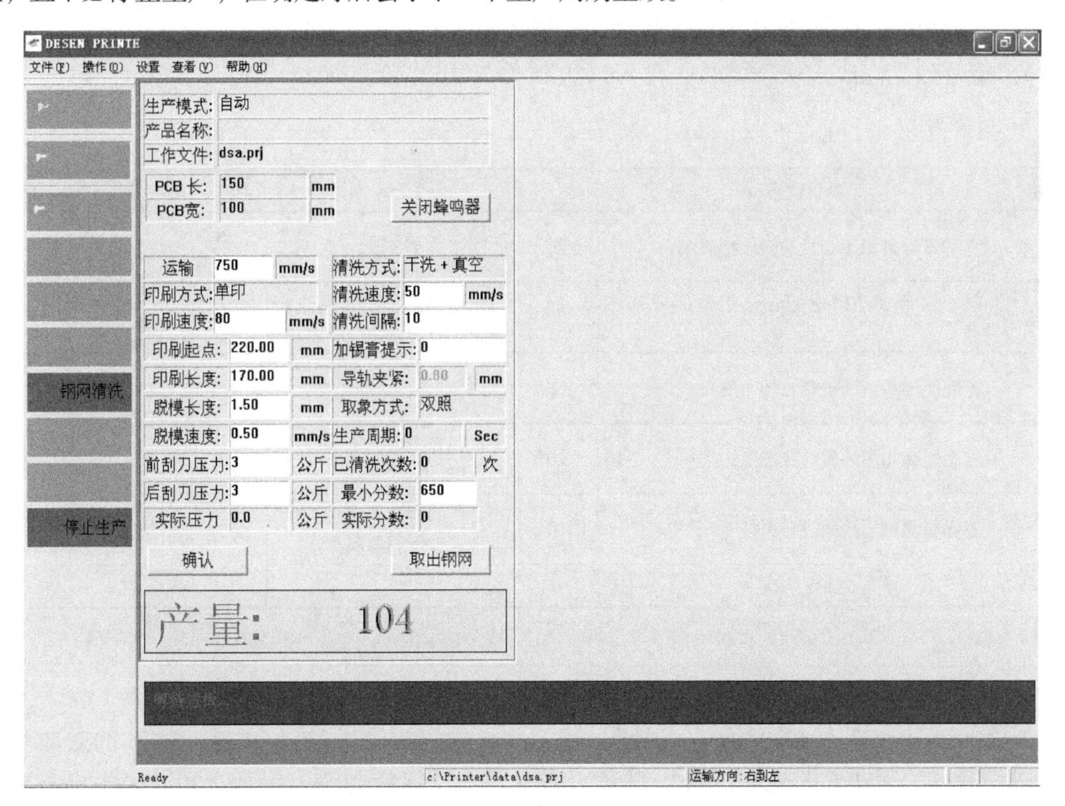

图 4-41　“生产状态”对话框

4）当设备在生产过程中出现报警时，三色灯中的红灯闪烁，蜂鸣器鸣叫。此时可单击“关闭蜂鸣器”按钮，将蜂鸣器关闭。

（14）停止生产

单击主工具栏中的“停止生产”按钮，设备即会停止生产。

1）停止生产后，打开前盖，取下刮刀，并用溶剂和软布清洁。

2）回收锡膏，放回冰箱储存或与下一班交接，清洁网板。

3）清洁设备轨道及工作台后，关闭前盖，并对设备进行复位操作。

4）退出软件，关闭系统，按下控制面板上的 OFF 键，关闭电源。

（15）印刷结果检查

1）印刷出的第一块板需要检测质量，然后根据检测结果调整参数设置。

2）如检测结果不符合质量要求，应重新进行编辑，或输入印刷误差补偿值。

3）这里设定锡膏厚度在 0.1~0.3 mm 之间，锡膏覆盖焊盘的面积在 75%以上即满足质量要求。

4）网板清洗品质检测：这里设定锡膏堵塞网板的覆盖面积超过 20%会有报警提示，此时可单击主工具栏中的“网板清洗”按钮，重新设置清洗方式或清洗时间间隔等参数。

4. 实训结果及数据

1）熟悉锡膏自动印刷机的操作指导书，并能对设备进行简单操作。

2）熟悉锡膏自动印刷的各个工位的操作指导书，并能独立完成每个工位的工作任务。

3）熟练掌握锡膏的搅拌及备用。

4）初步熟悉简单 PCB 的锡膏自动印刷。

5）熟悉锡膏自动印刷的质量标准，并能严格执行。

6）能够独立完成一块简单的含有 SMT 元器件 PCB 的锡膏自动印刷。

5. 考核评价

序号	考核内容	配分	评分标准	考核记录	扣分	得分
1	熟悉锡膏自动印刷机的操作指导书	20	熟悉操作指导书，熟悉印刷机原理及参数			
2	熟悉锡膏自动印刷的各个工位的操作指导书	20	能按照工位指导书进行操作，印刷参数设置合理			
3	正确使用和调试锡膏自动印刷机	20	锡膏印刷均匀，无粘连，厚度适当			
4	熟悉锡膏印刷的质量标准	20	对锡膏印刷的品质有基本认识			
5	对锡膏印刷的缺陷进行调整	20	能根据锡膏印刷缺陷对印刷机进行调整和修正			
	分数总计	100				

项目小结

锡膏印刷是 SMT 生产中的一个关键步骤，它是指将锡膏准确地印刷到 PCB 的对应焊盘上，以便后续的元器件贴装和焊接。锡膏印刷主要涉及模板制作、锡膏选择、印刷机参数调整、手动印刷的参数控制、印刷过程监控、印刷后的检查等内容。SMT 生产中的锡膏印刷是一个需要精确控制的过程，它直接影响到后续的元器件贴装和焊接质量。因此，在 SMT 生产过程中，对锡膏印刷的各个环节都需要进行严格的控制和管理。

习题与练习

1. 单项选择题

1）在锡膏印刷中有三个关键要素，简称三个 S，即（　　）。

A. Solderpaste，Solder，Squeegees

B. Solderpaste，Stencils，Squeegees

C. Solderpaste，Screen，Squeegees

2）丝网印刷机（　　）。

A. 采用模板将漏焊膏或胶水印在 PCB 的焊盘上或焊盘之间

B. 采用模板将漏焊膏或胶水印在 PCB 的焊盘上

C. 采用模板将漏焊膏或胶水印在 PCB 的焊盘之间

3）刮刀压力对漏焊膏印刷的影响是（　　）。

A. 刮刀压力太小，导致 PCB 上锡膏量过多；刮刀压力太大，则导致锡膏印得太薄

B. 刮刀压力太小，导致 PCB 上锡膏量不足；刮刀压力太大，则导致锡膏印得太薄

C. 刮刀压力太小，导致 PCB 上锡膏量不足；刮刀压力太大，则导致锡膏印得过厚

D. 刮刀压力太小，导致 PCB 上锡膏量过多；刮刀压力太大，则导致锡膏印得过厚

4）锡膏厚度是（　　）。

A. 由模板的开口尺寸 $W \times L$ 所决定的，锡膏厚度的微量调整，经常通过调节刮刀速度及刮刀压力来实现

B. 由模板的厚度所决定的，锡膏厚度的微量调整，经常通过调节刮刀速度来实现

C. 由模板的厚度所决定的，锡膏厚度的微量调整，经常通过调节刮刀速度及刮刀压力来实现

D. 由模板的开口尺寸 $W \times L$ 所决定的，锡膏厚度的微量调整，经常通过调节刮刀压力来实现

5）搭锡产生的原因是（　　）。

A. 锡粉量少、黏度低、粒度大、室温不适宜、锡膏太厚、放置压力太大等

B. 锡粉量多、黏度低、粒度小、室温不适宜、锡膏太厚、放置压力太大等

C. 锡粉量少、黏度高、粒度大、室温不适宜、锡膏太厚、放置压力太小等

D. 锡粉量多、黏度高、粒度大、室温不适宜、锡膏太厚、放置压力太大等

6）锡膏印刷偏移的主要原因是（　　）。

A. 坐标偏移、MARK 点识别不良、网板固定松动、某轴松动或电动机/电动机驱动卡异常

B. 锡膏太稀、网板与 PCB 有间隙、刮刀刮不干净、网板擦拭不干净、网板开孔有问题

C. 轨道前后宽度不一致、轨道传动带破损、传输电动机/电动机驱动卡异常

2. 简答题

1）影响印刷质量的重要因素有哪些？

2）简述锡膏印刷缺陷的产生原因及对策。

3）丝网印刷和模板印刷的区别是什么？

项目 5　贴片技术

贴片技术是 SMT 生产中的重要组成技术之一。贴片技术的核心在于将电子元器件直接贴装在 PCB 表面，这改变了传统工艺中元器件引脚与 PCB 钻孔相连接的方式。贴片技术易于实现自动化，从而提高生产效率，节省材料、能源、设备、人力和时间等成本，贴片技术的应用对成本的降低可达 30%~50%。此外，贴片技术还具有可靠性高、抗振能力强、焊点缺陷率低以及高频特性好等优点，这些优点在很大程度上减少了电磁和射频干扰。了解贴片技术和掌握贴片机的使用是从事 SMT 生产的必备技能。在本项目中，通过贴片机的在线编程演示，读者能够初步掌握贴片机编程的技能。此外，通过仿真演示，不具备实际 SMT 生产线的读者也能够体验到贴片机的工作过程，加深对贴片技术的印象。

任务 5.1　认识贴片机及贴片操作

任务描述

学完本项目，读者应能对贴片技术有个概括性的了解，并对贴片机的工作原理、操作规范有初步了解。在完成实训任务的基础上，读者应能进一步掌握贴片机编程、调试、元器件数据库制作及拼板制作的流程，同时了解贴片过程中常见质量缺陷的成因及解决办法。本任务由三个子任务组成：贴片机安装调试准备及 CAM 编程、拼板程序制作及贴片操作、元器件数据库制作及贴片操作。

相关知识

5.1.1　贴片机概述

贴片机在预设的程序控制下，可将表面安装元器件准确地贴装到印刷好锡膏或贴片胶的 PCB 表面的相应位置。贴装元器件的工序是保证 SMT 组装质量和组装效率的关键工序。

1. 贴片机的原理和工作过程

贴片机工作原理

贴片机实际上是一种精密的工业机器人，它通过吸取、位移、定位和放置等功能，在不损伤元器件和 PCB 的前提下，将表面安装元器件快速而准确地贴装到 PCB 中指定的焊盘位置。在 SMT 生产中，实现元器件精确贴装时主要采用的对准方式有机械对准、激光对准和视觉对准三种。

贴片机主要由机架、x-y 运动机构、贴装头、元器件供料器、PCB 承载机构、元器件对准检测装置和计算机控制系统组成。整机的运动主要由 x-y 运动机构来实现，其通过滚珠丝杠传递动力，由滚动直线导轨实现定向运动，这样的传动形式不仅自身的运动阻力小，结构紧凑，而且其较高的运动精度有力地保证了各元器件的贴装精度。贴片机在重要部件如贴装主轴、动/静镜头、吸嘴座、元器件供料器等上面都进行了标志点标识。

机器视觉系统能自动求出这些 MARK 系统的坐标，并建立贴片机系统坐标系和 PCB、贴装元器件坐标系之间的转换关系，计算得出贴片机的运动精确坐标。贴装头根据导入的贴装元器件的封装类型和元器件编号等参数，到相应的位置抓取吸嘴，吸取元器件。静镜头利用视觉处理程序，对吸取的元器件进行检测、识别和对准，在对准完成后，贴装头将元器件贴装到 PCB 的预定位置。这一系列的元器件识别、对准、检测和贴装动作都是工控机根据相应指令获取相关数据后控制执行机构自动完成的。图 5-1 所示为贴片工艺的典型流程。

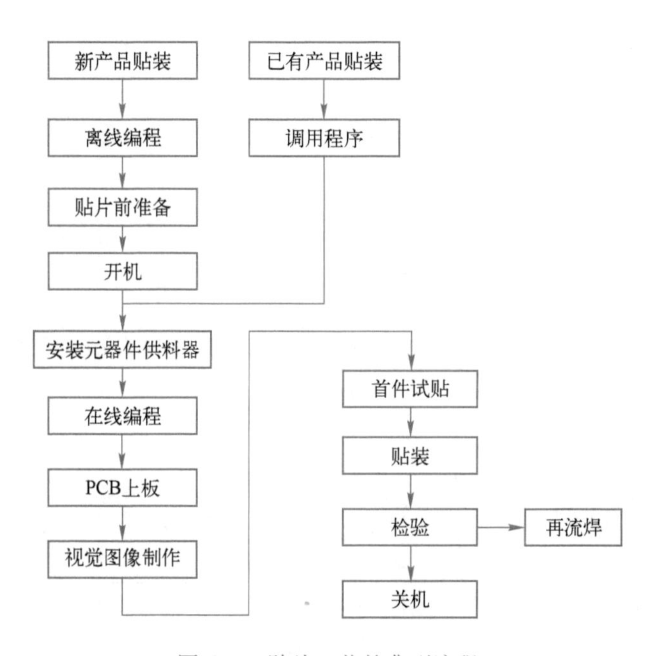

图 5-1 贴片工艺的典型流程

2. 贴片机的类型

如今，贴片机已从早期的低速机械对中发展为高速光学对中，并向多功能、柔性连接和模块化发展。

贴片机是用来高速、高精度贴装元器件的设备，是整个 SMT 生产过程中最关键、最复杂的设备。典型的贴片机有松下的 MSR 贴片机、西门子的 Siplaces 80S-20 贴片机等。以西门子 Siplaces 80S-20 贴片机为例，其结构如图 5-2 所示。

3. 贴片机和贴装头的分类

(1) 贴片机的分类

贴片机的生产厂家很多，种类也较多。贴片机可按速度、功能、贴装方式和自动化程度等进行分类，见表 5-1。

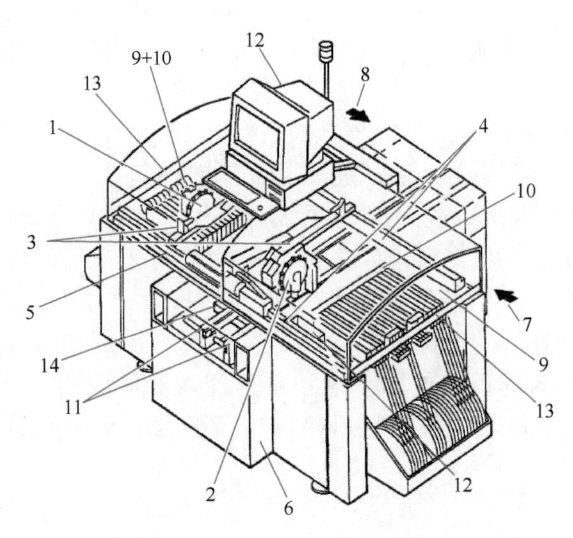

图 5-2 西门子 Siplaces 80S-20 贴片机的结构

1—旋转贴装头，悬臂Ⅰ 2—旋转贴装头，悬臂Ⅱ 3—悬转 X 轴 4—悬转 Y 轴 5—安全罩及导轴
6—压缩空气控制单元 7—伺服单元 8—计算机控制单元 9—Feeder 安放台 10—空料带切刀
11—PCB 传输轴道 12—弃料盒 13—条形码 14—PCB 传输夹紧控制单元

表 5-1 贴片机的分类

分类形式	种 类	特 点
速度	中速贴片机	3~9 千片/h
	高速贴片机	9 千~4 万片/h，采用固定多头（6 头左右）或双组贴装头，种类最多，生产厂家最多
	超高速贴片机	4 万片/h 以上，采用旋转式多头系统，其中 Assembleon-FCM 型和 FUJI-QP-132 型贴片机均装有 16 个贴装头，其贴装速度分别达 9.6 万片/h 和 12.7 万片/h
功能	高速/超高速贴片机	以表面安装式元器件为主体，可贴装品种不多
	多功能贴片机	能贴装大型元器件和异型元器件
贴装方式	顺序式贴片机	可按照顺序将元器件一个一个贴装到 PCB 上，通常见到的就是该类贴片机
	同时式贴片机	使用放置圆柱式元器件的专用料斗，一次动作就能将元器件全部贴装到基板的相应焊盘上。但产品更换时，所有料斗也要全部更换，已很少使用
	同时在线式贴片机	由多个贴装头组合而成，依次同时对一块基板贴片，Assembleon-FCM 就是该类贴片机
自动化程度	全自动机电一体化贴片机	目前大部分贴片机就是该类的
	手动式贴片机	手动贴装头安装在 Y 轴头部，水平方向、垂直方向、旋转轴定位可以靠人工移动和旋转来校正，主要用于新产品开发，具有价廉的优点

（2）贴装头的分类

贴装头可以分成两大类：拱架型和转塔型。

1）拱架型（Gantry）。

元器件供料器、基板是固定的，贴装头（安装多个真空吸嘴）在供料器与基板之间来回移动，将元器件从供料器中取出，经过对元器件位置与方向的调整，将其贴装于基板上。由于此类贴装头安装于拱架状的 X/Y 坐标移动横梁上，所以得名。这类贴装头的优势在于系统结构简单，可实现高精度贴装，适用于各种大小、形状的元器件，甚至异型元器件，其供料器有

带状、管状、托盘状等形式，适用于中小批量生产，也可将多台机组合用于大批量生产。这类贴装头的缺点在于贴装头来回移动的距离长，所以速度受到限制。拱架型贴装头主要贴装大型、异型元器件以及细间距引脚元器件。

2）转塔型（Turret）。

元器件供料器放于一个单坐标移动的料车上，基板放于一个 X/Y 坐标移动的工作台上，贴装头安装在一个转塔上。工作时，料车将供料器移动到取料位置，贴装头上的真空吸嘴在取料位置取元器件，由转塔转动到贴装位置（与取料位置成 180°角），在转动过程中同时调整元器件位置与方向，最终将元器件贴装于基板上。这类贴装头的优势在于转塔上一般可安装十几到二十几个贴装头，每个贴装头上可安装 2~4 个真空吸嘴（较早机型）或 5、6 个真空吸嘴（较新机型）。转塔可将动作细微化，选换吸嘴、供料器移动到位、取元器件、元器件识别、角度调整、工作台移动（包含位置调整）、贴装元器件等动作都可以在同一时间周期内完成，所以能够实现真正意义上的高速度。目前转塔型贴装头最快可以达到 0. 08~0. 1 s 贴装一片元器件。这类贴装头的缺点在于其对可贴装元器件的类型有限制，并且价格昂贵。转塔型贴装头主要用于贴装小型的 CHIP 元器件、外形规则的元器件及引脚间距较宽（0. 8 mm 以上）的 IC 元器件。

4. 贴片机的工作方式

目前的高精度全自动贴片机是由计算机、光学设备、精密机械、滚珠丝杠、直线导轨、线性电动机、谐波驱动器、真空系统和各种传感器构成的机电一体化的高科技装备，其工作方式如图 5-3 所示。

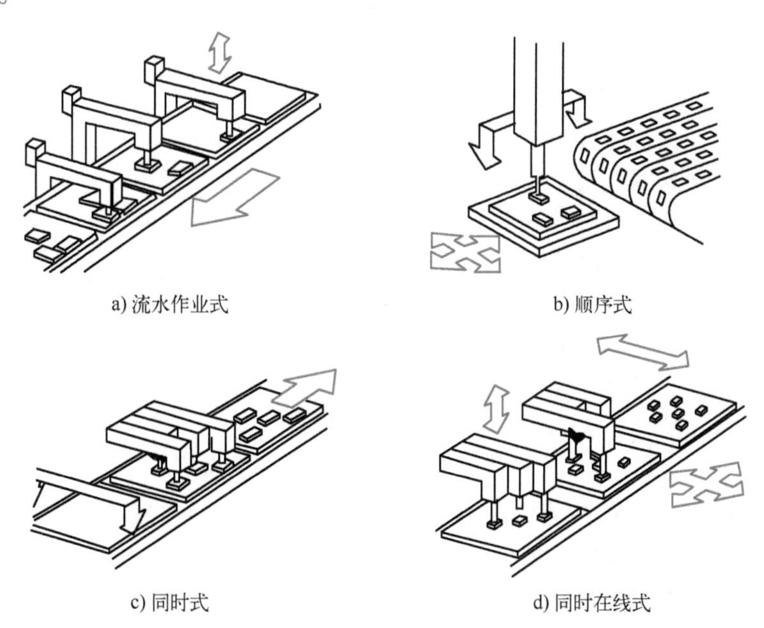

图 5-3 贴片机的工作方式示意

贴片机有四种工作方式：流水作业式、顺序式、同时式和同时在线式。

1）流水作业式贴片机，是指由多个贴装头组合而成的流水线式的贴片机，每个贴装头负责贴装一种或在 PCB 上某一部位的元器件。这种贴片机适用于元器件数量较少的小型电路。

2）顺序式贴片机由单个贴装头顺序拾取各种片状元器件，并固定在工作台的 PCB 上，由计算机进行控制，做 X-Y 方向上的移动，使 PCB 上元器件的位置恰好位于贴装头的下面。

3）同时式贴片机也叫多贴装头贴片机，它有多个贴装头，可分别从供料系统中拾取不同的元器件，并同时把它们贴放到 PCB 的不同位置上。

4）同时在线式贴片机由多个贴装头组合而成，它们依次对一块 PCB 贴片，Assembleon-FCM 就是该类贴片机。

5.1.2 贴片常见缺陷及分析

1. 贴片常见缺陷

贴片常见缺陷有漏件、翻件、侧件、偏位和损坏等。

（1）漏件的主要因素

1）元器件供料架（Feeder）供料不到位。

2）元器件吸嘴的气路堵塞、吸嘴损坏或吸嘴高度不正确。

3）设备的真空气路故障，发生堵塞。

4）PCB 进货不良，产生变形。

5）PCB 的焊盘上没有锡膏或锡膏过少。

6）元器件质量问题，同一品种的元器件厚度不一致。

7）贴片机调用程序有错漏，或者编程时对元器件厚度参数的选择有误。

8）人为因素不慎碰掉元器件。

（2）翻件、侧件的主要因素

1）元器件供料架供料异常。

2）贴装头的吸嘴高度不对。

3）贴装头的抓料高度不对。

4）元器件料带的装料孔尺寸过大，元器件因振动翻转。

5）散料放入料带时的方向弄反。

（3）偏位的主要因素

1）贴片机编程时，元器件的 X、Y 坐标不正确。

2）吸嘴有问题，使吸料不稳。

（4）损坏的主要因素

1）定位顶针过高，使 PCB 的位置过高，元器件在贴装时被挤压。

2）贴片机编程时，元器件的 Z 坐标不正确。

3）贴装头的吸嘴弹簧被卡死。

2. 贴片常见缺陷的原因分析及对策

影响贴片质量的因素很多，而且贴片是一个动态过程。因此，需要从多角度来全方位分析缺陷产生的原因，并找到合适的解决办法。表 5-2 为贴片常见缺陷的原因分析及对策。

表 5-2 贴片常见缺陷的原因分析及对策

序号	缺陷		原因分析及相应对策
1	贴装时料带浮起		① 检查料带是否有散落或是断落在感应区域 ② 检查设备内部有无其他异物并排除 ③ 检查料带浮起传感器是否正常工作
2	贴装时飞件		① 检查吸嘴是否堵塞或表面不平，造成元器件脱落，若是则更换吸嘴 ② 检查元器件有无残缺或不符合标准 ③ 检查顶针高度是否一致，若不一致并造成 PCB 弯曲顶起，应重新设置 ④ 检查程序设定的元器件厚度是否正确，有问题时按照正常的规定值来设定 ⑤ 检查有无元器件或其他异物残留于输送带或基板上，造成 PCB 不水平 ⑥ 检查贴片高度是否合理 ⑦ 检查锡膏黏度的变化情况，锡膏黏度不足，元器件在 PCB 的传输过程中可能掉落 ⑧ 检查贴装元器件所需的真空破坏压是否在允许范围内
3	贴装时元器件整体偏移		① 检查是否按照正确的流向放置 PCB ② 检查 PCB 版本是否与程序设定一致
4	PCB 在传输过程中进板不到位		① 检查是否为输送带有油污导致 ② 检查基板处是否有异物影响停板装置的正常动作 ③ 检查 PCB 边是否有脏物（锡珠），是否符合标准
5	气压下降		检查各供气管路，检查气压监测传感器是否正常工作
6	不良吸嘴检测		检查设备提示的吸嘴是否出现堵塞、弯曲、变形或残缺折断等问题
7	在元器件吸取或贴装过程中吸嘴的 Z 轴错误		① 查看供料架的取料位置是否有料或摆放散乱 ② 检查吸取高度的设置是否得当 ③ 检查元器件的厚度参数设置是否合理
8	抛料	吸取不良	① 检查吸嘴是否堵塞或表面不平，造成吸取时压力不足或者偏移，以致在移动和识别过程中掉落，通过更换吸嘴可以解决 ② 检查供料架的进料位置是否正确，若不正确，可通过调整使元器件位于吸取的中心点上 ③ 检查程序中设定的元器件厚度是否正确，参考来料标准数据值设定 ④ 检查对元器件取料高度的设定是否合理，参考来料标准数据值设定 ⑤ 检查供料架的卷料带是否正常卷取塑料带，太紧或太松都会造成对物料的吸取不良
		识别不良	① 检查吸嘴的表面是否堵塞或不平，造成元器件识别有误差，更换清洁的吸嘴 ② 若有真空检测，则检查所选用的吸嘴是否能够满足需要，达到合适的真空值，一般真空检测选用带有橡胶圈的吸嘴 ③ 检查吸嘴的反光面是否脏污或有划伤，造成识别不良，若有则清洁或更换吸嘴 ④ 检查元器件识别相机的玻璃盖和镜头是否有元器件或是灰尘散落，影响识别精度 ⑤ 检查元器件的参考值设定是否得当，应选取标准值或是最接近该元器件的参考值

任务实施

任务 1 贴片机安装调试准备及 CAM 编程

1. 实训目的及要求

1）了解贴片机的原理与参数。

2）了解贴片机各个硬件模块的功能。

3）熟悉贴片机的使用及操作事项。

4）熟记贴片机的开机及调试步骤。

5）养成贴片机安全操作习惯。

6）了解贴片机在线编程流程。

7）掌握贴片机在线编程。

2. 实训设备

多功能贴片机（型号为 YAMAHA YG12F）：1 台。

贴片机工位操作任务单：1 套。

SMT 工位质量控制单：1 套。

表面安装元器件、PCB：若干。

防静电服及手套：1 套。

编程软件：1 套。

3. 知识储备

（1）贴片机操作过程中的注意事项

首先必须强调贴片机操作过程中的注意事项，不当操作有可能引起危险。

1）注意贴片机的开关机顺序，严禁不按顺序开关机。

2）使用贴片机时，严禁将身体的任何部位伸入贴片机的移动范围内，否则可能会发生危险。

3）若要在贴片机内部进行必要的操作，应在切断电源且完全停机后，揭开安全盖再操作。

4）若发生紧急情况需要停机，应按下紧急按钮。若要再恢复使用，应先解除紧急停机按钮。

（2）贴片机的构成

YAMAHA YG12F 型多功能贴片机如图 5-4 所示。

1）指示灯：贴片机的实时状态用绿、黄、红或绿、白、蓝三种颜色的指示灯显示（可在两种配色类型中选择），指示灯对应的状态见表 5-3。

表 5-3 指示灯对应的状态

指示灯	状态	示例
绿灯亮	暖机、自动运行中	—
红灯/白灯亮	紧急停机	—
	系统发生错误，蜂鸣器鸣响	过电流、二次极限溢出等
黄灯/蓝灯亮	运行、基板程序发生错误，蜂鸣器鸣响	吸附错误、识别错误、程序检查错误等
黄灯/蓝灯闪烁	元器件无法使用	元器件用完，自动盘式送料装置为打开状态等

2）蜂鸣器：当贴片机发生异常或错误时，蜂鸣器会鸣响报警（左右转动蜂鸣器所带的圆环可以调节音量）。

3）安全盖：如果打开安全盖，与紧急停机相同，贴片机会进入停机状态。在正常运行中，必须关闭安全盖。

4）气压表：显示设定气压与气压下降检出压力。用压力调节阀和气压表内检出气压下降的压力调节按钮，使各数值显示为下列气压。

① 贴片机设定气压（右侧上方）：0.55 MPa。

② 气压下降检出压力（右侧下方）：0.40 MPa。

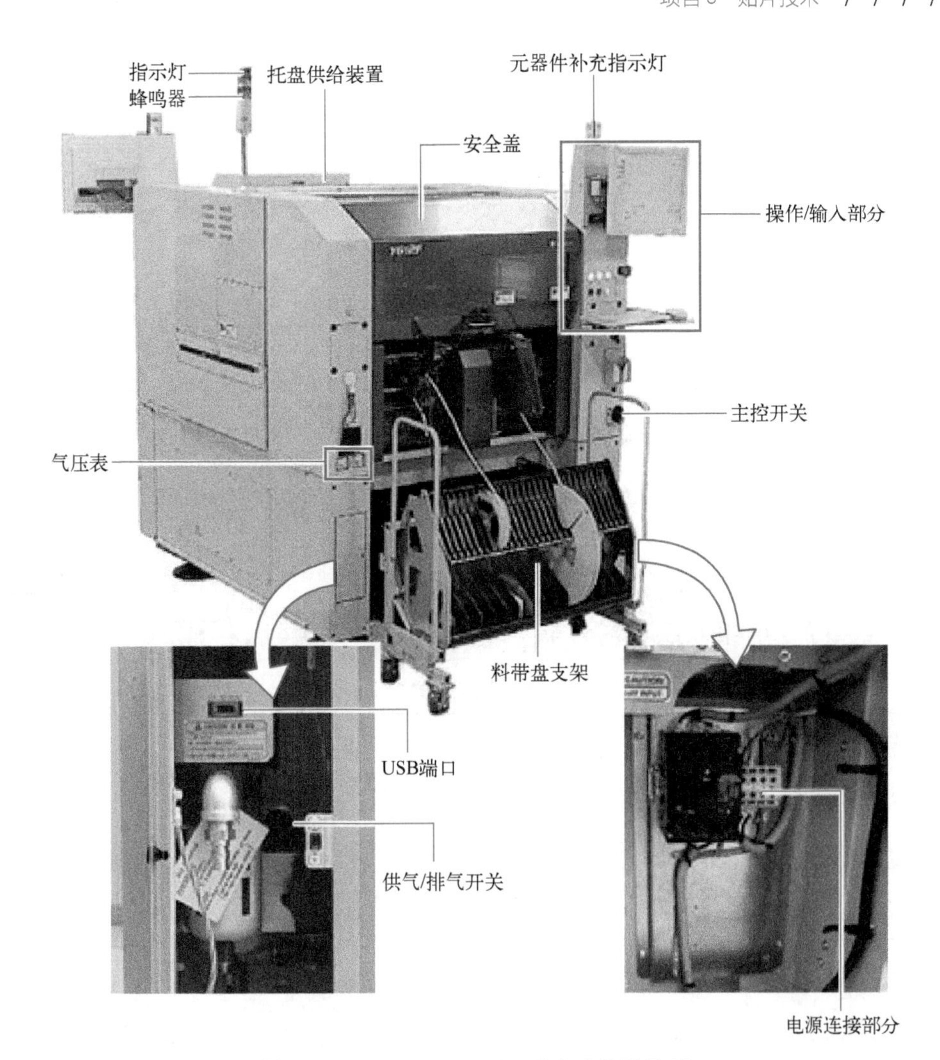

图 5-4　YAMAHA YG12F 型多功能贴片机

③ 贴装头设定气压（左侧上方）：0. 40~0. 41 MPa。

④ 气压下降检出压力（左侧下方）：0. 33 MPa。

5）贴装头：通过安装在贴装头前端的吸嘴吸附或贴装元器件，贴装头还装有识别基板标记用的相机。

6）正面左下面板内，有供气/排气开关及 USB 端口。

7）主控开关：接通或关闭贴片机电源的开关，向右旋转即可接通电源。

注意：如要再次接通贴片机电源，必须间隔 2 s 以上。

（3）贴片机正面和背面装备

贴片机的正面和背面（背面为选配）有操作设备及输入数据时使用的操作面板按钮、键盘和鼠标等。正面操作输入部如图 5-5 所示。

操作面板按钮配备在贴片机的正面和背面（背面为选配），如图 5-6 所示，频繁使用的命令可以在操作面板上执行。按下各按钮时，按钮呈亮灯状态。按钮颜色与指定的指示灯配色相同。

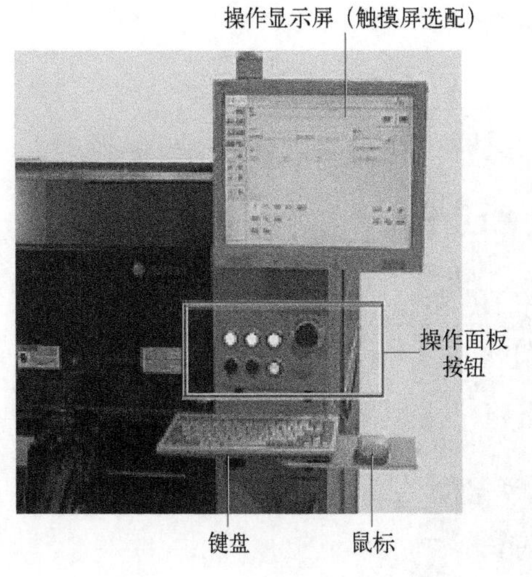

图 5-5 正面操作输入部

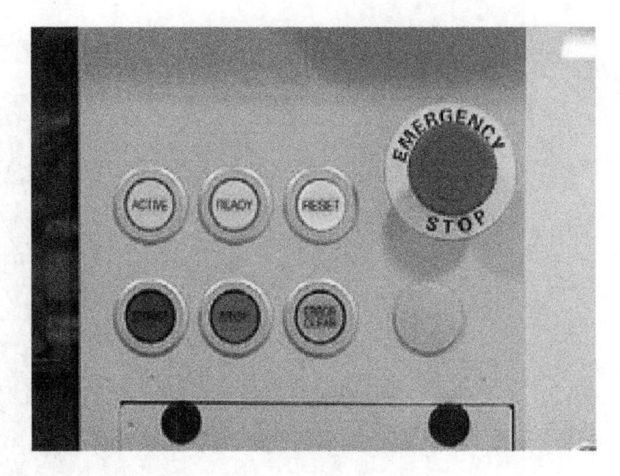

图 5-6 操作面板按钮

操作面板按钮的功能和状态见表 5-4。

表 5-4 操作面板按钮的功能和状态

按钮名称	用 途	熄 灯	亮 灯
ACTIVE	使此面板上的其他按钮有效，前后均有按钮的贴片机，不能同时使用此按钮	启动设备后，其他面板有操作权	有操作权
READY	解除紧急停机，使伺服呈启动（ON）状态	SERVO OFF（电动机动力关闭）	SERVO ON（电动机动力打开）
RESET	停止运行，返回生产基板的准备状态	正常运行时、停机时	完成复位时
START（绿色）	根据基板程序进行元器件的贴装	停机时	通常在运行时闪烁，在暂停、分段运行时常亮
STOP（红色/白色）	中断运行（可用 START 按钮重新启动设备）	正常运行时	发生错误时
ERROR CLEAR（黄色/蓝色）	清除出错时的报警声音和报警画面	正常运行时	发生错误时
EMERGENCY STOP	按此按钮，则设备会紧急停机	要解除时应向右旋转	

贴装头安装在贴片机的 X、Y 轴上，可进行元器件的吸附和贴装。贴装头如图 5-7 所示。

五连贴装头配备有五个可以吸附、贴装元器件的贴装头。面对贴片机正面时，从右至左即为 1~5 号贴装头，各贴装头的吸嘴间距为 24 mm，五连贴装头如图 5-8 所示。

（4）CAM 编程

在贴片机开始工作前，必须对需要贴片的 PCB 的各参数进行设置，在标注好 PCB 的原点、厚度等基本参数后，才能准确定位坐标。YAMAHA 系列贴片机的“基板”主菜单下一般包含五个子菜单，即“基板”“贴装”“位移”“基准标记”和“坏板标记”，有的机型还有“预点胶”和“正式点胶”子菜单。不同型号贴片机的菜单会有不同，但贴片前均需要分别对这五项进行预设定。

1）PCB 程式的创建。“基板”菜单如图 5-9 所示。

图 5-7 贴装头

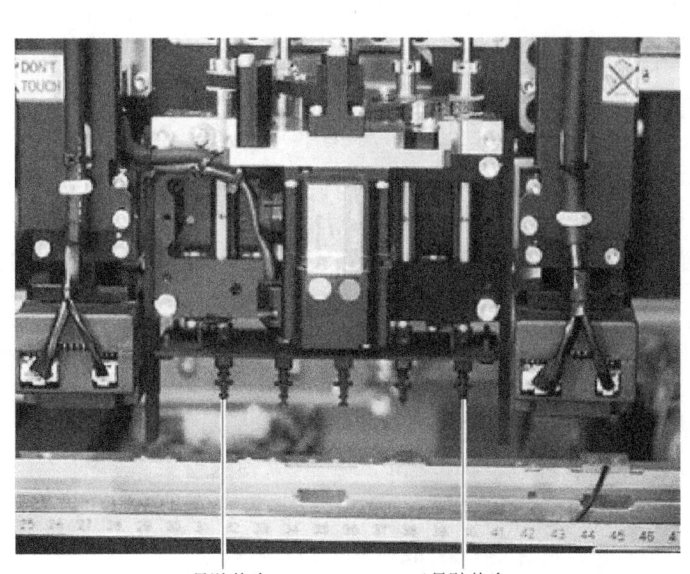

图 5-8 五连贴装头

A，基板尺寸 X（mm）：指要生产的 PCB 在 X 轴方向上的尺寸。

B，基板尺寸 Y（mm）：指要生产的 PCB 在 Y 轴方向上的尺寸。

C，基板厚度 Z（mm）：指要生产的 PCB 的厚度。

D，备注：对当前程序的说明性语句，对设备运行不产生影响。

E，目前生产枚数：产量计数器，每生产一块 PCB，则该数据自动累加 1（如果是拼板产品，则以整块板计算）。

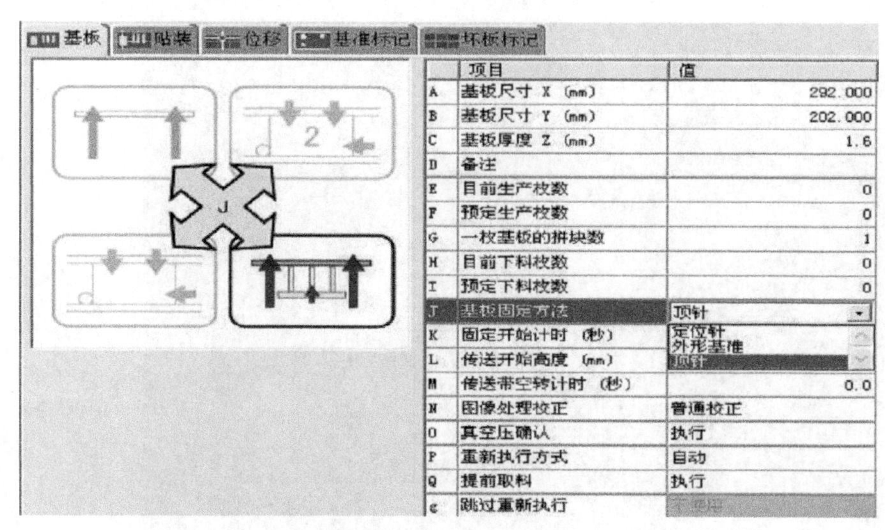

图 5-9 “基板” 菜单

F，预定生产枚数：以整块 PCB 计算的计划产量，设备产量达到该值后会提示产量完成，设为 0 则表示产量为无穷大。

G，一枚基板的拼块数：以小拼板计算的产品产量。

H，目前下料枚数：设备轨道出口处的产量计数器，此处每当有一块 PCB 送出，则自动加 1。

I，预定下料枚数：允许从设备轨道出口处送出的产品数量。

J，基板固定方法：设定用于固定 PCB 的装置，一般选 “外形基准”。

K，固定开始计时：允许设置一个固定的开始时间点。达到这个时间点时，贴片机开始计时，直到完成贴片操作。

L，传送开始高度（mm）：设定 PCB 生产完毕后，主平台下降一定的高度，以便 PCB 被松开并送出设备。

M，传送带空转计时（秒）：轨道上感应 PCB 的传感器的信号延时，当 PCB 上有孔或较大缝隙影响到正常感应时，可适当设定该参数，以便消除影响。

N，图像处理校正：设定贴装时是否使用相机识别的功能。

O，真空压确认：设定运行时是否通过真空检测来判断材料是否被正确吸取。

P，重新执行方式：设定当材料被抛弃后设备的补贴方式，有自动、拼块和组三种。

Q，提前取料：设定是否使用提前吸取材料的功能。

2）贴装设置，单击主菜单下的 “贴装” 选项，进入贴装设置，如图 5-10 所示。

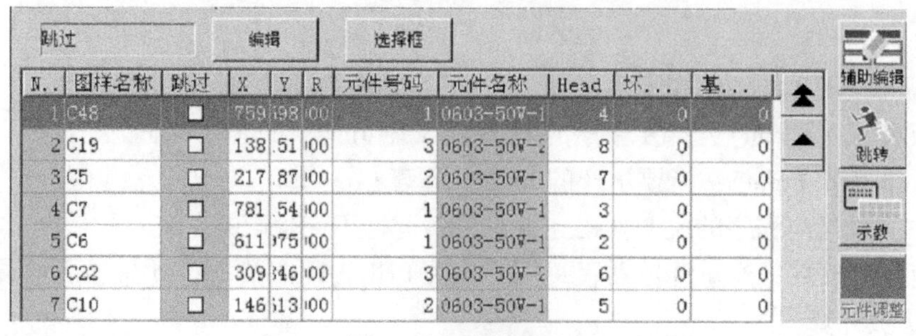

图 5-10 贴装设置

① 图样名称：元器件在产品上的名称，如C48、C19和C5等。

② 跳过：某个元器件在“跳过”栏中打上“×”，表示该元器件被跳过，不会贴装。

③ X、Y、R：分别表示元器件在PCB上的贴装位置的X、Y坐标和贴装角度。

④ 元件号码：该元器件在元器件库内的位置行号。

⑤ 元件名称：该元器件的编码，即通常所说的“料号”。

⑥ Head：该元器件贴装时所用的贴装头序号（设备上远离移动相机的贴装头序号为1）。

⑦ 坏板标记：用于使设备自动跳过坏板的序号，整板程序时可以区分同名元器件属于哪一块板。

⑧ 基准标记：用于设定POINT FID. 和LOCAL FID. 等。其中LOCAL FID. 是用于补偿某一组元器件贴装坐标的一组标记；POINT FID. 是用于补偿某一个元器件贴装坐标的一组标记。

⑨ 单击 编辑 按钮，可以选择“执行”（正常贴装）或“跳过”（此时设备为过板模式）。

⑩ 单击 选择框 按钮，可以直接在“跳过”栏的方框里标记“×”，以便跳过某一元器件，未单击此按钮则不能进行以上操作，以防误操作导致元器件漏空。

⑪“辅助编辑” 辅助编辑：主要对页面中的行进行编辑，包括插入、复制、删除、剪切、清除等操作。

⑫“跳转” 跳转：单击此按钮，可直接定位到某一具体行。

⑬ 单击 示教 按钮后，画面如图5-11所示，可以通过“相机”来直接提取元器件的贴装坐标。

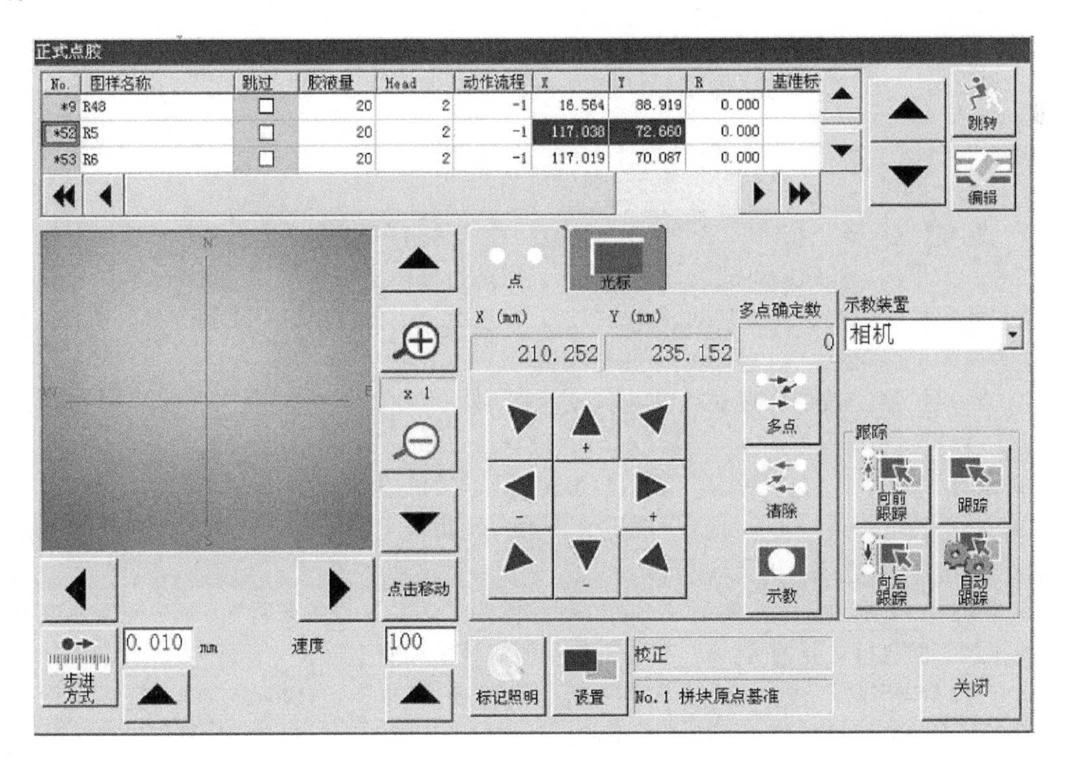

图5-11 示教

- 步进方式：点亮后用箭头键移动相机时可以平稳匀速移动。“0.010”文本框 0.010 mm 显示的数据为单步移动的幅度，可用下面的三角箭头按钮选择 0.010 mm、0.1 mm 或 1 mm 等。
- “速度”文本框用于调整移动的速度，可用下面的三角箭头按钮选择不同的速度。
- “设置”按钮在示教坐标前先纠正基准标记。可以选择是否通过识别标记点来补偿 PCB 位置偏移，同时也可选择对拼板的某一小块进行操作。
- “标记照明”按钮可选择不同的灯光照明，以达到视野清晰的效果。
- “跟踪”按钮用于追踪当前坐标，“向前跟踪”和“向后跟踪”按钮用于追踪上一行或下一行坐标。
- “多点”按钮用于在元器件尺寸超出相机视野时，找到元器件中心。
- “示教”按钮用于将当前坐标直接计入程序。

3）位移设置如图 5-12 所示。

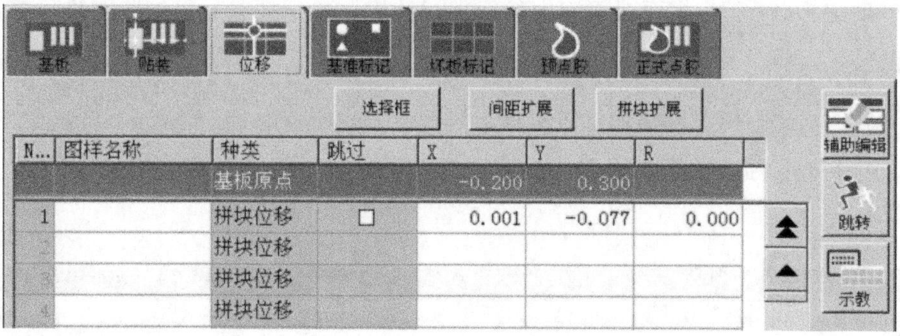

基板 贴装 位移 基准标记 坏板标记 预点胶 正式点胶

选择框 间距扩展 拼块扩展 辅助编辑 跳转 示教

N...	图样名称	种类	跳过	X	Y	R
		基板原点		-0.200	0.300	
1		拼块位移	□	0.001	-0.077	0.000
2		拼块位移				
3		拼块位移				
4		拼块位移				

图 5-12 位移设置

① 按下“选择框”按钮后，可以用鼠标直接在“跳过”栏的方框里标记“×”，以便跳过某一拼板，未单击此按钮则不能进行以上操作，以防误操作。

②“间距扩展”按钮：快速进行拼板扩展。扩展时，需要设定第一块拼板原点坐标、X 方向、Y 方向的扩展间距、X 方向和 Y 方向拼块个数。

③“拼块扩展”按钮：按照拼块方式快速扩展，可在扩展选项中选择拼块扩展的具体方式。

④ 在图 5-12 中，“基板原点”表示 PCB 坐标原点的位置，可以单击“示教”按钮，然后直接通过镜头提取得到。基板原点一般定义为第一块拼板上的某一特征点，以方便接下来的操作。

⑤ 在图 5-12 中，从表格的第二行起（即编号为 1、2、3 等的各行），每一行代表该 PCB 的一块拼板，而且每一行的 X、Y、R 分别表示该拼板的相对坐标。

⑥ 在“图样名称”中，可以输入各拼板的名称（如 Block1、Block2 等），这些名称对设备运行不产生影响，只用于区分拼板的序号。

4）基准标记设置如图 5-13 所示。

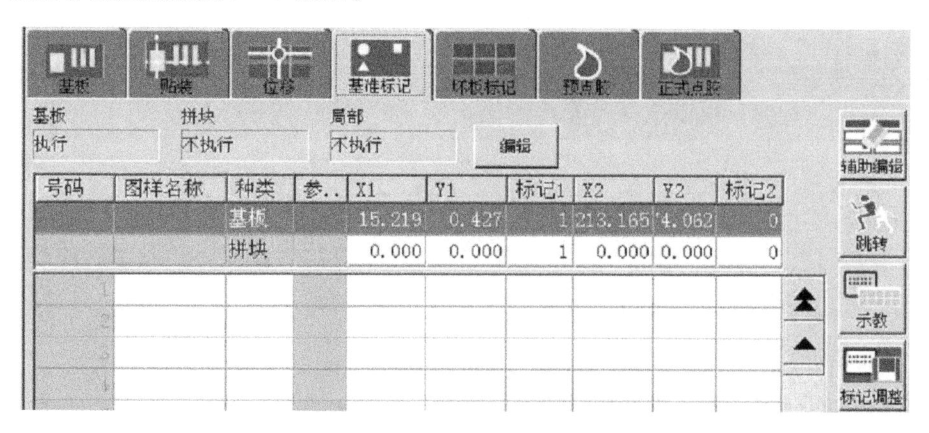

图 5-13　基准标记设置

几种常用标记（Fid）的概念如下：

① 基板标记：定义用于补偿整块 PCB 贴装坐标的一组标记点。

② 拼块标记：定义用于补偿某一拼板贴装坐标的一组标记点。

③ 局部标记：定义用于补偿某一组元器件贴装坐标的一组标记点。

元器件标记（Point Fid）：定义用于补偿某一个元器件贴装坐标的一组 MARK 点。

单击“编辑”按钮，可以选择是否使用以上所述的各种基准标记。

注意：图 5-13 中表格里的 X、Y 值分别表示定义的各个坐标。

“标记 1”和“标记 2”表示前面的 X、Y 值定义的基准标记在“标记”参数中对应的行号，两个标记可以相同，也可以不同，其中标记 2 的数字如果为 0，则表示与标记 1 相同（如“标记 1 为 1，标记 2 为 0”等同于“标记 1 为 1，标记 2 为 1”）但是标记 1 的数字不能为 0。

5）坏板标记设置如图 5-14 所示。

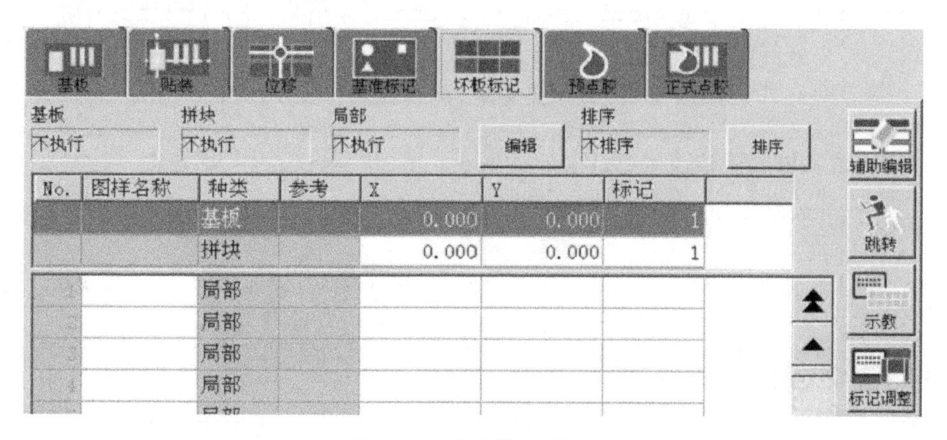

图 5-14　坏板标记设置

几种常用坏板标记的概念如下：

① 基板式坏板标记：定义用于判断整块 PCB 是否贴装元器件的坏板标记。

② 拼块式坏板标记：定义用于判断某一拼板是否局部贴装元器件的坏板标记（一般设定）。

③ 局部式坏板标记：在整板程序中，用于判断某一个元器件是否贴装的坏板标记。

单击“编辑”按钮，可以选择是否使用以上所述的各种坏板标记。

注意：图 5-14 中表格里的 X、Y 值分别表示定义的各个坐标。

“标记”列的数字表示前面的 X、Y 值定义的坏板标记在“标记”参数中对应的行号。

4. 实训内容及步骤

（1）开机准备

熟悉贴片机的设备状态，实现贴片机安全开机。

1）操作安全。

使用贴片机前，应先阅读操作手册中的安全事项部分。

拆装供料架或操作者身体的任何部位进入贴片机前，必须打开安全门，或者按下急停按钮，等到状态栏显示“SAFE”才可以操作。

2）状态栏可显示的各种状态如下：

STOP 表示贴片机处于停止状态。

RESET 表示贴片机处于复位状态，在确保安全的情况下，可以按下操作面板上的 START 按钮，使贴片机运行。

AUTO 表示贴片机处于自动运行状态，可以按下操作面板上的 STOP 按钮，使贴片机停止运行。

SAFE 表示贴片机处于安全停止状态，必须在解决导致安全停止的问题后，才可以重新启动运行。

ERROR 表示贴片机处于错误报警状态，如出现吸料错误、识别错误等。

3）贴片机的开关机步骤为：

开机 ⟹ 返回原点、暖机 ⟹ 选择程式 ⟹ 调试、生产 ⟹ 关机

注意：贴片机在开机时，需要 5~10 min 启动暖机。

4）调整轨道，放置待贴装的 PCB：

单击“装置”按钮 ⟹ 单击“传送宽度”按钮 ⟹ 单击“OK”按钮 ⟹ 确认 ⟹ 完成

注意：传送宽度设定不可过宽（过宽会导致 PCB 掉落），亦不可过窄（过窄会导致 PCB 传送不顺）

5）PCB 固定及顶针放置：

单击“装置”按钮 ⟹ 单击“顶板”按钮 ⟹ 放顶针 ⟹ 确认 ⟹ 完成

注意：PCB 厚度设定与主平台的上升高度无关，但为了保持程式的一致性，应按实际厚度输入。

PCB 是采用外形基准的方式进行定位的，因此程式中的定位方式选择外形基准即可。

（2）创建基板程序名

1）开启贴片机电源，自动进入主界面，如图 5-15 所示。

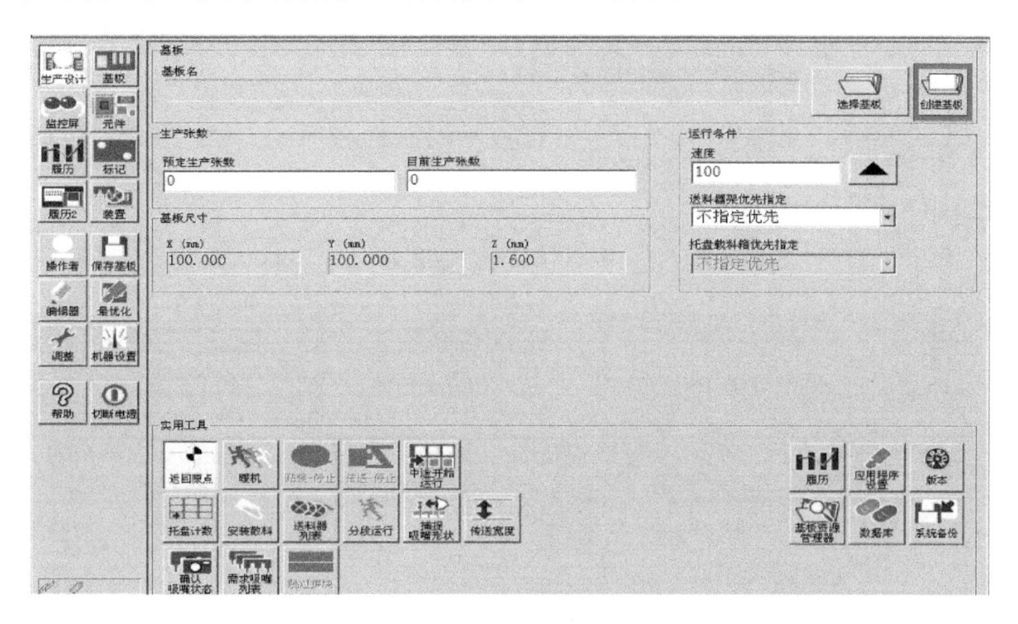

图 5-15　创建基板程序名

2）单击图 5-15 右上角的“创建基板”按钮，弹出图 5-16 所示对话框。然后在“基板名”文本框内输入“smt168”，单击“OK”按钮，即完成了基板名称的创建。

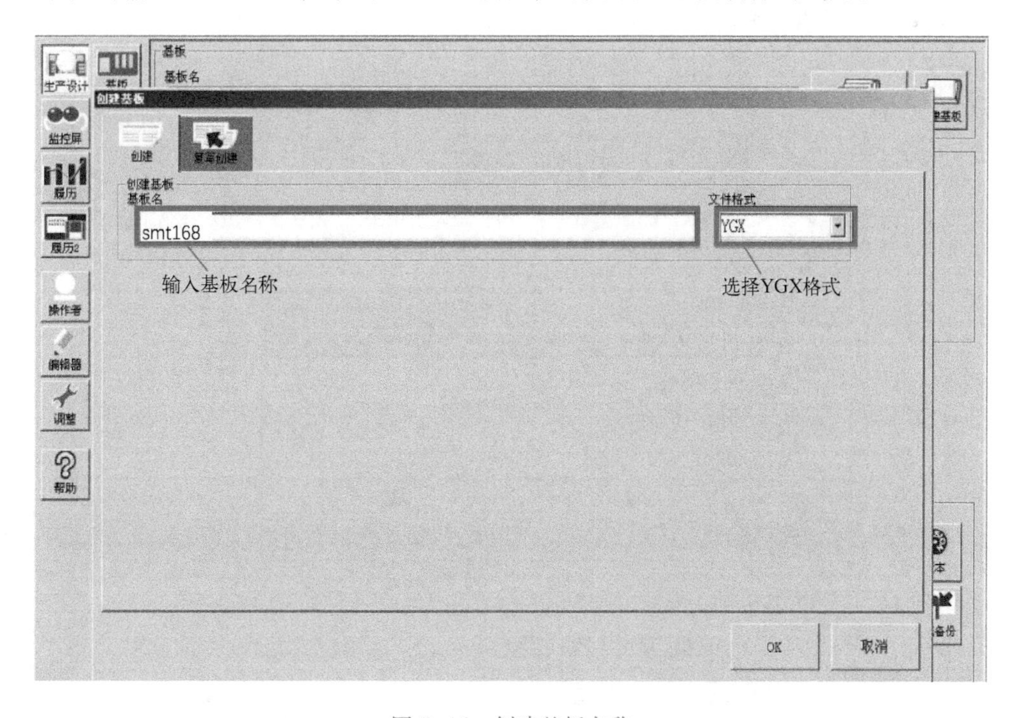

图 5-16　创建基板名称

（3）编辑基板信息

1）单击图 5-17 中的“基板”主菜单，弹出“基板”“位移”“贴装”“基准标记”和“坏板标记”五项子菜单。

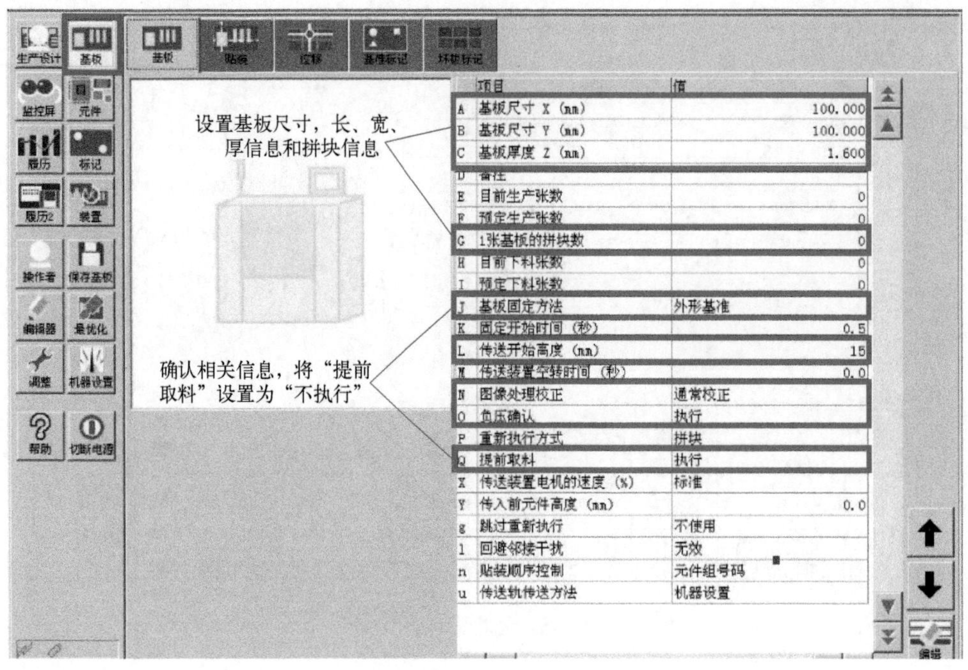

图 5-17 编辑基板信息

2）单击“基板”子菜单，具体设置如图 5-17 所示。

（4）调整导轨和固定基板装置

1）在主界面单击“装置”→“传送装置”→“传送宽度”，弹出“传送宽度”对话框，如图 5-18 所示。

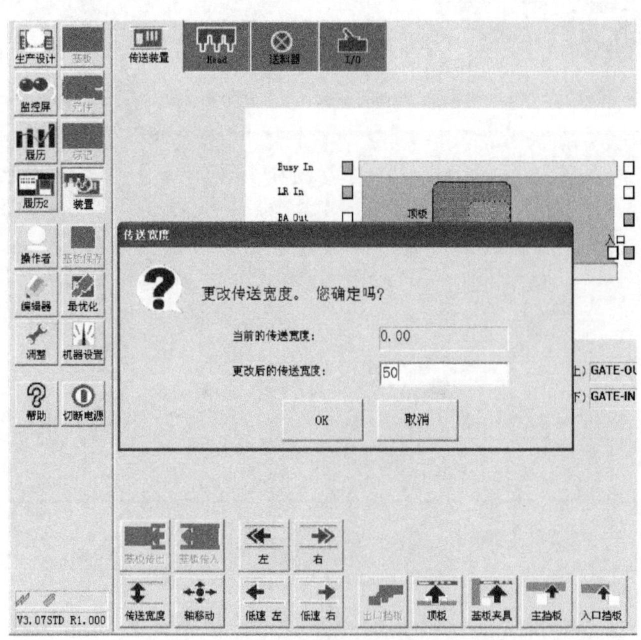

图 5-18 “传送宽度”对话框

2）输入传送宽度“50”，然后单击“OK”按钮，进行导轨宽度调整和传入基板操作，如图 5-19 所示。

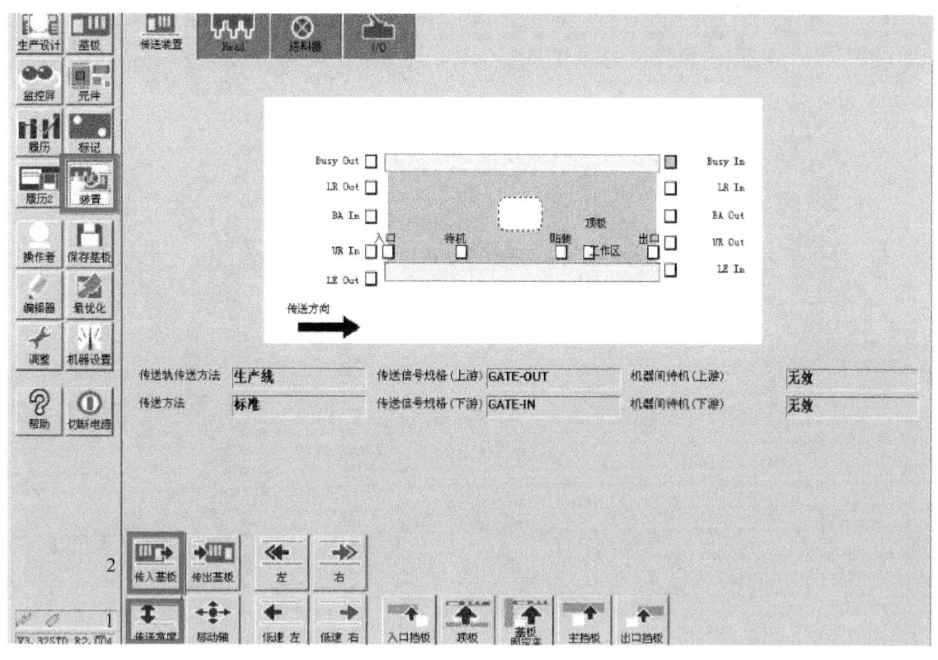

图 5-19　传入基板

3）将基板放在进板口感应器的上方，单击“输入基板”，则将基板传入。

（5）编辑基板位移原点

1）在图 5-15 所示的主界面单击“基板”→“位移”，进入“拼板位移”设置界面，如果 5-20 所示。

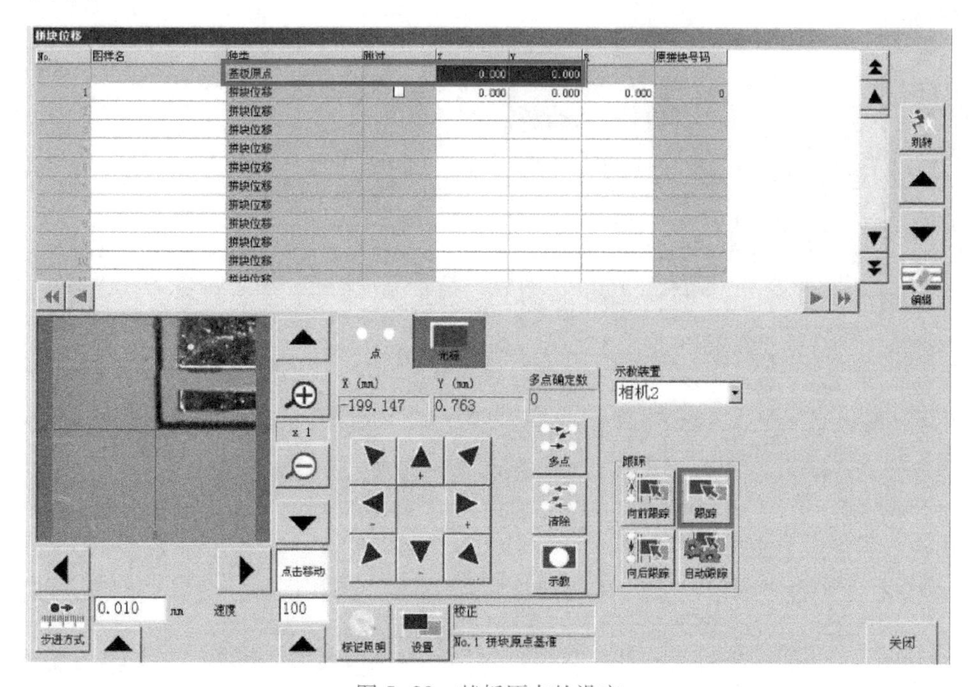

图 5-20　基板原点的设定

2）单击“跟踪”按钮，移动相机至基板左下角，将“基板原点”设为“0，0”。

（6）设置基板基准标记

1）单击“基准标记”按钮，进入基准点设置窗口，如图 5-21 所示。在界面中进行基板基准标记的设置。一般标记点选择对角的两个识别点。

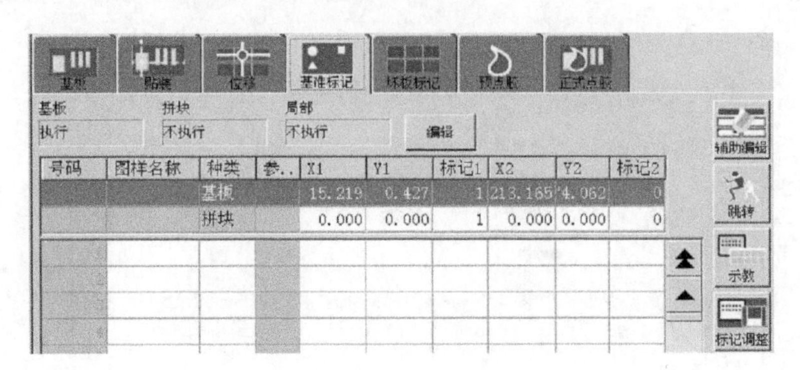

图 5-21　基准点设置窗口

2）单击“示教”按钮，弹出如图 5-22 所示的窗口。单击方向键，移动头部相机到需要设置基板基准标记的中心位置，再次单击“示教”按钮，把基板基准标记坐标记录下来。

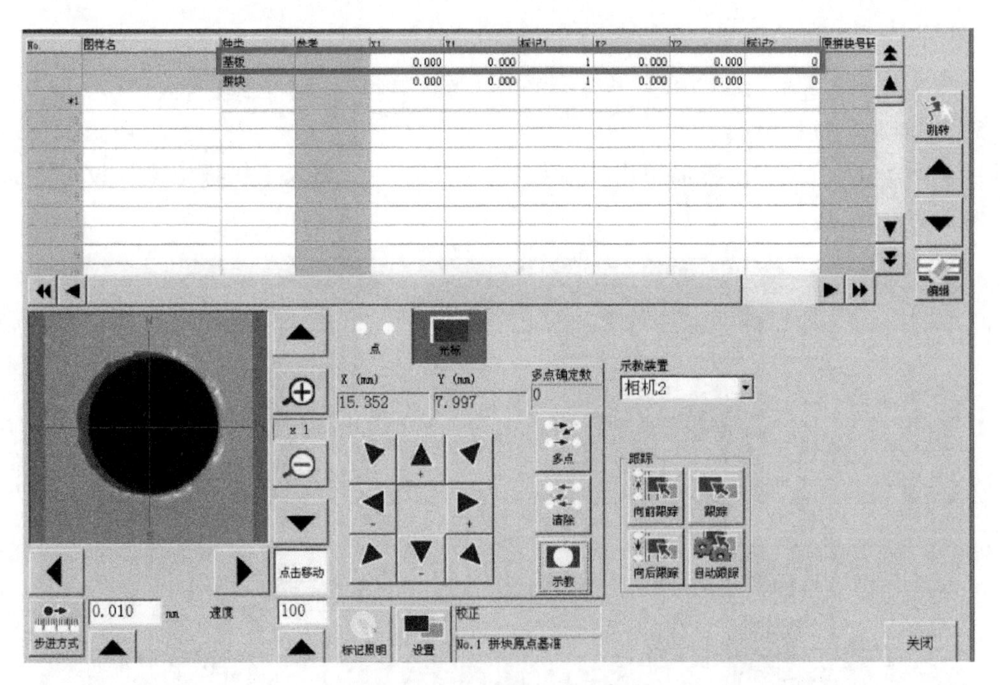

图 5-22　记录基准标记坐标

（7）编辑标记点信息

1）单击主界面的“标记”，编辑标记点的形状、尺寸，并进行标记识别检测，如图 5-23 所示。

2）确认标记点的形状、尺寸：一般情况下选择圆形基准标记较多，如图 5-24 所示。

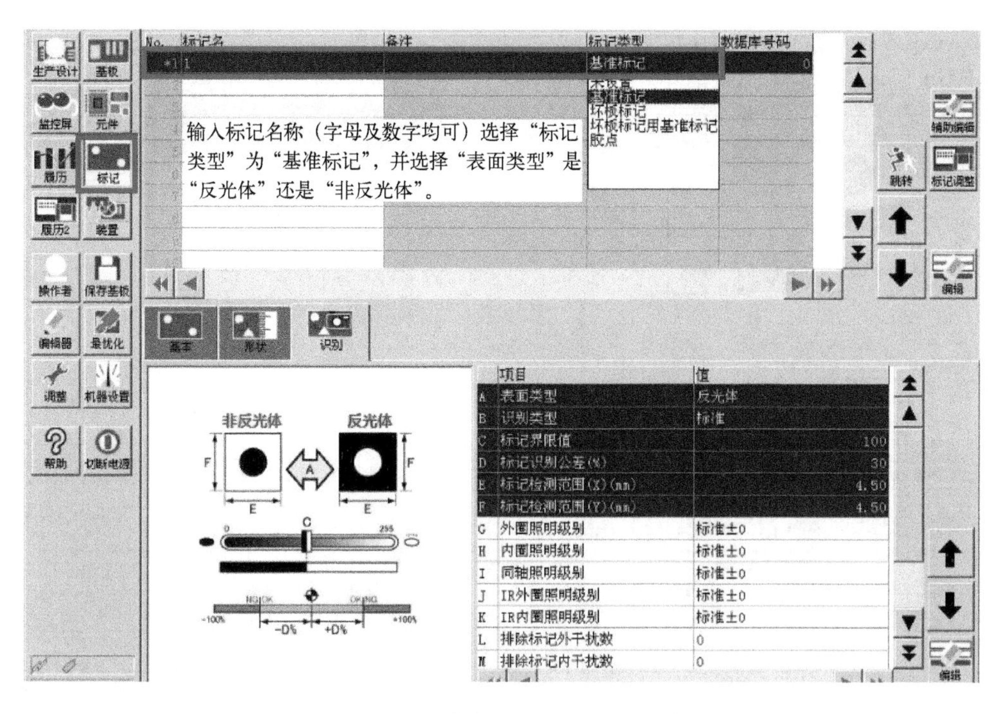

图5-23 编辑标记点的形状、尺寸

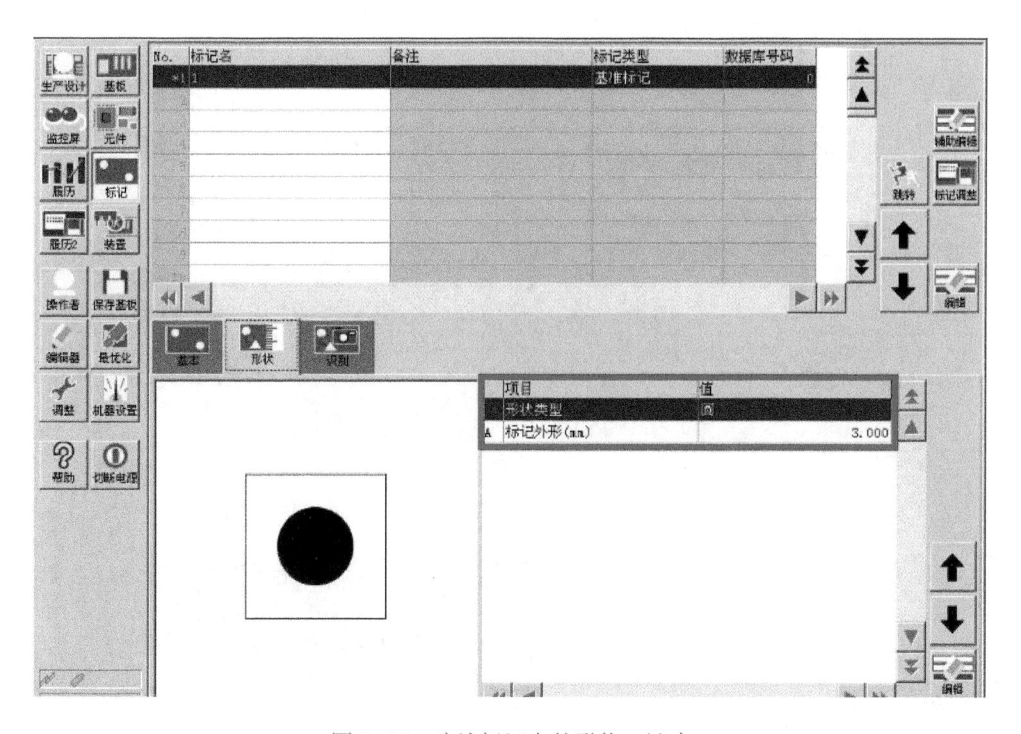

图5-24 确认标记点的形状、尺寸

3）单击“标记调整”，执行标记调整，执行结果如图5-25所示。调整标记识别，确保标记识别成功。如果标记识别效果不好，可修改标记尺寸和内外干扰数，识别成功后再单击“适当值”开始查找适当值，完成后单击“OK”退出。

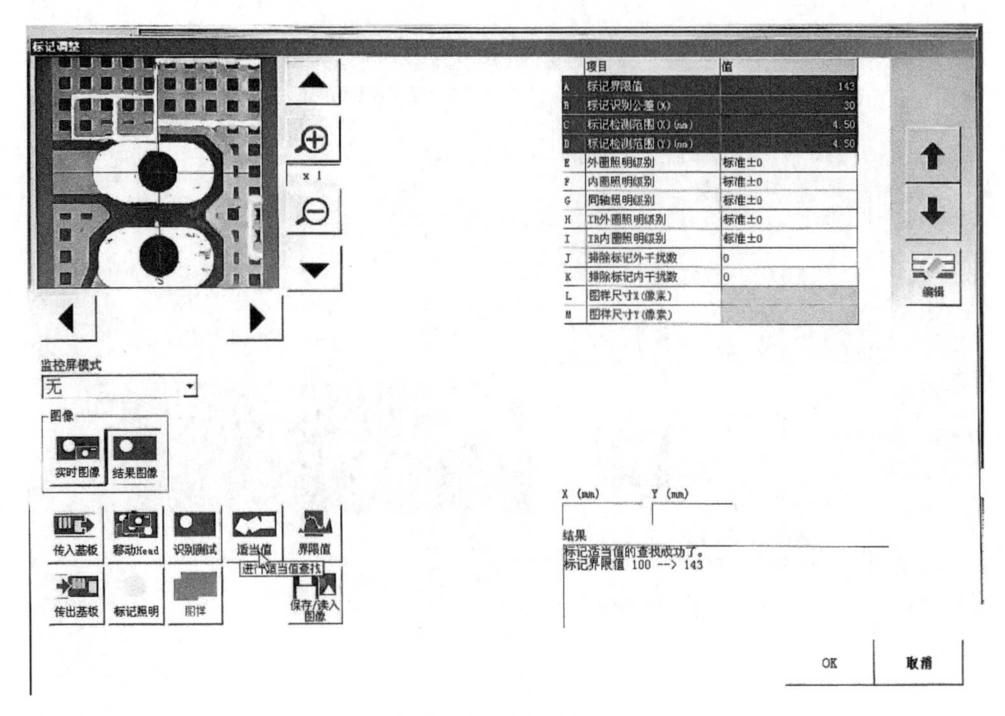

图 5-25　标记调整

（8）编辑元器件信息

1）单击“元件”，弹出的窗口如图 5-26 所示。

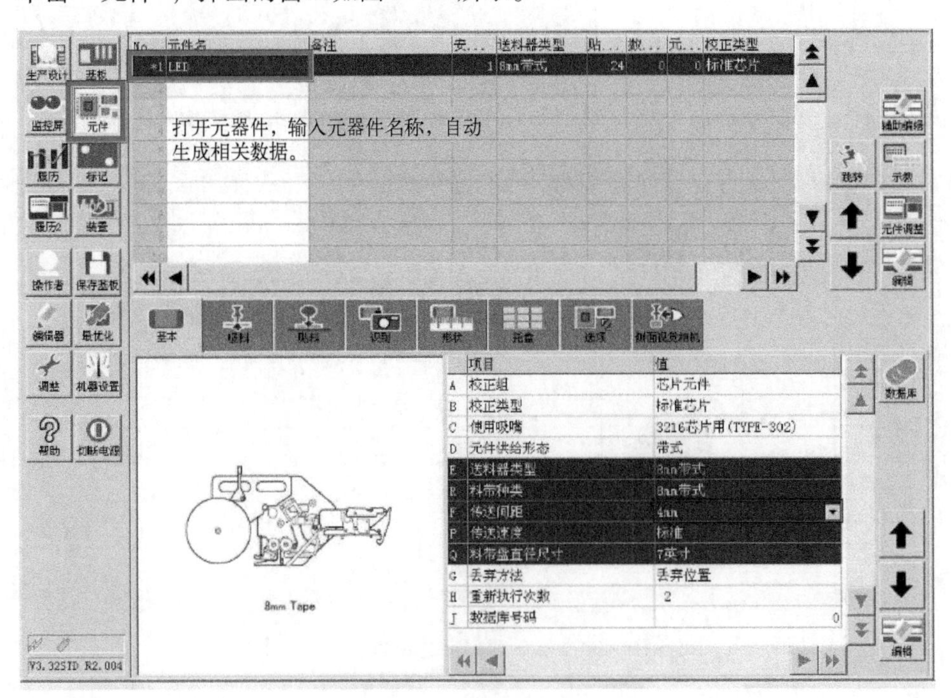

图 5-26　编辑元器件信息

2）对元器件信息调用数据库模板，匹配元器件的相关封装信息，如图 5-27 所示。

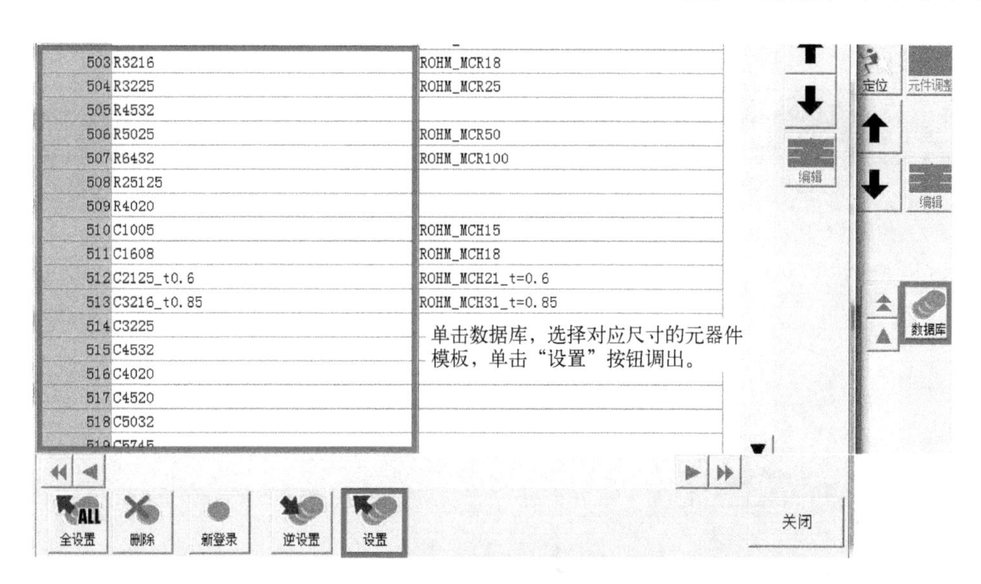

图5-27　匹配元器件的相关封装信息

3）核对元器件资料中的吸嘴、料带种类及送料间距，如图5-28所示。

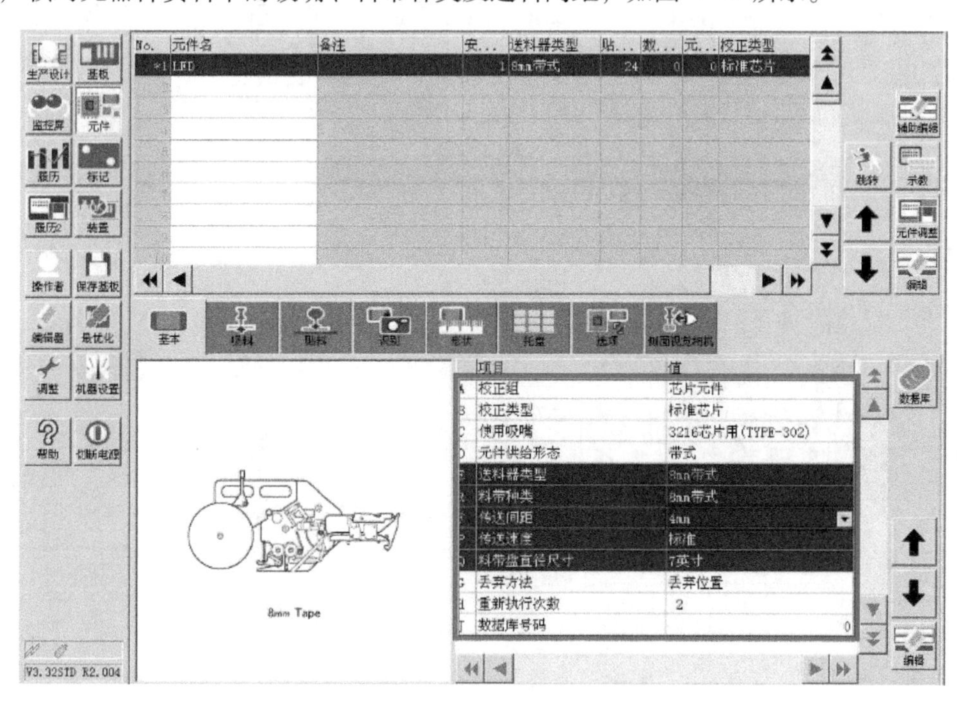

图5-28　核对元器件资料中的吸嘴、料带种类及送料间距

（9）编辑贴装信息

1）单击“基板”→“贴装”，进行贴装信息编辑，如图5-29所示。在“图样名称”下输入印刷在PCB上的贴装位号（如LED-1、R1、C1、U1等），同时使贴装信息与元器件号码信息相对应。

2）示教贴装位置：单击“点击移动”可在视窗内移动贴装头，当贴装头移动到丝印名称相对应的焊盘中心位置时，单击“示教”记录坐标，如图5-30所示。

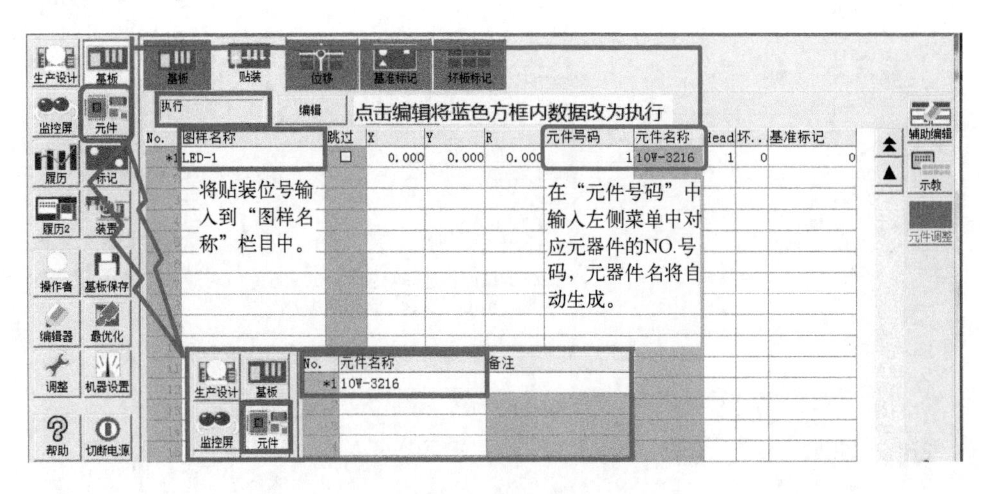

图 5-29　编辑贴装信息

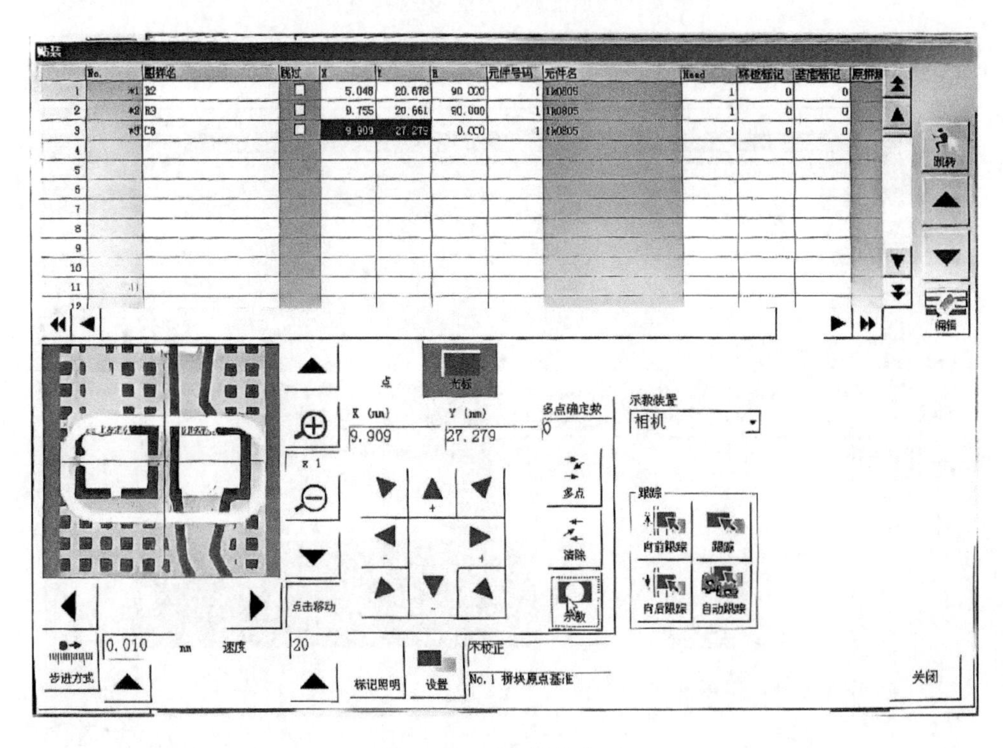

图 5-30　示教贴装位置

（10）保存基板程序，执行最优化

1）在主界面中，单击“保存”按钮即可保存编程文件。保存完毕之后，执行最优化，如图 5-31 所示。

2）选择需要最优化的程序，并进行相关设置，如图 5-32 所示。

3）执行最优化，如图 5-33 所示。

4）执行最优化后重新选择程序，并单击“送料器列表”，如图 5-34 所示。

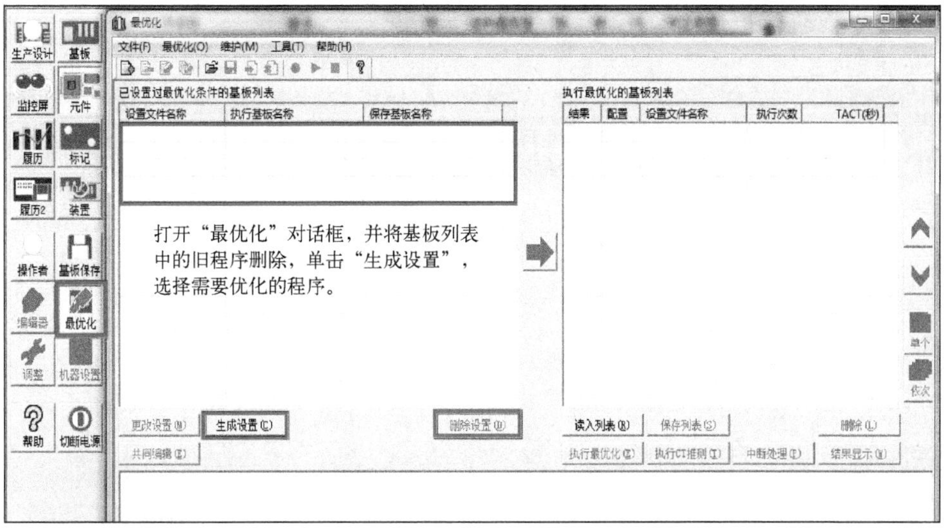

图 5-31 执行最优化

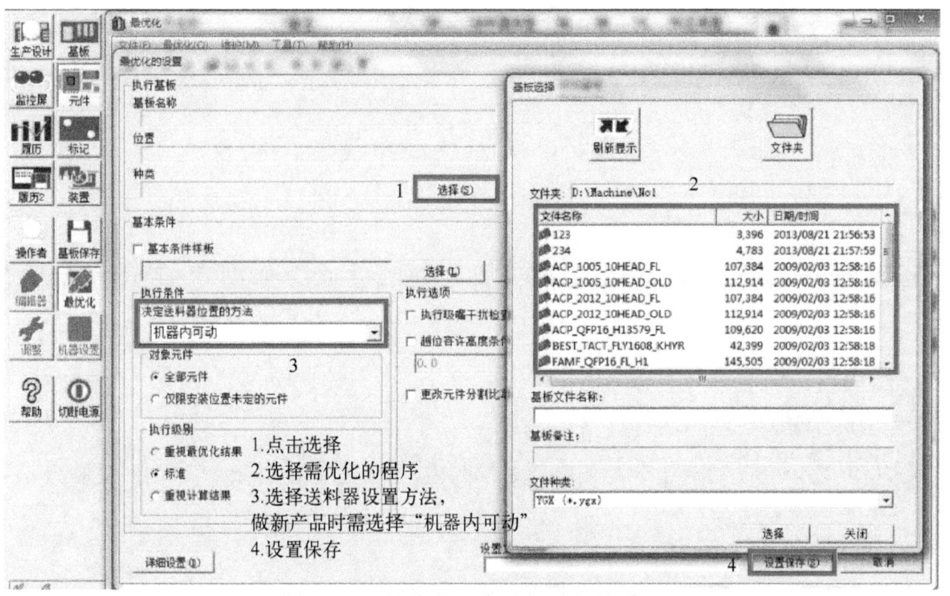

图 5-32 最优化程序选择及相关设置

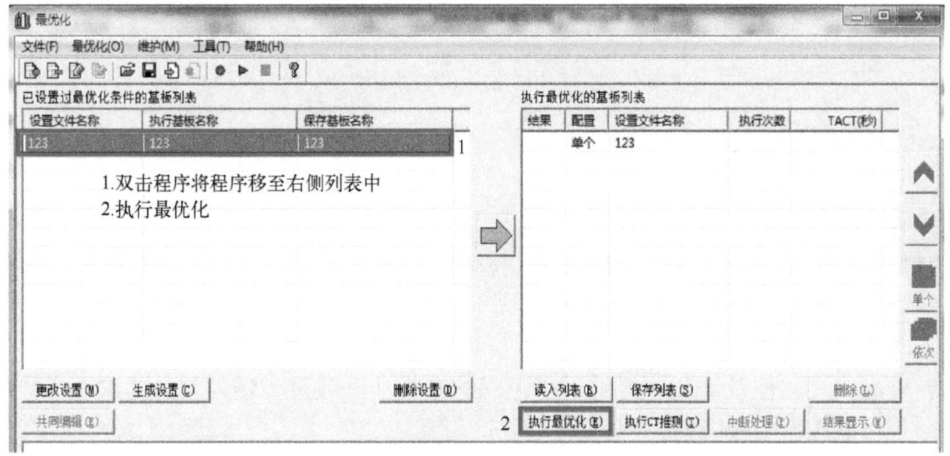

图 5-33 执行最优化

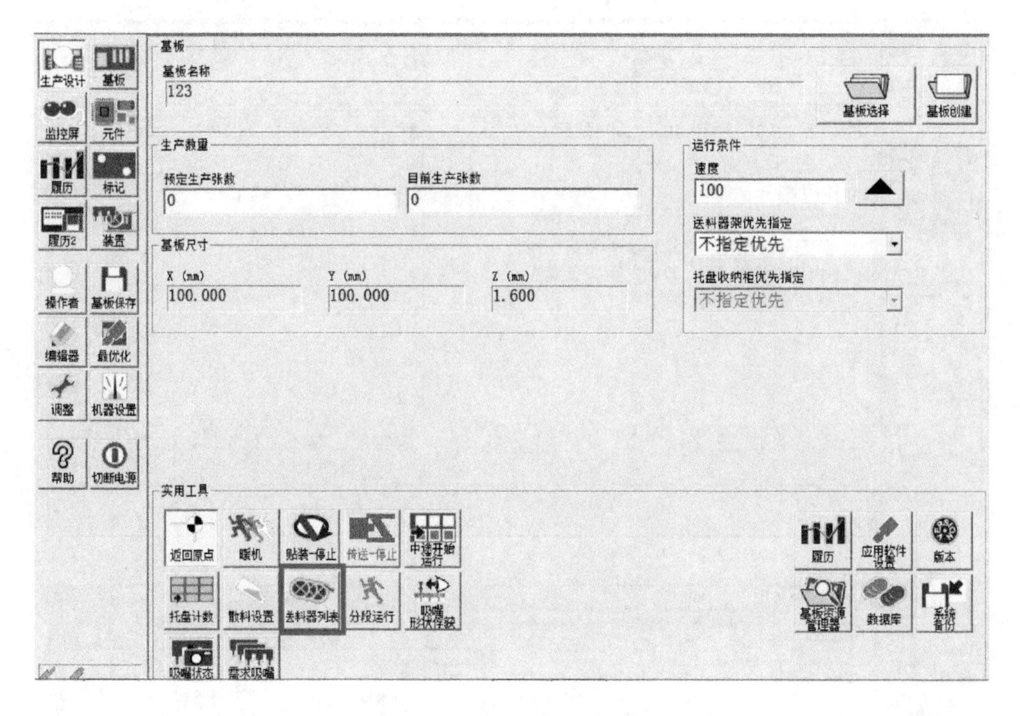

图 5-34　单击“送料器列表”

(11) 编程结束

按照送料器列表安装相应的元器件，即可进行生产，如图 5-35 所示，此时编程结束。

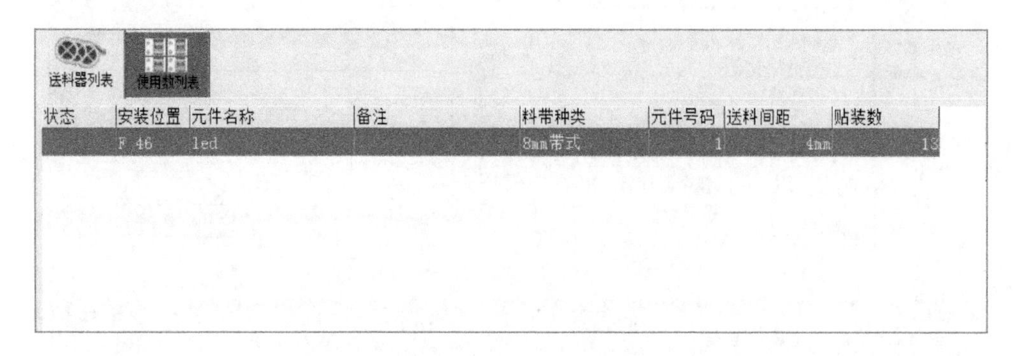

状态	安装位置	元件名称	备注	料带种类	元件号码	送料间距	贴装数
	F 46	led		8mm带式	1	4mm	13

图 5-35　按照送料器列表安装相应的元器件

5. 实训结果及数据

1）正确开关贴片机。

2）对贴片机能够进行正确的硬件设置。

3）熟悉贴片机软件控制界面的各项功能。

4）正确进行贴片机 CAM 编程。

5）针对不同元器件及 PCB，能够进行正确的基板、贴装及元器件信息的编程。

6）贴片机能按照 CAM 编程进行简单生产。

6. 考核评价

序号	考核内容	配分	评分标准	考核记录	扣分	得分
1	贴片机安全、正确操作	10	是否符合安全标准			
2	熟悉贴片机软件操作界面及各个菜单的功能	10	对菜单的功能熟悉			
3	正确设置PCB的基准点定位参数	10	成功设置基准点参数			
4	贴片机成功识别PCB参考原点	10	贴片机能成功识别待生产的PCB原点			
5	熟练对贴片机进行元器件各种参数的设定	20	完整设置基准点定位参数			
6	熟练对贴片机的贴装参数进行设定	10	熟练设置贴装参数			
7	熟练采用示教模式对元器件和PCB进行基本对准观测	10	熟练使用摄像头进行观测			
8	能正确开动贴片机进行预生产	10	正确开机，成功预生产			
9	熟悉贴片工位的质量标准和安全标准	10	对相关质量标准有基本认识，安全意识增强			
	分数总计	100				

任务2 拼板程序制作及贴片操作

1. 实训目的及要求

1）进一步熟悉SMT生产的整个准备流程。

2）进一步熟悉贴片所需设置的各项参数。

3）熟悉拼板在线程序的制作。

4）在SMT生产过程中，养成良好的质量控制和安全生产习惯。

2. 实训设备

多功能贴片机（型号为YAMAHA YG12F）：1台。

贴片机工位操作任务单：1套。

SMT工位质量控制单：1套。

表面安装元器件、PCB：若干。

防静电服：1套。

手套：1副。

3. 知识储备

表面安装元器件具有多种封装形式，对应不同的封装，贴片机可设置不同的吸附和贴放方式，并能根据输入的不同形状进行识别。针对不同元器件的送料器，还可选择不同的供料架或托盘。

单击“元器件（Parts）”主菜单，弹出相应的对话框，如图5-36所示，对话框中包含“基本”“吸附”“贴放”“识别”“形状”“托盘”“选项”等参数设置。

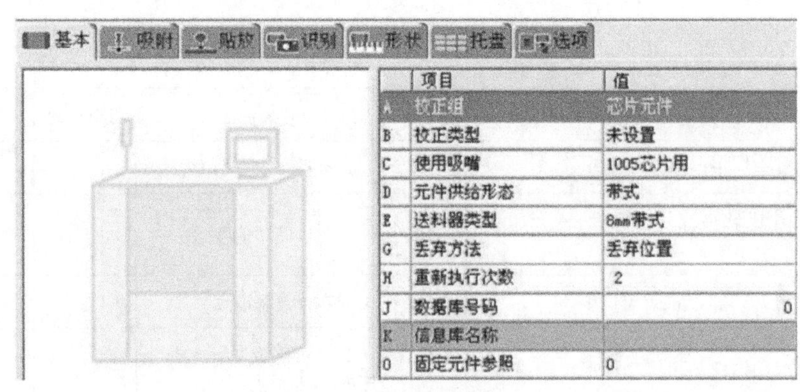

图 5-36 “基本”设置

（1）“基本”设置

A，校正组：贴片机将元器件粗分为芯片元件、球引脚元件和 IC 元件等若干个大的组别，根据不同的材料选择其归属的组别。

B，校正类型：贴片机在将元器件粗分为上述几个组别后，对于每一组别的元器件，又会根据不同的外形细分为若干个小的类别，同样根据不同的元器件选择其归属的类别。

C，使用吸嘴：吸取和贴装该元器件的吸嘴类型。

D，元件供给形态：定义该元器件的包装类型，分别为带式、杆式、散装式和托盘式。

E，送料器类型：设定适合安装该元器件的送料器类型，根据具体的宽度和孔距值选定。

G，丢弃方法：选择不良元器件被丢掉时的丢弃位置，共有三种选择：“丢弃位置”表示散料盒，“废弃站”表示丢弃元器件用的皮带是抛料带；“特殊返还处理”表示丢到原来的吸取位置，只有托盘料才可以选择“特殊返还处理”。

H，重新执行次数：表示当某一元器件因质量不良而丢掉时允许的连续抛料次数，“立即停止”表示不允许自动重复抛料，只要有一个元器件因质量不良贴片机就报警。

（2）“吸附”设置

“吸附”设置如图 5-37 所示。

A	送料器安装位置	115
B	送料器位置计算	示教
C	X (mm)	381.708
D	Y (mm)	292.584
E	吸料角度 (度)	0
F	吸料高度 (mm)	-3.5
G	吸附计时 (秒)	0.00
H	吸附速度 (%)	100
I	XY速度 (%)	100
J	吸附・贴放真空传感器检:	特殊检查
K	吸附真空压 (%)	20
L	吸附时机	普通
M	吸附动作	QFP类型
N	轴停止	普通
O	下降	普通
P	上升	普通

图 5-37 “吸附”设置

A，送料器安装位置：设定该元器件安装到贴片机上的位置。

B，送料器位置计算：设定元器件吸取位置，“自动”表示默认位置，“示教”表示从贴片机机械原点开始计算的绝对坐标位置，“相对示教”表示从设定的位置开始计算的相对坐标。对于X（mm）和Y（mm），当B参数设为“示教”或者“相对示教”时，这两个参数才有效，表示具体的吸料位置。

E，吸料角度（度）：设定吸嘴吸取元器件时的旋转角度，当元器件长轴方向与吸嘴长轴方向不同时，适当设定该参数将有利于元器件吸取。

F，吸料高度（mm）：设定吸嘴吸取元器件时的高度补偿，正值表示向下压，负值表示向上提。

I，XY速度（%）：贴装头沿X、Y方向移动的速度，分为10个级别。

J，吸附·贴放真空传感器检查：通过真空压力检测来控制元器件吸取和贴装的状态。“普通检查”表示在对元器件吸取和贴装时通过真空压力来控制贴装头动作；“特殊检查”表示除了上述功能以外，贴片机还通过真空压力检测来判断元器件是否被贴片机正确吸附，如果真空度过小，则认为没有正确吸附，会做抛料动作。

K，吸附真空压（%）：贴片机吸取元器件时，当真空压力增大到设定的值后，才认为元器件已经被吸取到，然后吸嘴才从元器件表面抬起，该值的大小会直接影响元器件的吸取速度。

L，吸附时机：有“普通”和“下降端”两个选项。“普通”表示贴装头在下降到元器件表面以前已开始产生真空，“下降端”表示贴装头下降到元器件表面以后贴片机才开始产生真空。“下降端”有助于减少某些元器件吸取时的侧翻现象，该参数通常设为“普通”。

M，吸附动作：吸附动作可设定为“普通”“QFP类型”“FINE类型”和“详细设置”等。“详细设置”即为细化模式，贴片机可以将贴装头吸取动作细分为贴装头下降和贴装头提升等小的阶段，而且每个阶段的动作方式可以分别设定。

（3）“贴放”设置

“贴放”设置如图5-38所示。

A，贴放高度（mm）：贴装元器件时贴装头高度的补偿值，正数表示从默认贴装高度开始向下压低的程度，负数表示从默认贴装高度开始向上提高的程度。

B，贴放计时（秒）：从元器件贴装到PCB上至吸嘴抬起的延时，适当设定贴放计时有利于元器件贴装的稳定性。

C，贴放速度（%）：吸嘴贴装元器件的速度，有10%～100%总计10个不同的速度等级。

E，吸附·贴放真空传感器检查：其意义和“吸附”设置中的相同，这里不再赘述。

F，贴放真空压（%）：贴片机贴装元器件时，当真空压力减小到设定的值后，才认为元器件已经贴装好，然后吸嘴才从元器件表面抬起。

（4）“识别”设置

“识别”设置如图5-39所示。

A，识别装置 透过：背光识别模式，即透射识别模式，该识别模式需要另外安装专用配件才有效，通常情况下不使用。

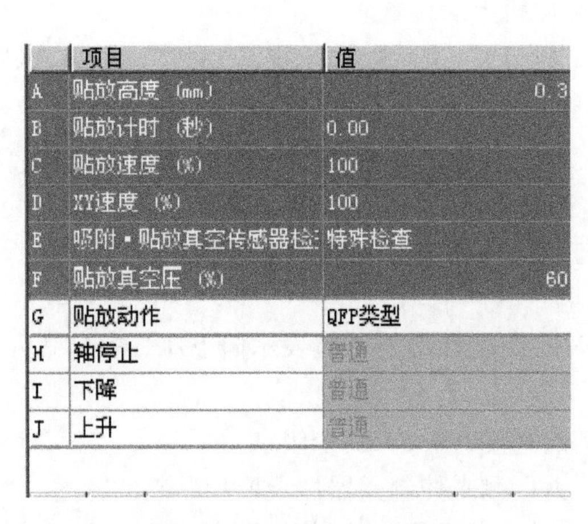

	项目	值
A	贴放高度（mm）	0.3
B	贴放计时（秒）	0.00
C	贴放速度（%）	100
D	XY速度（%）	100
E	吸附·贴放真空传感器检:	特殊检查
F	贴放真空压（%）	60
G	贴放动作	QFP类型
H	轴停止	普通
I	下降	普通
J	上升	普通

图 5-38 “贴放”设置

	项目	值
A	识别装置 透过	☑
B	识别装置 反射	☑
D	照明设置 主	☑
E	照明设置 同轴	☑
F	照明设置 侧面	☐
H	元件照明级别	5 / 8
I	自动决定界限值	不使用
J	元件界限值	45
K	公差	20
L	引脚检出范围（mm）	2.500
N	形状基准角度（度）	普通
O	元件识别亮度	0
P	MultiMACS	☐

图 5-39 “识别”设置

B，识别装置 反射：前光识别模式，即相机通过反射模式识别元器件，贴片机通常使用该模式工作。

D，照明设置 主：相机识别元器件时打开或关闭主光光源。

E，照明设置 同轴：相机识别元器件时打开或关闭同轴光光源。

F，照明设置 侧面：相机识别元器件时打开或关闭侧面光光源。

H，元件照明级别：相机灯光的强度，有 8 个级别。

I，自动决定界限值：用于选择是否通过自动方式设定界限值。如果选择了“使用”，则不能手动更改上述参数，只能通过贴片机自动设定，进行最优化调整时，贴片机可以自动设定该参数。如果选择了“不使用”，则可以手动更改。

J，元件界限值：计算机语言通过灰阶值来描述一个黑白像素的色度，0 代表最黑，255 代表最白。贴片机识别元器件时，对于某一个像素，如果灰阶值小于该值就以黑色处理计算，灰阶值大于该值则判断为白色。

K，公差：贴片机识别元器件时允许的误差范围。

L，引脚检出范围（mm）：贴片机识别元器件时的搜索范围。

N，形状基准角度（度）：通常情况下，贴片机对方向的规定是“上北，下南，左西，右东”。更改这个参数可以改变贴片机对方向的规定，如设为 180°，则变为“上南，下北，左东，右西”。

O，元件识别亮度：用于规定元器件的最小亮度，如设为 30，则当某个元器件识别时平均亮度小于 30 ，贴片机会按不良元器件处理，将其抛掉。适当设定该参数会在一定程度上避免产品“漏件”。

P，MultiMACS：贴片机用来进一步补偿滚珠丝杠加工误差的装置，分别安装在贴片机贴装头的左右两边。

（5）“形状”设置

“形状”设置如图 5-40 所示。

A、B、C，外形尺寸 X、Y、元件厚度（mm）：分别设定元器件的长、宽、厚等参数。

D，检出线位置：贴片机识别元器件时的标尺线的位置，该值越大，则测定位置越靠近元器件内侧，如图 5-41 中的“D”所示。

E，检出线宽度：贴片机识别元器件时的标尺线的宽度，如图 5-41 中的“E”所示。

	项目	值
	校正组	IC元件
	校正类型	QFP
	算法	普通
A	外形尺寸 X (mm)	12.200
B	外形尺寸 Y (mm)	12.200
C	外形尺寸 元件厚度 (mm)	2.200
D	检出线位置	4
E	检出线宽度	3
F	引脚根数 N	11
G	引脚根数 E	11
H	引脚间距 (mm)	0.800
I	引脚宽度 (mm)	0.370
J	反射引脚长 (mm)	1.400
K	BumperMask (mm)	0.00

图 5-40　“形状”设置

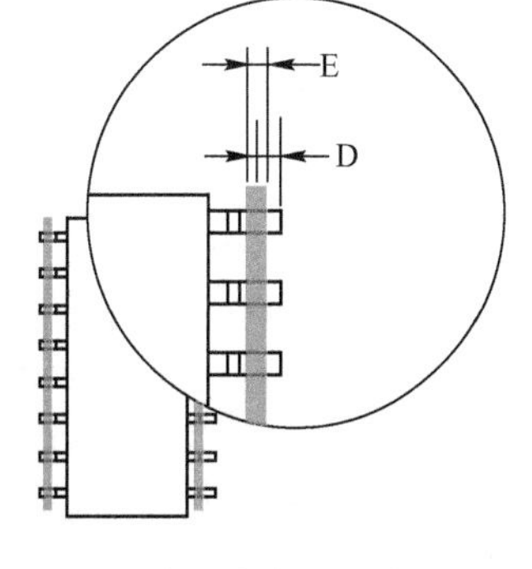

图 5-41　检出线位置和检出线宽度

F、G，引脚根数：元器件单侧的引脚数量。

H，引脚间距（mm）：元器件相邻两引脚之间的间距。

I，引脚宽度（mm）：元器件的引脚宽度。

J，反射引脚长（mm）：元器件引脚可反光部分的长度。

（6）“托盘”设置

“托盘”设置如图 5-42 所示，图 5-43 所示为托盘示意图。

	项目	值
	元件供给形态	托盘式
	送料器类型	固定托盘式送料器
A	元件个数 X	20
B	元件个数 Y	8
C	元件间距 X (mm)	15.245
D	元件间距 Y (mm)	15.550
E	当前位置 X	1
F	当前位置 Y	1
G	托盘数量 X	1
H	托盘数量 Y	1
I	托盘间距 X (mm)	235.000
J	托盘间距 Y (mm)	180.000
K	托盘当前位置 X	1
L	托盘当前位置 Y	1
M	托盘厚度 (mm)	3.5
N	送料器占用位数 左侧	1
O	送料器占用位数 右侧	1
P	计数结束时停止	不执行

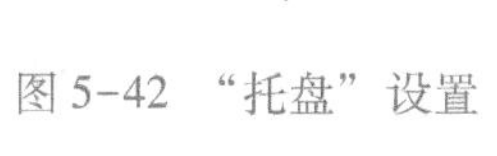

图 5-42　“托盘”设置

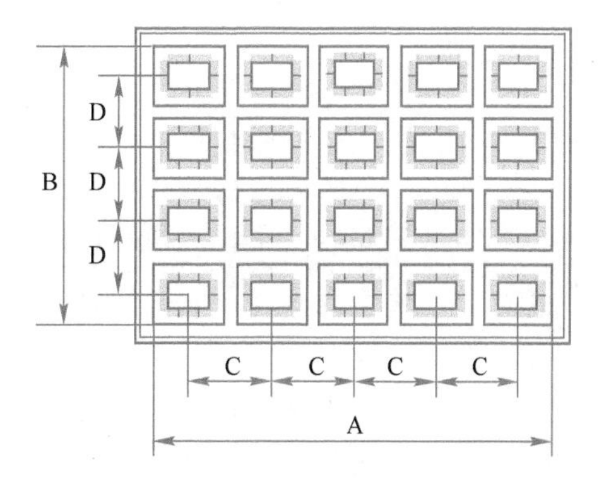

图 5-43　托盘示意图

A，元件个数 X：同一个托盘中沿 X 轴方向元器件的个数。

B，元件个数 Y：同一个托盘中沿 Y 轴方向元器件的个数。

C，元件间距 X（mm）：沿 X 轴方向相邻两个元器件之间的间距。

D，元件间距 Y（mm）：沿 Y 轴方向相邻两个元器件之间的间距。

E，当前位置 X：当前吸取的元器件在托盘中沿 X 轴方向的位置，其数值用元器件个数表示。

F，当前位置 Y：当前吸取的元器件在托盘中沿 Y 轴方向的位置，其数值用元器件个数表示。

G，托盘数量 X：在托盘支架上沿 X 轴方向的托盘的个数。

H，托盘数量 Y：在托盘支架上沿 Y 轴方向的托盘的个数。

I，托盘间距 X（mm）：在托盘支架上沿 X 轴方向相邻两个托盘之间的间距。

J，托盘间距 Y（mm）：在托盘支架上沿 Y 轴方向相邻两个托盘之间的间距。

K，托盘当前位置 X：当前使用的托盘沿 X 轴方向的位置。

L，托盘当前位置 Y：当前使用的托盘沿 Y 轴方向的位置。

M，托盘厚度（mm）：设定吸取元器件时贴装头的补偿值，如托盘厚度设为 1 mm，则贴片机认为该托盘高出默认高度 1 mm，吸取元器件时贴装头就自动向上提高 1 mm，设为负数则相反，贴装头会向下多压 1 mm。

N，送料器占用位数 左侧：从该托盘设定的站位开始，向左有多少个站位不能再安装其他送料器，以便贴片机优化程序时自动保留空站位。

O，送料器占用位数 右侧：从该托盘设定的站位开始，向右有多少个站位不能再安装其他送料器，以便贴片机优化程序时自动保留空站位。

P，计数结束时停止：设定托盘里的元器件使用完毕后是否停机报警，“不执行”表示不停机，直接从第一个位置重新开始。

4. 实训内容及步骤

1）依次完成创建基板程序名、编辑基板信息、手动固定基板装置。

2）编辑基板位移原点和拼板原点。

① 单击“Board”→“Offset”，如图 5-44 所示，设定基板原点。

② 单击“示教（Teach）”按钮，进入示教窗口，如图 5-45 所示，单击方向键，将贴装头移动到需要编辑的 PCB 的原点位置，然后单击窗口中的“示教（Teach）”按钮，把当前的位置记录下来。

注意：原点一般设定在基板的左下角，可以是圆的切线，也可以是焊盘的切线。

3）编辑拼块原点。单击“拼块原点”按钮，如图 5-46 所示，设定拼块原点。

注意：① 有多少个拼块就需要设置多少个拼块原点，每一个拼块原点最好设置在相同的位置。

② 拼块原点与大板原点也最好设置在相同的位置。

③ 拼块之间应注意拼接角度。

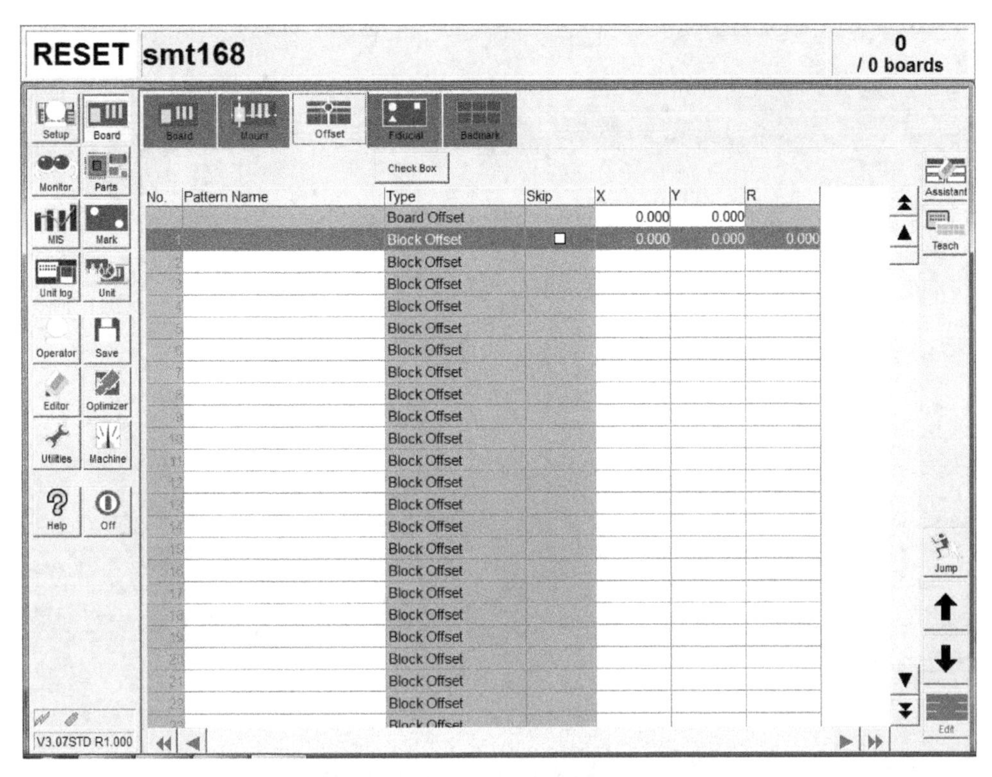

图 5-44　设定基板原点

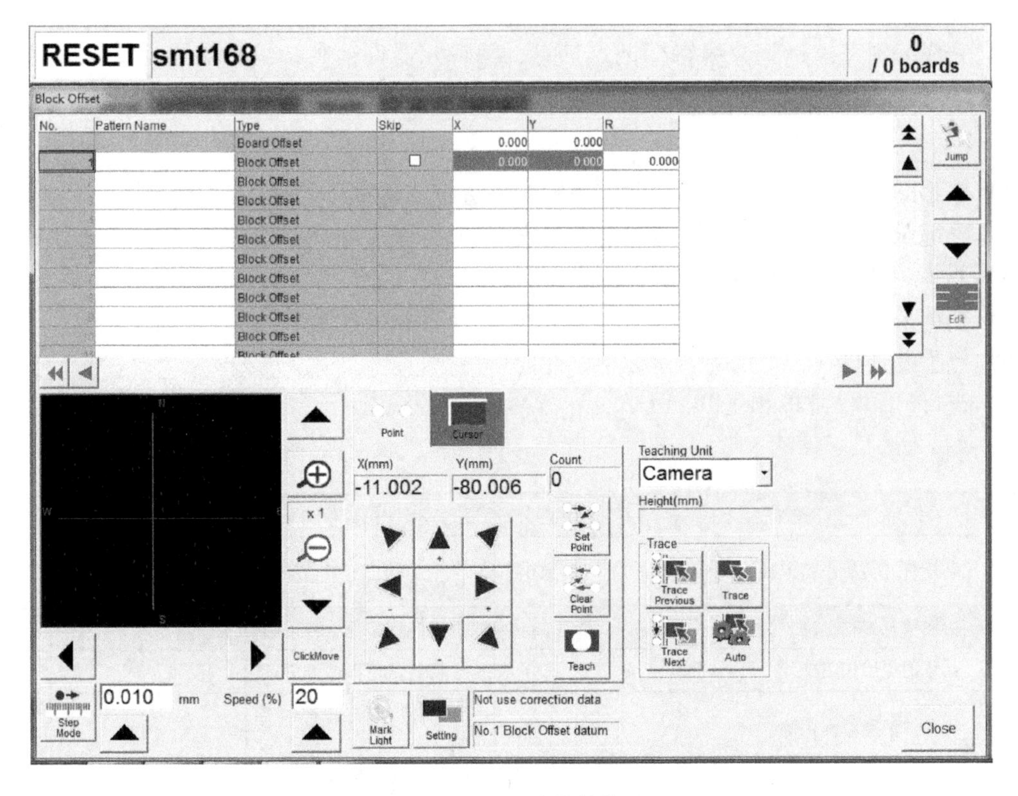

图 5-45　记录当前的位置

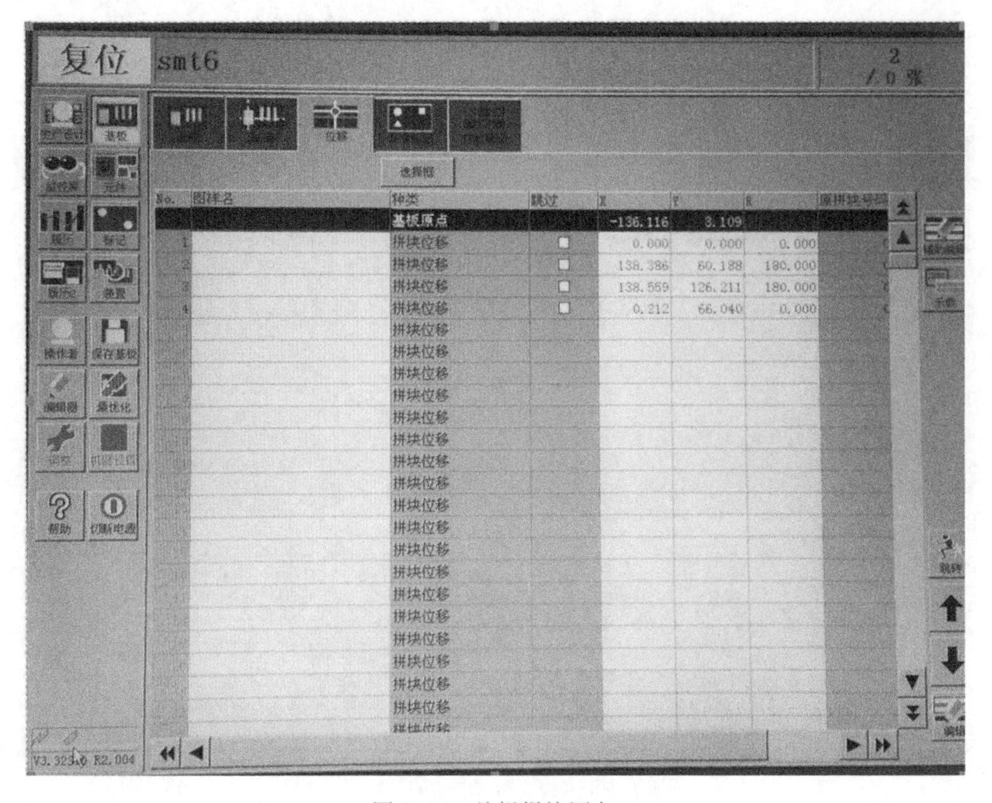

图 5-46　编辑拼块原点

4）完成编辑基准标记，编辑标记点信息，编辑元器件信息，编辑贴装信息，保存程序，优化程序，调用程序，上料，再生产。

5. 实训结果及数据

1）熟悉贴片机的操作指导书，并能对贴片机进行简单操作。

2）熟练对贴片机进行元器件各种参数的设定。

3）熟练对贴片机的贴装参数进行设定。

4）熟练采用示教模式对元器件和拼装 PCB 进行基本对准观测。

5）熟悉贴片机各个工位的质量标准，并能严格执行。

6）进行 PCB 贴片的预生产。

6. 考核评价

序号	考核内容	配分	评分标准	考核记录	扣分	得分
1	贴片机开关机步骤正确	20	贴片机开关机步骤是否严格按照规程			
2	拼块信息编程正确	20	拼块信息编程是否正确			
3	贴装信息编程正确	20	贴装信息编程是否正确			
4	元器件信息编程正确	20	元器件信息编程是否正确			
5	程序优化得当	20	程序优化是否成功			
	分数总计	100				

任务 3　元器件数据库制作及贴片生产

1. 实训目的及要求

1）熟记元器件数据库的制作（反复练习）。

2）实操元器件数据库的制作。

3）熟练掌握不同型号的元器件的料盘安装。

4）针对特殊元器件能正确进行贴装。

2. 实训设备

多功能贴片机（型号为 YAMAHA YG12F）：1 台。

贴片机工位操作任务单：1 套。

SMT 工位质量控制单：1 套。

表面安装元器件、PCB：若干。

防静电服及手套：1 套。

3. 知识储备

贴片机元器件供给装置主要有带式送料器和盘式送料器。

（1）带式送料器准备

1）传送间距与动作的确认。操作手动杆，确认元器件是否可以按适当的间距传送。盖带剥离杆如图 5-47 所示。

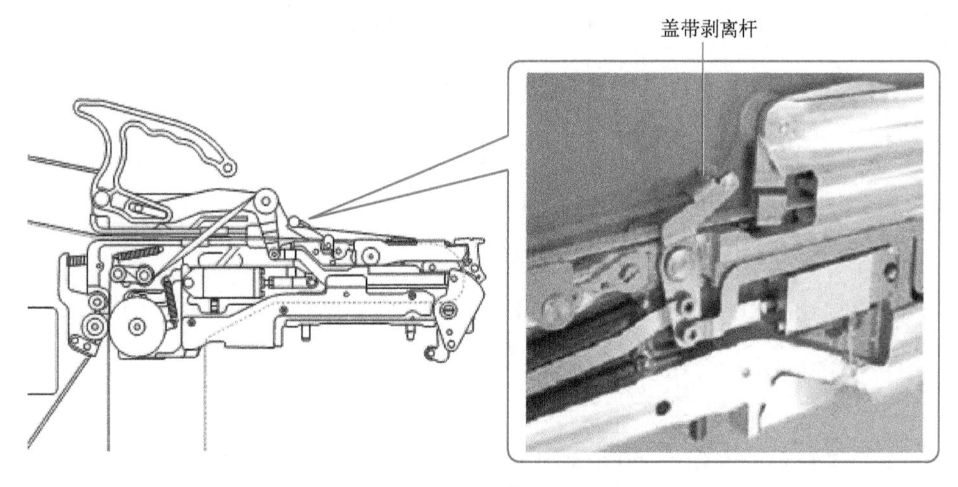

图 5-47　盖带剥离杆

2）料带的安装。务必按照下列步骤将料带装入送料器。

① 料带由装有元器件的基带和覆盖在元器件上面的盖带两层组成，先剥离盖带。

② 使用标准供料架和 7 英寸供料架时，将料带盘插入料带盘支架袋中后再拉出料带。使用 15 英寸供料架时，将料带盘安装在料带盘轴上后，用张紧杆压住。使用特定供料架时，松开料带盘挂钩，使其钩住料带盘中央的孔。

③ 为提起料带导轨，必须先提起锁定杆固定把手，如图 5-48 所示。

④ 压下前侧压杆，提起料带导轨。

⑤ 将料带穿过料带槽，然后将料带拉出一定长度，确保盖带可以到达空转滚轮组件。使

盖带穿过料带导轨的切口部后折回。盖带的安装如图5-49所示，料带安装路径如图5-50所示。

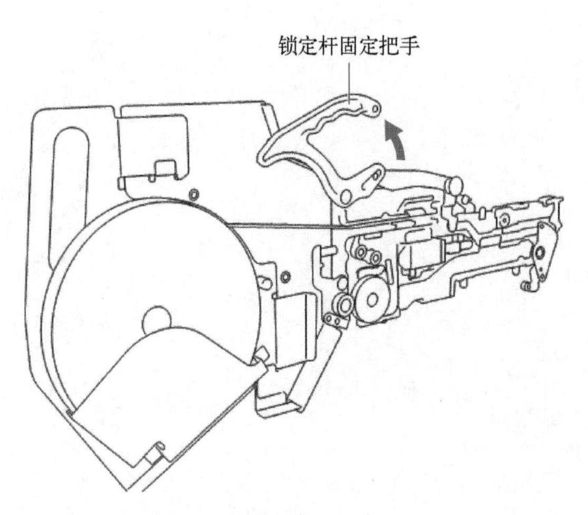

图5-48 锁定杆固定把手

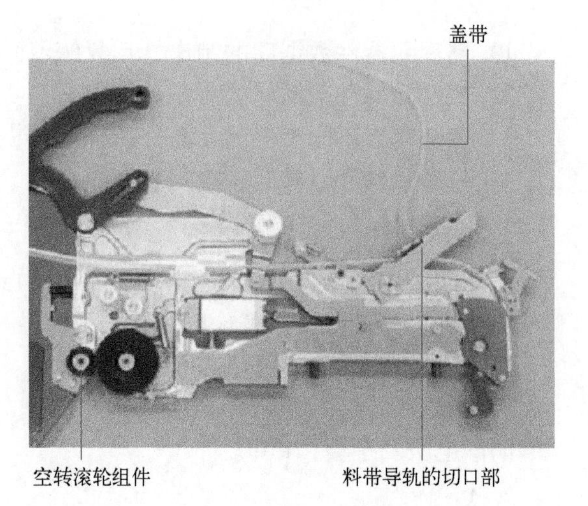

图5-49 盖带的安装

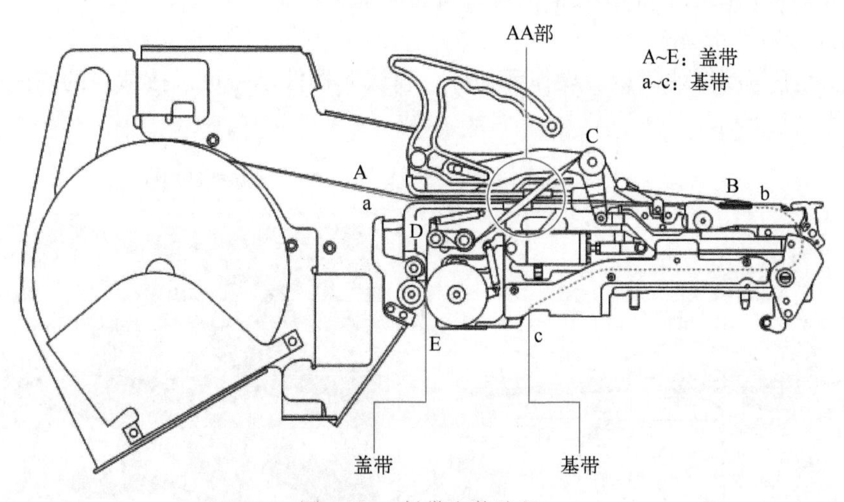

图5-50 料带安装路径

注意：穿绕盖带时，在图5-50中的AA部，必须使接合面（粘贴面）朝向表面。

⑥ 安装完料带后，按盖带剥离杆的弯折部，将元器件传送至吸取位置。

（2）将带式送料器安装至贴片机

带式送料器安装至贴片机的步骤如下。

① 按“生产设计”→“送料器列表”按钮，打开“送料器列表”界面，确认送料器的安装位置。

② 按贴片机的“紧急停机”按钮，使贴片机停止运行。

注意：如果不使贴片机停止运行就安装送料器，有被卷入贴片机的危险。

③ 清扫送料器架上的尘屑，如果夹入元器件或尘屑，送料器会倾斜，从而导致吸取不稳定。

④ 将送料器插入送料器架的定位孔。在提起锁定杆固定把手的状态下，握住送料器的前端与把手，将送料器从正上方水平地安装在送料器架上。送料器架上设有可插入送料器前侧定位销和后侧定位销的定位孔，务必将送料器定位销完全插入定位孔。送料器的安装如图 5-51 所示。

图 5-51 送料器的安装

⑤ 料带盘支架袋可以装入一个料带盘。因此，如果要紧密排列送料器，不致有空隙时，必须使用上下两层交错排列的方式。料带盘的安装如图 5-52 所示。

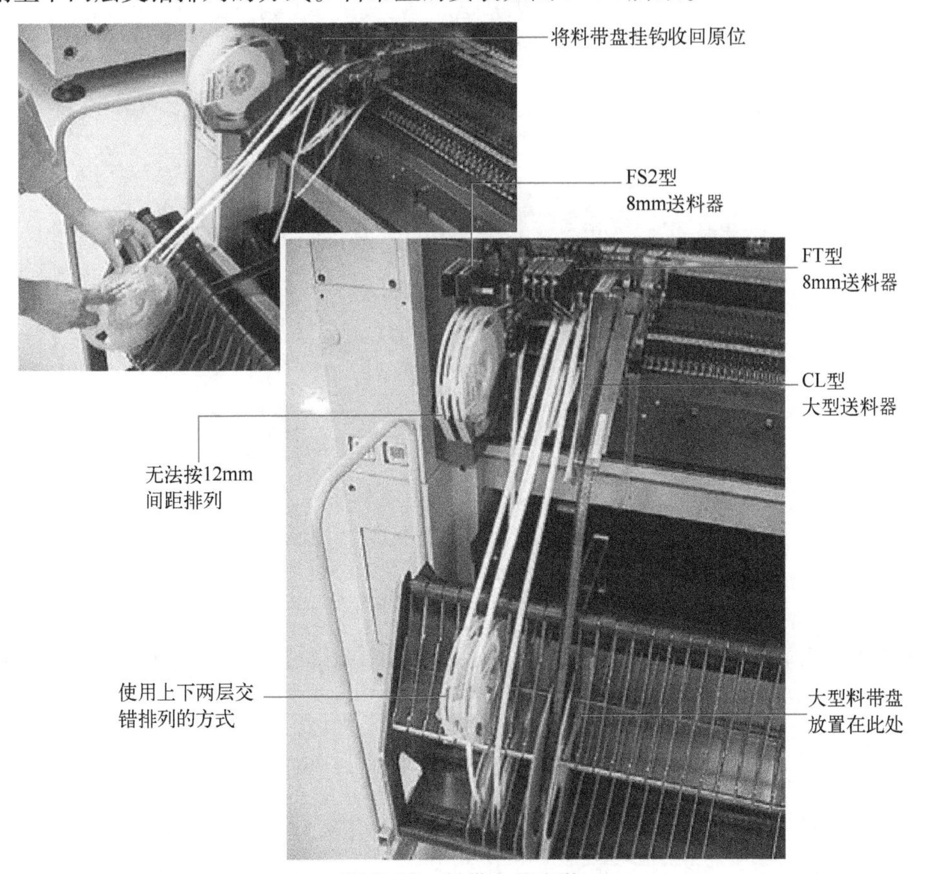

图 5-52 料带盘的安装

⑥ 放下锁定杆固定把手，按下锁定杆，将送料器牢牢固定在送料器架上。如果没有正确固定，在贴装或运行过程中，送料器可能会脱落。

（3）盘式送料器的安装

1）将托盘装入料架。一个料架上可以装入多张托盘，如图 5-53 所示。

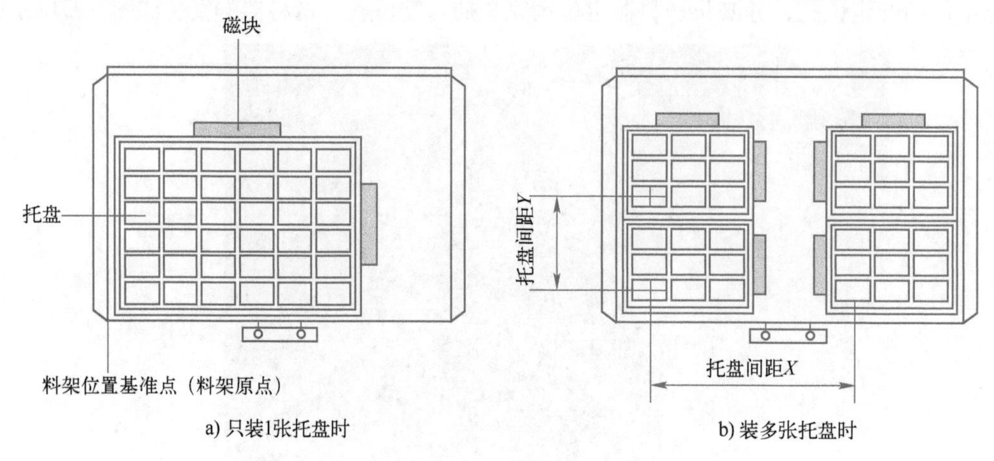

图 5-53　托盘的装入

① 取出固定托盘用的磁块。

② 将托盘角对准料架位置基准点（料架原点），然后装入。托盘装好后，用磁块压住固定，托盘的固定如图 5-54 所示。

图 5-54　托盘的固定

③ 试按托盘，确认托盘已由磁块固定牢固。

2）将料架装入 ATS15。

① 打开 ATS15 的柜门，将柜门开关旋至“OPEN”侧，解除柜门的锁定状态。确认柜门开关指示器已熄灭后，打开柜门。

② 打开右侧的料架挡板。

③ 插入料架，将料架的抽出部朝向里侧，水平插入正确的柜层，如图 5-55 所示。

④ 将必要的料架全部插入正确的柜层，关闭料架挡板，然后关闭 ATS15 的柜门。将柜门开关旋至“CLOSE”侧，此时柜门被锁定，柜门开关指示器亮起，安装作业完成。

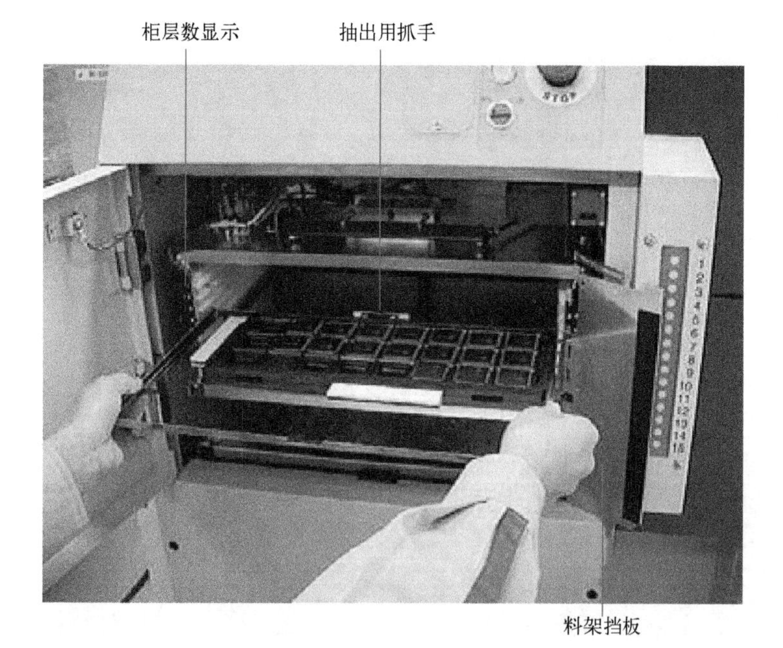

图 5-55 料架的插入

（4）贴片机侧的设置

将送料器安装到贴片机上后，还需要进行贴片机侧的设置。首先进行元器件供给形态和送料器类型的设置。

1）打开生产设计界面。单击“生产设计”，打开相应界面，再单击“基板选择”按钮，如图 5-56 所示。

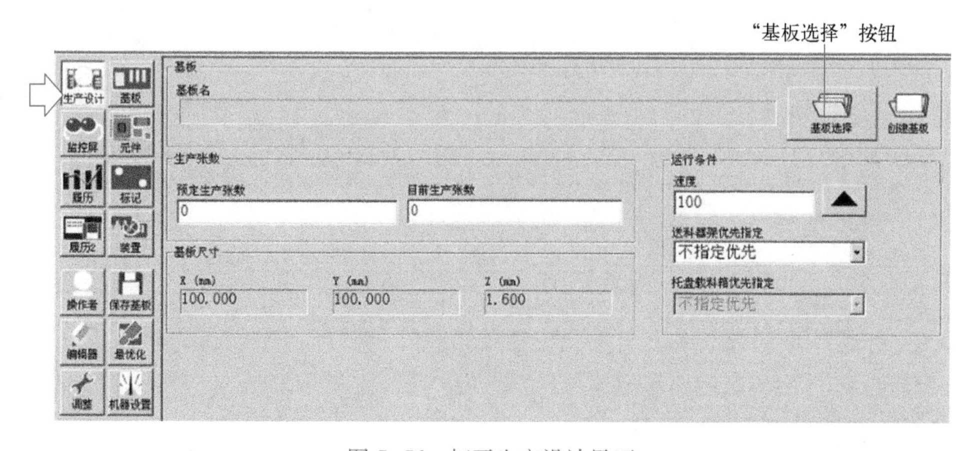

图 5-56 打开生产设计界面

2）选择基板。从基板列表中选择相应的基板，单击“选择”按钮，如图 5-57 所示。

3）打开元器件数据界面，选择元器件。

单击“元件”打开元器件数据界面，从界面上方的元器件列表中选择相应元器件。

4）设置元器件供给形态。选择“D 元件供给形态”后双击输入栏，从下拉列表框中选择要使用的元器件供给形态，如图 5-58 所示。

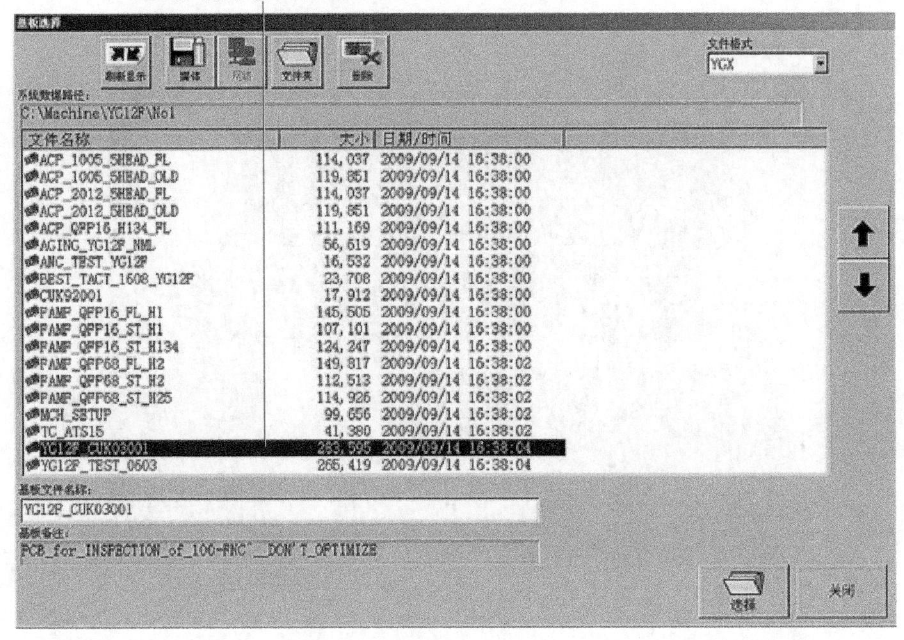

图 5-57　选择基板

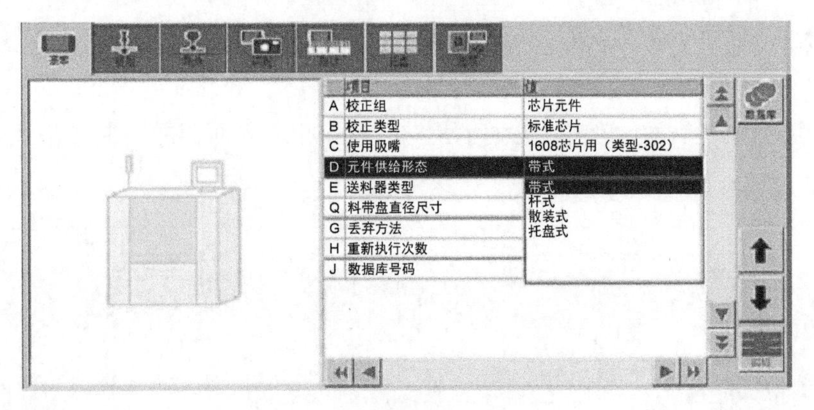

图 5-58　选择元器件供给形态

注意："杆式"和"散装式"目前尚不能使用。

5）设置送料器类型。

要安装的是带式元器件时，选择"E 送料器类型"后双击输入栏，从下拉列表框中（8 mm 带式、8 mm 1005、8 mm 0603、12 mm 凸型载带、12 mm 长间距、16 mm 凸型载带）选择要使用的送料器类型。要安装的是盘式元器件时，选择"自动托盘交换器"。

4. 实训内容及步骤

1）开启电源，贴片机暖机后自动进入主界面。

2）单击"元件"，在"元件名（Parts Name）"文本框里输入所编辑的元器件的名称"pt222-001"并按〈Enter〉键，如图 5-59 所示。

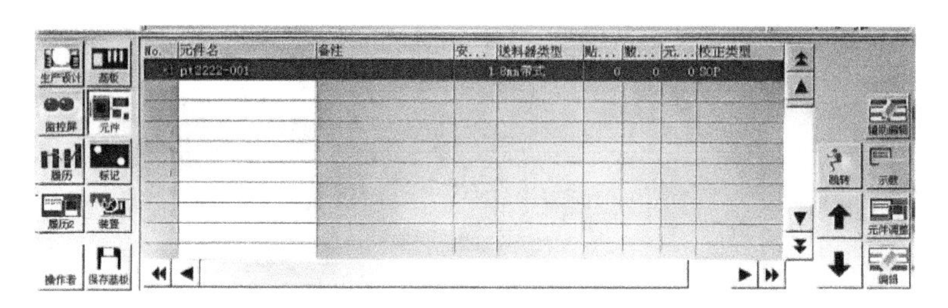

图5-59 输入元器件的名称

3）元器件基本信息设定。

① 在“基本（Basic）”子菜单里的“A 校正组”中选择该元器件对应的类型，如Chip、IC和Ball等，这里选择“IC元件”。

② 在“基本（Basic）”子菜单里的“B 校正类型”中选择该元器件对应的具体类型，如SOP、QFP、PLCC和BGA等，这里选择“SOP”。其他保持默认设置，如图5-60所示。

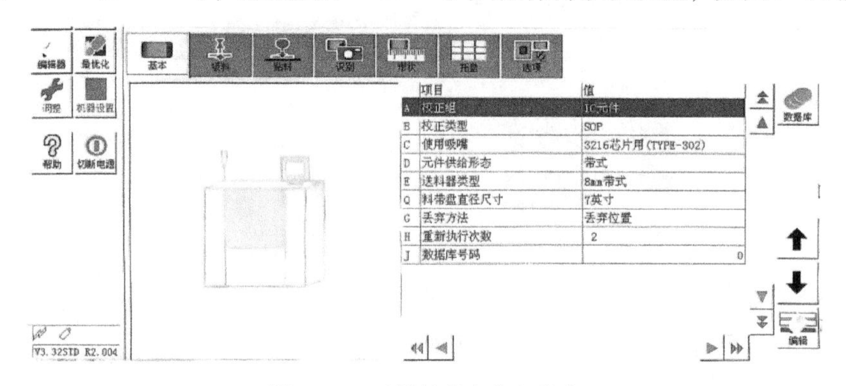

图5-60 元器件基本信息设定

③ 在“吸料”子菜单里进行吸料相关参数的设置，如送料器安装位置、吸料时间、吸料速度和吸料真空压等参数。一般情况下采用默认设置即可，如图5-61所示。

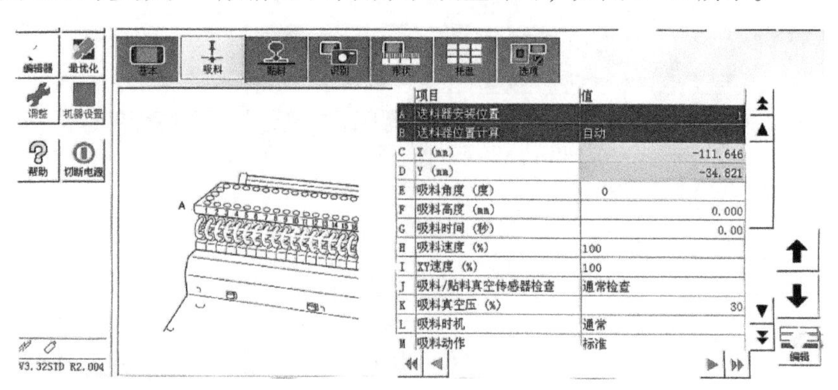

图5-61 吸料相关参数的设置

④ 在“贴料”子菜单里进行贴装参数的设置，如贴料高度、贴料时间和贴料速度等参数。一般情况下采用默认设置即可，如图5-62所示。

⑤ 在“识别”子菜单里进行元器件识别方式的设置，此处采用默认设置即可，如图5-63所示。

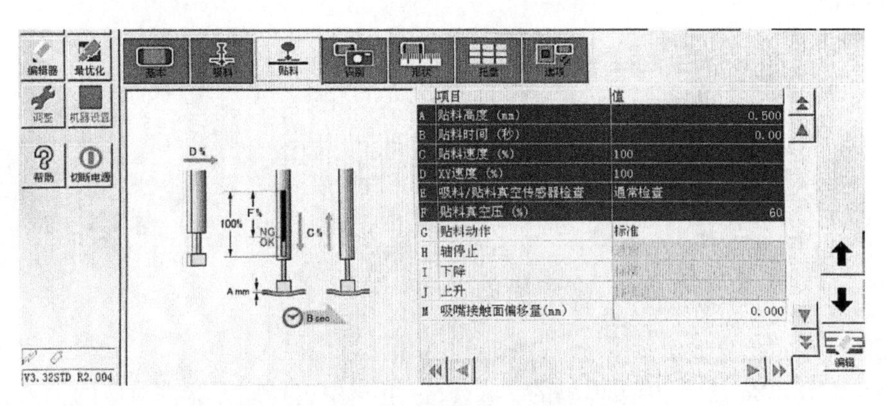

图 5-62　贴装参数的设置

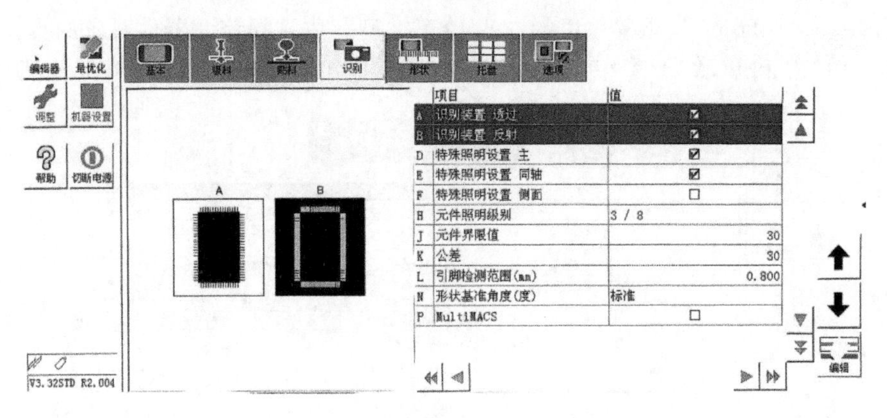

图 5-63　元器件识别方式的设置

⑥ 在“形状（Shape）”子菜单里的 A、B、C、F、G、H 和 I 项中修改元器件的长、宽、厚度、引脚根数、引脚间距、引脚宽度和反射引脚长。这些参数需准确设置，否则元器件无法通过贴片机进行正确识别，如图 5-64 所示。

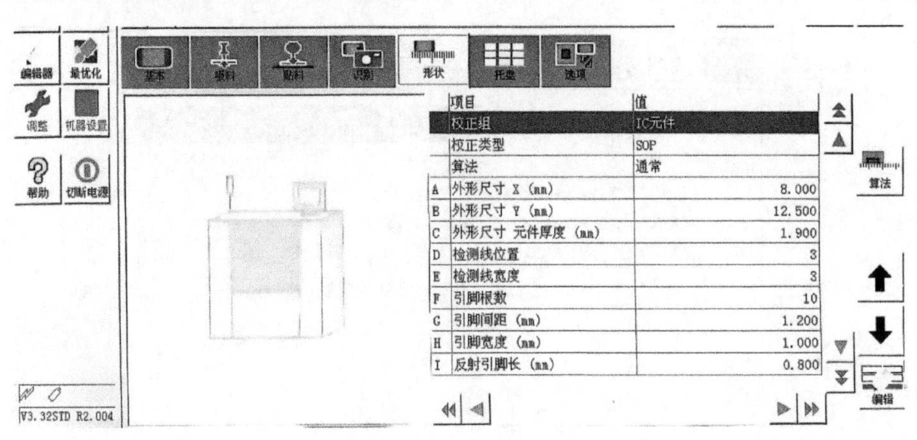

图 5-64　修改元器件参数

⑦ 如果是盘式元器件，在“托盘（Tray）”子菜单中，盘式元器件需要根据相应的包装方式进行设置。带式元器件不进行特别设置。如果为托盘包装，则需设定具体的托盘参数。

⑧“选项”子菜单中采用默认的参数设置，不需另行设置具体参数。

4）元器件校正。

① 单击“元件调整”按钮，进行元器件校正，如图 5-65 所示。

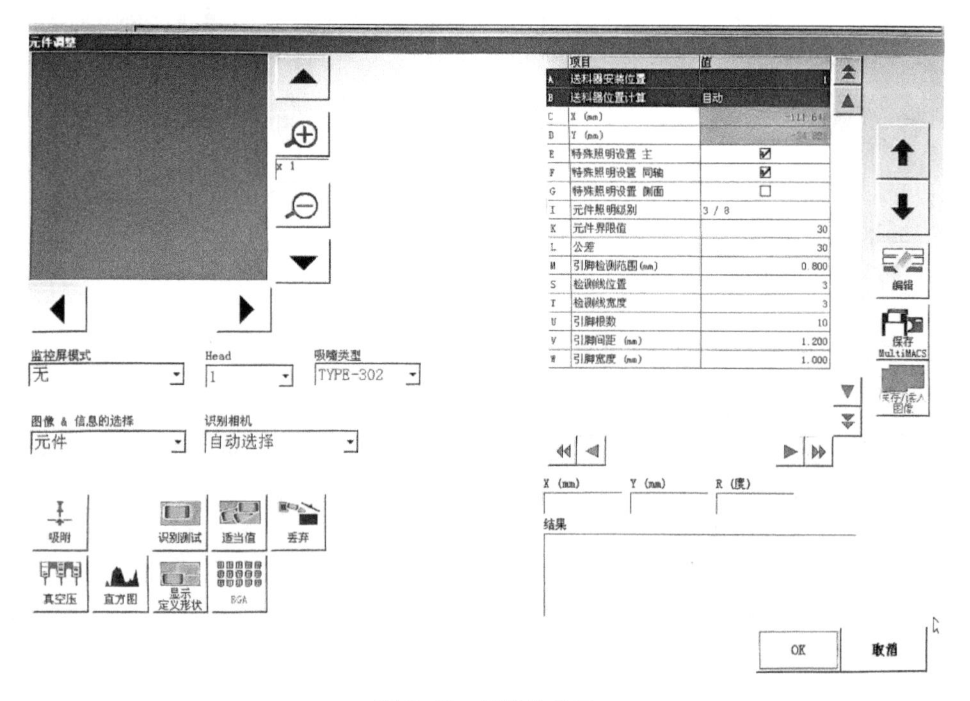

图 5-65 元器件校正

② 在“元件调整”界面中，单击“显示定义形状”按钮，对元器件绘制外形，如图 5-66 所示。

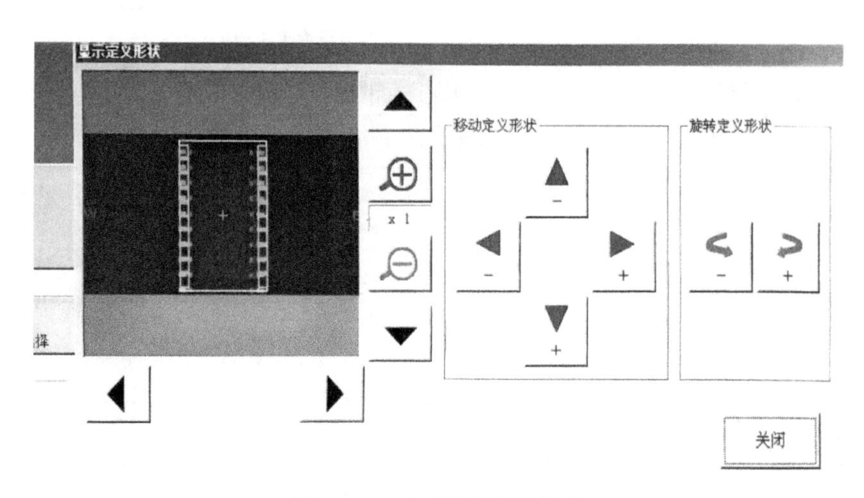

图 5-66 对元器件绘制外形

③ 如果元器件与图形完全重合，说明此时元器件的尺寸大小输入正确，这时单击“识别测试”按钮，对元器件测试。

④ 测试成功之后，再单击“适当值”按钮，优化灰度值，优化成功后贴片机会自动把灰度值记录上去。

⑤ 单击“识别测试”按钮两次都成功后，元器件调整就完成了，此时单击“关闭”按钮，退出界面。

5）在“元件”菜单中，单击“基本（Basic）”子菜单→“数据库（Data Base）”进入元器件数据库。

① 单击“新建元件（New）”，数据库会选择 1~499 里面的一个空号码。

② 输入要添加位置号码，单击“OK”按钮会弹出报告，清除报告，元器件编辑完成。

6）在设定好 PCB 各项参数和元器件参数后，调节好贴片机，准备好待产的 PCB，将元器件装入对应的送料器架，反复进行编程调整，并逐步进行试生产，不断调整机器设备，待稳定且无明显缺陷后，再开始大批量生产。

注意：将 SMT 安全操作、防静电操作和质量控制操作随时铭记在心。

5. 实训结果及数据

1）贴片机开关机步骤正确。

2）熟练制作各种元器件信息。

3）将数据库编号设置在正确范围内。

4）初步熟悉 SMT 生产的各种工艺流程，并进行简单操作。

5）熟悉 SMT 生产的各个工位的质量标准并能严格执行。

6）贴片机识别元器件并测试成功。

6. 考核评价

序号	考核内容	配分	评分标准	考核记录	扣分	得分
1	贴片机开关机步骤正确	20	正确、安全开关机			
2	元器件信息制作正确	20	正确制作不同元器件			
3	数据库编号在正确范围内	20	将不同元器件正确编号			
4	元器件测试成功	20	贴片机识别元器件并测试成功			
5	正确安全地操作贴片机	20	对安全生产有充分重视			
	分数总计	100				

任务 5.2 贴片机虚拟编程和 VR 仿真演示

任务描述

贴片机虚拟编程和虚拟现实（VR）仿真可以使用户在不具备硬件设备的情况下，进行贴片机的编程操作，同时通过 VR 仿真，将整个贴片机工作流程用 3D 技术呈现，使用户能够身临其境地感受贴片机的工作原理和工作流程。本任务主要使用仿真课程平台来实现贴片机虚拟编程和 VR 仿真。

相关知识

VR仿真是指利用虚拟现实技术，构建一个与真实环境高度相似的虚拟场景，让用户沉浸其中并进行各种操作。在贴片机虚拟编程中，VR仿真可以被用来模拟贴片机的实际工作环境，让用户能够在虚拟场景中获得几乎真实的操作体验。通过VR仿真，用户可以更加直观地了解贴片机的操作流程和注意事项，提高操作的熟练度和准确性。

将贴片机虚拟编程与VR仿真相结合，可以为用户提供更加全面和真实的贴片机操作体验。用户可以在虚拟环境中进行编程和模拟操作，然后在VR仿真中进行验证和调整。这种方法不仅可以提高生产效率和质量，还可以降低生产成本和风险，为电子制造业的发展带来新的机遇。

5.2.1 贴片机虚拟编程

贴片机虚拟编程是一种利用计算机技术对贴片机进行模拟编程的方法。通过这种虚拟编程，工程师可以在计算机上模拟贴片机的运动轨迹、贴装顺序、元器件选取等，从而在实际生产前发现潜在的问题并进行优化。这种方法可以大大提高生产效率，减少实际生产中的错误和浪费。

目前，市面上存在的贴片机虚拟编程仿真平台主要利用了计算机技术和VR技术，为电子制造业提供高效、精确的贴片机编程和仿真解决方案。一些知名的贴片机制造商（如Siemens、Fujitsu和Panasonic等）以及专业的自动化和仿真软件开发商（如AutoCAD、SolidWorks和Delmia等）都提供了相应的贴片机虚拟编程仿真平台。

与此同时，中国也有企业致力于SMT相关技术及设备的虚拟编程和仿真。下面以常州奥施特信息科技有限公司开发的虚拟仿真平台介绍其主要的应用。

1. 贴片机虚拟编程简介

仿真平台先进行模拟编程然后按照模拟编程的CAM程序，在计算机上以直观、精确的3D动画模拟出SMT生产设备的工作过程，检测CAM程序中的错误，再进行设备使用操作和维护维修。仿真平台的贴片机操作主要包含以下内容。

1）贴片机类型：包括动臂式（Yamaha YG、Samsung CP、Samsung SM、JUKI）、模块式（FUJI NEX）、转塔式（Panasonic MSR）和复合式（Seimens Pro）等类型。

2）模拟编程：文件导入，基板设计，元器件设计，可视化仿真编程和优化。

3）模拟仿真：基于贴片程式，用3D动画模拟贴片机的工作过程，可缩放、旋转和平移。

4）操作使用：采用3D动画模拟上/下PCB、轨道的调宽、送料器的更换和吸嘴的更换等。

仿真平台的贴片机操作界面如图5-67所示。从操作界面中可以看出，贴片机有编程和VR操作两部分内容。单击“贴片机编程”按钮，即可进入贴片机编程主界面，如图5-68所示。

从图5-68中可以看出，贴片机编程主要包含EDA输入、PCB正面编程、PCB反面编程、贴片机原理视频和贴片机操作五部分内容。

2. 贴片机虚拟编程演示

（1）EDA输入

1）如图5-69所示，在“EDA输入”选项下，单击“文件路径”文本框，打开制作好的

CAD 文件。

2）这里打开一个 Protel IIC 双面混装演示文件，其基板名称为“1”。这里可以看到打开了预先设计好的 EDA 文件，该设计文件中的主要元器件为 U1、P2 和 P3。元器件的封装、层、在 PCB 上的坐标及元器件中心坐标角度等都在界面中有显示。后续的编程会依据这部分信息而进行。

图 5-67　贴片机操作界面

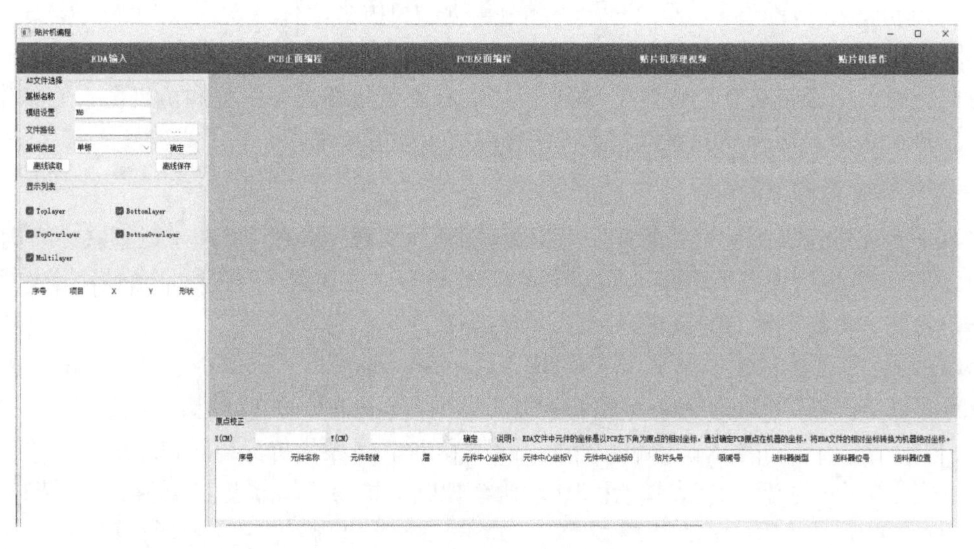

图 5-68　贴片机编程主界面

3）对 PCB 原点校正。这里的原点校正数据(X, Y)为(5 cm, 5 cm)。这个数值是以 PCB 左下角为原点的相对坐标，如图 5-70 所示。

三个主要元器件 U1、P2 和 P3 的封装如下：P3 为 SOP10，P2 为 SOP10，U1 为 Quad100。其中 P3 和 U1 位于顶层（正面），P2 位于底层（反面）。

（2）PCB 正面编程

PCB 正面编程需要对 PCB 上的正面元器件进行送料器、贴装头、拾贴片、运动控制、视觉对中及程式优化等设置的编程。

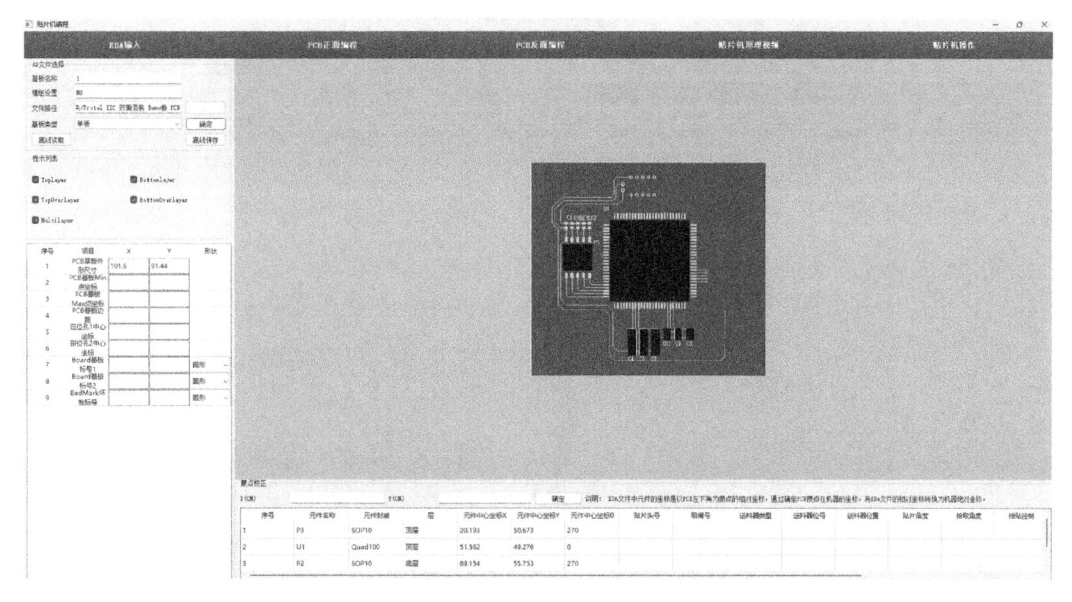

图 5-69　EDA 输入

图 5-70　PCB 原点校正数值

1）送料器设置。先对 P3 进行设置，由于 P3 的封装为 SOP10，所以选择的送料器类型为"8 mm：0201-0805，1 个槽"，并选择"前排"1 号送料器，如图 5-71 所示。当然，读者也可以进行其他合适的选择，这里选择不唯一。

送料器位号	送料器型号	元件名称	元件封装	送料器坐标X	送料器坐标Y
F1	8mm	P3	SOP10	90	160
F2	8mm			110	160
F3	8mm			130	160
F4	8mm	U1	Quad100	150	160
F5	8mm	U1	Quad100	170	160
F6	8mm	U1	Quad100	190	160
F7	8mm			210	160
F8	8mm			230	160
F9	8mm			250	160
F10	8mm			270	160
F11	8mm			290	160
F12	8mm			310	160
F13	8mm			330	160
F14	8mm			350	160
F15	8mm			370	160
F16	8mm			390	160
F17	8mm			410	160
F18	8mm			430	160

图 5-71　P3 送料器设置

由于 U1 的封装为 Quad100，所以选择送料器类型为"24 mm：2220-2516，钽电容，3 个槽"，并选择"前排"4、5、6 号送料器，如图 5-72 所示。

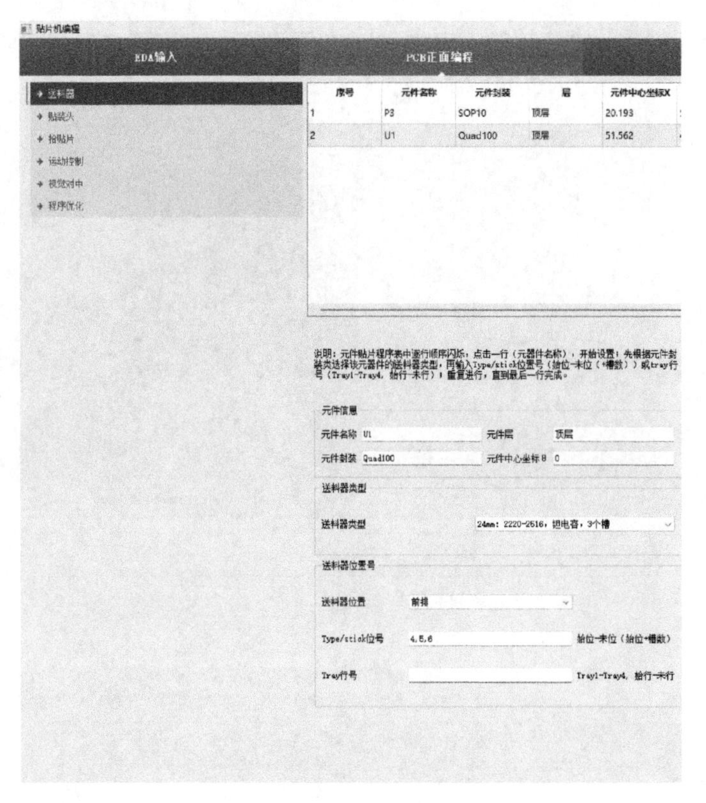

图 5-72　U1 送料器设置

2）贴装头设置。P3 贴装头号为“Head2”，吸嘴号为“504”，如图 5-73 所示。U1 的封装形式及体积与 P3 有较大区别，所以要选择能吸起大元器件的吸嘴。这里选择贴装头号为“Head3”，吸嘴号为“503”，如图 5-74 所示。

贴装头号	吸嘴No	最小宽度mm	主要适用元件
Hand1	500	0.45~1.45	0201，0402
Hand2-5	501	0.3~0.45	0603，0805，1005，1206
Hand2-5	502	0.45~0.75	1005，1206,1210
Hand2-5	503	0.75~1.45	1608，1812，2010，SOT(1.6×0.8)
Hand2-5	504	1.1~2.5	2010,2220，3215，SOT(2.0×1.25)
Hand6	505	2.5~4	3216，铝电解电容(中小)，钽电容，微调电容
Hand6	506	4~7	铝电解电容(大)，SOP(窄幅)，SOJ，连接器
Hand7-8	507	7~10	SOP(宽幅)，TSOP，QFP，PLCC，连接器
Hand7-8	508	10~	QFP，PLCC，BGA，FC

图 5-73　P3 贴装头设置

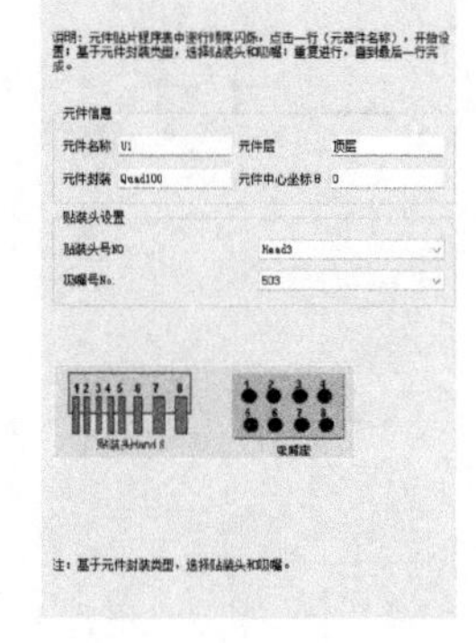

图 5-74　U1 贴装头设置

3）拾贴片设置。P3 的拾取角度选择“0”，贴片角度选择“90”。这是根据 PCB 中元器件的放置方式及送料器中元器件的封装方式确定的。P3 拾贴片设置如图 5-75 所示。

同理，进行 U1 的设置，其拾取角度选择“90”，贴片角度选择“270”，如图 5-76 所示。

对于拾取角度的选择，可参考图5-82和图5-83中所示的各种元器件正对机器的位置。

说明：元件贴片程序表中逐行顺序闪烁，点击一行（元器件名称），开始设置；基于元件封装类型，选择拾取和贴片角度，拾取角度一般为0°。贴片角度=元件中心坐标θ；重复进行，直到最后一行完成。

元件信息

元件名称 P3　元件层 顶层

元件封装 SOP10　元件中心坐标θ 270

拾片

拾取角度 0　吸取高度 6　6-10mm

抛料位置 抛料盒1　允许连续抛料的次数 3

贴片

贴片角度 90　贴片高度 8　6-10mm

抛料位置 抛料盒2　允许连续抛料的次数 3

CHIP　MELF　钽电容　SOT　微调电容

QFP(N)　PLCC　SOP(J)　BGA　BQFP

TSOP-1　TSOP-2　Connector　Connector-1

1.图中送料器上的元件正对机器的位置，拾取角度为0°定义

2.元件位置在上图基础上逆时针旋转的角度为90°，180°，270°，拾取角度相应为90°，180°，270°

3.一般情况下，Type/Tray拾取角度为0°，Stick不为0°

注：拾取角度一般为0°。贴片角度=元件中心坐标θ

图5-75　P3拾贴片设置

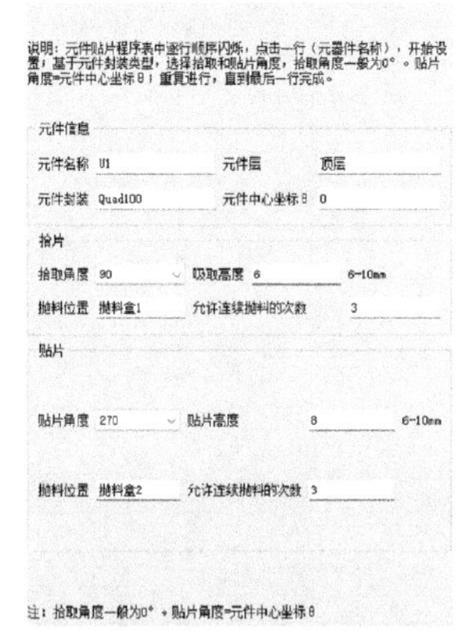

图5-76　U1拾贴片设置

4）运动控制设置。对P3选择“504”吸嘴，使用完毕之后，进行“503”吸嘴准备，如图5-77所示。对U1选择“503”吸嘴，使用完毕之后，进行“505”吸嘴准备，如图5-78所示。

序号	元件名称	元件封装	层	元件中心坐标X	元件中心坐标Y	元件中心坐标θ	贴装头号	吸嘴号	送料器类型	送料器位号	送料器位置	
1	P3	SOP10	顶层	20.193	50.673	270	Head2	504	8mm	1	前排	90
2	U1	Quad100	顶层	51.562	49.276	0	Head3	503	24mm	4,5,6	前排	270

说明：元件贴片程序表中逐行顺序闪烁，点击一行（元器件名称），开始设置；基于元件封装类型，选择运动控制；重复进行，直到最后一行完成。

元件信息

元件名称 P3　元件层 顶层

元件封装 SOP10　元件中心坐标θ 270

控制设置

吸嘴号No. 504

运动控制 503

运动控制	吸嘴型号	XY速度(%)	R速度(%)	Q速度(%)	Z吸取速度(%)	吸取延时(s)	吸取到真空值(%)	Z贴片
500	500	Very Fast100%	Very Fast100%	Very Fast100%	Very Fast100%	0.05	60%	Very F
501	501	Very Fast100%	Very Fast100%	Very Fast100%	Very Fast100%	0.05	60%	Very F
502	502	Very Fast100%	Very Fast100%	Very Fast100%	Very Fast100%	0.05	60%	Very F
503	503	Very Fast100%	Very Fast100%	Very Fast100%	Very Fast100%	0.05	60%	Very F
504	504	Very Fast100%	Very Fast100%	Very Fast100%	Very Fast100%	0.05	60%	Very F
505	505	Very Fast100%	Very Fast100%	Very Fast100%	Very Fast100%	0.05	60%	Very F
506	506	Very Fast100%	Very Fast100%	Very Fast100%	Very Fast100%	0.05	60%	Very F
507	507	Very Fast100%	Very Fast100%	Very Fast100%	Very Fast100%	0.05	60%	Very F
508	508	Very Fast100%	Very Fast100%	Very Fast100%	Very Fast100%	0.05	60%	Very F

图5-77　P3运动控制设置

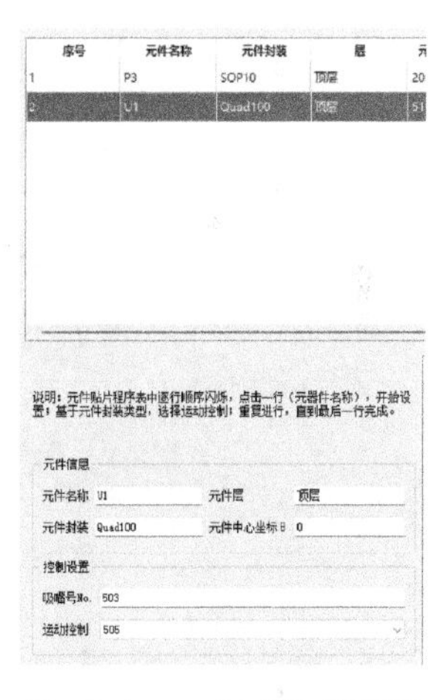

图5-78　U1运动控制设置

5）视觉对中设置。视觉对中主要是进行相机类型、对中方法和图像处理等设置。对于P3，选择相机类型为“Cam18”，对中方法为“ICBodyIC基体对中”，图像处理为“V3”，如图5-79所示。U1的设置分别为“Cam32”“Body元件基体对中”和“V3”，如图5-80所示。具体的选择依据可参考各类对中方法、相机和元器件类型，如图5-81所示。

到此，PCB正面编程基本完成，再次检查正面编程的正确性和完整性。

6）进行程序优化，即对编程文件进行优化，包括优化运动路径，减少设备操作时间和提升生产效率。程序优化界面如图5-82a所示。在界面上，单击“优化”按钮，再单击“保存”按钮，此时即弹出“提示”对话框，单击“是”按钮（见图5-82b），程序优化后会弹出“保存成功”提示，单击“OK”按钮（见图5-82c）即可。

说明：元件贴片程序表中逐行顺序闪烁，点击一行（元器件名称），开始设置；基于元件封装类型，选择元器件视觉对中；重复进行，直到最后一行完成。

元件信息

元件名称 P3　元件层 顶层

元件封装 SOP10　元件中心坐标 θ 270

视觉设置

相机类型 Cam18

对中方法 ICBodyIC基体对中

图像处理 V3

图 5-79　P3 视觉对中设置

说明：元件贴片程序表中逐行顺序闪烁，点击一行（元器件名称），开始设置；基于元件封装类型，选择元器件视觉对中；重复进行，直到最后一行完成。

元件信息

元件名称 U1　元件层 顶层

元件封装 Quad100　元件中心坐标 θ 0

视觉设置

相机类型 Cam32

对中方法 Body元件基体对中

图像处理 V3

图 5-80　U1 视觉对中设置

代号	对中方法	相机	元器件类型	误差范围%	阈值	搜索范围X(mm)	搜索范围Y(mm)	3机&灯光开机时间	主光源开关	主光源强度
V1	Body元件基体对中	Cam18(18×18...	0201，0402	5	40-60：黑色主体	0	0	Normal: 贴片头到	on	Standard标准
V2			0603，0805，1005	5	40-60：黑色主体	0	0	Normal: 贴片头到	on	Standard标准
V3			1206，1210，1608	5	40-60：黑色主体	0	0	Normal: 贴片头到	on	Standard标准
V4			SOT(1.6×0.8)，MELF	5	40-60：黑色主体	0	0	Normal: 贴片头到	on	Standard标准
V5		Cam32(32×32...	1812，2010，2220	5	40-60：黑色主体	0	0	Normal: 贴片头到	on	Standard标准
V6			3216	5	40-60：黑色主体	0	0	Normal: 贴片头到	on	Standard标准
V7			SOT(2.0×1.25)	5	40-60：黑色主体	0	0	Normal: 贴片头到	on	Standard标准
V8			铝电容，钽电容，微调电容	5	40-60：黑色主体	0	0	Normal: 贴片头到	on	Standard标准
V9	IC BodyIC基体对中		SOP，SOJ，连接器	5	40-60：黑色主体	0	0	Normal: 贴片头到	on	Standard标准
V10		Cam 42	PLCC，连接器	5	40-60：黑色主体	0	0	Normal: 贴片头到	on	Standard标准
V11	LeaderIC引脚对中	Cam 42	QFP，SOP，TSOP	5	40-60：黑色主体	0	0	Normal: 贴片头到	on	Standard标准
V12		Cam 42	QFP	5	40-60：黑色主体	0	0	Normal: 贴片头到	on	Standard标准
V13	BGA对中	Cam 42	BGA，FC	5	40-60：黑色主体	0	0	Normal: 贴片头到	on	Standard标准
V14		Cam 42	BGA，FC	5	40-60：黑色主体	0	0	Normal: 贴片头到	on	Standard标准

图 5-81　视觉对中参数的选择依据

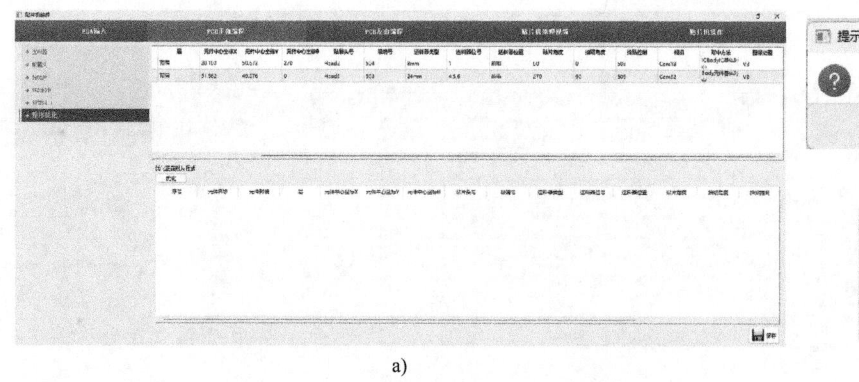

a)

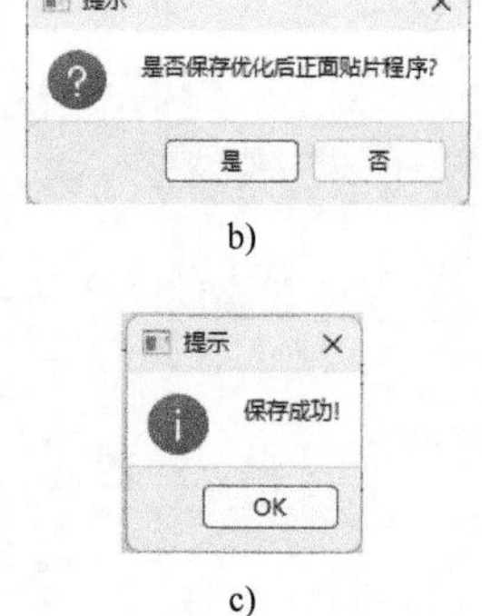

b)

c)

图 5-82　程序优化

（3）PCB 反面编程

由于只有 P2 位于反面，所以只需要对其编程即可。编程的过程与 PCB 正面编程相似，这里不再赘述，具体设置如图 5-83～图 5-88 所示。

贴片机正面、反面 2D 仿真

（4）贴片机仿真操作

从贴片机操作界面中可以看到，贴片机编程文件有正面 2D 仿真、反面 2D 仿真、正面 3D 仿真和反面 3D 仿真效果，如图 5-89 所示，单击“开始”按钮即可开始进行 2D 或者 3D 仿真。

贴片机正面 3D 仿真

元件信息
元件名称 P2
元件层 底层
元件封装 SOP10
元件中心坐标 θ 270
送料器类型
送料器类型
12mm：1005-1210，1个槽
送料器位置号
送料器位置
前排
Type/stick位号
8
始位-未位（始位+槽数）
Tray行号
Tray1-Tray4，始行-未行

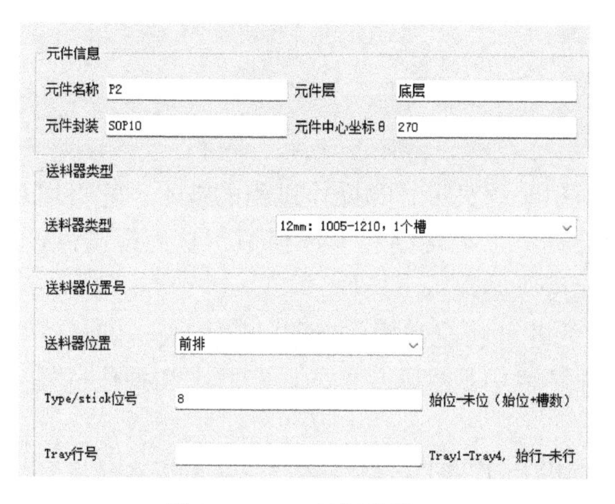

图 5-83　P2 送料器设置

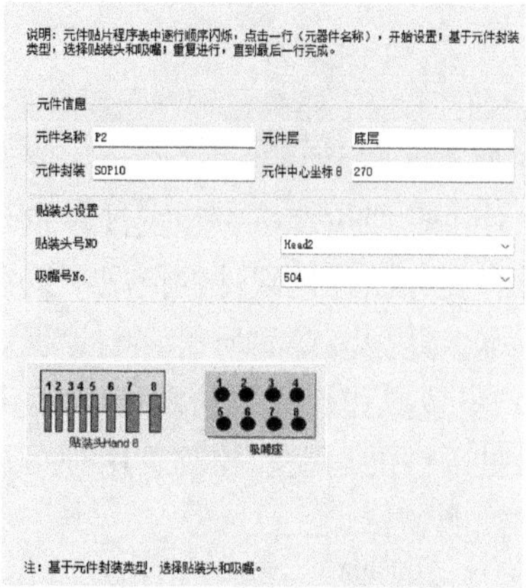

说明：元件贴片程序表中逐行顺序闪烁，点击一行（元器件名称），开始设置！基于元件封装类型，选择贴装头和吸嘴；重复进行，直到最后一行完成。
元件信息
元件名称 P2
元件层 底层
元件封装 SOP10
元件中心坐标 θ 270
贴装头设置
贴装头号NO
Head2
吸嘴号No.
504
贴装头Hand 8
吸嘴座
注：基于元件封装类型，选择贴装头和吸嘴。

图 5-84　P2 贴装头设置

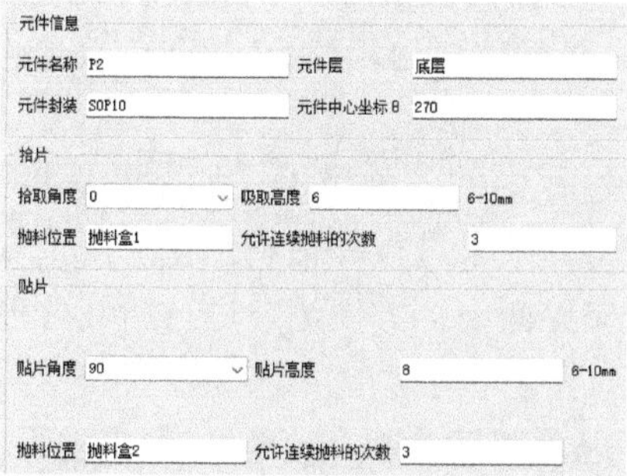

元件信息
元件名称 P2
元件层 底层
元件封装 SOP10
元件中心坐标 θ 270
拾片
拾取角度 0
吸取高度 6
6-10mm
抛料位置 抛料盒1
允许连续抛料的次数 3
贴片
贴片角度 90
贴片高度 8
6-10mm
抛料位置 抛料盒2
允许连续抛料的次数 3

图 5-85　P2 拾贴片设置

元件信息
元件名称 P2
元件层 底层
元件封装 SOP10
元件中心坐标 θ 270
控制设置
吸嘴号No. 504
运动控制 502

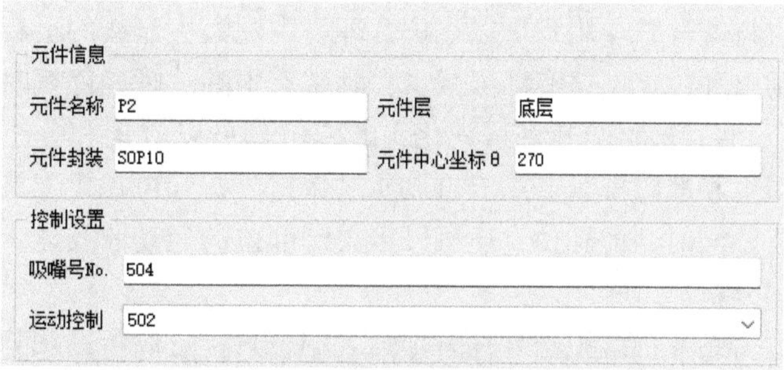

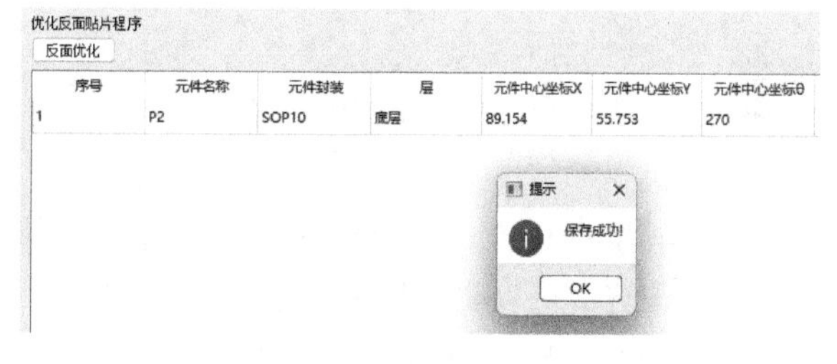

图 5-86　P2 运动控制设置

元件信息
元件名称 P2
元件层 底层
元件封装 SOP10
元件中心坐标 θ 270
视觉设置
相机类型 Cam18
对中方法 ICBodyIC基体对中
图像处理 V3

图 5-87　P2 视觉对中设置

优化反面贴片程序
反面优化
序号 元件名称 元件封装 层 元件中心坐标X 元件中心坐标Y 元件中心坐标θ
1 P2 SOP10 底层 89.154 55.753 270
提示
保存成功!
OK

图 5-88　P2 程序优化

EDA输入
PCB正面编程
PCB反面编程
贴片机原理视频
贴片机操作
正面2D仿真
反面2D仿真
正面3D仿真
反面3D仿真
开始

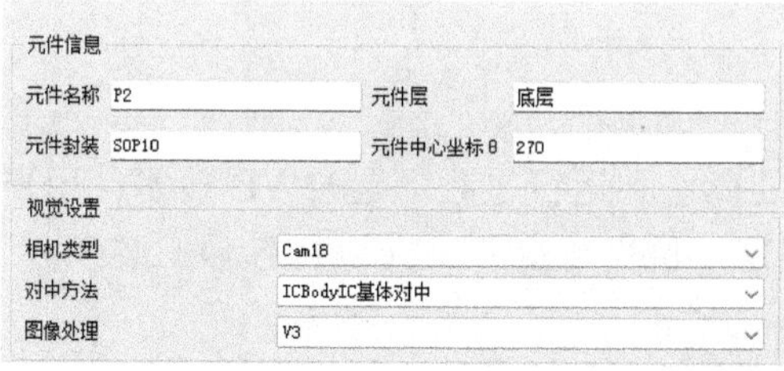

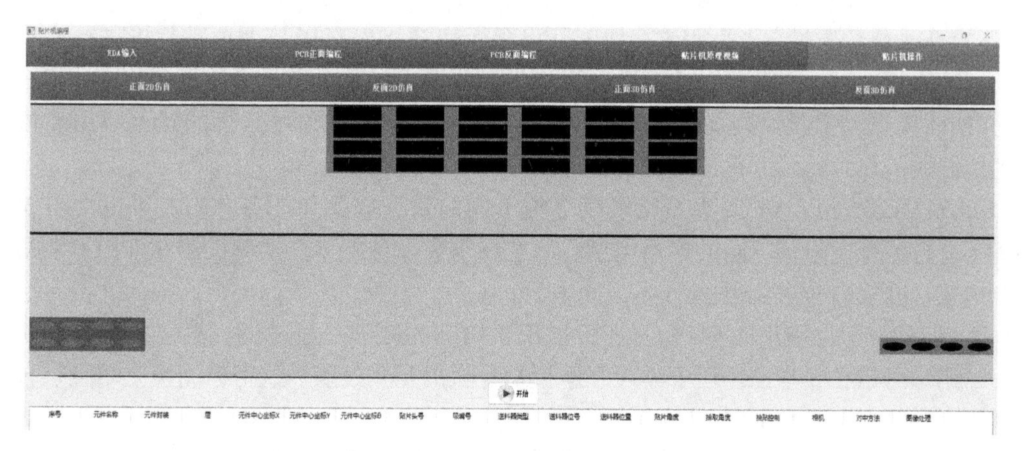

图 5-89　贴片机仿真操作界面

5.2.2 贴片机 VR 仿真

1. 贴片机虚拟仿真

贴片机虚拟仿真是一种在计算机环境下模拟贴片机运行和操作过程的技术。它可以帮助用户在没有实际贴片机硬件的情况下进行设备操作、工艺规划和生产模拟，从而提高生产效率，降低成本，并提高产品质量。贴片机虚拟仿真可以实现以下操作。

1）设备操作：虚拟仿真可以模拟贴片机的各种功能和操作，包括贴装头、供料器和输送带等关键部件的运动和控制。用户可以在仿真环境中观察贴片机的运行状态和操作过程，了解设备的性能和特点。

2）工艺规划：通过虚拟仿真，用户可以对贴片工艺进行规划和优化，可以在仿真环境中设置不同的工艺参数，调整设备配置，并模拟实际的贴装过程。这有助于确定最佳的工艺方案。

3）生产模拟：虚拟仿真可以模拟整个贴片生产线的运行过程，包括送料、贴装、检测和收料等环节。用户可以在仿真环境中观察生产线的运行状态，检测潜在的问题，并进行及时的调整和优化。这有助于减少实际生产中的故障和停机时间。

4）数据分析和可视化：虚拟仿真可以收集和分析仿真过程中的各种数据，如贴装速度、精度和故障率等。用户可以通过数据分析和可视化工具，对仿真结果进行评估和优化。

同时，虚拟仿真还可以将关键部位的运动曲线显示在相应界面上，方便用户进行后续处理和分析。

贴片机虚拟仿真是一种强大的工具，可以帮助用户更好地了解贴片机的运行和操作过程，优化工艺规划，提高生产效率，降低成本，提高产品质量。它在电子制造业中具有广泛的应用前景。有时，为了更直观地看到类似实际场景中贴片机的运行过程，贴片机 VR 仿真不失为一个较好的手段。

2. 贴片机 VR 仿真的功能

贴片机 VR 仿真是指利用 VR 技术来模拟贴片机的操作和运行过程。通过 VR 技术，用户可以身临其境地进入一个虚拟的贴片环境中，与虚拟贴片机进行交互，并执行各种贴装任务。贴片机 VR 仿真可以实现以下功能。

1）沉浸式体验：用户通过佩戴 VR 头盔，可以完全沉浸到虚拟的贴片环境中，并观察虚拟贴片机的各个部件和运行状态，感受真实的贴装过程。

2）交互操作：通过 VR 手柄或其他交互设备，用户可以直接与虚拟贴片机进行交互，并模拟控制贴片机的运动，调整工艺参数，更换供料器等，就像在实际操作真实的贴片机一样。

3）实时反馈：VR 仿真系统可以实时反馈用户的操作结果和贴片机的状态。用户可以立即看到他们的操作对贴装过程的影响，从而及时调整和优化。

4）多种场景模拟：VR 仿真系统可以模拟不同的贴片场景和任务。用户可以在不同的生产环境下进行模拟，包括不同的产品类型、工艺要求和设备配置。这有助于用户更好地适应各种生产情况，并提高应对能力。

5）培训和教学：贴片机 VR 仿真还可以用于培训和教学。通过模拟真实的贴片环境和操作过程，用户可以在安全的环境下学习和掌握贴片机的操作技能。这对于新员工培训、技能提升和教学演示都非常有帮助。

贴片机 VR 仿真是一种创新的模拟技术，它结合了 VR 和贴片机的特点，为用户提供了一种沉浸式的、交互式的贴片操作体验。通过 VR 仿真，用户可以更好地了解贴片机的运行和操作过程，提升操作技能，优化工艺规划，并在实际生产中获得更好的效果。

任务实施

1. 实训目的及要求

1）了解贴片机仿真平台。

2）掌握贴片机仿真编程的步骤。

3）掌握贴片机仿真编程的异常情况及处理方法。

4）了解贴片机 VR 仿真流程。

5）掌握贴片机 VR 仿真步骤。

2. 实训设备

SMT 虚拟仿真实训系统：1 套。

SMT 虚拟仿真实训系统使用说明书：1 套。

EDA 文件：若干。

3. 知识储备

微电子 SMT 组装技术仿真课程平台如图 5-90 所示。单击“SMT 组装设备和工厂”按钮，即可进入下级界面，开始贴片机的编程和 VR 仿真。

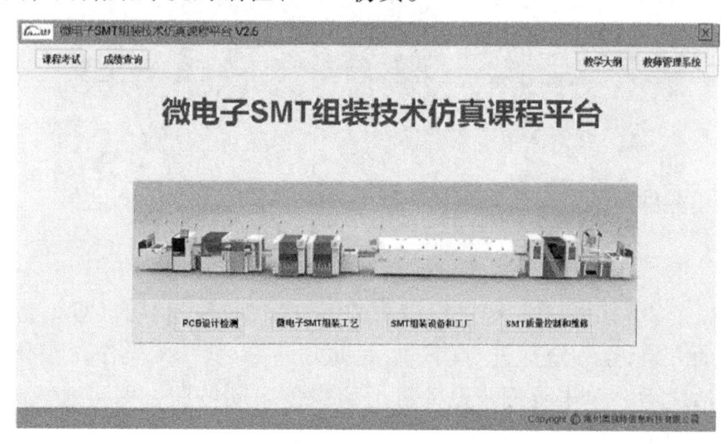

图 5-90 微电子 SMT 组装技术仿真课程平台

4. 实训内容及步骤

（1）贴片机编程和操作

1）PCB 正面编程。

① 将准备好的 EDA 文件输入仿真系统，并进行原点校正，这里以 PCB 左下角为原点来校正 EDA 文件的元器件坐标。

② 送料器设置。根据元器件封装类型，选择该元器件的送料器类型。在表中逐行设置，重复进行，直到最后一行完成。

③ 贴装头设置。基于元器件封装类型，选择贴装头和吸嘴。在表中逐行设置，直到最后一行完成。

④ 拾贴片设置。基于元器件封装类型，逐行选择拾取和贴片角度，拾取角度一般为 0°，

贴片角度一般为元器件中心坐标 θ。

⑤ 运动控制设置。基于元器件封装类型，逐行选择运动控制，直到最后一行完成。

⑥ 视觉对中设置。基于元器件封装类型，逐行选择元器件视觉对中，直到最后一行完成。

⑦ 程序优化。按先片式（贴装头 1~6）、后集成（贴装头 7~8）的顺序排列，每 6 个元器件为 1 周期，自上而下循环排列。IC 按贴装头号排列，每 2 个元器件为 1 周期，最多 4 种 IC。

⑧ 正面程式 2D 和 3D 仿真。根据优化后的 CAM 贴片程式，用 2D 和 3D 动画模拟贴片机工作过程，可检查所设计的贴片程式是否有错误。

⑨ 生产 VR 操作。包括轨道的调宽、换送料器和换吸嘴等。

⑩ 保存。全部完成后，单击“确定”按钮，存数据库并打分。

2）PCB 反面编程。编程方法及步骤与正面编程相同，这里不再详述。

（2）贴片机 VR 仿真

贴片机 VR 仿真

1）在贴片机编程和 VR 仿真界面中，单击“贴片机 VR 操作”按钮，即出现 VR 界面，如图 5-91 所示。在界面中单击“贴片机”按钮，即可进入 VR 仿真环境。

图 5-91 “贴片机”按钮

2）在仿真界面中，利用〈Q〉键进行镜头的解锁和锁定，利用〈W〉键、〈S〉键、〈A〉键和〈D〉键与鼠标的配合，分别进行前进、后退、左移和右移操作。操作界面中的指针到“激活点”进行激活之后，单击界面中贴片机上的绿色启动按钮，即可进入贴片机 VR 仿真操作界面，如图 5-92 所示。

图 5-92 进入贴片机 VR 仿真操作界面

3）在界面中依次单击“调用贴片程序”“轨道调宽”“换送料器 Feeder”“换吸嘴 Nozzle”和“设备运行”，即可出现模拟现实环境中贴片机动作的3D演示。各部分演示依次如图5-93～图5-96所示。

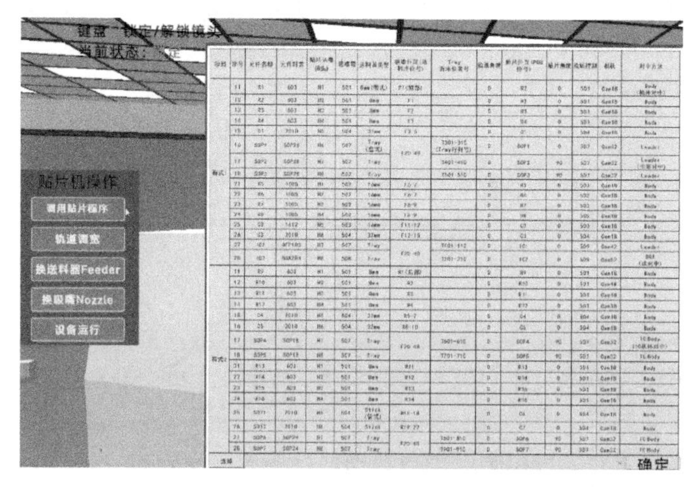

图5-93 调用贴片程序

图5-94 轨道调宽

图5-95 换送料器 Feeder

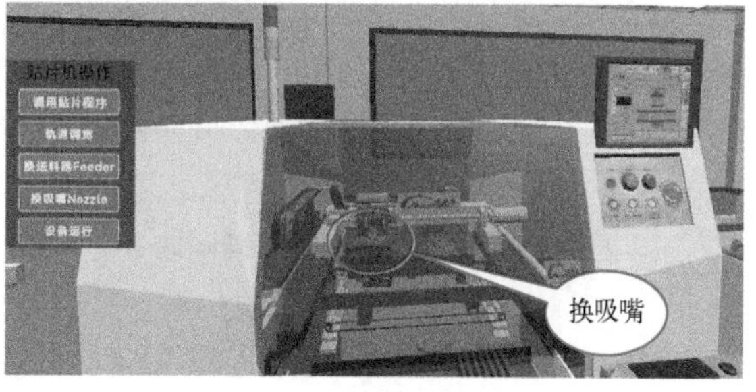

图5-96 换吸嘴 Nozzle

5. 实训结果及数据

1）熟悉贴片机虚拟编程的步骤。

2）对编程过程中出现的问题具备一定的处理能力。

3）熟练掌握贴片机的工作流程。

4）熟悉贴片机 VR 仿真操作。

5）通过虚拟编程和 VR 仿真，能够清楚表述贴片机编程的步骤。

6. 考核评价

序号	考核内容	配分	评分标准	考核记录	扣分	得分
1	熟悉贴片机虚拟编程的步骤	20	了解平台操作说明书			
2	处理编程过程中出现的问题	30	能正确处理问题			
3	熟练掌握贴片机工作流程	30	能熟练设置编程参数			
4	熟悉贴片机 VR 仿真操作	20	熟练使用键盘和鼠标配合操作软件			
	分数总计	100				

项目小结

本项目主要对贴片技术进行了讲解。贴片技术是 SMT 中的一个重要组成部分。贴片设备的使用使得产品具备高密度、高效率、高可靠性和低成本的特点。通过贴片机虚拟编程和仿真，不具备硬件环境的读者也可以感受贴片机的工作流程。贴片技术是现代电子制造中不可或缺的一种技术，它推动了电子产品的小型化、高性能化和低成本化。随着科技的进步和行业的发展，贴片技术将继续发挥重要作用。与此同时，贴片技术也将不断发展和完善。

习题与练习

1. 单项选择题

1）贴片机按贴装方式可分为（　　）。

A. 动臂式、转塔式、旋转式、模块式（复合式）

B. 顺序式、同时式、同时在线式、流水作业式

C. 手动式、半自动式、全自动式

2）贴片精度的一般规律是（　　）。

A. 贴片精度应比元器件引脚间距小二个数量级，即“20:1”规律，才能确保元器件贴装的可靠性

B. 贴片精度应比元器件引脚间距小三个数量级，即“30:1”规律，才能确保元器件贴装的可靠性

C. 贴片精度应比元器件引脚间距小一个数量级，即“10:1”规律，才能确保元器件贴装的可靠性

3）上视系统是安装在贴片机平台上的 CCD，对元器件对中，CCD 类型主要有（　　）。

A. CHIP、SOP、QFP、异形

B. CHIP、QFP、BGA、PLCC

C. CHIP、IC(SOP、QFP)、BGA，异形

4）对球栅直径为 0.3 mm、间距为 0.5 mm 的 μBGA 和 CSP 封装的元器件，贴装精度要求为（　　）。

A. 0.15 mm　　　　B. 50 μm　　　　C. 0.5 mm

5）动臂式贴片机的优势是（　　）。

A. 系统结构复杂，可实现高精度贴装，适用于各种大小和形状的元器件，且适用于中小

批量生产，也可多台机组合用于大批量生产

B. 系统结构简单，可实现高精度贴装，适用于各种大小和形状的元器件，且适用于中小批量生产，也可多台机组合用于大批量生产

C. 系统结构简单，可实现高精度贴装，适用于各种大小和形状的元器件，且适用于大批量生产

D. 系统结构复杂，可实现高精度贴装，适用于各种大小和形状的元器件，且适用于中小批量生产

6）模块式（大规模平行系统）贴片机的特点是（　　）。

A. 使用一系列小的单独的贴装单元，每个单元有自己的 XYZ 平台、相机和贴装头。每个贴装头可吸取所有的送料器，贴装 PCB 的全部元器件，PCB 以固定的时间间隔在机器内步步推进

B. 使用一系列小的单独的贴装单元，每个单元有自己的 XYZ 平台、相机和贴装头。每个贴装头可吸取有限的送料器，贴装 PCB 的部分元器件，PCB 以固定的时间间隔在机器内步步推进

C. 使用一系列小的关联的贴装单元，每个单元有自己的 XYZ 平台、相机和贴装头。每个贴装头可吸取有限的送料器，贴装 PCB 的全部元器件，PCB 以固定的时间间隔在机器内步步推进

D. 使用一系列小的单独的贴装单元，每个单元有自己的 XYZ 平台、相机和贴装头。每个贴装头可吸取有限的送料器，贴装 PCB 的全部元器件，PCB 以固定的时间间隔在机器内步步推进

7）动臂式贴片机编程主要步骤是（　　）。

A. 基板（原点，基准，标记）→EDA 输入→元器件（拾取，贴装）→送料器→送料器列表→优化

B. EDA 输入→基板（原点，基准，标记）→元器件（拾取，贴装）→送料器→送料器列表→优化

C. 优化→EDA 输入→基板（原点，基准，标记）→元器件（拾取，贴装）→送料器→送料器列表

8）动臂式贴片机送料器的设置原则是（　　）。

A. 根据元器件的类型决定送料器的类型，尺寸相同或相近的元器件尽量排在一起，吸嘴同时更换，贴片机的 8 个贴装头尽量同步吸贴

B. 根据元器件的类型和尺寸决定送料器的类型，类型和尺寸相同或相近的元器件尽量排在一起，吸嘴不能同时更换，贴片机的 8 个贴装头尽量不同步吸贴

C. 根据元器件的类型和尺寸决定送料器的类型，类型和尺寸相同或相近的元器件尽量排在一起，吸嘴同时更换，贴片机的 8 个贴装头尽量同步吸贴

D. 根据元器件的尺寸决定送料器的类型，类型和尺寸相同或相近的元器件尽量排在一起，吸嘴不能同时更换，贴片机的 8 个贴装头尽量不同步吸贴

9）贴片机贴装时飞件的主要原因是（　　）。

A. 吸嘴堵塞或是表面不平、元器件残缺或不符合标准、PCB 弯曲、元器件厚度设定不正确、贴装高度太低、真空破坏

B. 吸嘴堵塞或是表面不平、进料位置不正确、元器件厚度设定不正确、取料高度不合理、

卷料带太紧或太松

C. 吸嘴堵塞或是表面不平、真空破坏、反光面脏污或有划伤、镜头有灰尘

2. 简答题

1）按照贴片机的速度和功能，贴片机可分为哪些类型？

2）贴片机的工作方式有哪些？

3）简述贴片工艺中常见的缺陷。

4）简述贴片机进行程序制作时的主要步骤。

5）查阅资料，了解雅马哈、三星和富士等品牌的贴片机的相关工作原理及参数设置。

项目 6　再流焊

再流焊在电子制造业、通信设备、汽车电子以及工业控制设备等领域有广泛的应用。在这些领域中，再流焊被用于焊接各种类型的电子元器件，如集成电路、电阻、电容和插接器等，为电子设备的制造提供了关键的焊接解决方案。再流焊实现了电子元器件与 PCB 之间的可靠连接，为现代电子设备的制造提供了有力的支持。再流焊也是 SMT 生产线上的重要生产环节之一。

任务 6.1　再流焊设备的设置及焊接

任务描述

再流焊是 SMT 生产线上保证产品质量的重要生产环节之一。完成本任务后，读者应能对再流焊工艺有初步了解，并对再流焊设备的工作原理和操作规范有个概括性的认识。

相关知识

6.1.1　再流焊概述

再流焊是 SMT 生产流程中非常关键的一环，其作用是将锡膏熔化，使表面安装元器件与 PCB 牢固焊接在一起，如不能较好地对再流焊进行控制，将对所生产产品的可靠性及使用寿命产生很大影响。再流焊的方式有很多，较早时比较流行的有红外式及气相式，现在较多厂商采用的是热风式再流焊，还有部分先进或特定场合使用的再流焊方式，如热型芯板、白光聚焦和垂直烘炉等。再流焊炉也已由最初的热板式加热发展为氮气热风红外式加热，焊点不良率已下降到百万分之十以下，几乎接近无缺陷焊接。SMT 生产的焊接方法见表 6-1。

表 6-1　SMT 生产的焊接方法

焊接方法		原理与特点	产量/成本	温度特性			应用场合
				温度曲线	稳定性	温度精度	
再流焊	热板	利用热板传导加热，不适合大型基板	中/低	好	好	±2℃	小型基板，元器件不多
	红外（加热风）	利用红外线加热，不同元器件吸收的热量不同，易产生元器件翘曲和直立	中/低	一般 不均匀	中	±2℃ PCB 左右两侧温度>2℃	小型基板，元器件均匀
	强制热风	利用高温空气在炉内循环加热，加热均匀，易控制；但强风可能使元器件移位	高/高	缓慢	好	>2℃ PCB 左右两侧温度>2℃	元器件较大

（续）

焊接方法		原理与特点	产量/成本	温度特性			应用场合
				温度曲线	稳定性	温度精度	
再流焊	气相	利用非活性溶剂的蒸气加热，温度易控制，维护费用高	中/高	改变难	好	±1℃ PCB 左右两侧温度<6℃	品种不经常换
再流焊	微区热风	利用大热容量的结构，分区独立控制	高/高	好	好	±1℃ PCB 左右两侧温度<3℃	适用面广
再流焊	激光	利用激光加热	低/中	需调试	一般	±1℃	集中小型加热
波峰焊		利用流动焊料焊接，适合Ⅱ型组装方式（既有表面安装元器件，也有通孔安装元器件）	高/高	一般	好	±2℃	适合 THC 和 SMC 焊接
选择性波峰焊		移动 PCB 或者移动锡缸焊接	中/中	一般	中	±2℃	适合特殊场合
穿孔再流焊		利用夹具漏印锡膏	低/低	好	好	±1℃	单品种大批量生产
无铅再流焊		焊接温度提高	高/高	一般	中	±2℃	
无铅波峰焊		焊接温度提高	高/高	一般	中	±4℃	

1. 再流焊原理

再流焊通过加热重新熔化预先分配到 PCB 焊盘上的锡膏，实现表面安装元器件焊端或引脚与 PCB 焊盘间的电气与机械连接。

与传统的锡膏焊接工艺比较起来，再流焊具有以下特点：

1）再流焊不像波峰焊那样，要把元器件直接浸在熔融的锡膏中，所以元器件受到的热冲击小。但由于再流焊加热方法不同，有时会施加给元器件较大的热应力。

2）再流焊只需要在焊盘上施加锡膏，并能控制锡膏的施加量，避免了虚焊、桥接等焊接缺陷的产生，因此焊接质量好，可靠性高。

3）再流焊有自定位效应，当元器件贴装位置有一定偏移时，由于熔融锡膏表面张力的作用，当元器件的全部焊端或引脚与相应的焊盘被同时润湿时，在表面张力的作用下，元器件会被自动拉回近似目标位置。

4）锡膏中不会混入杂物，使用锡膏时，能准确地保证锡膏的组分。

5）可以采用局部加热热源，从而可在同一基板上，采用不同焊接工艺进行焊接。

6）工艺简单，修板的工作量极小，从而节省了人力、电力和材料。

2. 再流焊工作过程

再流焊工作过程如图 6-1 所示。

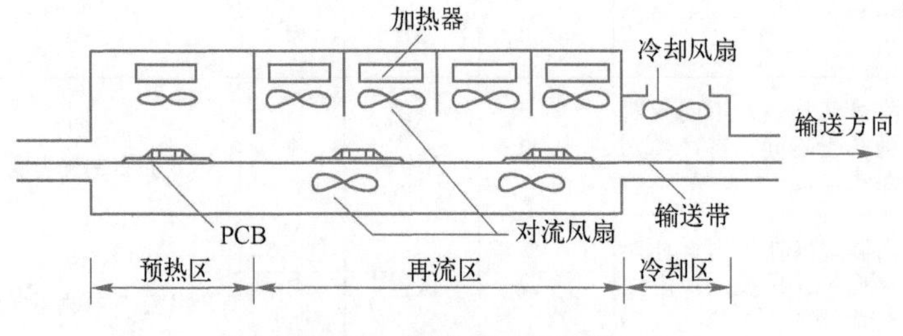

图 6-1 再流焊工作过程

PCB 由入口进入再流焊炉膛，到出口处完成焊接，整个再流焊工作过程一般需经过预热、保温、再流和冷却共四个温度不同的阶段。要合理设置各温区的温度，使炉膛内的焊接对象在输送过程中所经历的温度按合理的曲线规律变化，这是保证再流焊质量的关键。

3. 再流焊炉

典型的再流焊炉实物如图 6-2 所示。

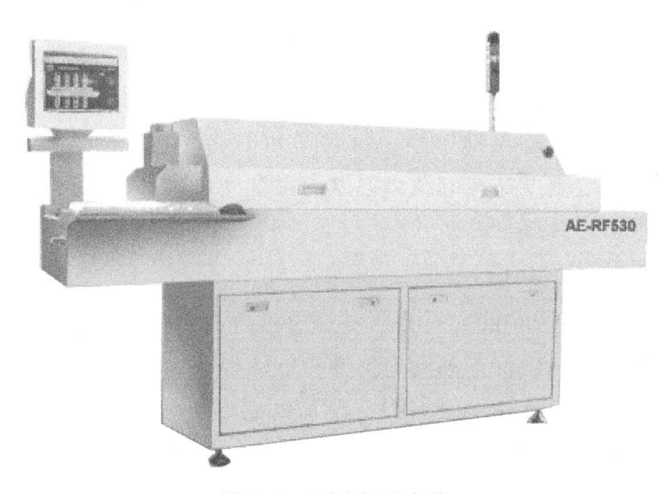

图 6-2 再流焊炉实物

4. 再流焊炉的组成

再流焊炉由三部分组成：第一部分为加热器部分，加热器为采用陶瓷板、铝板或不锈钢的红外加热器，有些制造厂家还会在其表面涂上红外涂层，以增加红外发射能力。第二部分为输送部分，采用链条导轨，这也是目前普遍采用的方法，链条的宽度可实现机调或电调功能，PCB 放置在链条导轨上，能实现 SMA 的双面焊接。第三部分为温控部分，采用控温表或计算机来控制炉膛温度。

5. 再流焊炉工作示意图

通常再流焊炉的炉腔中有五块红外线加热板，分别构成了预热区、焊接区和冷却区共三个区域，预热区的温度由室温上升到 150℃（PCB 上温度），焊接区用于 PCB 的焊接，有加热和保温的作用，冷却区用于表面安装组件（SMA）的降温。再流焊炉的工作示意图如图 6-3 所示。

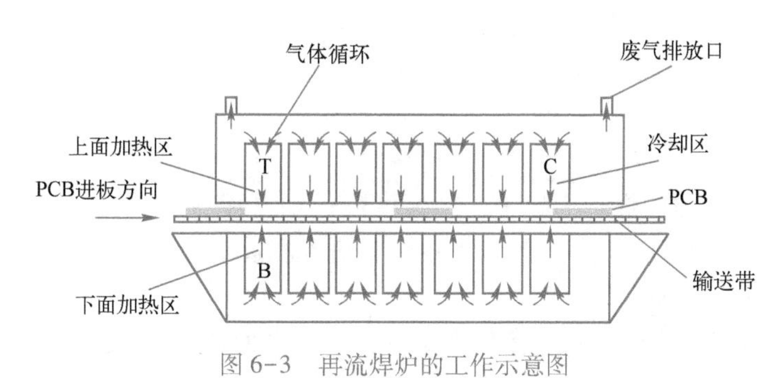

图 6-3 再流焊炉的工作示意图

6. 常用再流焊炉分类

1）气相再流焊炉：采用气相导热原理进行锡膏焊接。

2）热板再流焊炉：它以热传导为原理，即热能从物体的高温区向低温区传导。

3）红外再流焊炉：它的设计原理是热能中通常有 80%的能量是以电磁波的形式（红外）向外发射的。

4）强制热风对流再流焊炉：现在所使用的大多数再流焊炉，叫作强制热风对流再流焊炉。它通过内部的对流风扇，将热空气吹到 PCB 上或周围。这种再流焊炉的一个优点是可以对 PCB 逐渐且一致地提供热量。虽然由于不同的厚度和元器件密度，热量的吸收可能不同，但强制热风对流再流焊炉可以逐渐地供热，所以同 PCB 上的温差并没有太大。另外，这种再流焊炉可以严格地控制给定温度曲线的最高温度和温度变化速率，其提供了更好的区到区的稳定性，以及一个更受控的再流过程。

7. 再流焊炉结构

再流焊炉由控制系统（PC+PLC+HMI）、热风系统（增压式强制循环热风加热系统，前后回风，防止温区间气流的影响，保证温度均匀性和加热效率，使用专用的高温电动机，速度变频可调）、冷风系统（强制风冷及水冷结构，冷却区温度显示可调）、机体和传动系统组成。加热温区有 3~10 个不等，温区数不同则设备长度不一。再流焊炉结构如图 6-4 所示。

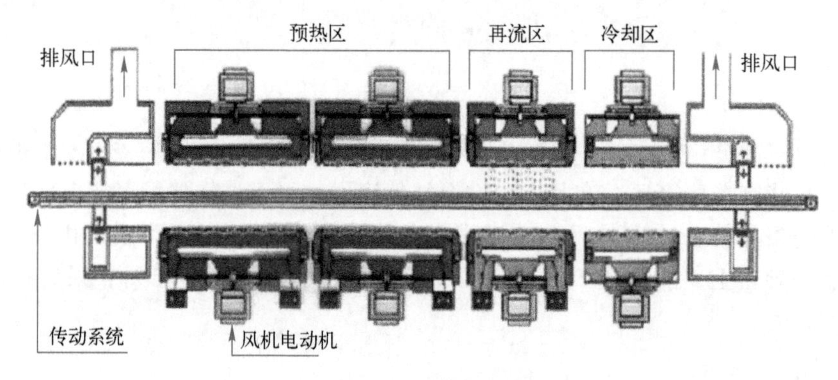

图 6-4　再流焊炉结构

（1）加热系统

强制热风对流再流焊炉的加热系统主要由热风电动机、加热管、热电偶、固态继电器和温控模块等部分组成，如图 6-5 所示。

炉膛被划分成若干个独立控温的温区，各温区又分为上、下两个温区，内装加热管。热风电动机带动对流风扇转动，形成热风，热风通过特殊结构的风道，经整流板吹出，使热量均匀分布在温区内。

（2）输送系统

输送系统将 PCB 从再流焊炉入口按一定速度输送到再流焊炉出口，其主要包括导轨、网带、中央支撑、链条、运输电动机、轨道宽度调整机构和运输速度控制机构等部分。

（3）助焊剂回收与冷却系统

助焊剂回收与冷却系统主要由焊接与冷却系统、粗过滤器、精细过滤器、后过滤器、水冷热交换器或风冷等部件构成，图 6-6 所示为水冷热交换器。

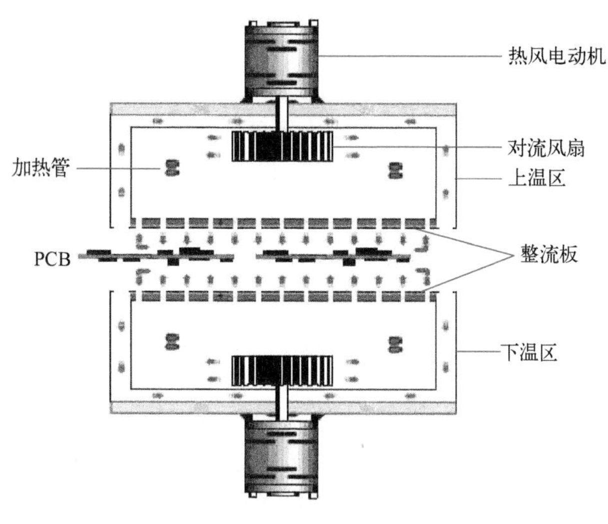

图 6-5 加热系统

图 6-6 水冷热交换器

6.1.2 再流焊温度曲线

一条典型的温度曲线（指通过再流焊炉时，PCB上某一焊点的温度随时间变化的曲线）分为预热区、保温区、再流区及冷却区，如图 6-7 所示。

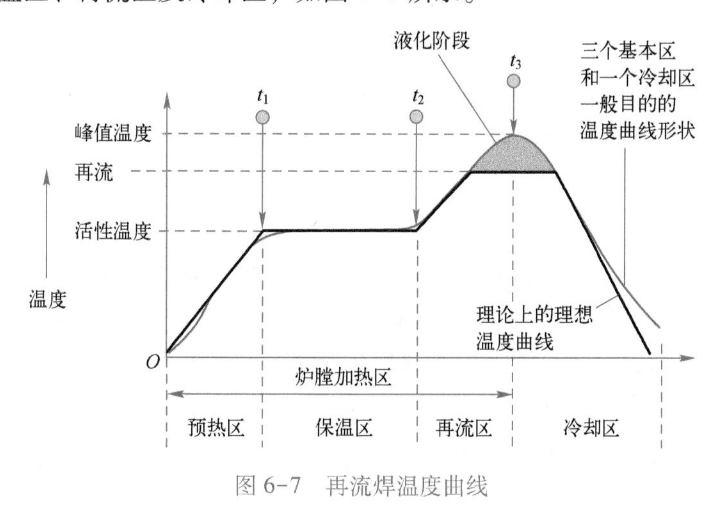

图 6-7 再流焊温度曲线

1. 预热区

预热区用于使 PCB 和元器件预热，以达到平衡，同时除去锡膏中的水分和溶剂，以防锡膏塌落和飞溅。升温速率要控制在适当范围内，过快会产生热冲击，如引起多层陶瓷电容器开裂，造成锡膏飞溅，在 PCB 的非焊接区形成锡球，以及形成焊料不足的焊点；过慢则导致助焊剂活性减小。一般规定最大升温速率为 4℃/s，通常设定为 1~3℃/s，标准温度曲线为低于 3℃/s。

2. 保温区

保温区又叫活性区，是指温度从 120℃升至 160℃的区域。保温区用于使 PCB上各元器件的温度趋于均匀，尽量减少温差，保证锡膏在达到再流温度之前能完全干燥，到保温区结束时，焊盘、锡膏及元器件引脚上的氧化物应被除去，整个 PCB 的温度达到均衡。过程时间为 60~120 s，根据锡膏的性质有所差异。标准温度曲线为 140~170℃，保温最长时间 120 s。

注意：保温区有两个作用，一是使整个 PCB 温度均匀，减少进入再流区的热应力冲击，以及其他焊接缺陷（如元器件翘起，某些大体积元器件冷焊等）。保温区的另一个重要作用就是让锡膏中的助焊剂发生活性反应，它将清除元器件表面的氧化物和杂质，增大元器件表面的润湿性能，使得熔化的锡膏能够很好地润湿元器件表面。由于保温区的重要性，保温时间和温度必须有很好的控制，既要保证助焊剂能很好地清洁焊面，又要保证助焊剂到达再流区之前没有完全消耗掉。助焊剂保留到再流区是必需的，它能促进锡膏润湿过程，防止焊面的再氧化。尤其是目前在使用低残留、免清洗锡膏越来越多的情况下，锡膏的活性不是很强，且再流焊也多为空气再流焊，更应注意不能在保温区把助焊剂消耗光。

3. 再流区

这一区域里的加热器的温度设置得最高，焊接峰值温度视所用锡膏的不同而不同，一般推荐为锡膏的熔点温度（20~40℃）。此时锡膏开始熔化，再次呈流动状态，润湿焊盘和元器件。有时也将该区域分为两个区，即熔融区和再流区。理想的温度曲线中，超过锡膏熔点的“尖端区”覆盖面积最小且左右对称，一般情况下超过 200℃ 的时间范围为 30~40 s。ECS 的标准为峰值温度 210~220℃，超过 200℃ 的时间范围为（40±3）s。

4. 冷却区

用尽可能快的速度进行冷却，有助于得到明亮、外形饱满和接触角度低的焊点。缓慢冷却会导致更多分解物进入锡膏中，产生灰暗粗糙的焊点，甚至引起沾锡不良和焊点结合力弱。降温速率一般为 4℃/s 以内，冷却至 75℃ 左右即可，一般情况下都要用离子风扇进行强制冷却。

注意：冷却的重要性往往被忽视。好的冷却过程对焊接的最后结果也起着关键作用。好的焊点应该是光亮、平滑的。而如果冷却效果不好，会产生很多问题，诸如元器件翘起、焊点发暗、焊点表面不光滑及金属间化合物层增厚等。因此，再流焊必须提供良好的冷却曲线，既不能过慢造成冷却不良，又不能太快造成元器件的热冲击。

温度曲线的设定，与要焊接的 PCB 的特性也有很大关系。PCB 的厚薄，元器件的大小，元器件周围有无大的吸热部件（如金属屏蔽材料、大面积的地线焊盘等）都对 PCB 的温度变化有影响。因此笼统地说一条温度曲线的好坏是无意义的。一条温度曲线必须是针对某一个或某一类产品测量得到的。因此如何准确测量温度曲线，来反映真实的再流焊过程，是非常重要的。

6.1.3 再流焊工艺

图 6-8 所示为再流焊的炉温设定及测试流程。

1. 炉温测定

在再流焊工艺里，最主要的是控制好再流焊的温度曲线，正确的温度曲线将保证高品质的焊点。再流焊炉的内部对于人们来说是一个黑箱，人们往往不完全清楚其内部发生的事情，为克服这个困难，在相关行业里，普遍采用温度测试仪得出温度曲线，再据此更改工艺。

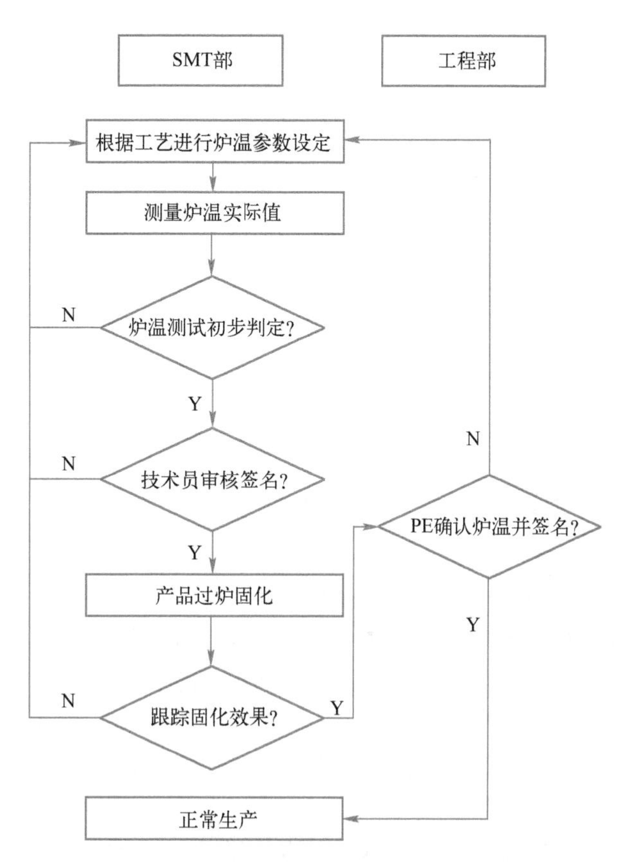

图 6-8　再流焊的炉温设定及测试流程

温度曲线是施加于电路装配上的温度对时间的函数，当在笛卡儿平面作图时，对于再流焊过程中任何给定的时间，PCB 上的一个特定点就能形成一条温度曲线。有几个参数会影响温度曲线的形状，其中最关键的是输送速度和每个区的温度设定。输送速度决定 PCB 暴露在每个区所设定的温度下的持续时间，增加持续时间可以使 PCB 接近该区的温度设定。每个区所需的持续时间总和决定了总共的处理时间。

每个区的温度设定影响 PCB 的温度上升速度，高温让 PCB 在区与区之间产生一个较大的温差。增加区数量的设定，可以允许 PCB 更快地达到给定温度。因此，必须作出一个图形来决定 PCB 的温度曲线。

作图时需要下列设备和辅助工具：测温仪、热电偶、将热电偶附着于 PCB 上的工具和锡膏参数表。测温仪一般分为两种：一种是实时测温仪，可实时传送温度/时间数据并形成图形；另一种测温仪可采样储存数据，然后上传到计算机。

将热电偶用高温焊锡材料（如银/锡合金）和尽量小的焊点附着于 PCB 上，或用少量的热化合物（也叫热导膏或热油脂）斑点覆盖住热电偶，再用高温胶带粘住，附着于 PCB 上。附着位置要有所选择，最好是将热电偶尖端附着在 PCB 焊盘和相应的元器件引脚或金属端之间，如图 6-9 所示。

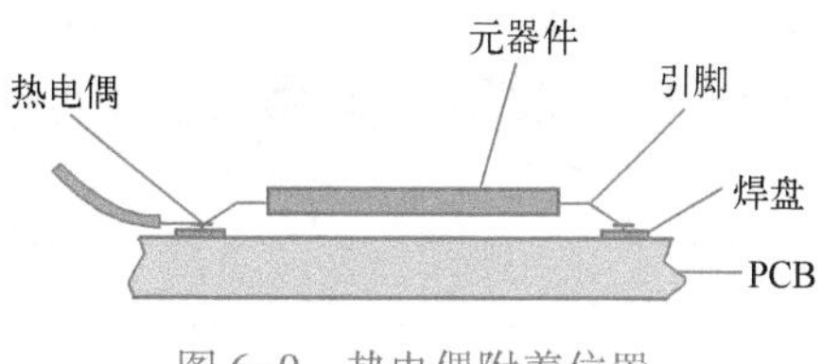

图 6-9　热电偶附着位置

锡膏参数表也是必要的，常见锡膏参数见表 6-2。

表 6-2 常见锡膏参数

熔点	217℃
黏度	800～1500 Pa·s（25℃）
密度	7.5～7.8 g/cm^3（25℃）
包装	真空包装/针管包装（少量）/桶式包装
有效期	6 个月
锡膏活性温度	180～240℃
锡含量	≥63%
氧化物含量	<0.05%
溶剂含量	<0.5%
颗粒大小	<25 μm

2. 理想的温度曲线

理论上理想的温度曲线由四个区间组成，预热区、保温区、再流区和冷却区。前面三个区加热，最后一个区冷却。再流焊炉的温区越多，越能使温度曲线的轮廓接近设定值。

预热区用来将 PCB 的温度从周围环境温度提升到所需的活性温度。其温度以不超过 2～5℃/s 的速度连续上升，温度升得太快会引起某些缺陷，如陶瓷电容的细微裂纹；而温度上升太慢，锡膏会感温过度，没有足够的时间使 PCB 达到活性温度。预热区一般占整个加热通道长度的 25%～33%。

保温区有时也叫干燥或浸湿区，这个区一般占加热通道的 33%～50%，它有两个功用，其一是使 PCB 在相对稳定的温度下感温，使不同质量的元器件具有相同温度，减少它们的温差。其二是使助焊剂活性化，并使挥发性的物质从锡膏中挥发。一般的活性温度范围是 120～150℃，如果保温区的温度设定太高，助焊剂就没有足够的时间活性化。因此理想的温度曲线要求相当平稳的保温温度，这样使得 PCB 的温度在保温区开始和结束时是相等的。

再流区的作用是将 PCB 的温度从活性温度提高到所推荐的峰值温度。典型的峰值温度范围是 205～230℃，这个区的温度设定太高会引起 PCB 的过分卷曲、脱层或烧损，并损害元器件的完整性。

理想的冷却区曲线应该和再流区曲线呈镜像关系。越是接近这种镜像关系，焊点的固态结构越紧密，得到的焊点质量越高，结合完整性越好。

3. 典型再流区的温度设定

当按一般 PCB 再流温度设定后，给再流焊炉通电加热，当设备监测系统显示炉内温度达到稳定时，利用测温仪进行测试，以观察其温度曲线是否与预定曲线相符。否则应进行各温区温度的重新设置及再流焊炉的参数调整，这些参数包括输送速度、冷却风扇速度、强制空气冲击和惰性气体流量，以达到正确的温度为止。典型再流区的温度设定见表 6-3。

表 6-3 典型再流区的温度设定

区　间	区间温度设定/℃	区间末端实际板温/℃
预热区	210	140
保温区	180	150
再流区	240	210

最后的温度曲线应尽可能地与所希望的图形相吻合，同时应该把再流焊炉的参数记录或储存，以备后用。

4. 常用的测量再流焊曲线的方法

电子俘获检测器（Electrical Conductivity Detector，ECD）测温仪跟随待测 PCB 进入再流焊炉。其记录器上有多个热电偶插口，可连接多个热/偶。记录器里存放有温度数据，在出炉后，可输到计算机里分析或从打印机中输出。

热电偶的安装方式一般有两种：一种是使用高温焊锡丝，温度在 300℃以上（高于再流焊最高温度）。另一种是用胶或高温胶带把热电偶粘住。这样热电偶就不会在再流区脱落。

焊点的位置一般为元器件的引脚和焊盘接触的地方。焊点不能太大，以焊牢为准。若焊点太大，则温度反应滞后，不能准确反映温度变化，尤其是对 QFP 等的细间距引脚而言。对特殊的元器件（如 BGA），还需要在 PCB 下钻孔，把热电偶穿到其下面。

热电偶的安装位置一般根据 PCB 的工艺特点来选取，如双面板应在板的上下侧都安装热电偶，大的IC芯片引脚要安装，BGA 元器件要安装，某些易造成冷焊的元器件（如金属屏蔽罩周围，散热器周围元器件）一定要放置。还有就是要研究的焊接出了问题的元器件。

ECD 测温仪进炉前如图 6-10 所示，ECD 测温仪出炉后如图 6-11 所示。

图 6-10 ECD 测温仪进炉前

图 6-11 ECD 测温仪出炉后

6.1.4 再流焊常见缺陷

1. 再流焊主要缺陷及分析

（1）产生锡球

1）丝印孔与焊盘不对位，印刷不精确，使锡膏弄脏 PCB。

2）锡膏在氧化环境中暴露过多，吸收空气中的水分过多。

3）加热不精确且不均匀。

4）加热速率太快且预热区太长。

5）锡膏干得太快。

6）助焊剂活性不够。

7）颗粒小的锡粉太多。

8）再流焊过程中助焊剂挥发性不适当。

锡球的工艺认可标准是：当焊盘或印制导线之间的距离为 0.13 mm 时，锡球直径不能超过 0.13 mm，或者在 600 mm^2范围内不能出现超过 5 个锡球。

（2）产生锡桥

一般来说，造成锡桥的原因是锡膏太稀、锡膏内金属或固体含量低、摇溶性低、锡膏容易炸开、锡膏颗粒太大、助焊剂表面张力太小、焊盘上锡膏太多和再流焊温度峰值太高等。

（3）开路

1）锡膏量不够。

2）元器件引脚的共面性不够。

3）锡湿不够（不够熔化、流动性不好），锡膏太稀引起流失。

4）引脚吸锡（像灯芯草一样）或附近有连线孔。

引脚的共面性对密间距和超密间距引脚的元器件特别重要，一个解决方法是在焊盘上预先上锡。引脚吸锡可以通过放慢加热速率和底面加热多、上面加热少来防止。也可以用浸湿速度较慢、活性温度高的助焊剂，或者用 Sn/Pb 比例不同的阻滞熔化的锡膏来减少引脚吸锡。

2. 缺陷焊点分类

（1）锡球

锡球出现在再流焊后残留助焊剂的周边。在由斜坡至尖峰（Ramp to Spike，RTS）曲线上，锡球通常是升温速率太快的结果，由于助焊剂在再流焊之前耗尽，发生金属氧化。这个问题一般可通过调整升温速率来解决。

（2）锡珠

锡珠是一些大的锡球，通常落在片状电容和电阻周围。虽然锡珠常常是丝印时锡膏过量堆积造成，但有时也可以通过调节温度曲线解决。和锡球一样，在 RTS 曲线上产生的锡珠通常是升温速率太快的结果。在这种情况下，毛细管作用将锡膏从堆积处吸到元器件下面。再流焊期间，这些锡膏形成锡珠，由于锡膏表面张力将元器件拉向 PCB，而被挤到元器件边上。和锡球一样，锡珠的解决办法也是调整升温速率，直到问题解决。

（3）熔湿性差

熔湿性差经常是时间与温度比率不当的结果。锡膏内的活性剂由有机酸组成，会随时间和温度的变化而退化。如果曲线太长，焊点的熔湿性可能会受损害。使用 RTS 曲线时，锡膏活性剂通常维持时间较长，因此熔湿性差的情况相比 RSS（Ramp-Soak-Spike 升温-保温-再流）曲线而言不易发生。如果使用 RTS 曲线时出现熔湿性差，应采取措施来保证曲线的前 2/3 发生在 150℃以下，这将延长锡膏活性剂的寿命，改善熔湿性。

（4）锡膏不足

锡膏不足通常是不均匀加热或过快加热的结果，由于元器件引脚太热，锡膏被吸上引脚，再流焊后焊盘上将出现少锡现象。减低加热速率或保证装配时的均匀受热将有助于防止该缺陷。

（5）墓碑

墓碑通常是不相等的熔湿力的结果，使得再流焊后元器件在一端上站起来。一般加热越慢，PCB 越平稳，墓碑越少发生。

（6）空洞

空洞是焊点在 X 射线或截面检查中可能发现的缺陷。空洞是焊点内的微小“气泡”，可能是被夹住的空气或助焊剂。空洞一般由三个因素引起：峰值温度不够、再流焊时间不够或升温阶段温度过高。由于 RTS 曲线的升温速率是被严密控制的，因此空洞通常是第一个或第二个因素促成的。在这种情况下，为了避免空洞的产生，应在空洞发生的位置测量温度曲线，适当调整，直到问题解决。

（7）无光泽、颗粒状焊点

一个相对普遍的再流焊缺陷是无光泽、颗粒状焊点。这个缺陷可能只是美观上的，但也可能是不牢固焊点的征兆。若在 RTS 曲线内纠正这个缺陷，应该将再流焊前两个区的温度减少 5℃，并将峰值温度提高 5℃。如果这样做还不行，那么应继续这样调节温度，直到达到希望的结果。这些调节将延长锡膏活性剂的寿命，减少锡膏的氧化暴露，改善熔湿能力。

（8）烧焦的残留物

烧焦的残留物虽然不一定是功能缺陷，但可能在使用 RTS 温度曲线时遇见。为了纠正该缺陷，再流区的时间和温度要减少，通常温度要降低 5℃。

6.1.5 不良温度曲线

以下是一些不良的温度曲线，如图 6-12～图 6-15 所示。

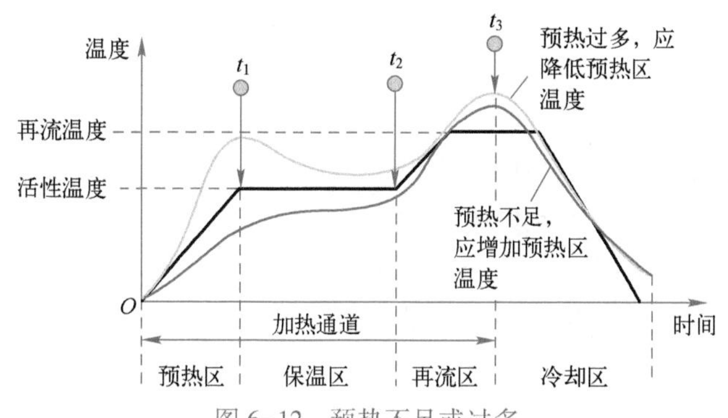

图 6-12 预热不足或过多

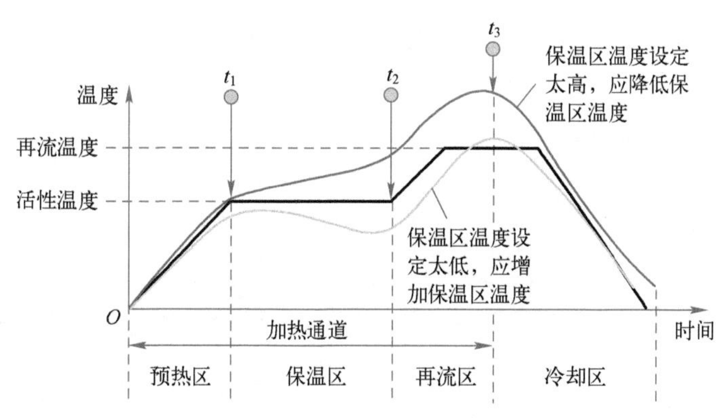

图 6-13 保温区温度太高或太低

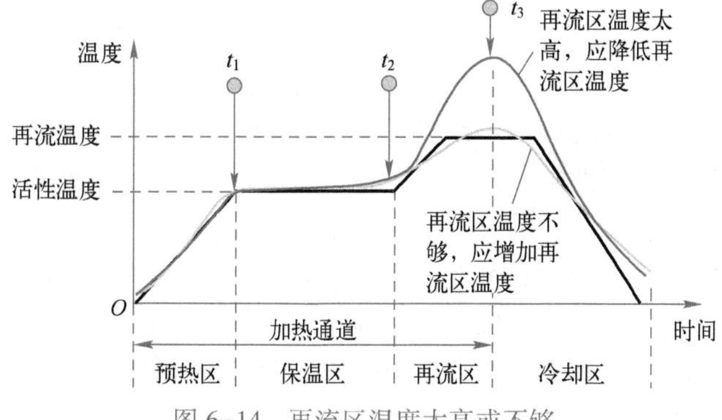

图 6-14 再流区温度太高或不够

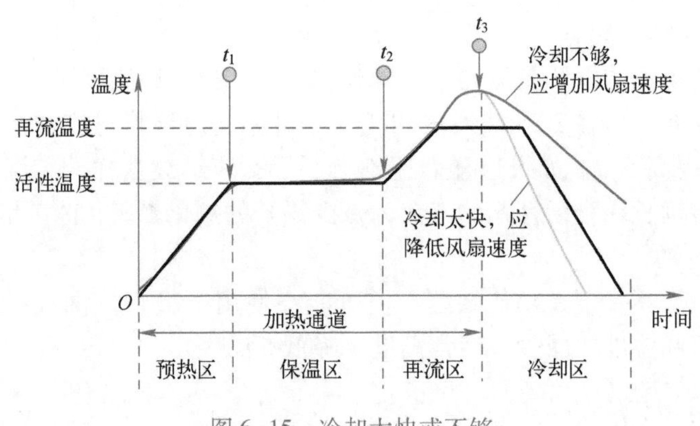

图 6-15　冷却太快或不够

任务实施

1. 实训目的及要求

1）熟悉再流焊炉的工作原理和操作流程。

2）理解再流焊炉各个温区在焊接中的作用。

3）逐步掌握再流焊炉开关机操作和温度曲线的设置。

4）初步掌握再流焊炉生产过程中的质量控制。

5）完成简单 PCB 的焊接。

2. 实训设备

SMT 生产线设备（上板机、锡膏印刷机、贴片机和再流焊炉）：1 套。

再流焊炉工位操作任务单：1 套。

再流焊炉工位质量控制单：1 套。

PCB 及相关辅料：若干。

防静电服及手套：1 套。

3. 知识储备

再流焊炉功率大，在工作过程中会产生高温高热，同时排放出有毒有害气体，因此做好安全措施十分必要。

（1）防止高温危害

运输链、运输导轨和移动中的 PCB 均会传递热量，某些表面的温度能达到 66℃，可能对人体皮肤造成一定程度的烫伤。

保护措施：再流焊炉正在运行时，戴好热保护手套并穿好防护服。在没有戴热保护手套时，严禁接触运输系统和从再流焊炉中出来的 PCB，应让 PCB 先冷却。在对再流焊炉的任何部分进行维护时，应先穿上防护服。

（2）防止气体危害

再流焊炉在正常运行的过程中，如果 PCB 掉入炉体内，可能引起燃烧，放出有害气体，PCB 和助焊剂也会散发出气体，在排气系统不能正常工作时，这些气体就会聚集在炉床里面，与外界形成一定的压差，并通过入板端和出板端排放到工作区域内。

保护措施：在开启再流焊炉之前，应连接好排气系统，并确认其正常运行。

(3) 防止火或者烟的危害

再流焊炉的电动机在运行期间由于摩擦容易产生火星，有可能在周围环境中引发火灾。如果 PCB 在再流焊炉中停留的时间太长，可能被点燃。

保护措施：为了避免火灾，应采用有效的灭火技术，按照相关法规安装防火设施。妥善保护好易燃物品，不要将易燃物品放入再流焊炉或放在再流焊炉附近。保持再流焊炉的清洁，再流焊炉里面不要遗留 PCB，并确认全部电动机运行正常。

(4) 废气与内部清理

再流焊炉产生的气体可能危害人体健康，因此应该安装合适的废气过滤和废气监控系统。

保护措施：进行安全质量检查，定期监视工作场所的空气质量，提高工作环境的安全性。

4. 实训内容及步骤

(1) 再流焊炉硬件操作

1) 再流焊炉首次启动。将电源接入再流焊炉，按下列方法开启电源：

① 先测量总电源的电流与电压，开启总电源。

② 打开再流焊炉电源开关，注意观察 PLC、温控模块、光电设备和各种仪表等是否都正常工作。

2) 确认启动。安装再流焊炉排气系统，确认再流焊炉排气系统已连接入工厂的排气系统，打开工厂的排气系统，并检查排气系统是否能正常工作。

3) 急停按钮。如果有急停按钮被按下，则会发生下列情况：

① 系统将强制停止。

② 全部的运动功能和加热功能将停止。

③ 即使 PCB 在再流焊炉里面，运输也会停止。

④ 监控器将指示急停，并带有声音报警。

⑤ 直到急停按钮再次弹起后，系统才会回到急停以前的运行状态。

(2) 再流焊炉软件系统及操作

1) 软件系统登录。合上主电源，开启计算机，启动系统，登录到 Windows，此时需要用户账号和密码，登录方法如下（这里的用户账号和密码根据不同的硬件设备而有所不同）：

① 管理人员：用户账号为“admin”，初始密码为“666666”。

② 操作人员：用户账号为“admin”，初始密码为“666666”。

③ 调机人员：用户账号为“admin”或“operator”，初始密码为“666666”。

完成后会自动加载版本信息（或者双击图标打开软件），登录界面如图 6-16 所示。

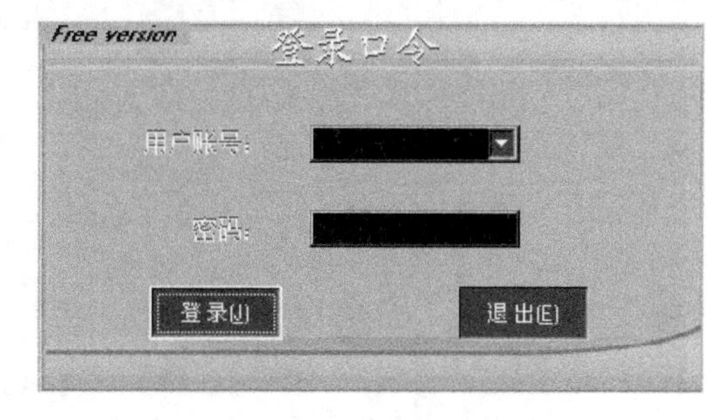

图 6-16 再流焊炉登录界面

2) 在“用户账号”文本框边单击“▼”按钮，选择“admin”或“operator”，并输入登录密码“666666”，单击“登录”按钮。

3) 登录完成后，显示 PCB 类型选项和各种焊接参数数据库，包括序列号、PCB 名称和各温区温度值（各值可在此处修改），再流焊炉参数设置界面如图 6-17 所示。

4) 选定 PCB 名，并单击“选取”按钮，系统将自动载入 PCB 名和参数，并出现加载进程条。

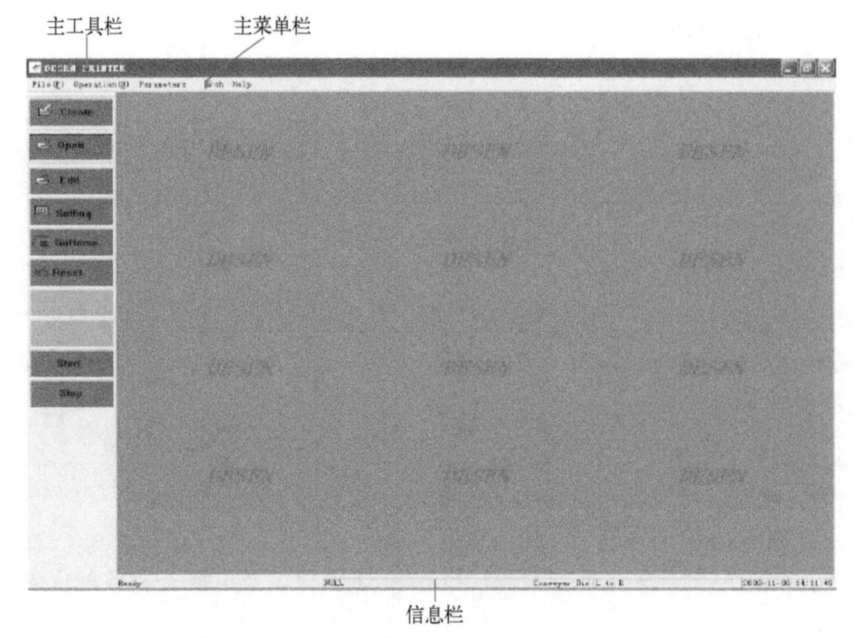

图 6-17　再流焊炉参数设置界面

5）待加载完成后，自动进入操作界面（如果反复出现进程条，则要改变串口通信设置），如图 6-18 所示。

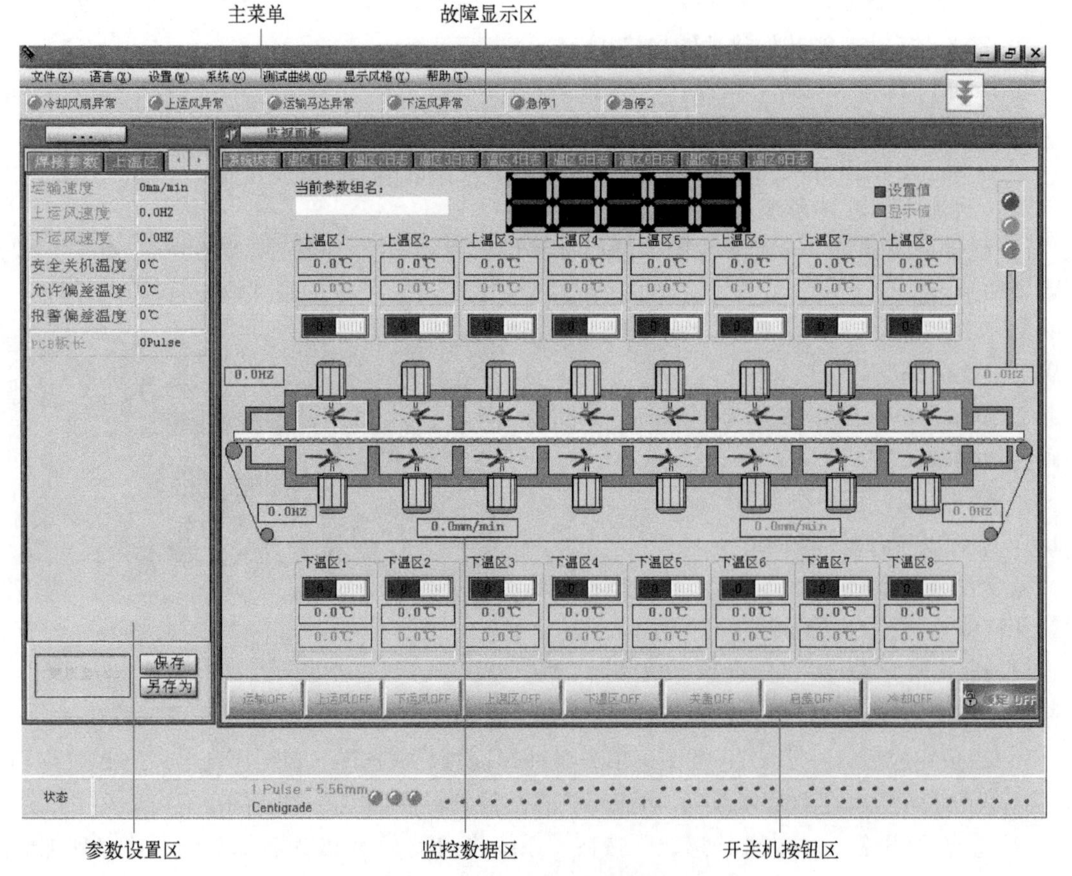

图 6-18　再流焊炉操作界面

6）串口设置。“串口设置”对话框可以选择计算机的COM1或者COM2口，此处设置应与计算机的物理通信接口相同。尽量使用COM1口（即默认值），如图6-19所示。

图6-19　“串口设置”对话框

7）系统设置。

① 权限设置：单击鼠标右键，在Edit状态下，设置用户访问权限，设置好后单击“UPDATE”按钮。

② 登录日志：自动录入登录者的用户名、登录时间和退出时间。

（3）测试曲线设置

1）测试PCB的温度曲线。将测温板直接插入再流焊炉测温插座，打开测温界面，如图6-20所示。单击“TestLine”按钮即可测出PCB经过再流焊炉的受温状况。测试完毕，单击“Save”按钮，将文件保存为“＊.bmp”文件，以便存档。同时，也可单击“Print”按钮，打印该温度曲线。单击“Exit”按钮可退出此界面，回到监控界面。在测试温度曲线的时候，应注意测试点插接头的正、负极。

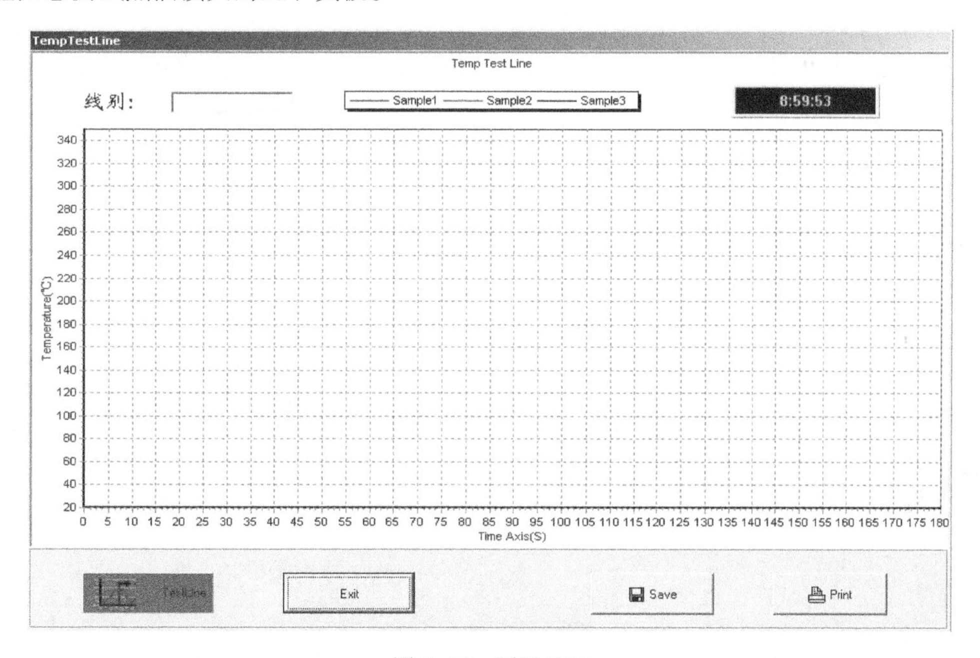

图6-20　测温界面

2）参数设置区设置。

① 焊接温度：单击温区名后方的数字按钮，输入需要的温度值。如果输入温度不在系统的规定范围内，则自动弹出“波形控制（WAVECONTROL）”对话框，即“please input 0--320℃value”，直到输入温度符合范围。

② 输送速度：单击带数字的按钮，输入需要的速度，如果输入速度不在系统的规定范围内，则自动弹出“WAVECONTROL”对话框，即“please input 5--20value”，直到输入速度符合范围。回到焊接参数界面，单击“更新到PLC”按钮，再单击“保存”按钮即可。

（4）开机预生产

1）在控制按钮上单击“ALL ON”，将启动全部按钮，待各温区温度稳定以后，再流焊炉即投入运行。注意：各温区温度均达到设定值后，方可投入 PCB 进行生产。

2）单击“FREE”按钮后，监控系统进入“LOCK”状态，此时按钮及键盘失效，以防客户误操作。

（5）关机

设备使用完毕后，关机步骤如下：单击操作界面上的“上温区 ON”“下温区 ON”和“冷却”按钮。再单击“文件”菜单→“自动关机”按钮，再流焊炉自动运行 30 min 后关机。

5. 实训结果及数据

1）熟练指出再流焊炉各部分的作用和功能。

2）熟悉再流焊炉硬件操作和软件设置。

3）熟悉再流焊炉各种指示灯所代表的意义。

4）初步熟悉再流焊炉各种工艺流程并进行简单操作。

5）熟悉再流焊炉各个工位的质量标准并能严格执行。

6）完成一块简单的含有 SMT 元器件 PCB 的焊接。

6. 考核评价

序号	考核内容	配分	评分标准	考核记录	扣分	得分
1	熟悉再流焊炉的操作指导书	20	熟悉再流焊炉的操作指导书			
2	熟悉再流焊炉各个工位的操作指导书	20	能按照工位操作指导书进行操作			
3	熟悉再流焊炉正确设置	20	能正确设置再流焊炉			
4	初步熟悉再流焊炉工艺流程并进行简单操作	20	对再流焊炉工艺流程有基本认识			
5	熟悉再流焊炉各个工位的质量标准	20	对再流焊炉质量标准有基本认识			
	分数总计	100				

任务 6.2 再流焊虚拟编程及 VR 演示

任务描述

再流焊是一项复杂的系统工艺，其中影响焊接质量的因素很多且相互作用。再流焊虚拟编程可以让读者学习设置温度曲线，并通过软件检测温度曲线的适合性，对存在问题的温度曲线加以修改和完善。通过 VR 演示，可以展示与实际生产环境类似的操作和生产流程，让不具备硬件环境的读者也能体验再流焊过程。完成本项目后，读者可了解温度曲线的设置准则。

相关知识

6.2.1 再流焊虚拟编程

再流焊虚拟编程是一种利用计算机模拟技术，对再流焊过程进行编程和模拟的方法。它可以帮助工程师在实际操作之前，预测和优化再流焊的工艺参数，提高焊接质量和生产效率。

再流焊是一种将电子元器件与 PCB 焊接在一起的工艺，它通过加热熔化锡膏，进而实现电子元器件与 PCB 之间的可靠连接。虚拟编程技术能够模拟这一过程，包括锡膏的熔化、流动和凝固等各个阶段，从而实现对再流焊过程的精确控制。

在再流焊虚拟编程中，工程师首先需要根据实际需求和工艺要求，设定锡膏的种类、厚度、加热速率和温度分布等参数。然后，利用计算机模拟软件，构建再流焊过程的虚拟模型，模拟锡膏在不同温度和时间下的变化行为。

通过虚拟编程，工程师可以观察和分析锡膏的熔化过程、流动状态以及焊接质量等关键指标。如果模拟结果不理想，工程师可以调整工艺参数，重新进行模拟，直到达到满意的焊接效果。

此外，虚拟编程还可以帮助工程师预测和解决可能出现的问题，如锡膏溢出、焊接不良等。通过模拟不同情况下的再流焊过程，工程师可以制定出更加合理和可靠的工艺方案，减少实际生产中的试错成本和时间。

再流焊虚拟编程是一种高效、精确的工艺优化方法，能够提高再流焊的质量和效率，降低生产成本，是现代电子制造业中不可或缺的技术手段。

1. 再流焊虚拟编程的功能

再流焊是保证产品质量的重要技术，再流焊最重要的是温度曲线的设计。仿真软件再流焊部分主要包含以下内容：

1）再流焊机型：Vitronics、Heller、EASA、SUNEAST 和 JLT。

2）模拟编程：根据锡膏和 PCB 类型，智能设计温度曲线，并模拟主流机型的界面、编程过程和控制参数的设置。

3）模拟仿真：按照设计的控制参数和温度曲线，利用 3D 动画模拟再流焊炉的工作过程，实时显示温度曲线的变化。

4）操作使用：采用交互式 3D 动画技术，模拟上/下 PCB 和轨道的调宽等。

仿真课程平台再流焊操作界面如图 6-21 所示。从界面中可以看出，再流焊部分有编程和 VR 操作两个内容。单击“再流焊编程”，即可进入再流焊编程主界面，如图 6-22 所示。

图 6-21　再流焊操作界面

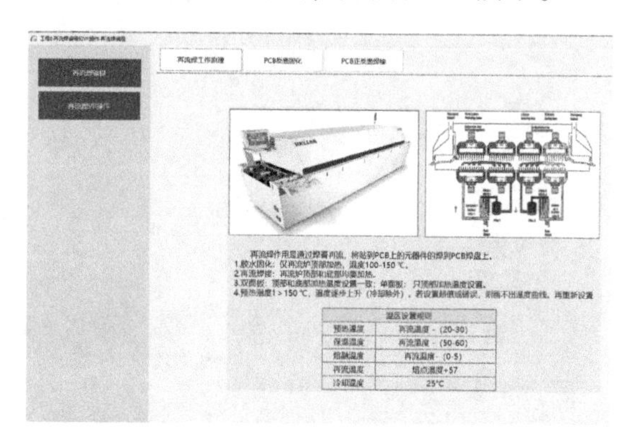

图 6-22　再流焊编程主界面

2. 再流焊虚拟编程演示

从图 6-22 中可以看出，这部分包含再流焊工作原理、PCB 反面固化和 PCB 正反面焊接三部分。单击“PCB 反面固化”按钮，出现 PCB 反面固化界面，如图 6-23 所示。反面固化共包含九个参数设置。应分别对每一项进行设置。若设置参数在正确范围内，则参数字体显示为蓝色。若参数设置不正确，则显示为红色。完成参数设置后，单击“温度曲线仿真”按钮，即可出现所设置的温度曲线，如图 6-24 所示。读者可参考正确的温度曲线，对自己设置的温度曲线进行分析和完善。

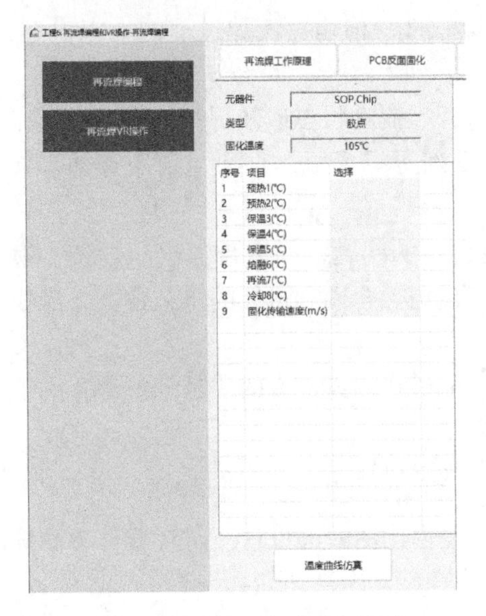

图 6-23 PCB 反面固化界面

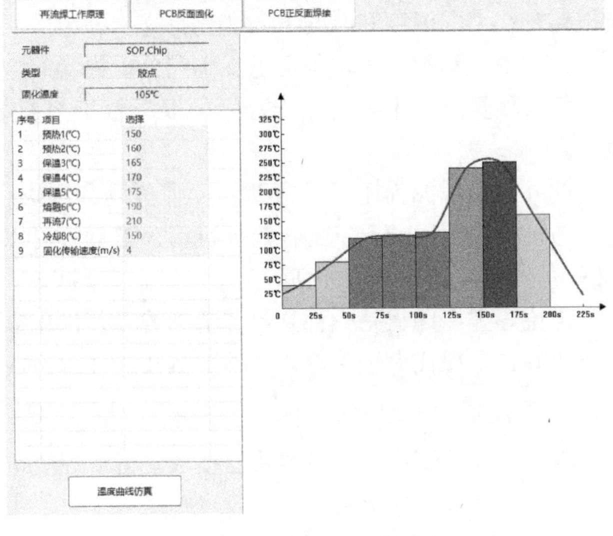

图 6-24 所设置的温度曲线

注意：在图 6-23 中，参数设置是随机输入的。读者在进行参数设置时，需按照再流焊的正确温度范围进行输入。

接下来进行 PCB 正反面焊接操作。单击“PCB 正反面焊接”按钮，出现正反面焊接参数设置。进行参数时应满足再流焊温度曲线范围。设置完成后，单击“温度曲线仿真”按钮，即可看到温度曲线效果，如图 6-25 所示。图 6-26 给出了反面固化与正反面焊接的温度参数参考值，读者可参考该图进行参数设置。

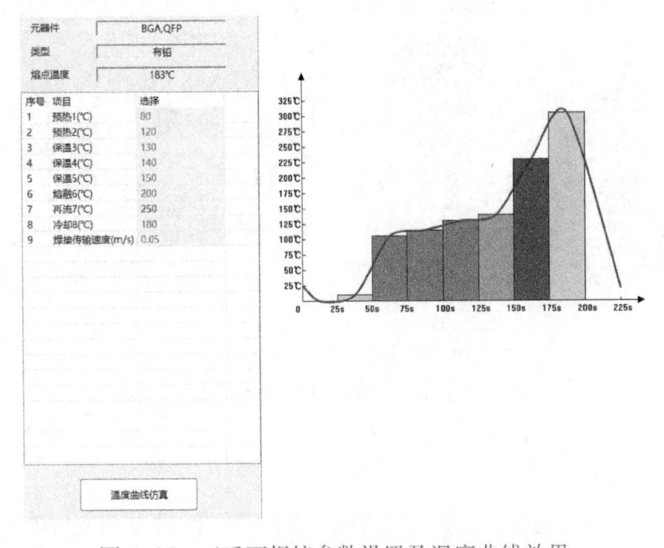

图 6-25 正反面焊接参数设置及温度曲线效果

序号	项目	正确答案
1	预热1(℃)	150
2	预热2(℃)	150
3	保温3(℃)	150
4	保温4(℃)	150
5	保温5(℃)	150
6	熔融6(℃)	20
7	再流7(℃)	20
8	冷却8(℃)	20
9	固化传输速度(m/s)	0.05
10	预热1(℃)	227
11	预热2(℃)	227
12	保温3(℃)	197
13	保温4(℃)	202
14	保温5(℃)	207
15	熔融6(℃)	257
16	再流7(℃)	257
17	冷却8(℃)	25
18	焊接传输速度(m/s)	0.04

图 6-26 反面固化与正反面焊接的温度参数参考值

6.2.2 再流焊 VR 仿真

1. 再流焊虚拟仿真

再流焊虚拟仿真是一种利用计算机模拟技术，对再流焊工艺过程进行精确模拟和仿真的方法。通过构建虚拟的再流焊环境和模型，工程师可以在计算机上模拟整个再流焊过程，从而实现对焊接工艺的优化和改进。

在再流焊虚拟仿真中，首先需要根据实际再流焊设备的结构和工艺要求，建立虚拟的再流焊模型。这个模型会考虑锡膏的特性、PCB 的布局和加热器的温度分布等因素，以确保仿真的准确性。

虚拟仿真技术还可以模拟再流焊过程中的温度分布、热传导和热对流等物理现象。通过模拟计算，工程师可以获取再流焊过程中各个区域的温度变化情况，进而分析温度对焊接质量的影响。虚拟仿真还可以帮助工程师预测和解决可能出现的问题。例如通过模拟锡膏的溢出情况，工程师可以调整工艺参数，避免在实际生产中发生类似问题。同时，虚拟仿真还可以用于评估不同锡膏、PCB 材料和加热方式等因素对焊接质量的影响，为工艺优化提供指导。再流焊虚拟仿真的优势在于其能够在不实际进行再流焊操作的情况下，对焊接工艺进行深入研究和分析。这不仅可以节省大量时间和成本，还可以降低试错风险，提高生产效率。同时，虚拟仿真技术还可以为工程师提供一个直观、可交互的平台，方便他们进行工艺参数的调整和优化。

再流焊虚拟仿真是一种强大的工艺优化工具，能够帮助工程师更好地理解和掌握再流焊工艺，实现焊接质量的提升和生产效率的提高。

2. 再流焊 VR 仿真的功能

再流焊 VR 仿真是一种集成了 VR 技术的仿真系统，它通过创建高度逼真的虚拟环境，让工程师能够身临其境地体验再流焊工艺过程。这种仿真方式不仅提供了视觉上的沉浸感，还结合了实时交互功能，使得工程师能够在虚拟环境中进行各种操作和调整，从而实现对再流焊工艺的深入研究和优化。

通过 VR 仿真，工程师可以模拟不同的再流焊工艺参数，如加热时间、温度曲线和输送速度等，以便观察这些参数对焊接质量的影响。同时，仿真系统还可以实时反馈焊接过程中的各种数据，如温度分布、锡膏流动情况等，帮助工程师更好地理解和控制焊接过程。VR 仿真还提供了高度灵活的交互功能。工程师可以在虚拟环境中进行各种操作，如调整设备参数、更换锡膏类型等，并实时观察这些操作对焊接结果的影响。这种交互性使得工程师能够更直观地理解再流焊工艺，并快速找到优化焊接质量的方法。再流焊 VR 仿真的优势在于其能够提供高度逼真的虚拟环境和实时交互功能，使得工程师能够更加深入地研究再流焊工艺，减少实际操作中的风险和成本，并提高焊接质量和生产效率。此外，VR 仿真还具有可重复性高的特点，工程师可以反复进行模拟和实验，以找到最佳的工艺参数和操作方式。

再流焊 VR 仿真是一种强大的工艺研究和优化工具，它能够帮助工程师更好地理解和掌握再流焊工艺，提高焊接质量和生产效率，为现代电子制造业的发展提供有力支持。

任务实施

1. 实训目的及要求

1）了解再流焊仿真平台。

2）掌握再流焊仿真平台参数设置。

3）了解再流焊 VR 仿真流程。

4）掌握再流焊 VR 仿真步骤。

2. 实训设备

SMT 虚拟仿真实训系统：1 套。

SMT 虚拟仿真实训系统使用说明书：1 套。

3. 知识储备

微电子 SMT 组装技术仿真课程平台如图 6-27 所示。单击“SMT 组装设备和工厂”按钮，即可进入下级界面，开始再流焊的编程和 VR 仿真。

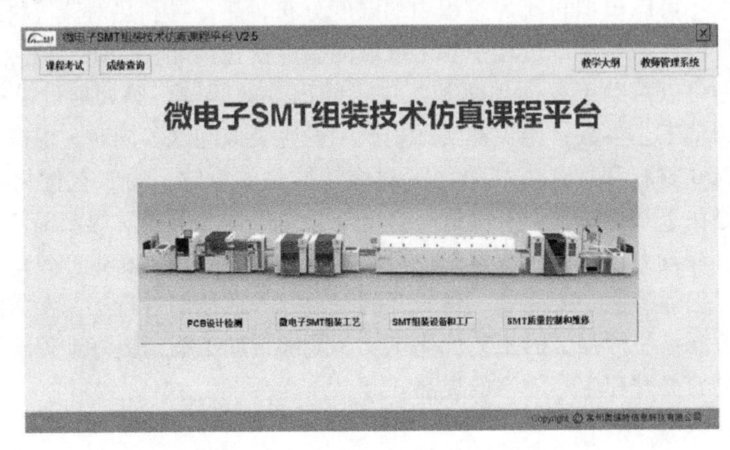

图 6-27　微电子 SMT 组装技术仿真课程平台

4. 实训内容及步骤

（1）再流焊编程和操作

1）PCB 反面固化。

① 下拉选择再流焊参数，并进行温度曲线仿真，检查所设计的 CAM 程序的错误。

② 生产 VR 操作包括轨道的调宽等。

③ 全部完成后，单击“确定”按钮，存数据库并打分。

再流焊程序编写和操作如图 6-28 和图 6-29 所示。

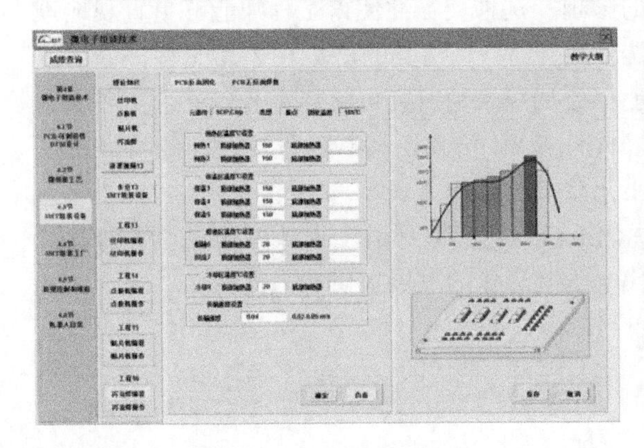

图 6-28　再流焊程序编写

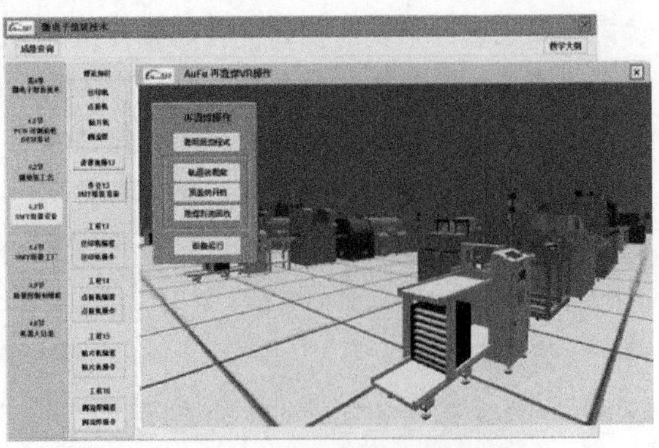

图 6-29　再流焊操作

2）PCB 正反面焊接。其方法步骤与 PCB 反面固化相同，不再详述。

（2）再流焊 VR 仿真

在再流焊编程和 VR 仿真界面中单击“再流焊 VR 操作”按钮，即出现 VR 界面，如图 6-30 所示。在界面中单击“再流焊”按钮，即可进入 VR 仿真环境。

图 6-30　“再流焊”按钮

在仿真界面中，利用〈Q〉键进行镜头的解锁和锁定，利用键盘中的〈W〉键、〈S〉键、〈A〉键和〈D〉键与鼠标的配合，分别进行前进、后退、左移和右移操作。操作界面中的指针到“激活点”进行激活之后，单击界面中再流焊炉上的绿色启动按钮，即可进入再流焊 VR 仿真操作，如图 6-31 所示。

图 6-31　再流焊 VR 仿真操作

在界面中依次单击“调用再流程序”和“设备运行”按钮，如图 6-32 和图 6-33 所示，即可出现模拟现实环境中再流焊炉动作的 3D 演示。设备运行过程中，再流焊炉的机盖以红色和绿色交替闪烁。读者可通过单击机盖，实现打开机盖并查看内部运行情况。

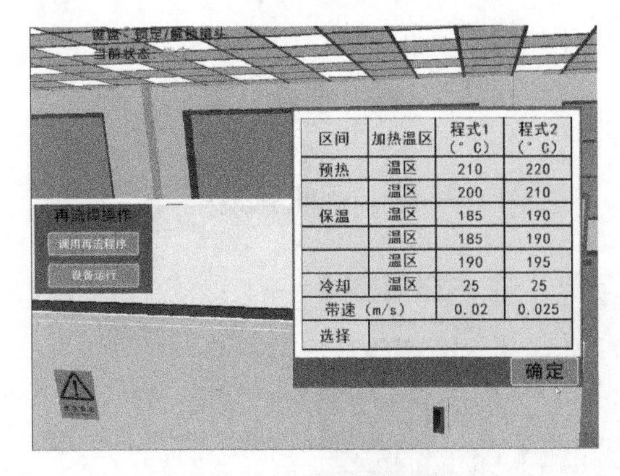

图 6-32 调用再流程序界面

图 6-33 设备运行界面

（3）再流焊炉 VR 维修

再流炉 VR 维修

1）针对每个再流焊炉的故障，正确选择相应处理方法。

2）在虚拟工厂中，漫游到相应设备处并撞击相应的故障部位，查看所选方法的对应动画或图片，如图 6-34 所示。

再流焊

序号	故障	原因	处理方法	play
1	热风电机异常	热风电机有污垢或异物	清洁热风电机	
2	传输不稳定	链条有变形	更换链条	
3		前中后轨道不平	调整轨道平行度	
4		链条与链条间有污垢或异物	清洁链条	
5	传输卡板	轨道宽变形	轨道调宽	
6	炉温不稳定	热风电机有污垢或异物	清洁热风电机	
7		温控系统出问题	调试温控系统	

图 6-34 再流焊炉 VR 维修及常见故障界面

3）全部完成后，单击“确定”按钮，存数据库并打分。

热风电机异常-VR 处理

5. 实训结果及数据

1）熟悉再流焊虚拟编程的步骤。

2）对编程过程中出现的问题具备一定的处理能力。

3）熟练掌握再流焊温度设置流程。

4）熟悉再流焊 VR 仿真操作。

5）通过编程和 VR 仿真，能够清楚表述再流焊工作步骤。

6. 考核评价

序号	考核内容	配分	评分标准	考核记录	扣分	得分
1	熟悉再流焊温度设置步骤	20	了解平台操作说明书			
2	处理编程过程中出现的问题	30	能正确处理问题			
3	熟练掌握再流焊工作流程	30	能熟练设置编程参数			
4	熟悉再流焊 VR 仿真操作	20	使用键盘和鼠标配合，熟练操作软件			
	分数合计	100				

项目小结

再流焊是一种在电子制造中用于连接元器件与PCB的关键工艺。在再流焊过程中，需要设置合理的再流焊温度曲线，并按照PCB设计时的焊接方向进行再流焊。温度曲线的设置与成品要求、焊接材料特性、生产环境和焊接设备等因素有关。在设置温度曲线时，一定要按照正确的温度曲线要求进行设置。同时，在再流焊炉操作过程中，还需要注意输送带的稳定性，防止振动对焊接质量造成影响。再流焊作为电子制造中的重要环节，其快速、可靠和节约成本的特性使其得到了广泛的应用。

习题与练习

1. 单项选择题

1）影响再流焊质量的因素是（　　）。

A. PCB焊接工艺的设计

B. 焊接设备设置及焊接材料

C. PCB焊接工艺的设计、焊接材料及焊接设备设置

2）再流焊预热区的作用是（　　）。

A. 使PCB和元器件预热，达到温度平衡，除去锡膏中的水分、溶剂，以防锡膏发生塌落和飞溅

B. 使PCB和元器件预热，达到温度平衡

C. 除去锡膏中的水分、溶剂，以防锡膏发生塌落和飞溅

3）无铅再流焊预热区的设置一般是（　　）。

A. 预热温度一般在140~160℃，最大升温速率为4℃/s，升温速率设定为1~3℃/s

B. 预热温度一般在140~160℃，最大升温速率为5℃/s，升温速率设定为2~4℃/s

C. 预热温度一般在140~160℃，最大升温速率为2℃/s，升温速率设定为0.1~1.5℃/s

4）再流焊保温区如果设置不当，造成的故障可能为（　　）。

A. 气爆、溅锡引起的锡球，材料受热冲击损坏

B. 热坍塌、连锡、高残留物、锡球、润湿不良、气孔、墓碑

C. 润湿不良、吸锡、缩锡、锡球、IMC形成不良、墓碑、过热损坏、冷焊、焦炭、焊端熔解

5）Sn63Pb37合金主要（　　）。

A. 用于大多数PCB组装

B. 用于单面板焊接及沾锡作业

C. 为高温合金，其形成的焊点有很高的强度

6）双面板组件有铅再流焊预热温度一般选择（　　）℃。

A. 90~100　　B. 110~120　　C. 100~110　　D. 120~130　　E. 135~145

7）有铅再流焊再流区的设置一般是（　　）。

A. 焊接峰值温度一般为锡膏的熔点温度加40~60℃，超过200℃的时间范围为30~40 s，超过200℃的时间范围为（60±3）s

B. 焊接峰值温度一般为锡膏的熔点温度+(10~30℃)，超过200℃的时间范围为30~40 s，

超过 200℃的时间范围为（30±3）s

C. 焊接峰值温度一般为锡膏的熔点温度（20～40℃），超过 200℃的时间范围为 30～40 s，超过 200℃的时间范围为（60±3）s

2. 简答题

1）电子元器件的焊接方式主要有哪些？

2）常见的再流焊炉有哪些类型？

3）典型的再流焊温度曲线包含哪些分区？每个区的温度设置需要注意哪些事项？

4）简述再流焊的主要缺陷及解决方法。

5）在条件允许的情况下，进行再流焊炉的炉温测试，并根据测试的结果绘制温度曲线。

项目 7　SMT 产品质量检测与维修

SMT 产品质量检测是确保合格产品才能进入市场的必要过程。产品质量检测涉及焊接质量检测、元器件位置检测、元器件极性检测和外观质量检测。常用的检测方法有 X 射线检测、自动光学检测、在线电路检测等，这些检测方法能够精确地识别和分析问题，为产品质量提供有力保障。当 SMT 产品出现质量问题时，需要及时进行维修，以确保产品的正常运行。SMT 产品维修包括故障排除和修复、测试和验证、维修报告和数据分析。严格的质量检测和及时的维修处理，可以有效提高电子产品的可靠性和使用寿命。

任务 7.1　SMT 质量检测及手工维修

任务描述

电子产品的小型化，必然使元器件也不断朝着小型化方向发展，其布线也越来越密，这对 SMT 产品的质量检测提出了非常高的要求。学完本项目，读者应能对 SMT 产品的质量检测方法及相关检测设备的工作原理、检测技术有个概括性了解，能通过简单的维修消除 SMT 产品缺陷。

相关知识

7.1.1　SMT 质量检测技术简介

电子产品的元器件正不断地朝着小型化方向发展，其引脚间距现在甚至可以小于 0.1 mm，布线也越来越密，BGA、CSP 和 FC 的使用越来越多，SMA 组件也越来越复杂。这一切对 SMT 产品的质量检测技术提出了非常高的要求。

1. SMT 质量检测技术分类

SMT 质量检测技术主要包括人工目检（Manual Visual Inspection，MVI）、自动视觉检测（Automatic Visual Inspection，AVI）、自动光学检测（Automated Optical Inspection，AOI）、在线电路检测（In Circuit Testing，ICT）、自动 X 射线检测（Automatic X-Ray Inspection，AXI）、功能卡测试（Functional Circuit Test，FCT）和飞针测试（Flying Probe，FP）等。

（1）人工目检

人工目检即利用人的眼睛和简单的光学放大设备（放大镜）对 PCB、点胶、锡膏印刷、贴片、焊点及 PCB 表面质量进行人工检查。用这种方法进行检验，初期投资少、工艺简单，但工艺水平低，不能检查不可视焊点和元器件表面的细微裂纹，而且劳动强度大，对检测人员的视力伤害大，不适合大批量生产。

锡膏无铅化后，焊点外观往往变得粗糙，呈现亚光状态，失去刺眼光泽而有利于人工目检。但是元器件引脚的微小化，对人工目检是一个很大的挑战，给人工目检增加了难度，因此，人工目检在现代大规模生产中的使用就受到了限制。

（2）在线电路检测

在线电路检测分为针床和飞针两种方式。

针床测试利用带有弹簧的探针连接到 PCB 上的每一个检测点，弹簧使得每个探针具有 100~200 g 的压力，以保证每个检测点接触良好。这些探针排列在一起后即称为“针床”。针床测试法通过电性能对在线元器件进行测试，以检查生产制造缺陷及不良元器件。它主要用于检查单个元器件以及各电路网络的开路、短路、焊接等情况。针床测试设备昂贵且难以维修，探针应依据具体应用选择不同的排列方式。

飞针测试是一种电气测试方法，它使用多个由电动机驱动的探针来替代传统的针床，与元器件的引脚接触并进行电气测量。飞针测试机通常装有 4~8 个探针，能够在 X-Y 机构上高速移动，其最小测试间隙为 0.2 mm。飞针测试通过探针与 PCB 上引脚的接触，进行高压绝缘和低阻值导通测试，以此检测电路的开路和短路。在测试过程中，探针通过多路传输系统连接到驱动器（信号发生器、电源等）和传感器（数字式万用表、频率计数器等），以测试 PCB 上的元器件。当一个元器件正在测试时，其他元器件通过探针在电气上进行屏蔽，以防止读数干扰。

图 7-1 所示为在线电路检测仪外形。其工作原理是在设计芯片和 PCB 时引入菊花链拓扑结构（菊花链拓扑结构用最短的互连传输线把所有的元器件连接起来，每个元器件最多只能通过两段传输线连接到另外的两个元器件上，直至完成所有元器件的连接，连接完成后，从首个元器件开始，所有元器件连接成链状），使得组装后的焊点形成网络，从而通过检测网络的通断来判断焊点是否失效。具体的操作是用探针检测设定点的电性能参数。目前的生产中，选用最多的是单头（尖矛型）探针，它一般适用于检测孔和焊盘，若用于引脚会发生侧滑：对元器件的引脚，通常采用三针型和锋利的多面型探针等。为提高探针耐久性，探针材料通常为高硬度的钢材，检测压力一般在 1~20 N 的范围内。对于免清洗锡膏，其助焊剂残余较少，压力可选得低一点，通常取 1.1~2.0 N。在线电路检测一般用于再流焊后，主要用来检测元器件是否有极性贴错、桥接、虚焊和短路等缺陷。

图 7-1　在线电路检测仪外形

（3）自动光学检测

为了适应高密度和细间距组装的检测需要，自动光学检测成为 SMT 检测技术中的重要组成，自动光学检测采用了计算机技术、高速图像处理和识别技术、自动控制技术、精密机械技术和光学技术，具有自动化程度高、检测速度快和分辨率高的优点，可以减轻劳动强度，提高判别准确性，减少专用夹具，具有良好的通用性，能给组装系统提供实时反馈信息，其设备外形如图 7-2 所示。

（4）自动 X 射线检测

自动 X 射线检测利用了 X 射线的强穿透性，能穿透物体的表面，透视被检焊点内部，从而检测和分析电子元器件各种常见的焊点的焊接品质，如 BGA，CSP 与 FC 等封装的元器件下

面的焊点缺陷（如桥接、开路、焊球丢失、移位、锡膏不足、空洞、锡球和焊点边缘模糊等），还可检测BGA等封装内部是否有气泡、桥接和虚焊等。图7-3所示为自动X射线检测仪外形。

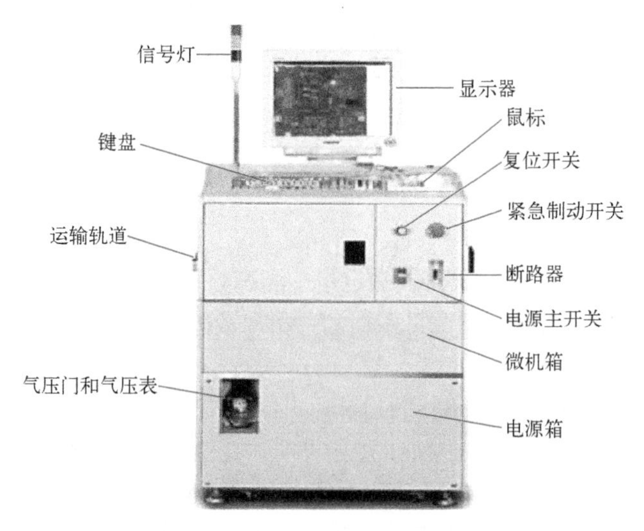

图7-2 自动光学检测设备外形

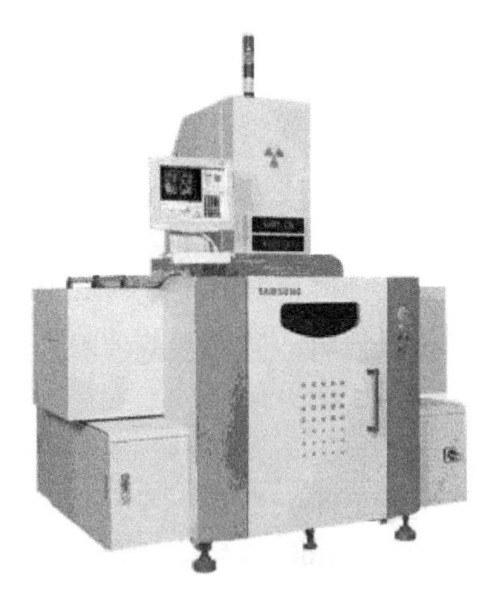

图7-3 自动X射线检测仪外形

2. SMT检测技术比较

各种检测技术各有优缺点，其适用的范围也有所不同，需要根据具体PCB的大小、密度和功能来确定，表7-1对不同的检测技术进行了比较。

表7-1 SMT检测技术比较

检测技术	优点	缺点
ICT	开发时间短，设备低廉；找寻短路、组件方位不对、错误组件和空焊的能力极强；短时间内就能找出故障位置，测试时间短	不同PCB需要不同冶具；对好的PCB而言浪费时间；可能会损坏一些敏感组件；必须有测试点
FCT (Mock-Up)	可提供迅速的通过/不通过测试；一般而言测试时间短，设备通常不贵	可能找不到ICT可找出的故障，其中包含短路及SAO/SAI故障，找出故障位置的能力差
FCT (Rack-and-Stack)	对模拟PCB很有用，当和IEEE或VXI仪器一同工作时是很好的工具	可能找不到ICT可找出的故障，其中包含短路及SAO/SAI故障，找出故障位置的能力差，对快速数字组件的测试能力不强
ICT和FCT结合	有ICT和FCT的优点，一次只测一片PCB；测试机需要特殊的专业知识及备份零件；两种方式结合能同时进行一连串的ICT及FCT测试	费用昂贵，可能造成测试速度瓶颈

7.1.2 SMT测试设计

在市面上有无数的测试技术及设备可供测试工程师选用，以实现利用最少花费完成最多样的测试。然而理想的测试需综合考虑以下因素：基板产量、基板复杂度及尺寸、测试技术及应用、测试预算等。

在设计测试流程时，工程师有许多选择，从单一测试机台到整个测试工厂都有，也有许多形态的ATE机台可选择，然而测试的两个主要目的是不变的：首先是必须能很迅速地判断PCB是好是坏，其次是能立即判断是哪一个组件毁坏或是其他原因。既然在测试市场上早已有现成的测试机台可以符合需求，只要选择合适的来使用即可。

（1）选择测试策略

几乎所有的测试都包含了 ICT 及 FCT，而最终的策略必须符合所有要测试的范围，并考虑不需要重复付出的费用（如夹具及编写程序）、需要重复付出的费用（测试人工及维修人员）、PCB 储运方式及有效率的信息回报。

（2）选择测试设备

在决定要投资测试设备之前，必须先了解要买怎样的设备，以及这设备要多久才能回收其投入的资金。

（3）整合测试设备及测试板

使用一些已知状况的良好 PCB 对测试机台进行测试，以确定这些测试是可以重复进行的。同时也要测试一些已知故障组件位置的 PCB，以确定机台可以侦测并指出故障组件。

（4）试车

在进行原型测试时，要小心确认 PCB 是否经过了完整的检测，并了解这些缺陷有没有被 ICT 或 FCT 检测出来。因为 ICT 的测试成本远低于 FCT，所以要尽可能地在最初就把 ICT 设备调整到能查出最多故障的状态。同样也要研究如何在 FCT 检测时就把问题找出来，而不要等到系统测试时再去发现问题。所有的问题都必须告知量产单位，如此才能调整元器件放置位置及焊接程序，以求最高良品率。

（5）测试流程的确认

最后，测试过程必须进行再一次检查，以确定其具有最好的测试时机、处置方式和找寻故障点方式等，由此才能达到最高效率。而这些信息也都要告知量产单位。

（6）反馈与改进

不断接收反馈并改进，才能实现最佳的测试方式。保持将信息反馈给量产单位，才能保持高的生产良品率。

7.1.3 来料检测

来料检测对电子产品的生产和质量保证具有至关重要的作用，来料检测的主要内容和基本检测方法见表 7-2。

表 7-2 来料检测的主要内容和基本检测方法

主要内容		基本检测方法
元器件	可焊性	湿润平衡试验、浸渍检测仪
	引脚共面性	光学平面检查、贴片机共面性检测装置
	使用性能	抽样检测
PCB	尺寸与外观、翘曲与扭曲	目检、专业量具
	阻焊膜质量和完整性	热应力检测
	可焊性	旋转浸渍检测、波峰焊料浸渍检测、焊料珠检测
锡膏	金属百分比	加热分离称重法
	黏度	旋转式黏度计
	粉末氧化均量	俄歇分析法
锡膏合金检测	金属污染量	原子吸附检测

（续）

主要内容		基本检测方法
助焊剂	活性	铜镜试验
	浓度	比重计
	变质	目测颜色
黏结剂	黏性	黏结强度试验
清洗剂	组成成分	气体色谱分析

1. 元器件来料检测

（1）元器件性能和外观质量检测

元器件性能和外观质量对产品的可靠性有直接影响，来料首先要根据有关标准和规范对元器件进行检查。并要特别注意元器件的性能、规格和包装等是否符合订货要求，是否符合产品性能指标要求，是否符合组装工艺和组装设备生产要求，是否符合存储要求等。

（2）元器件可焊性检测

元器件引脚的可焊性是影响焊接可靠性的主要因素，导致可焊性问题的主要原因是元器件引脚表面的氧化。由于氧化较易发生，为保证可焊性，一方面要采取措施防止元器件在焊接前长时间暴露在空气中，并避免其长期储存等；另一方面在焊接前要注意对其进行可焊性检测，以便及时发现问题并进行处理。

可焊性检测最原始的方法是目测评估，基本检测程序为：将样品浸渍于焊剂中，取出并去除多余焊剂后再浸渍于熔融焊料中，浸渍时间达实际生产焊接时间的两倍左右时取出，进行目测评估。这种检测通常采用浸渍检测仪进行，它可以按规定精确控制样品的浸渍深度、速度和浸渍停留时间。

定量可焊性检测方法有焊球法、润湿平衡试验法等。

（3）元器件引脚共面性检测

SMT 是在 PCB 表面贴装元器件，为此对元器件引脚共面性有比较严格的要求，一般规定必须在 0.1 mm 的公差区内。这个公差区由两个平面组成，一个是 PCB 的焊盘平面，一个是元器件引脚所处平面。如果元器件所有引脚的三个最低点所处平面与 PCB 的焊盘平面平行，且各引脚与该平面的距离误差不超过公差范围，则贴装和焊接可以可靠进行，否则可能会出现引脚虚焊、缺焊等问题。

元器件引脚共面性检测的方法较多，最简单的方法是将元器件放在光学平面上，用显微镜测量非平面的引脚与光学平面的距离。目前使用的高精度贴片系统，一般都有自带的机器视觉系统，可在贴装之前对元器件引脚共面性进行自动检测，将不符合要求的元器件去除。

2. PCB 来料检测

（1）PCB 尺寸与外观检测

PCB 尺寸检测的主要内容有加工孔的直径、间距及其公差，PCB 边缘尺寸等。

PCB 外观检测的主要内容有阻焊膜和焊盘的对准情况，阻焊膜是否有杂质、剥离和起皱等异常情况，基准标记是否合格，电路导体宽度（线宽）和间距是否符合要求，多层板是否有剥层等。在实际应用中，常采用 PCB 外观检测专用设备对其进行检测。典型设备主要由计算机、自动工作台和图像处理系统等部分组成。这种系统能对多层板的内层和外层、单/双面板、底图胶片进行检测，并能检出断线、搭线、划痕、针孔、线宽线距不合格、边沿粗糙及大面积缺陷等。

（2）PCB 的翘曲与扭曲检测

设计不合理或工艺过程处理不当都有可能造成 PCB 的翘曲与扭曲，其检测原理基本为：将被检测 PCB 暴露在具有代表性的热环境中，对其进行热应力检测。典型的热应力检测方法是旋转浸渍检测和焊料漂浮检测，在这种检测方法中，将 PCB 浸渍在熔融焊料中一定时间，然后取出进行翘曲与扭曲检测。

人工测量 PCB 翘曲度的方法是：将 PCB 的三个角紧贴于桌面上，然后测量第四个角距桌面的距离。这种方法只能进行粗略测量，更有效的方法还有波纹映像方法等。

波纹影像方法的具体操作过程是：在被测 PCB 上放置一个 100 线的光栅，在上方另设一个标准光源，将光线以 45° 入射角通过光栅射到 PCB 上，并由光栅在 PCB 上产生光栅影像，然后用一个 CCD 摄像机在 PCB 正上方观察光栅影像。这样一来，在整个 PCB 上就可以看到光栅产生的几何干涉条纹，这种条纹显示了 Z 轴方向的偏移量，可数出条纹的数量来计算 PCB 的偏移高度，然后通过计算转化成翘曲度。

（3）PCB 的可焊性检测

PCB 的可焊性检测重点是焊盘和电镀通孔的检测，包含边缘浸渍检测、旋转浸渍检测和焊料珠检测等。边缘浸渍检测用于检测表面导体的可焊性，旋转浸渍检测和波峰焊料浸渍检测用于表面导体和电镀通孔的可焊性检测，焊料珠检测仅用于电镀通孔的可焊性检测。

（4）PCB 的阻焊膜完整性检测

在 SMT 生产用的 PCB 上，一般采用干膜阻焊膜和光学成像阻焊膜，这两种阻焊膜具有高分辨率和不流动性。干膜阻焊膜是在压力和热的作用下层压在 PCB 上的，它需要清洁的 PCB 表面和有效的层压工艺。干膜阻焊膜在锡-铅合金表面的黏性较差，在再流焊产生的热应力冲击下，常常会出现从 PCB 表面剥离和断裂的现象。干膜阻焊膜也较脆，在进行整平时，受热和机械力的影响，可能会产生微裂纹。另外，其在清洗剂的作用下也有可能产生物理和化学损坏。为了避免干膜阻焊膜的这些潜在缺陷，应在来料检测中对 PCB 进行严格的热应力检测。

（5）PCB 内部缺陷检测

PCB 内部缺陷检测一般采用显微切片技术，PCB 在焊料漂浮热应力试验后进行显微切片检测，主要检测项目有铜和锡-铅合金镀层的厚度、多层板内部导体层间对准情况、层压空隙和铜裂纹等。

3. SMT 辅料来料检测

（1）锡膏检测

锡膏检测的主要内容有金属百分比、黏度、粉末氧化均量等。

（2）焊料合金检测

SMT 工艺中一般不要求对焊料合金进行来料检测，但在波峰焊和引脚浸锡工艺中，焊料槽中的熔融焊料会连续溶解被焊接物上的金属，产生金属污染物，并使焊料成分发生变化，最后导致不良焊接。为此，要进行定期的合金检测，检测周期一般是每月一次或按生产实际情况决定，检测方法有原子吸附测试等。

（3）助焊剂检测

水萃取电阻率试验主要用于测试助焊剂的离子特性，其测试方法在 QQ-S-571E 等标准中有规定，非活性松香剂（R）和中等活性松香焊剂（RMA）的水萃取电阻率应不小于

100 000Ω·cm；而活性助焊剂的水萃取电阻率小于 100 000Ω·cm，不能用于军用 SMA 等高可靠性要求电路组件的检测。

（4）其他来料检测

1）黏结剂检测。黏结剂检测主要是检测黏性，应根据有关标准的规定，检测黏结剂把元器件粘到 PCB 上的黏结强度，以确定其是否能保证元器件在工艺过程中受振动和热冲击后不脱落，以及黏结剂是否有变质现象等。

2）清洗剂检测。清洗过程中，清洗剂的组成会发生变化，甚至会变成易燃的或有腐蚀性的，同时也会降低清洗效率，所以需要定期对其进行检测。清洗剂检测一般采用气体色谱分析方法。

7.1.4　组装质量检测技术

图 7-4 所示为典型的表面安装与检测工艺流程。通常来说，品质管理的目标是不把生产线上出现的不良 PCB 放至后续工序，而是在各个制造工位后设置专用检测设备，及时检测、发现和修正不良现象。

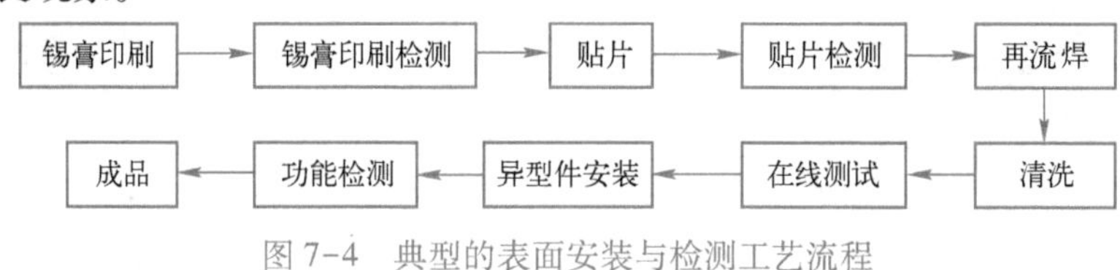

图 7-4　典型的表面安装与检测工艺流程

图 7-4 中，贴片检测是保证电子产品质量的重要步骤，组装工艺过程中的主要检测项目见表 7-3。

表 7-3　组装工艺过程中的主要检测项目

组装工艺	工艺管理项目	检测项目
PCB 来料	表面污染、损伤、变形	入库/进厂时检测、投产前检测
锡膏印刷	网板污染、锡膏印刷量、膜厚	印刷错位、模糊、渗漏、膜厚
点胶检测	点胶量、温度	位置、拉丝、溢出
贴装	元器件有无位置、极性装反	贴装质量
再流焊	温度曲线设定、控制	焊点质量
贴片胶固化	温度控制	黏结强度
焊后外观检测	基板受污染程度，助焊剂残渣，组装故障	漏装、墓碑、错位、贴错（极性）、装反、引脚上浮、润湿不良、漏焊、桥接、锡膏过量、虚焊（少锡）、锡球
电性能检测	在线检测	短路、开路
	功能检测	制品固有特性

这里重点介绍贴片检测，包含组件质量外观检测和焊点质量检测等。

（1）组件质量外观检测

组件质量外观检测是指对贴装有 SMC/SMD 的 PCB 进行可视质量检测，检测内容包含元器件漏装、墓碑、错位、贴错（极性）、装反、引脚上浮、润湿不良、漏焊、桥接、锡膏过量、虚焊（少锡）和锡球等。最简单的检测方法是采用图形放大目测技术。

图形放大目测技术所采用的设备简单，可用一般的光学放大镜，也可采用配有 CCD 摄像机和显示器的光学检测系统。这种检测方法采用人工目测，或应用摄像机和计算机模拟人工目测，由计算机对焊点外观特征的 2D、3D 图像的灰度级进行处理，以此判断组件和焊点的外观缺陷。它只能检测可视焊点外观缺陷情况，且检测速度慢，检测精度有限。但由于其检测方便、成本低，在组件质量外观检测中被广泛应用。

（2）焊点质量检测

简单的焊点质量检测可采用图形放大目测技术和自动光学检测技术，除此之外，常用的焊点质量检测技术主要有：激光/红外检测、X 射线检测、超声波检测、图像比较自动光学检测技术等。

任务实施

1. 实训目的及要求

1）熟悉 SMT 贴片质量标准。

2）熟悉 SMT 贴片产生的各种缺陷。

3）能分析出不同缺陷产生的原因。

4）能对缺陷进行简单维修。

5）能通过调整设备参数和改进工艺来减少缺陷。

2. 实训器材及软件

SMT 生产的半成品、产品：若干。

SMT 维修工具：1 套。

3. 知识储备

（1）锡膏印刷检验标准和贴片胶检验标准

这两项标准分别见表 7-4 和表 7-5，在印刷好锡膏并点好贴片胶后，需要进行初步检测，避免有缺陷的半成品流入下一个工序。通过检测来及时调整印刷工艺，可以有效提高产品质量，保证焊点品质。

表 7-4 锡膏印刷检验标准

标准	标准	可接受	拒收	拒收
BGA 印刷无偏移	CSP 印刷无偏移	偏移≤1/5 焊盘直径	偏移>1/5 焊盘直径	边缘不整齐
标准	拒收	拒收	拒收	拒收
无偏移	锡膏偏移量>1/5 焊盘长度	少锡	少锡	边缘不整齐

（续）

标准	拒收	拒收	拒收	拒收
无偏移 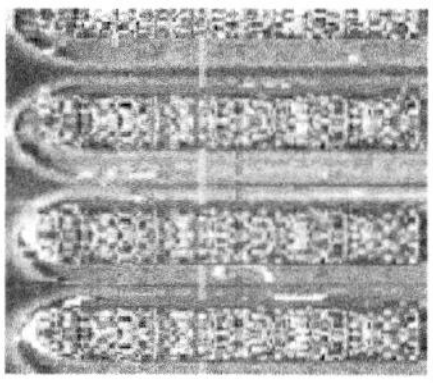	偏移 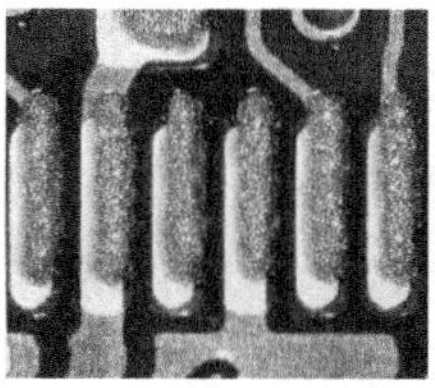	塌边 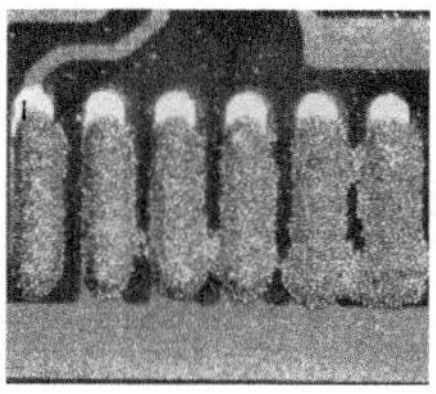	连锡 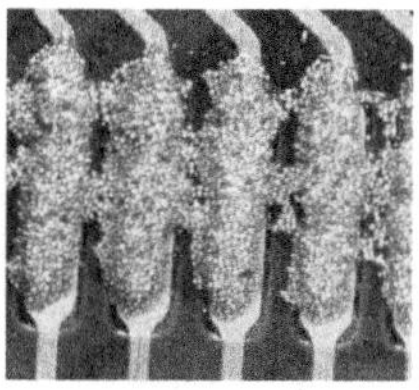	少锡 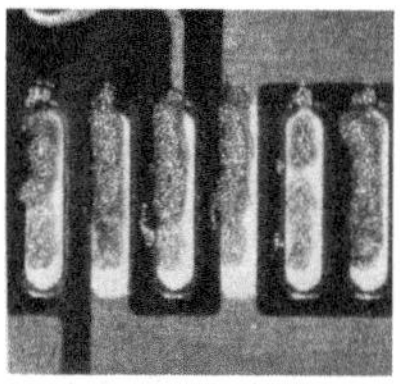

标准	可接受	可接受	拒收	拒收
无偏移 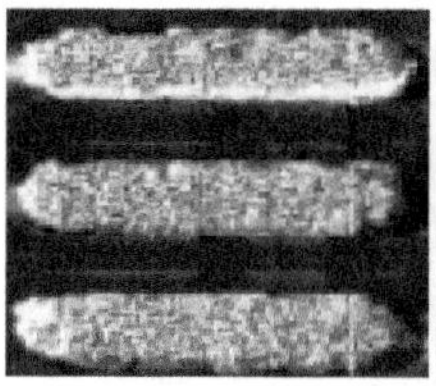	锡膏偏移≤1/5 焊盘直径 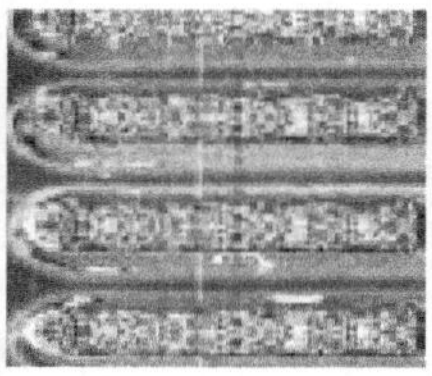	锡膏偏移≤1/5 焊盘直径 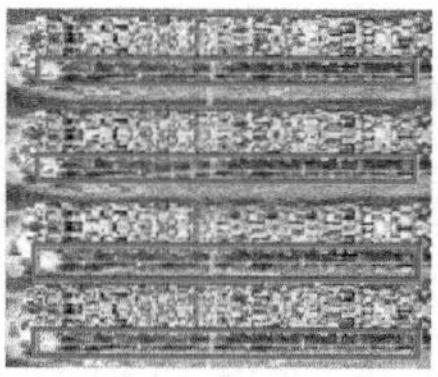	偏移>1/5 焊盘直径 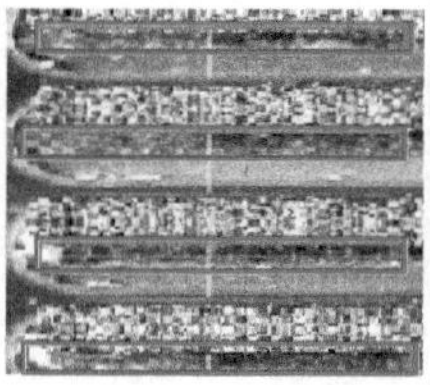	塌边 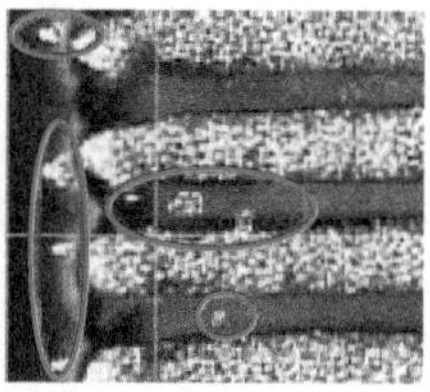

标准	标准	拒收	拒收	拒收
无偏移 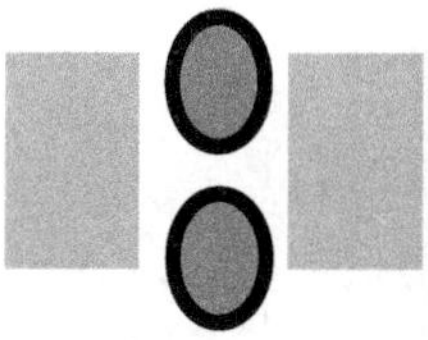	无偏移 	边缘不整齐 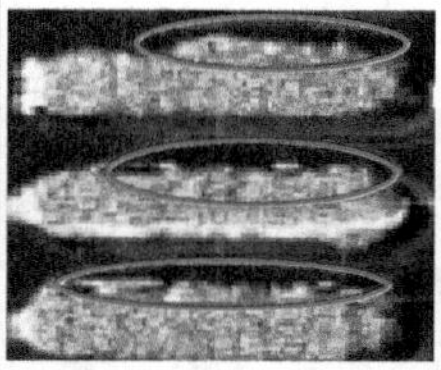	连锡 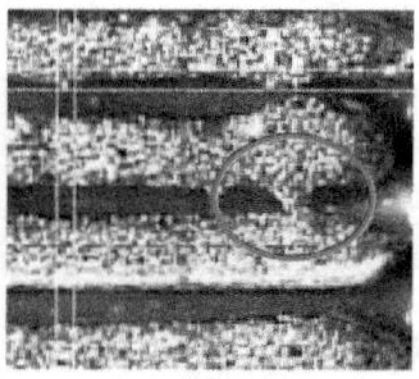	拉尖 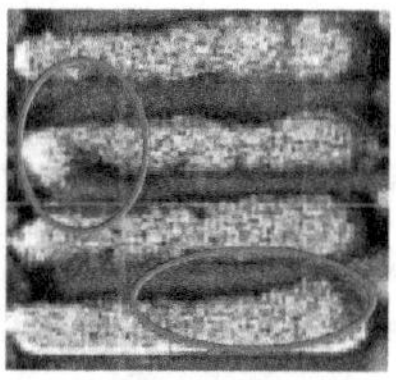

表 7-5　贴片胶检验标准

标准	可接受	可接受	拒收	拒收
无偏移，与基板紧贴 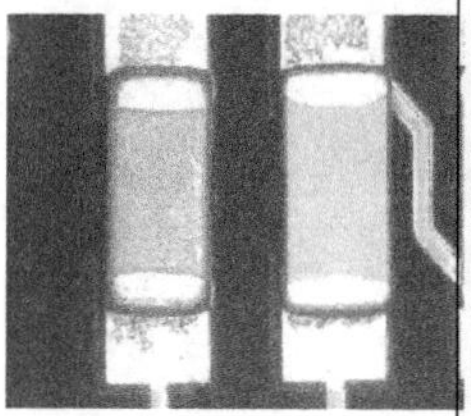	偏移量 $C\leqslant 1/4W$ 或 $1/4P$ 	偏移量 $C\leqslant 1/4W$ 或 $1/4P$ 	元器件与基板间隙超过 0. 15 mm 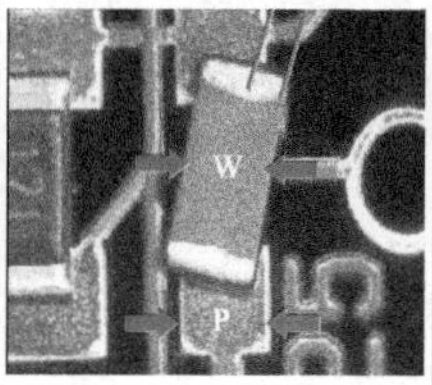	元器件与基板间隙超过 0. 15 mm 

（续）

标准	可接受	可接受	拒收	拒收
贴片胶无偏位，量均匀，量足	$C<1/4P$，贴片胶均匀，推力满足要求	成形略佳，贴片胶稍多，但不形成溢胶	贴片胶偏移量大于 $1/4P$，溢胶，致焊盘被污染	贴片胶量不足，印刷不均匀，推力不足
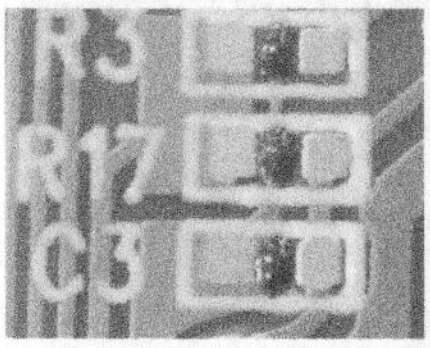				
标准	可接受	可接受	拒收	拒收
贴片胶量适中，元器件无偏移	贴片胶稍多，但未沾到焊盘与元器件引脚	偏移量 $C\leq 1/4W$ 或 $1/4P$，贴片胶量足	贴片胶溢至焊盘上，影响元器件引脚	贴片胶偏移量在 1/4 以上
			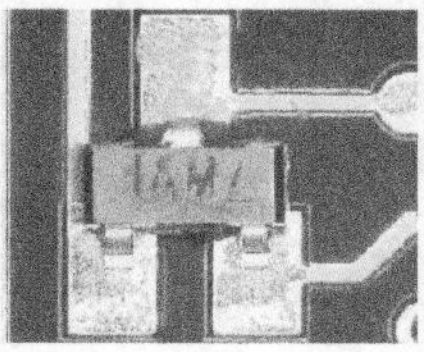	
标准	标准	可接受	拒收	拒收
元器件无偏位，贴片胶量标准	元器件无偏位，贴片胶量标准	偏移量 $C\leq 1/4W$	贴片胶溢出到元器件端面与焊盘间	$C>1/4W$

标准	拒收	拒收	拒收	拒收
无偏移、与基板紧贴	距离<0.13 mm	距离<0.13 mm	虚焊	元器件从本体算起，浮高>0.15 mm
			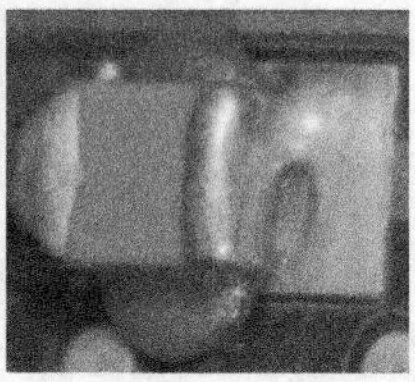	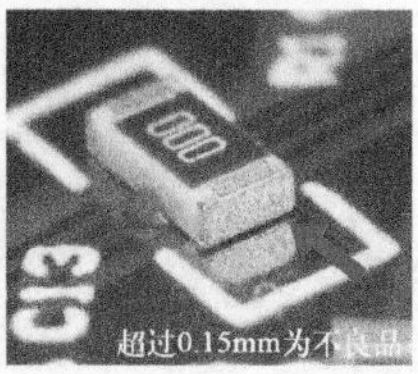

（2）SMT 缺陷手工返修

当完成 PCB 的检查后，对有缺陷的 PCB 应当返修。返修 PCB 时有两种方法：一是采用恒温电烙铁（手工焊接）进行返修，二是采用返修工作台（热风焊接）进行返修。不论采用哪种方法，都要求在最短的时间内形成良好的焊点。因此当采用电烙铁时，要求在少于 5 s 的时间内完成焊接，最好是大约 3 s。返修焊接过程如图 7-5 所示。

1）电烙铁返修即手工焊接。电烙铁在使用前，应先给烙铁头镀上一层焊锡后才能正常使用，当电烙铁使用一段时间后，烙铁头的刃面及周围会产生一层氧化层，这样便产生“吃锡”困难的现象，此时可锉去氧化层，重新镀上焊锡。

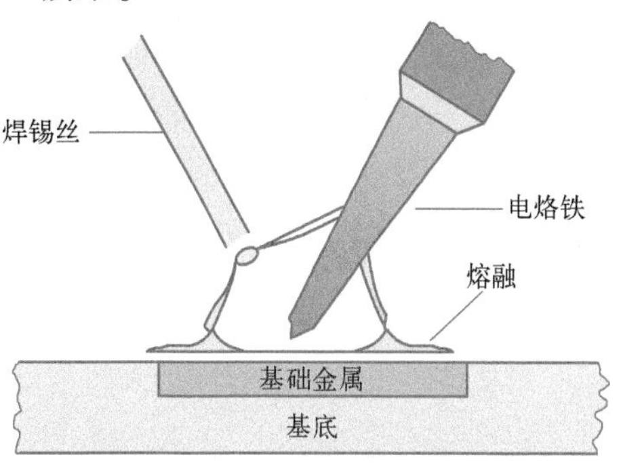

图 7-5　返修焊接过程

2）焊接步骤。焊接过程中，工具要放整齐，电烙铁要拿稳对准。一般焊点的焊接，最好使用带松香的管形焊锡丝。要一手拿电烙铁，一手拿焊锡丝，具体操作为：

清洁烙铁头→加温焊点→熔化焊锡丝→移动烙铁头→拿开电烙铁

方法 1：快速地让已加热和上锡的烙铁头接触焊锡丝，然后接触焊点区域，用熔化的焊锡实现从电烙铁到工件的最初热传导，然后把焊锡丝从将要接触焊接表面的烙铁头上移开。

方法 2：让烙铁头接触引脚/焊盘，把焊锡丝放在烙铁头与引脚之间，形成热桥，然后快速地把焊锡丝移动到焊点区域的反面。

但在生产中，往往有使用温度不适当、压力太大、居留时间延长，或三者一起作用而产生的对 PCB 或元器件的损坏。

3）焊接注意事项。

① 烙铁头的温度要适当，不同温度的烙铁头放在松香块上时，会产生不同的现象，一般来说，松香熔化较快又不冒烟时的温度较为适宜。

② 焊接时间要适当，从加热焊点到焊锡丝熔化并流满焊点，一般应在几秒内完成。如果焊接时间过长，则焊点上的助焊剂完全挥发，就失去了助焊作用。如果焊接时间过短，则焊点的温度达不到焊接温度，焊锡丝不能充分熔化，容易造成虚焊。

③ 焊锡丝与助焊剂使用要适量，焊点上的焊锡丝与助焊剂使用过多或过少都会给焊接质量造成很大的影响。

④ 防止焊点上的焊锡任意流动，理想的焊接应当是焊锡只处于需要焊接的地方。在焊接操作上，开始时焊锡要少些，待焊点达到焊接温度，焊锡流入焊点空隙后再补充后续焊锡，迅速完成焊接。

⑤ 焊接过程中，在焊点上的焊锡尚未完全凝固时，不应移动焊点上的被焊元器件及导线，否则焊点会变形，出现虚焊现象。

⑥ 不应烫伤周围导线及元器件的塑胶绝缘层及表面，尤其是焊接结构比较紧凑，形状比较复杂的产品时。

⑦ 及时做好焊接后的清理工作，焊接完毕后，应将剪掉的导线头及焊接时掉下的锡渣等及时清理干净，防止落入产品内带来隐患。

4）焊接后的处理。焊接后需要检查是否有漏焊，焊点的光泽好不好，焊点的焊锡足不足，焊点周围是否有残留的助焊剂，有无连焊，焊盘有无脱落，焊点有无裂纹，焊点是否凹凸不平，焊点是否有拉尖现象。然后用镊子将每个元器件拉一拉，看是否有松动现象。

5）拆焊。

① 用烙铁头加热被拆焊点时，焊锡一熔化，就应及时按垂直 PCB 的方向拔出元器件的引脚，不要强拉或扭转元器件，以免损坏 PCB 和其他元器件。

② 拆焊时不要用力过猛，不能用电烙铁去撬和晃动焊点，一般焊点不允许用拉动、摇动或扭动等办法拆除。

③ 当插装新元器件之前，必须把焊盘插孔内的焊料清除干净，否则在插装新元器件引脚时，将造成 PCB 的焊盘翘起。

（3）BGA 返修工作台的返修作业

图 7-6 ZM-R6821 BGA 返修工作台

BGA 返修工作台主要针对 BGA 封装的元器件进行返修，也可拆/焊 SOIC、QFP 和 PLCC 等各种 SMT 元器件。工作台可模拟事先设定的再流焊温度曲线，对 PCB 局部加热，返修时不会损坏 PCB 和元器件。工作台采用光学对准，配有底部和侧面光学镜头，可精确贴装包括 BGA

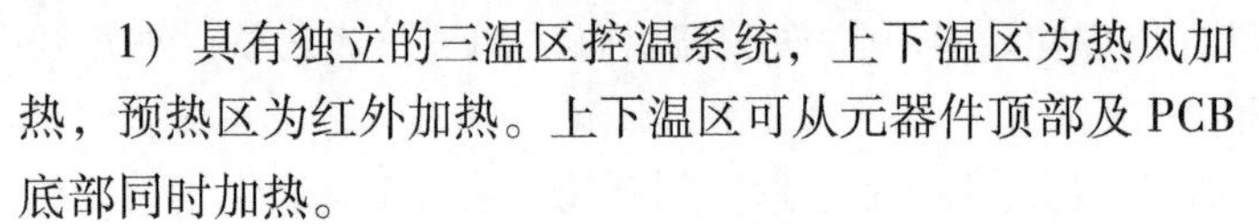

在内的各种 IC 元器件，配有 METCAL Smart Heat 居里点温控智能型返修系统和吸锡系统。图 7-6 所示为 ZM-R6821 BGA 返修工作台。其主要的特点如下。

1）具有独立的三温区控温系统，上下温区为热风加热，预热区为红外加热。上下温区可从元器件顶部及 PCB 底部同时加热。

2）具有精确的光学对位系统，该工作台采用高清可调的 CCD 彩色光学视觉对位系统，具有分光、放大、缩小和微调功能。并配有自动色差分辨和亮度调节装置，可调节成像清晰度。

3）具有优越的安全保护功能，该工作台设有急停开关和异常事故自动断电保护装置。在焊接或拆焊完毕后具有报警功能。在温度失控的情况下，电路能自动断电，具有双重超温保护功能。

BGA 返修工作台主要用于处理手工无法返修的 QFP、BGA、PLCC 等元器件的缺陷，它通常采用热风加热法对元器件引脚进行加热，但应配合相应的喷嘴。较高级的 BGA 返修工作台的加温区可以做出与再流焊炉相似的温度曲线。

4. 实训内容及步骤

1）对有缺陷的锡膏 PCB 和贴片胶 PCB 进行质量判别，判定为标准、可接受或拒收。

2）通过调整丝网、改善印刷方式和力度、重新准备锡膏和红胶等方式来改善印刷质量。

3）对通过再流焊炉焊接的 PCB 半成品焊点按照质量标准进行判定，判定为标准、可接受或拒收。

4）通过改善再流焊炉的温度曲线参数来改善焊点质量。

5）使用电烙铁对有缺陷的焊点进行手工维修。

6）使用 BGA 返修工作台对有缺陷的 BGA 芯片半成品和密脚 IC 进行拆卸。

5. 实训结果及数据

1）熟练判定焊膏和贴片胶印刷质量。

2）能通过调整丝印网改善印刷质量。

3）熟练判定焊点质量。

4）能通过调整再流焊炉温度曲线改善焊点质量。

5）熟练使用电烙铁进行手工缺陷维修。

6）熟练使用 BGA 返修工作台对高密度 IC 进行返修。

6. 考核评价

序号	考核内容	配分	评分标准	考核记录	扣分	得分
1	熟悉 SMT 印刷和焊点质量标准	30	正确判定工艺质量			
2	熟练调整设备来改善 SMT 质量	20	熟练调整设备并做好技术测试			
3	熟练使用各种返修工具	30	能正确使用各种工具			
4	熟练使用 BGA 返修工作台	20	能用 BGA 返修工作台拆卸 IC			
	分数总计	100				

任务 7.2 产品清洗

任务描述

电子产品清洗是指通过物理、化学或特殊工艺手段，清除电子元器件、电路板、精密仪器等设备表面及内部污染物（如灰尘、油脂、助焊剂残留、金属颗粒等）的过程，以保障其性能稳定并延长使用寿命。学完本项目，读者对 SMT 生产的产品的清洗方法、清洗流程及清洗原理应有概括性的了解，能通过清洗步骤消除 SMT 产品表面及内部污染物。

相关知识

7.2.1 SMT 清洗技术

1. SMT 清洗技术概述

（1）污染物的来源

PCB 上的残留物污染通常可以分为两类；离子污染物及非离子污染物。离子污染物在潮湿的环境下会导电，造成焊点的短路及腐蚀。非离子污染物的表现就如同绝缘体一样，举例而言，它们可能会妨碍电流通过插接器，或是其他同样类型用来相互连通的接点。传统的以松香为基材的助焊剂同时包含了离子（活化物）及非离子（松香）两种污染物。除了助焊剂以外，污染物还有许多来源，其中也包含了在制造 PCB 的过程中所使用的具有大量离子及腐蚀性的物质。

PCB 的另一类污染物则来自包装、储存、运输、收货及再储存等过程，因此，即使收货时就已证实 PCB 本身很干净，但当 PCB 暴露在升高的温度下时，PCB 中还是有可能会跑出一些含离子的物质。组件有时候会储存在“干净”的环境中好几个月才有机会拿出来使用。PCB 在插件及焊接时，从一站移往下一站的过程中有可能会受到伤害。即使工作人员都戴上手套，其清洁程度也只和生产线工作人员相同，而他们也可能是离子的污染源之一。

（2）从溶剂到设备

为一个特定制程选择合适的溶剂成分并不是一件容易的事，就实际而言，溶剂清洗的效果完全视所使用的助焊剂种类、制程时间及温度、PCB 设计、组件（布线）密度、组件种类、产量设计、清洗设备及制程参数（甚至包含喷嘴形状及压力）而定。

一旦确定要使用哪一种溶剂，就可以选定要使用哪一种机器设备，制程参数设定包括单机或是联机、清洗时间及温度、喷洒角度及压力、输送带速度、进水质量、干燥时间及温度，还有为了使低活性的助焊剂能被清洗干净所使用的超声波清洗装置的能量。

另一选择是使用水溶性助焊剂（WSF）。水溶性助焊剂可以提供良好的助焊能力，但因其有着较强的侵蚀力，如果没有清洗干净将会造成问题。例如，水溶性助焊剂因为表面张力较低，不易被从高密度的组件区清洗干净，从而可能残留在组件或绝缘导线束，进而导致故障。许多水溶性助焊剂含有聚乙二醇的成分，这些成分是不含离子及易吸湿的，也就是说，它们会从空气中吸收湿气，然后造成电化学方面的迁移（电子迁移），并因离子污染而降低电性能上的表现。

（3）SMT 免洗技术

免洗制程的概念起源于使用低残留物的助焊剂，这类助焊剂内部只有少量或完全没有腐蚀性物质，因此可增加产品的可靠度。使用低残留物的助焊剂，成品可以不需要再清洗。就实际而言，免洗制程需要一种全新的方式来组装 PCB。

应用免洗技术通常要配合使用引脚有较好可焊性的组件。因此这些组件的质量和数量也要与以往的采购标准有所不同。进货检测也由此变得重要。组件储存及处理也都成为“没有污染物”的重要一环，此外，好的制程控制及人员训练也有助于达成免洗。

2. SMT 清洗设备及其工作原理

SMT 车间的 PCB 在线全自动清洗机是一种高效清洗设备，主要用于清洗 PCB。它基于一系列精密的机械系统、电气系统和清洗剂，可实现高效、精准的清洗。

PCB 清洗机的结构主要包括输送系统、浸泡系统、清洗系统、干燥系统和控制系统。输送系统采用在线自动输送，有助于实现 PCB 的连续清洗；浸泡系统可将 PCB 完全浸泡在清洗剂中，以发挥清洗剂的清洗效果；清洗系统利用喷嘴喷射高压气体和清洗剂，清洗 PCB 的各个表面；干燥系统则采用热空气烘干或真空干燥技术，迅速干燥清洗后的 PCB。控制系统则通过精确的程序控制，实现 PCB 在各个系统间的连续传递和清洗。此外，还可根据 PCB 的材质和污染程度等参数，智能调节清洗的压力、温度和时间等参数。

7.2.2 水基清洗技术

1. 水基清洗的概念

水基清洗以水为清洗介质，为了提高清洗效果，可在水中添加少量的表面活性剂、洗涤助剂和缓蚀剂等化学物质（一般含量在 2%~10%）。并可针对 PCB 上不同性质污染的具体情况调整添加剂，使其清洗的适用范围更宽。水基清洗剂对水溶性污垢有很好的溶解作用，再配合加热、刷洗、喷淋、喷射和超声波清洗等物理清洗手段，能取得更好的清洗效果。在水基清洗剂中加入表面活性剂，可使其表面张力大大降低，并使水基清洗剂的渗透、铺展能力加强，以便更好地深入到紧密排列的电子元器件之间的缝隙中，将渗入到 PCB 内部的污垢去除。利用水的溶解作用与表面活性剂的乳化分散作用，也可以将合成活性类助焊剂的残留物很好地清除。

对于松香基助焊剂，可在水基清洗剂中加入适量的皂化剂（Saponifier），皂化剂可在清洗 PCB 时与松香中的松香酸、脂肪酸等有机酸发生皂化反应，生成可溶于水的脂肪酸盐（肥皂）类化学物质。皂化剂通常是显碱性的无机物，如氢氧化钠、氢氧化钾等，也可以是显碱性的有机物，如单乙醇胺等。在商用皂化剂中，一般还含有有机溶剂和表面活性剂成分，以去除不能发生皂化反应的残留物。由于皂化剂可能对 PCB 上的铝、锌等金属产生腐蚀，特别是在清洗温度比较高、清洗时间比较长时很容易使腐蚀加剧。所以在配方中，应添加缓蚀剂。此外，含有对碱性物质敏感的元器件的 PCB 不宜使用含皂化剂的水基清洗剂清洗。

在水基清洗的工艺中，如果配合使用超声波清洗，利用超声波在清洗液中传播时产生大量微小空气泡的“空穴效应”，可以有效地把不溶性污垢从 PCB 上剥除。考虑到 PCB、电子元器件与超声波的相容性要求，PCB 清洗时使用的超声波频率一般在 40 kHz 左右。

2. 水基清洗的工艺流程

该工艺流程包括清洗、漂洗和干燥三个工序。首先用浓度为 2%～10%的水基清洗剂配合加热、刷洗、喷淋、喷射和超声波清洗等物理清洗手段对 PCB 进行批量清洗，然后用纯水或去离子水进行 2～3 次漂洗，最后进行热风干燥。水基清洗需要使用纯水进行漂洗是造成水基清洗成本较高的主要原因。高质量的水是确保清洗质量的前提，在一些情况下，可先使用电导率在 5 μS/cm 的去离子水进行漂洗，再使用电导率在 18 μS/cm 的高纯度去离子水进行一次漂洗。

典型的水基清洗工艺如图 7-7 所示。其过程为：在 55℃的温度下，用水基清洗剂对 PCB 进行批量清洗，并配合强力喷射清洗 5 min，然后用 55℃的去离子水漂洗 15 min，最后在 60℃的温度下，用热风吹干 20 min。

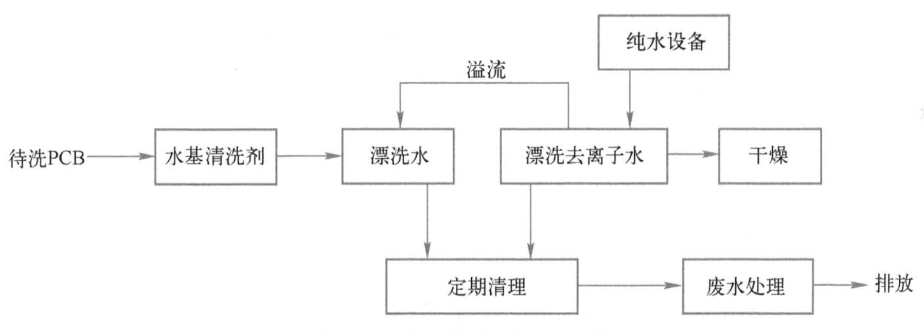

图 7-7 典型的水基清洗工艺

任务实施

1. 实训目的及要求

1）熟悉 SMT 生产中各种辅料产生污染物的原因。

2）熟悉 SMT 清洗流程。

3）能分析出清洗是否完成了污染物去除。

4）能熟练使用清洗设备和工具。

5）能通过清洗工艺改善 SMT 产品缺陷。

2. 实训设备

SMT 产品：若干。

SMT 清洗工具及辅料：1 套。

3. 实训内容及步骤

1）辨别 PCB 上的污染物并判定来源。

2）能够操作超声波清洗机。

3）使用超声波清洗机对 PCB 进行水基清洗。

4）检查清洗后的 PCB，并与未清洗的 PCB 进行对比。

4. 实训结果及数据

1）能判定由不同 SMT 辅料产生的污染物。

2）能熟练操作超声波清洗机。

3）能熟练对产品 PCB 进行水基清洗。

4）能判定 PCB 是否清洗干净。

5）安全使用各种有腐蚀性的溶剂。

5. 考核评价

序号	考核内容	配分	评分标准	考核记录	扣分	得分
1	能判定由不同 SMT 辅料产生的污染物	20	对污染物来源和产生原因充分了解			
2	能熟练操作超声波清洗机	20	安全熟练操作设备			
3	能熟练对产品 PCB 进行水基清洗	20	正确进行水基清洗			
4	能判定 PCB 是否清洗干净	20	完成产品清洗			
5	安全使用各种有腐蚀性的溶剂	20	操作安全规范			
	分数总计	100				

项目小结

SMT 产品质量检测与维修是确保电子制造过程中产品可靠性和性能稳定性的重要环节。SMT 产品质量检测也是确保产品符合规格和客户要求的关键步骤。通过对产品进行全面、细致的检测，可以发现潜在的缺陷和问题，从而及时采取修复措施，避免不合格产品流入市场。

SMT 产品质量检测涉及多个方面，包括外观检查、电气性能检测和可靠性检测等。外观检查主要通过目视或自动化设备检查产品表面是否有划痕、污点和错位等缺陷。电气性能检测则利用专业设备对产品进行电压、电流和电阻等参数的检测，以确保其电气性能符合要求。可靠性检测则模拟产品在实际使用环境中的情况，检测其长期稳定性和耐用性。

当发现 SMT 产品存在质量问题时，需要及时进行维修。维修流程通常包括故障定位、原因分析、维修措施制定和实施等步骤。通过专业的检测设备和维修技术，可以准确找出故障点，分析故障原因，并采取针对性的维修措施。在维修过程中，还需要注意遵守相关的安全操作规程，确保维修过程的安全性和有效性。

习题与练习

1. 单项选择题

1）元器件虚焊的主要原因包括（　　）。

A. 贴装的位置不对，贴装压力不够，锡膏印不准，锡膏量不够，锡膏中助焊剂含量太高，锡膏厚度不均，焊盘或引脚可焊性不良，焊盘比引脚大得太多

B. 锡膏塌落，锡膏太多，在焊盘上多次印刷，加热速度过快

C. 焊盘和元器件可焊性差，印刷参数不正确，再流焊温度和升温速度不当

D. 印刷位置移位，锡膏中的助焊剂使元器件浮起，锡膏的厚度不够，加热速度过快且不均匀，焊盘设计不合理，元器件可焊性差

E. 加热速度过快，锡膏吸收了水分，锡膏被氧化，PCB 焊盘污染，锡膏过多

2）产生虚焊的主要原因是焊盘和元器件可焊接性差，解决办法是（　　）。

A. 加强 PCB 和元器件的可焊接性

B. 减小锡膏黏度，检查刮刀压力及速度

C. 调整再流焊温度曲线

3）产生墓碑的主要原因是锡膏中的助焊剂使元器件浮起和锡膏的厚度不够，解决办法是（　　）。

A. 校正丝印机定位坐标

B. 采用助焊剂含量少的锡膏，增加印刷模板的厚度

C. 调整再流焊温度曲线

D. 严格按规范进行焊盘设计，选用可焊性好的锡膏

2. 简答题

1）现代电子组装工艺中，采用 SMT 生产时，使用的检测方法主要有哪些？

2）简述不同检测方法之间的区别。

3）来料检测的主要检测内容包含哪些？

4）焊点质量的检测可以采用哪些方式来实现？

项目 8　微组装技术

微组装技术是微电子组装技术的简称，它通过微焊互连和微封装工艺技术将高集成度的IC元器件及其他元器件组装在高密度多层基板上，形成高密度、高可靠性、高性能、多功能的立体结构微电子产品。本项目旨在让读者了解常见的微组装技术，通过仿真演示熟悉这些技术的工艺流程。

任务 8.1　SMT 组装工艺仿真演示

任务描述

SMT 组装工艺是 SMT 的基础。完成本项目后，读者应能对 SMT 组装工艺有个概括性的了解。同时，通过仿真课程平台演示，加深对 SMT 组装工艺步骤的印象，并通过 SMT 组装工艺的 3D 演示视频，强化对 SMT 组装工艺流程的理解。

相关知识

8.1.1　集成电路制造技术

随着电子科技的不断发展，集成电路成为现代电子技术中不可或缺的核心部件。集成电路是由许多微小的电子元器件组成的，这些元器件在一个单一的半导体芯片上被组合在一起。在集成电路的制造过程中，存在着许多技术和过程，这些技术和过程在集成电路的质量、功率和成本等方面都有着至关重要的影响。

1. 集成电路的基本概念

集成电路是一种将许多电子元器件和电路结构组合在一起的部件。它由半导体材料和化学材料构成，可以实现多种功能。现代集成电路普遍采用 CMOS 技术。CMOS 技术是一种典型的数字电路技术，它具有低功耗、高可靠性和高可利用性等优点。集成电路的制造技术主要包括掩模、扩散、激光微加工和刻蚀等。

2. 集成电路的制造技术

（1）掩模技术

掩模技术是制造集成电路的关键技术之一，它可以通过光刻，将设备图案信息转移到硅片上。掩模制作过程通常分为掩模图形定义、将图形转移到硅片上、修复和清洗四个步骤。掩模技术对于制造特定种类的集成电路非常重要，因为设备的性能与电路占用的面积等都取决于掩模技术的高精度加工能力和大量生产设备的稳定性。

（2）扩散技术

扩散技术用于向硅片表面导入不同级别的斗体材料，或在硅片表面上形成具有带墨材料的氧化物层。扩散技术的作用是使硅片表面形成新的半导体区域和各种掺杂区域，这些区域构成了集成电路中的各种电子元器件和电路结构。扩散技术是集成电路制造中较难处理的技术之一，因为该技术要求进行高精度加工，以保证集成电路的功能稳定性和可靠性。

（3）激光微加工技术

激光微加工技术是一种可以在集成电路制造中实现高分辨率图像和精细图案的技术。激光微加工通常可在硅晶体上切割和雕刻元器件，这些元器件用于构成集成电路的分离元器件和电路结构。激光微加工制造时间较短，且具有高精度、不会磨损器材和可高效整合的优点。

（4）刻蚀技术

刻蚀技术可将多层材料沉积在硅片上，并通过化学反应蚀去相应材料，以此制造元器件。刻蚀可以实现更高精度的加工，并且实现精细化的刻板表面。

常见的集成电路制造过程如图 8-1 所示。

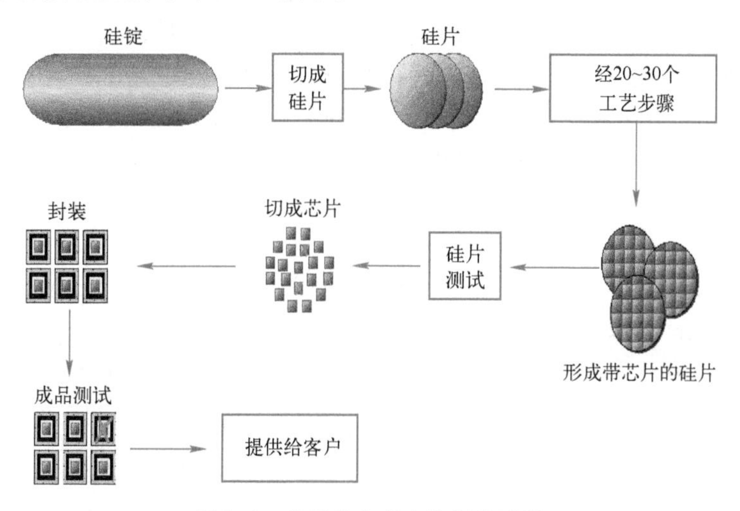

图 8-1　常见的集成电路制造过程

3. 集成电路材料

集成电路由多种材料组成，其中包括硅材料、金属材料和绝缘体材料等。这些材料在集成电路的制造过程中发挥着不同的作用，为集成电路的性能和功能提供了基础支撑。

首先，硅材料是集成电路的主要材料之一。硅材料是一种半导体材料，具有良好的导电性和稳定的化学性质，因此被广泛应用于集成电路的制造中。在集成电路的制造过程中，硅材料被用来制作晶体管和其他电子元器件，其优良的半导体特性能够确保集成电路的稳定性和可靠性。

其次，金属材料也是集成电路中不可或缺的一部分。金属材料主要用于制作集成电路中的导线和插接器，其良好的导电性能和机械性能可以确保集成电路中信号传输和连接的可靠性。在集成电路的制造过程中，金属材料通常被沉积在硅片上，并经过光刻、蚀刻等工艺步骤，最终形成复杂的导线和连接结构。

最后，绝缘体材料也是集成电路中至关重要的一部分。绝缘体材料通常被用来隔离和保护集成电路中的导线和元器件，防止它们之间相互干扰和短路。

随着电子技术的不断发展，集成电路的材料也在不断创新和改进，以满足不断提高的性能和功能需求。各种材料的性能见表 8-1。

表 8-1 集成电路材料性能情况

分 类	材 料	电导率/(S/cm)
导体	铝、金、钨、铜等	10^5
半导体	硅、锗、砷化镓、磷化铟等	10^{-9}~10^2
绝缘体	SiO_2、SiON、Si_3N_4 等	10^{-22}~10^{14}

4. 集成电路生产环境

集成电路对生产环境有严格的要求，在集成电路的工艺水平进入深亚微米阶段以后，其对生产环境提出了更加苛刻的要求，这是因为任何粒径超过 0. 18 μm 的尘埃杂质团都将破坏微精细加工图形，产生加工缺陷，甚至使加工图形报废。

在集成电路加工过程中，存在的污染一部分来源于化学试剂，如气体不纯和去离子水质量不合格；另一部分来源于空间中的尘埃、杂质、有害气体和操作人员引入的尘埃、毛发、油脂、手汗和烟雾等。不论哪种形式的污染，都会对集成电路的成品率和可靠性产生严重的影响，例如 PN 结一旦被污染将引起漏电流增大或表面沟道变窄，使 PN 结的击穿特性发生畸变；手汗引起的钠离子污染，会使 MOSFET 的阈值电压发生漂移，甚至导致其电流放大系数不稳定。

(1) 净化标准

净化标准是衡量工作环境的统一标准，衡量空气洁净度的主要技术指标是洁净度等级，常见空气洁净度等级见表 8-2。

表 8-2 空气洁净度等级

空气洁净度（N）	大于或等于表中粒径的最大浓度限值（pc/m^3）					
	0. 1 μm	0. 2 μm	0. 3 μm	0. 5 μm	1 μm	5 μm
1	10	2	—	—	—	—
2	100	24	10	4	—	—
3（一级）	1000	237	102	35	8	—
4（十级）	10 000	2370	1020	352	83	—
5（百级）	100 000	23 700	10 200	3520	832	29
6（千级）	1 000 000	23 700	102 000	35 200	8320	293
7（万级）	—	—	—	352 000	83 200	2930
8（十万级）	—	—	—	3 520 000	832 000	29 300
9（一百万级）	—	—	—	35 200 000	8 320 000	293 000

注意，对于空气洁净度等级，国际通用的说法为 1~9 级，但通俗说法中常以 0. 1 μm 悬浮颗粒数为标准而称为十级、百级等。

如果空气洁净度等级仅用颗粒数来说明（如一级洁净室），那么只接收到 0. 5 μm 的颗粒。这意味着每立方米空气中≥0. 5 μm 的颗粒最多允许 35 个。对于尺寸不同于 0. 5 μm 的颗粒，空气洁净度等级应表达为具体颗粒尺寸的洁净度等级。例如十级 0. 2 μm，即为每立方米空气中≥0. 2 μm 的颗粒最多允许 2370 个。十级 0. 1 μm，即为每立方米空气中≥0. 1 μm 的颗粒最多允许 10 000 个。洁净室如图 8-2 所示。

图 8-2　洁净室

在集成电路制造工艺中，制板、光刻、多层布线等工艺要求空气洁净度等级达到 10 级；外延化学气相淀积扩散工艺要求达到 10~100 级；中测腐蚀筛选装配等工艺要求达到 1000~10 000 级。

（2）人

人是颗粒的来源。人员持续不断地进出洁净室，是洁净室的最大污染来源。颗粒来源于人的头发、头发用品、衣物纤维和皮屑等。一个人平均每天释放 28.35 g 颗粒。人的工作姿态不同，产生的颗粒情况也有差异。人处于不同姿态时产生的颗粒情况见表 8-3。集成电路加工时的简单活动，如开门、关门或在工艺设备周围过度活动，都会产生颗粒污染。通常情况下，人的活动，如谈话、咳嗽和打喷嚏等，对半导体都是有害的。因此，为了维持洁净室的超净环境，相关工作人员必须遵循洁净室的操作规程，还必须穿上超净服。超净服由兜帽、连衣裤、工作服、靴子和手套组成，如图 8-3 所示。

表 8-3　人处于不同姿态时产生的颗粒情况

动　　作	颗粒数/min（0.3 μm 以上）
静坐或站着（静止）	100 000
坐着（头、腕、手指轻轻地动）	500 000
坐着（身体、脚尖轻轻地动）	1 000 000
起立（从坐着到站起来）	2 500 000
步行（0.5 m/s）	5 000 000
步行（1.5 m/s）	7 000 000
快步	10 000 000
体操	15 000 000~30 000 000

（3）超纯物质和化学试剂

在微电子加工工艺中，清洗是出现频率最高的一道工艺。清洗集成电路芯片时，必须使用超纯水。这是因为自来水和普通蒸馏水都含有一些杂质离子，如钠离子（Na^+）、钾离子（K^+）、镁离子（Mg^{2+}）和钙离子（Ca^{2+}）等阳离子，还有氯离子（Cl^-）、硫酸根离子（SO_4^{2-}）和碳酸根离子（CO_3^{2-}）等阴离子。若用含有这些离子的水清洗集成电路芯片，不仅清洗不干净，反而会加重污染。用水质不纯的水清洗集成电路芯片，会对芯片性能产生严重影响。超纯水指杂质含量极低的水，在集成电路芯片生产过程中，超纯水主要用于晶片的冲洗、相关器具的清洗和化学试剂的配制。

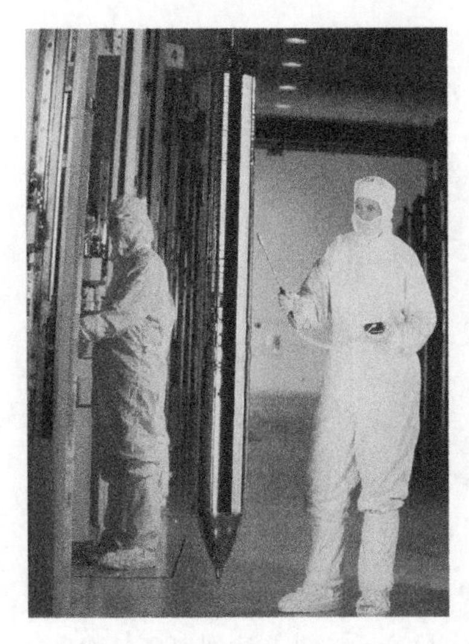
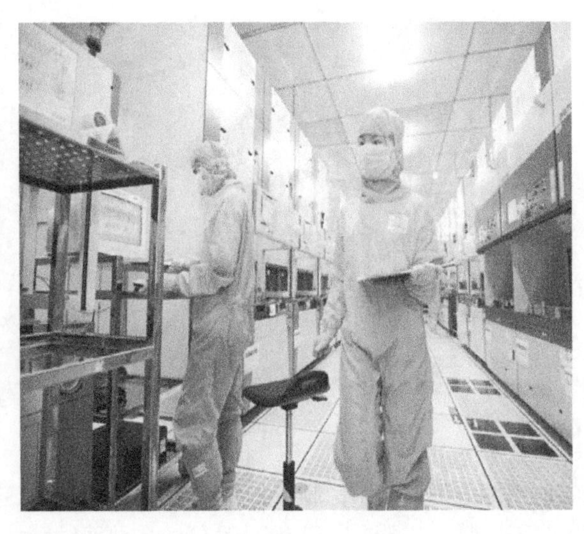

图 8-3　集成电路生产环境中人员的穿戴要求

超纯气体和化学试剂作为微电子加工的重要辅助材料，其纯度对集成电路芯片的电学性能有重要的影响。微电子加工对气体和化学试剂的基本要求是有害杂质含量要极少，纯度要极高。在微电子加工过程中，几乎每道工序都会用到气体，常用的气体有氧气、氢气、氮气和氩气，它们的纯度都要求在 99.99%以上。在超大规模集成电路的加工过程中，外延用的氧气纯度甚至高达 99.9999%。除此之外，要求在这 4 种气体中粒径大于 0.2 μm 的尘埃每升少于 3 个。

除了这 4 种常用的气体外，在微电子加工工艺中，还经常用于硅烷、磷烷、四氟化碳、氨和氯化氢等，这些物质中的有害杂质含量都只允许在 10^{-6}量级。

对于微电子加工工艺中所用到的化学试剂，纯级分为化学纯、分析纯、特级纯、电子纯和 MOS（半导体金属氧化物）纯。在电子纯级和 MOS 纯级的化学试剂中，不溶性杂质、重金属杂质和碱金属杂质的含量极低，可以低到 10^{-9}量级。在微电子加工工艺中使用的化学试剂一般是电子纯级和 MOS 纯级。在化学试剂的使用过程中，除保持化学试剂本身的纯级外，盛放化学试剂的器皿和工具在使用前也必须经过严格的清洗，所用的器皿应用聚乙烯或高纯度石英制成。

8.1.2　微组装技术概念

1. 微组装技术的内涵及其与电子组装技术的关系

微组装技术与传统的电子组装技术相比，其特点在“微”字上。“微”有两层含义：一是微型化，二是针对微电子领域。微组装技术是充分发挥高集成度、高速单片集成电路性能，实现小型、轻量、多功能、高可靠性电子系统的重要技术途径。

微组装技术的基础是 SMT，其主要采用倒装（Flip Chip，FC）和 C4（Controlled Collapse Chip Connection）凸点技术，实现了 IC 元器件（C4 凸点）封装和板级电路（BGA）组装这两个阶层之间在再流焊技术上的融合，如图 8-4 所示。

2. 微组装技术的层次和关键技术

（1）微组装技术的层次

微组装技术大致可分为 3 个层次，如图 8-5 所示。

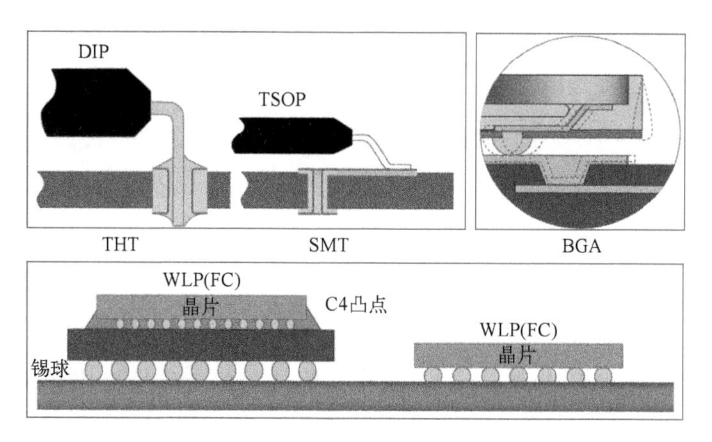

图 8-4 微组装技术

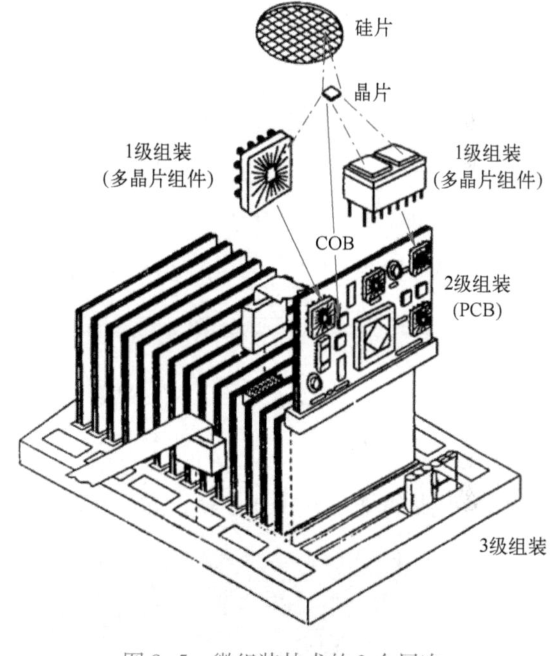

图 8-5 微组装技术的 3 个层次

1）1 级（芯片级）——指通过陶瓷载体、TAB 和倒装焊结构方式对单芯片进行封装。

2）2 级（组件级）——指在各种多层基板上组装各种裸芯片、载体 IC 元器件、倒装焊元器件以及其他微型元器件，并加以适当的封装和散热器，构成微电子组件(如 MCM)。

3）3 级（PCB 级）——指在大面积的多层 PCB 上组装多芯片组件和其他微电子组件、单芯片封装元器件，以及各种功能元器件，以此构成大型电子部件或整机系统。

（2）关键技术

1）芯片级的关键技术——凸点形成技术、植球技术、KGD 技术、TAB 技术、细间距丝键合技术、细间距引出封装的工艺技术。

2）组件级的关键技术——多层布线基板设计/工艺/材料/检测技术、倒装芯片焊接/检测/清洗技术、细间距丝键合技术、芯片互连可靠性评估和检测技术、高导热封装的设计/工艺/材料/密封技术、其他片式元器件的集成技术。

3）PCB 级的关键技术——电路分割设计技术、大面积多层 PCB 的设计/工艺/材料/检测技术、结构设计和工艺技术、组件与母板的互连技术。

8.1.3 BGA 技术

BGA（Ball Grid Array）即球阵列封装，它在基板的下面按阵列方式引出球形引脚，同时在基板上面装配大规模集成电路（Large-scale Integrated Circuit，LSI）芯片（有的 BGA 引脚与芯片在基板同一面），是 LSI 芯片使用的一种表面安装型封装。

1. BGA 封装类型

BGA 基板依使用材料不同可分为 8 种，具体如下。

1）PBGA——塑封 BGA。

2）CBGA——陶瓷封装 BGA。

3）CCBGA——陶瓷封装柱形焊球 BGA。

4）TBGA——卷带球阵列。

5）SBGA——超级球阵列。

6）MBGA——单层金属球阵列。

7）μBGA——细间距球阵列。

8）FPBGA——NEC 细间距球阵列。

MBGA 相当少见，CBGA 在 CPU、芯片组等高附加价值商品中应用较多。TBGA 则多用于各型驱动 IC 的封装上，最常见的便是 TFT LCD 的驱动 IC。PBGA 的成本最低且销量最大，加上近年来技术上的突破，使得 CPU、芯片组、绘图芯片等高阶 IC 多转用 PBGA。各类 BGA 封装类型如图 8-6 所示。

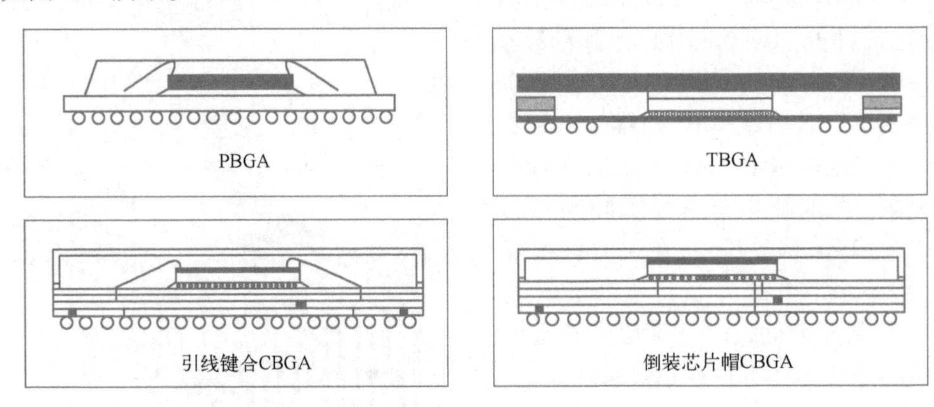

图 8-6 各类 BGA 封装类型

BGA 引脚的排布方式有多种，其中 4 种常见的 BGA 引脚排布方式如图 8-7 所示。

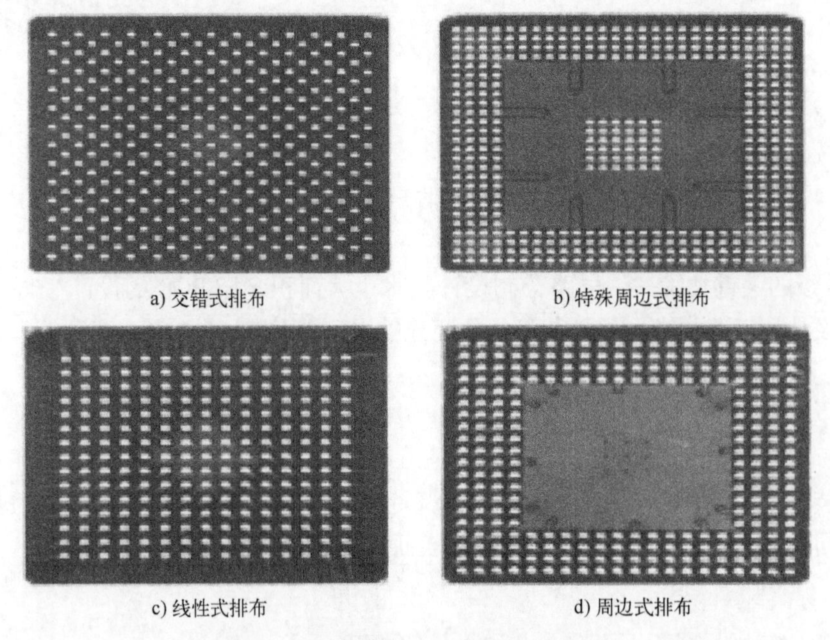

图 8-7 4 种常见的 BGA 引脚排布方式

2. BGA 封装优缺点

1）BGA 封装可实现芯片的高密度、高性能、多引脚封装。

2）BGA 封装的 CPU 信号传输延迟小，适应频率可以提高很多。

3）可采用热增强型芯片法焊接，从而可以改善芯片的电、热学性能。

4）虽然 BGA 封装的 I/O 引脚数增多，但引脚之间的距离远大于 QFP 封装，从而提高了封装成品率。

5）BGA 封装可用共面焊接，从而大大提高封装的可靠性。

6）与引脚架式封装相比，BGA 封装有共地/电源平面和较短的电气连接，且共地平面和热通孔可改善热学性能。

7）缺点是 BGA 封装占用基板的面积比较大。

8.1.4 倒装技术

倒装技术由 IBM 公司在 1960 年开发，可降低生产成本，提高生产速度和组件可靠性。倒装技术可使第一层芯片与载板接合封装，封装方式为芯片正面朝下向基板，无需引线键合，形成最短电路，降低电阻，同时采用金属球连接，缩小了封装尺寸，改善了电性能表现，解决了 BGA 为增加引脚数而需扩大体积的困扰。

倒装芯片（Flip Chip）又称倒装片，它在 I/O 焊盘上沉积锡铅球，然后将芯片翻转加热，利用熔融的锡铅球与陶瓷基板结合。当前，倒装芯片主要应用于高时钟脉冲的 CPU、GPU（Graphic Processor Unit）及 Chipset 等产品。与 COB 相比，倒装芯片的芯片结构和 I/O 端（铅锡球）方向朝下，因为 I/O 端分布于整个芯片表面，所以倒装芯片在封装密度和处理速度上具有明显优势，而且倒装芯片可以采用类似 SMT 的手段来加工。在典型的倒装芯片封装中，芯片通过 3~5 mil[⊖]厚的焊料凸点连接到芯片载体上，底部的填充材料用来保护焊料凸点，其结构如图 8-8 所示。

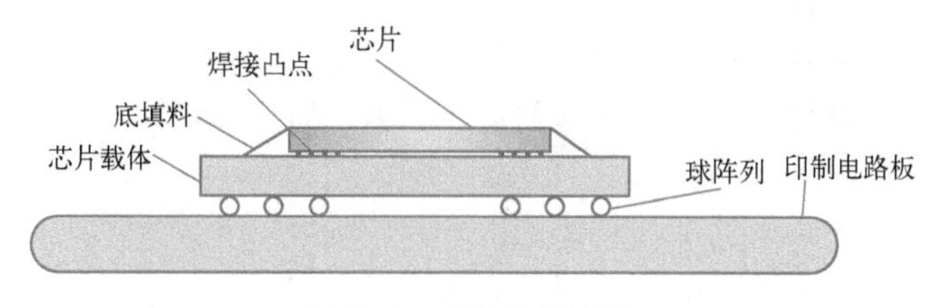

图 8-8 倒装芯片结构

倒装片连接有三种主要类型：可控塌陷芯片连接（Controlled Collapse Chip Connection，C4）、直接芯片贴装（Direct Chip Attach，DCA）和倒装芯片黏合附着（Flip Chip Adhesive Attachment，FCAA）。

1. 可控塌陷芯片连接（C4）

C4 类似超细间距 BGA，其与硅片连接的焊球阵列一般间距为 0.23 或 0.254 mm。焊球直径为 0.102 或 0.127 mm。焊球成分为 97Pb3Sn。这些焊球在硅片上可以呈完全分布或部分分布。

⊖ 1 mil = 0.0254 mm。

由于陶瓷可以承受较高的再流焊温度，因此陶瓷被用作 C4 的基材，通常在陶瓷的表面预先分布镀有 Au 或 Sn 的连接盘，然后进行 C4 形式的倒装芯片连接。C4 的优点在于：

1）优良的电性能和热性能。

2）在中等焊球间距的情况下，I/O 数可以很高。

3）不受焊盘尺寸的限制。

4）适于批量生产。

5）可减小芯片尺寸和质量。

2. 直接芯片贴装（DCA）

DCA 和 C4 类似，是一种超细间距连接类型。DCA 的硅片和 C4 的硅片结构相同，两者之间的唯一区别在于基材的选择。DCA 采用的基材是典型的印制材料。DCA 的焊球成分是 97Pb3Sn，焊盘上的焊料是共晶焊料（37Pb63Sn）。对于 DCA 来说，由于引脚间距仅为 0.203 或 0.254 mm，因此共晶焊料漏印到焊盘上相当困难，所以不使用锡膏漏印这种方式，而是在组装前给焊盘顶镀上铅锡焊料，焊盘上的焊料体积要求十分严格，通常要比其他超细引脚间距元器件所用的焊料多。在焊盘上，0.051 或 0.102 mm 厚的焊料由于是预镀的，一般略呈圆顶状，因此必须要在贴装前整平，否则会影响焊球和焊盘的可靠对位。

3. 倒装芯片黏合附着（FCAA）

FCAA 存在多种形式，目前仍处于初期开发阶段。其硅片与基材之间的连接不采用焊料，而是用胶来代替。在这种连接中，硅片底部可以有焊球，也可以采用焊料凸点等结构。FCAA 所用的胶包括各向同性和各向异性等多种类型，主要取决于实际应用中的连接状况，另外，基材通常有陶瓷、PCB 材料和柔性电路板。

4. 特性

倒装技术与传统的引线键合工艺相比，具有许多明显的优点，包括电学及热学性能优越、I/O 引脚多、封装尺寸小等。

倒装技术的热学性能明显优于传统的引线键合工艺。如今许多电子元器件，如 ASIC、微处理器和 SOC 等的封装耗散功率为 10~25 W 甚至更大，而增强散热型引线键合的 BGA 元器件耗散功率仅 5~10 W。按照工作条件、散热要求（最大结温）、环境温度、空气流量和封装参数（如使用外装热沉，封装及尺寸，基板层数，球引脚数）等综合考虑，相比之下，倒装芯片封装通常能产生 25 W 耗散功率。

倒装技术的另一个重要优点是电学性能好。传统的引线键合工艺已成为高频及其他一些应用领域的瓶颈，使用倒装技术可以改进电学性能。如今许多电子元器件工作在高频，因此信号的完整性是一个重要因素。在过去，2~3 GHz 是 IC 封装的频率上限，倒装芯片封装根据使用的基板技术，其频率可高达 10~40 GHz。

任务实施

1. 实训目的及要求

1）了解集成电路制造技术。

2）了解 BGA 技术。

3）了解倒装技术。

4）了解利用仿真课程平台完成 SMT 组装工艺实训的流程。

2. 实训设备

PC：1 台。

仿真平台：1 套。

3. 知识储备

（1）SMT 组装工艺比较

THT 将元器件插装在 PCB 的孔中，组装密度低，投资大；SMT 直接将元器件贴焊在 PCB 表面上，组装密度较高；MAT 将元器件的引脚转变为球或凸点，直接贴焊在 PCB 表面上，组装密度高。

BGA-IA 单面贴装流程

组装方式见表 8-4，这些方式可决定工艺流程和生产线（见图 8-9）。

表 8-4　组装方式

产品类型	组装类型	组装方式	示意图	PCB 类型	工艺类型	生产线
智能卡 便携产品	A. FC 智能卡	Ⅰ A 单面贴装	A B	FC	Tec1	高精度线 中高速线
计算机	B. BGA 计算机	Ⅱ B 双面贴装	A B	Protel IB FPGA	Tec2	
家电	C. QFP 家电	Ⅱ A 单面混装 SMC/SMD 和 THT 均在 A 面	A B	Protel Ⅱ A	Tec3	中高速线 高精度线
工控产品 仪器仪表	D. BGA & QFP 工控	Ⅱ B 双面混装 THT 在 A 面 SMC/SMD 在 A 面， SMC 在 A 面和 B 面均有	A B	Protel Ⅱ B FPGA	Tec4	
汽车电子 铁路交通	E. BGA & QFN 汽车电子	Ⅱ C 双面混装 SMC/SMD 和 THT 均在 A 面和 B 面	A B	Protel Ⅱ C	Tec5	低速线
高频头	F. CHIP 高频头	Ⅲ双面混装 SMC 在 B 面， THT 在 A 面	A B	Protel Ⅲ	Tec6	中高速线
手机 通信产品	G. PoP 手机	Ⅳ 元器件级立体叠层		PoP	Tec7	高精度线 叠层线
军工产品	H. MCM 军工	Ⅴ 板级立体叠层		MCM	Tec8	

（2）SMT 组装工艺流程

1）全表组装型（Ⅰ型）工艺流程（见图 8-10）。

① Ⅰ A 单面贴装适用于倒装片。倒装片再流焊时，C4 凸点（金属+ 高熔点的焊料 95Pb5Sn）不变形，只是 PCB 上低熔点的焊料熔化，具体流程为：

印锡膏→点胶→FC 贴装→C4 锡膏再流焊→下填充

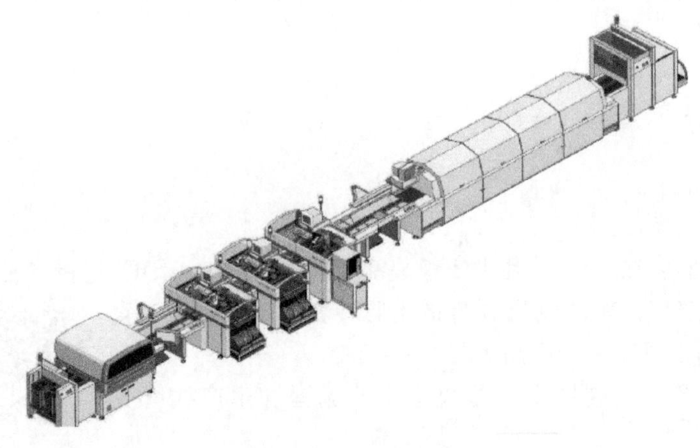

图 8-9 SMT 生产线

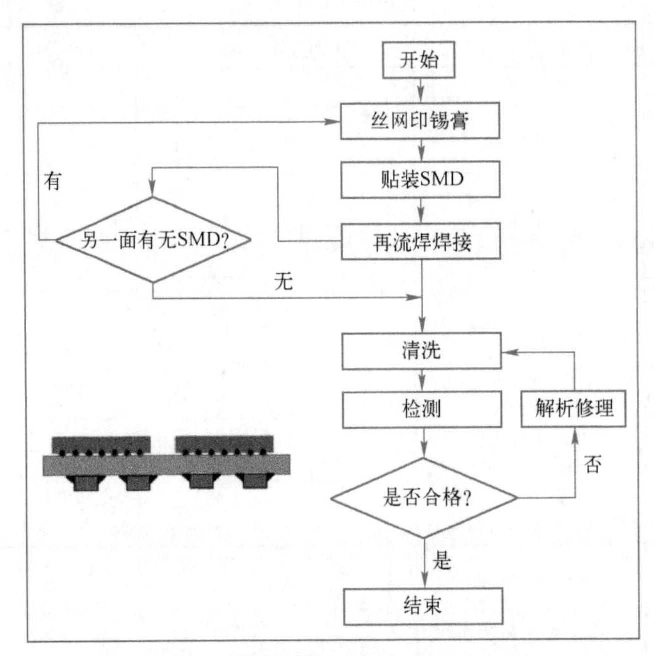

图 8-10 全表组装型（Ⅰ型）工艺流程

② ⅠB 双面贴装时，A 面布有大型 IC 元器件，B 面以片式元器件为主，力求安装面积最小化，常用于密集型或超小型电子产品，如手机、MP3 和 MP4 等。常用两次再流焊，需采用黏结剂。B 面的 SMD/SMC 经过两次再流焊，需用黏结剂固定，具体流程为：

B 面印锡膏→点胶→贴装→再流焊→翻面→A 面印锡膏→贴装→再流焊

2）混装型（Ⅱ、Ⅲ型）工艺流程（见图 8-11）。

QFP-IIA 组装工艺

① ⅡA 单面混装时，SMC/SMD 和 THT 均在 A 面，具体流程为：

A 面印锡膏→贴装→再流焊→A 面插件→波峰焊

② ⅡB 双面混装时，SMC/SMD 和 THT 均在 A 面，SMC 在 B 面，具体流程为：

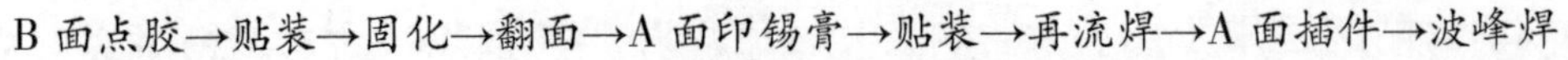

B 面点胶→贴装→固化→翻面→A 面印锡膏→贴装→再流焊→A 面插件→波峰焊

③ ⅡC 双面混装时，SMC/SMD 和 THT 均在 A 面和 B 面，可采用 A 面和 B 面 SMC/SMD 依次进行再流焊后，再插装 THC 并进行波峰焊，因波峰焊是瞬间焊，一般焊接时间只有 10 s，

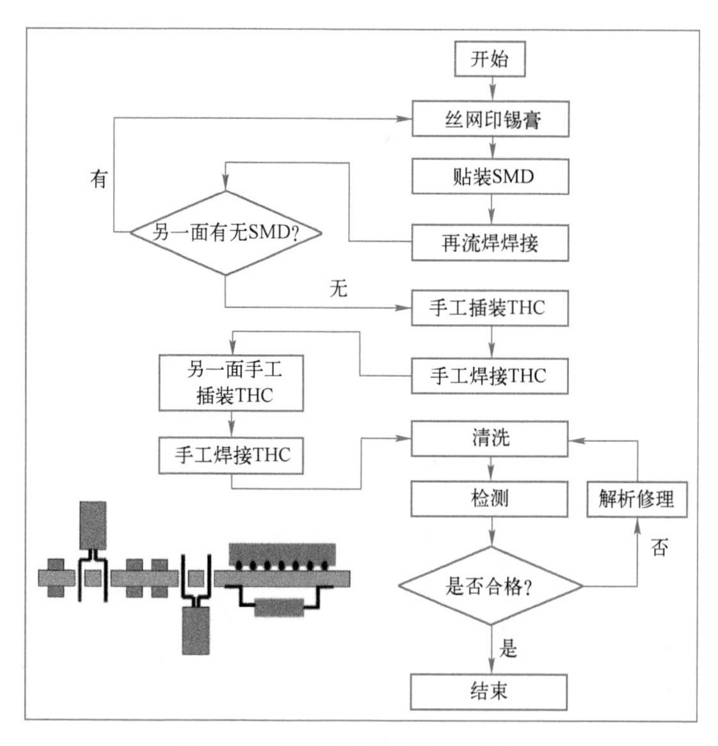

图 8-11 混装型（Ⅱ型）工艺流程

要求 B 面元器件能承受二次再流焊，具体流程为：

B 面印锡膏→点胶→贴装→再流焊→翻面→A 面印锡膏→贴装→再流焊→A 面插件→波峰焊→翻面→B 面手工插件→翻面→波峰焊

4. 实训内容及步骤

1）打开仿真课程平台，如图 8-12 所示，单击界面上的“微电子 SMT 组装工艺”按钮，进入下一级界面，如图 8-13 所示，在界面中单击“SMT 组装工艺”按钮，进入 SMT 组装工艺界面，如图 8-14 所示。

图 8-12 仿真课程平台主界面

图 8-13　微电子 SMT 组装工艺界面

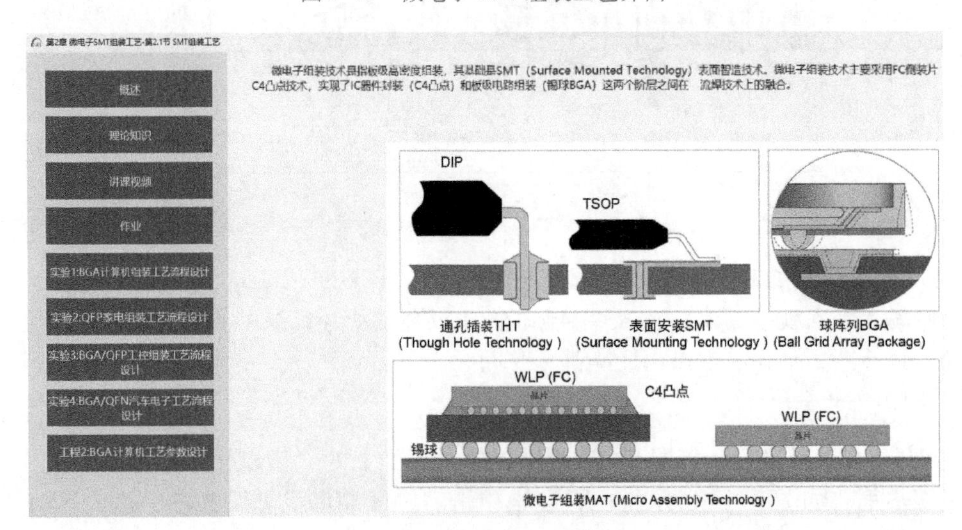

图 8-14　SMT 组装工艺界面

从图 8-14 中可以看出，SMT 组装工艺主要涉及 5 种工艺流程设计：BGA 计算机组装、QFP 家电组装、BGA/QFP 工控组装、BGA/QFN 汽车电子和 BGA 计算机工艺。

2）单击“BGA 计算机组装工艺流程设计”，进入工艺流程设计实验，如图 8-15 所示。在界面中，下拉选择 BGA 计算机组装工艺流程的每步工序。如果工艺流程选择不正确，则相应的工艺序号中的答案颜色会显示为红色，答案正确则显示为蓝色。使用者可以通过这种方式检验工艺流程的正确与否。然后，根据所设计的工艺流程进行仿真，检查错误。最后，可通过单击“实验数据”按钮，检查所选工艺流程的正确性，检查结果如图 8-16 所示。

3）单击“QFP 家电组装工艺流程设计”按钮，进入下一个组装工艺流程设计界面，如图 8-17 所示。流程设计与第 2）步中的类似，这里不再赘述。正确的工艺参数设置如图 8-18 所示。

4）单击“BGA/QFP 工控组装工艺流程设计”按钮，进入下一个组装工艺流程设计界面，如图 8-19 所示。流程设计与第 2）步中的类似。正确的工艺参数设置如图 8-20 所示。

BGA QFP 工控组装工艺

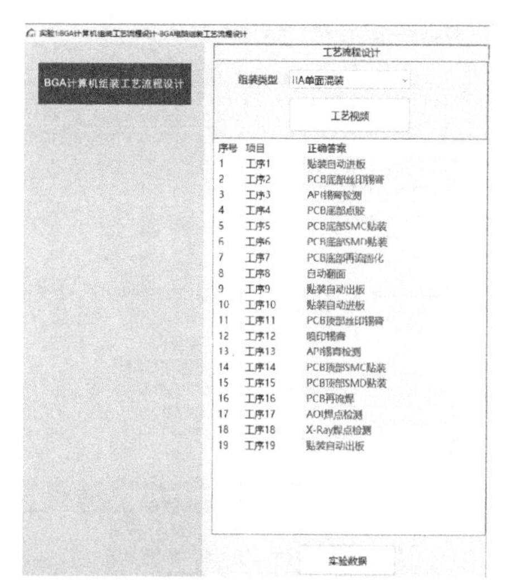

图 8-15 “BGA 计算机组装工艺流程设计”界面

实验数据

序号	项目	实验数据	成绩
1	组装类型	IB双面贴装	√
2	工艺视频	1	√
3	工序1	贴装自动进板	√
4	工序2	PCB底部丝印锡膏	√
5	工序3	API锡膏检测	√
6	工序4	PCB底部点胶	√
7	工序5	PCB底部SMC贴装	√
8	工序6	PCB底部SMD贴装	√
9	工序7	PCB底部再流固化	√
10	工序8	自动翻面	√
11	工序9	贴装自动出板	√
12	工序10	贴装自动进板	√
13	工序11	PCB顶部丝印锡膏	√
14	工序12	喷印锡膏	√
15	工序13	API锡膏检测	√
16	工序14	PCB顶部SMC贴装	√
17	工序15	PCB顶部SMD贴装	√
18	工序16	PCB再流焊	√

图 8-16 检查结果

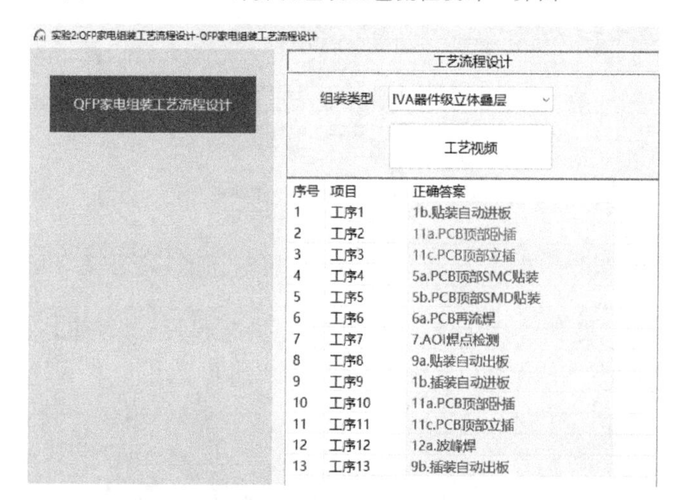

图 8-17 “QFP 家电组装工艺流程设计”界面

序号	项目	正确答案
1	组装类型	IIA单面混装
2	工艺视频	1
3	工序1	1b.贴装自动进板
4	工序2	2a.PCB顶部丝印锡膏
5	工序3	3.API锡膏检测
6	工序4	5a.PCB顶部SMC贴装
7	工序5	5b.PCB顶部SMD贴装
8	工序6	6a.PCB再流焊
9	工序7	7.AOI焊点检测
10	工序8	9a.贴装自动出板
11	工序9	1b.插装自动进板
12	工序10	11a.PCB顶部卧插
13	工序11	11c.PCB顶部立插
14	工序12	12a.波峰焊
15	工序13	9b.插装自动出板

图 8-18 QFP 家电组装正确的工艺参数设置

实验3:BGA/QFP工控组装工艺流程设计-BGA/QFP工控组装工艺流程设计

BGA/QFP工控组装工艺流程设计

工艺流程设计

组装类型

工艺视频

序号	项目	正确答案
1	工序1	1a.贴装自动进板
2	工序2	2b.PCB底部丝印锡膏
3	工序3	3.API锡膏检测
4	工序4	4b.PCB底部点胶
5	工序5	5c.PCB底部SMC贴装
6	工序6	6b.PCB底部再流固化
7	工序7	10a.自动翻面
8	工序8	9a.贴装自动出板
9	工序9	1a.贴装自动进板
10	工序10	2a.PCB顶部丝印锡膏
11	工序11	3.API锡膏检测
12	工序12	5a.PCB顶部SMC贴装
13	工序13	5b.PCB顶部SMD贴装
14	工序14	6a.PCB再流焊
15	工序15	7.AOI焊点检测
16	工序16	8.X-Ray焊点检测
17	工序17	9a.贴装自动出板
18	工序18	1b.插装自动进板
19	工序19	11a.PCB顶部卧插
20	工序20	11c.PCB顶部立插
21	工序21	12a.波峰焊
22	工序22	9b.插装自动出板

图 8-19 “BGA/QFP 工控组装工艺流程设计”界面

序号	项目	正确答案
1	组装类型	IIB双面混装
2	工艺视频	1
3	工序1	1a.贴装自动进板
4	工序2	2b.PCB底部丝印锡膏
5	工序3	3.API锡膏检测
6	工序4	4b.PCB底部点胶
7	工序5	5c.PCB底部SMC贴装
8	工序6	6b.PCB底部再流固化
9	工序7	10a.自动翻面
10	工序8	9a.贴装自动出板
11	工序9	1a.贴装自动进板
12	工序10	2a.PCB顶部丝印锡膏
13	工序11	3.API锡膏检测
14	工序12	5a.PCB顶部SMC贴装
15	工序13	5b.PCB顶部SMD贴装
16	工序14	6a.PCB再流焊
17	工序15	7.AOI焊点检测
18	工序16	8.X-Ray焊点检测
19	工序17	9a.贴装自动出板
20	工序18	1b.插装自动进板
21	工序19	11a.PCB顶部卧插
22	工序20	11c.PCB顶部立插
23	工序21	12a.波峰焊
24	工序22	9b.插装自动出板

图 8-20 BGA/QFP 工控组装正确的工艺参数设置

5）单击“BGA/QFN 汽车电子工艺流程设计”按钮，进入下一个组装工艺流程设计界面，如图 8-21 所示。流程设计与第 2）步中的类似。正确的工艺参数设置如图 8-22 所示。

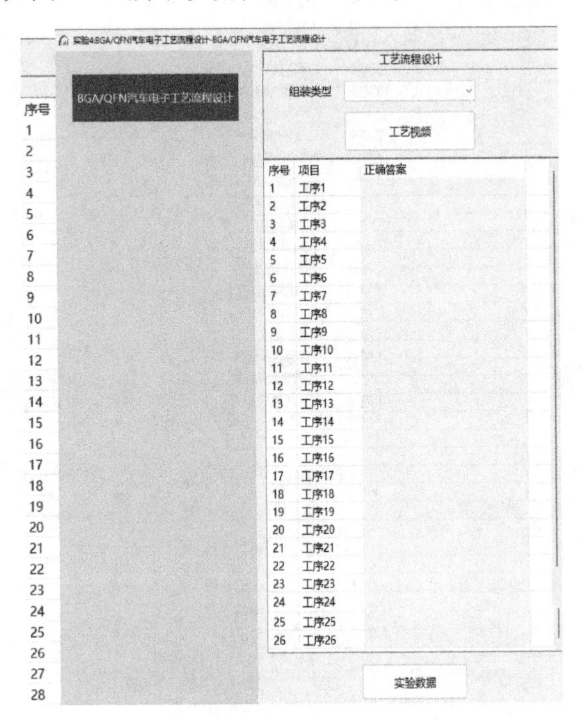

图 8-21 “BGA/QFN 汽车电子工艺流程设计”界面

序号	项目	正确答案
1	组装类型	IIC双面混装
2	工艺视频	1
3	工序1	1c.手动进板
4	工序2	2b.PCB底部丝印锡膏
5	工序3	3.API锡膏检测
6	工序4	4b.PCB底部点胶
7	工序5	5c.PCB底部SMC贴装
8	工序6	6b.PCB底部再流固化
9	工序7	10b.手动翻面
10	工序8	9c.手动出板
11	工序9	1c.手动进板
12	工序10	2a.PCB顶部丝印锡膏
13	工序11	3.API锡膏检测
14	工序12	5a.PCB顶部SMC贴装
15	工序13	5b.PCB顶部SMD贴装
16	工序14	6a.PCB再流焊
17	工序15	7.AOI焊点检测
18	工序16	8.X-Ray焊点检测
19	工序17	9c.手动出板
20	工序18	1b.插装自动进板
21	工序19	11a.PCB顶部卧插
22	工序20	11c.PCB顶部立插
23	工序21	12a.波峰焊
24	工序22	9b.插装自动出板
25	工序23	10b.手动翻面
26	工序24	11e.手动插件
27	工序25	12b.选择波峰焊
28	工序26	9c.手动出板

图 8-22 BGA/QFN 汽车电子正确的工艺参数设置

6）单击“BGA 计算机工艺参数设计”按钮，进入下一个组装工艺流程设计界面，如图 8-23 所示。流程设计与第 2）步中的类似。正确的工艺参数如图 8-24 所示。

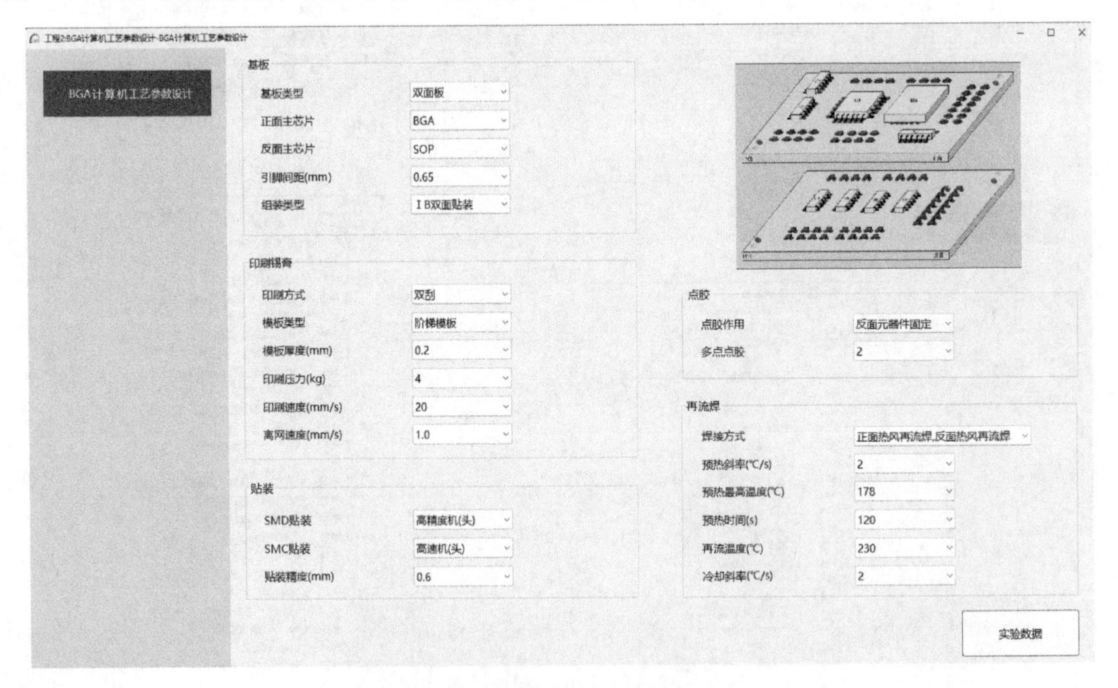

图 8-23 “BGA 计算机工艺参数设计”界面

规则库									
序号	分类	项目	正确答案	选项1	选项2	选项3	选项4	选项5	选项6
1	基板	基板类型	双面板						
2		正面主芯片	BGA						
3		反面主芯片	SOP						
4		引脚间距(mm)	0.65	0.4	0.5	0.65	0.8	1.0	1.27
5		组装类型	Ⅰ B双面贴装						
6	印刷锡膏	印刷方式	双刮						
7		模板类型	阶梯模板						
8		模板厚度(mm)	0.2	0.1	0.15	0.2	0.2	0.2	0.2
9		印刷压力(kg)	4~6	3.5~5	3.5~5	4~6	4~6	4~6	4~6
10		印刷速度(mm/s)	20~30	15~20	15~20	20~30	20~30	20~30	20~30
11		离网速度(mm/s)	0.8~1	0.5~0.8	0.5~0.8	0.8~1	0.8~1	0.8~1	0.8~1
12	贴装	SMD贴装	高精度机(头)						
13		SMC贴装	高速机(头)						
14		贴装精度(mm)	0.6	0.3	0.4	0.6	0.6	0.6	0.6
15	点胶	点胶作用	反面元器件固定						
16		多点点胶	2	4	4	2	2	2	2
17	再流焊	焊接方式	正面热风再流焊,反面热风再流焊						
18		预热斜率(℃/s)	0~2	0~1.5	0~1.5	0~2	0~2	0~2	0~2
19		预热最高温度(℃)	178	188	188	178	178	178	178
20		预热时间(s)	90~120						
21		再流温度(℃)	183~240						
22		冷却斜率(℃/s)	0~2	0~1	0~1	0~2	0~2	0~2	0~2

图 8-24 BGA 计算机正确的工艺参数设置

5. 实训结果及数据

1）熟悉常见 SMT 组装工艺流程。

2）了解任务中的五种工艺流程。

3）大致熟悉 SMT 组装工艺流程的参数设计。

4）学会分析各种工艺之间的区别和共同点。

6. 考核评价

序号	考核内容	配分	评分标准	考核记录	扣分	得分
1	熟悉常见 SMT 组装工艺流程	25	能说出常见 SMT 组装工艺流程			
2	了解任务中的五种工艺流程	25	了解五种工艺流程			
3	大致熟悉 SMT 组装工艺流程的参数设计	25	熟悉参数设计的依据			
4	学会分析各种工艺之间的区别和共同点	25	了解每种工艺流程的区别			
	分数总计	100				

任务 8.2 微组装工艺仿真演示

任务描述

微组装技术是综合运用高密度多层基板技术、多芯片组装技术、3D 立体组装技术和系统级组装技术，将集成电路裸芯片、薄/厚膜混合电路、微小型表面安装元器件等进行高密度互连，构成 3D 立体结构的高密度、多功能模块化电子产品的一种先进电气互连技术。随着电子信息产品向小型化、轻量化、高工作频率、高可靠性和低成本等方向发展，对微组装技术的要求也越来越高。完成本项目后，读者应能对微组装工艺有个概括性的了解。同时，通过仿真课程平台的演示，加深对微组装工艺步骤的印象。通过相关微组装工艺的 3D 演示视频，强化对微组装工艺流程的认知。

相关知识

8.2.1 CSP 技术

芯片级封装（Chip Scale Package，CSP）是一种内存芯片封装技术，可以让芯片面积与封装面积之比超过 1∶1.14，已经相当接近 1∶1 的理想情况，其绝对尺寸也仅有 32 mm^2，约为普通的 BGA 封装的 1/3，仅仅相当于 TSOP 内存芯片面积的 1/6。与 BGA 封装相比，同等空间下 CSP 可以将存储容量提高 3 倍。常见的 CSP 封装内部结构如图 8-25 所示。

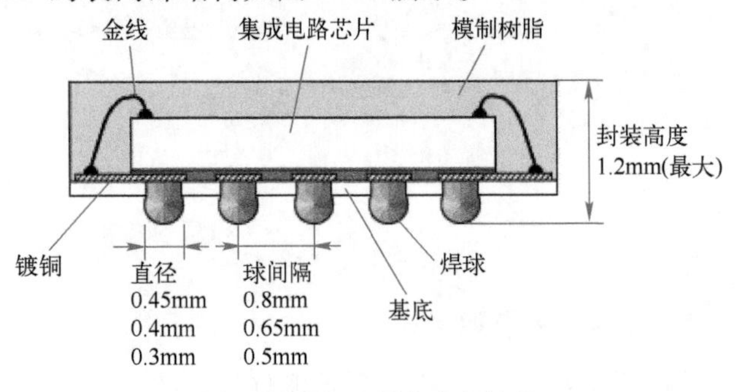

图 8-25　CSP 封装内部结构

CSP 封装拥有 TSOP 和 BGA 封装所无法比拟的优点，它代表了微小型封装技术的发展方向。一方面，CSP 将继续巩固在存储器（如闪存、SRAM 和高速 DRAM）中的应用，并成为高性能内存封装的主流，另一方面也会逐步开拓新的应用领域，尤其在网络、数字信号处理器（DSP）、混合信号和 RF 领域、专用集成电路（ASIC）、微控制器、电子显示屏等方面将会大有作为。同时，受数字化技术驱动，便携式产品的厂商正在扩大 CSP 在 DSP 中的应用。此外，CSP 在无源元器件中的应用也正在受到重视。研究表明，CSP 的电阻、电容网络由于减少了焊接连接数，其封装尺寸大大减小，且可靠性明显得到改善。

CSP 产品的品种很多，封装类型也很多，因而具体的封装工艺也很多。不同类型的 CSP 产品有不同的封装工艺，下面介绍一些典型的 CSP 产品结构及封装工艺流程。

1. 柔性基片（Flexible Laminate）CSP 产品的封装工艺流程

柔性基片 CSP 产品见图 8-26 的芯片焊盘与基片焊盘间的连接方式可以是倒装片键合、TAB 键合或引线键合。采用的连接方式不同，封装工艺也不同。柔性基片 CSP 产品最早是由日本 NEC 公司利用 TAB 技术开发的。产品的主要构成包括 LSI 芯片、载带（聚酰亚胺和铜箔）、粘接层、金属凸点以及外部互连电极材料（共晶焊料，63%Sn-37%Pb）等，具有结构简单，可靠性高，安装方便等特点。

图 8-26　柔性基片 CSP 产品

（1）采用倒装片键合的柔性基片 CSP 产品的封装工艺流程

圆片→二次布线(焊盘再分布)→形成凸点(减薄)→划片→倒装片键合→模塑包封→在基片上安装焊球→测试→筛选→激光打标。

（2）采用 TAB 键合的柔性基片 CSP 产品的封装工艺流程

圆片→在圆片上制作凸点（减薄）→划片→TAB 内焊点键合（把引线键合在柔性基片上）→TAB 键合线切割成形→TAB 外焊点键合→模塑包封→在基片上安装焊球→测试→筛选→激光打标

（3）采用引线键合的柔性基片 CSP 产品的封装工艺流程

圆片→减薄→划片→芯片键合→引线键合→模塑包封→在基片上安装焊球→测试→筛选→激光打标

2. 硬质基片（Ceramic Substrate Thin Package，见图 8-27）CSP 产品的封装工艺流程

硬质基片 CSP 产品的封装工艺流程与柔性基片 CSP 产品的封装工艺流程一样，芯片焊盘与基片焊盘之间的连接也可以是倒装片键合、TAB 键合或引线键合，只是由于采用的基片材料不同，在具体操作时会有一些的差别。陶瓷基板薄型封装由日本东芝公司开发。主要由 LSI 芯片、Al_2O_3（或 AlN）基板、Au 凸点和树脂等构成。其厚度只有 0.5~0.6 mm（LSI 芯片厚度 0.3 mm，基板厚度 0.2 mm），封装效率高达 75%以上。

3. 引线框架 CSP 产品的封装工艺流程

引线框架 CSP 产品的封装工艺流程与传统的塑封工艺流程完全相同，只是使用的引线框架要小一些，也要薄一些。因此，对操作就有一些特别的要求，以免造成框架变形。引线框架式封装 CSP（LOC 型 CSP）分为 Tape-LOC 和 Multi-Frame-LOC 两种类型。

引线框架 CSP 产品的封装工艺流程为：

圆片→减薄→划片→芯片键合→引线键合→模塑包封→电镀→切筛→引线成形→测试→筛选→激光打标

4. 圆片级（WLCSP）CSP 产品的封装工艺流程

圆片级芯片尺寸封装在 Wafer 的前道工序完成后，直接对晶体（Wafer）利用半导体工艺进行后道封装，再切割分离成单个元器件。该技术也适用于现有标准 SMT 设备，可以像其他产品一样进行测试。圆片级 3M 工艺结构如图 8-28 所示。

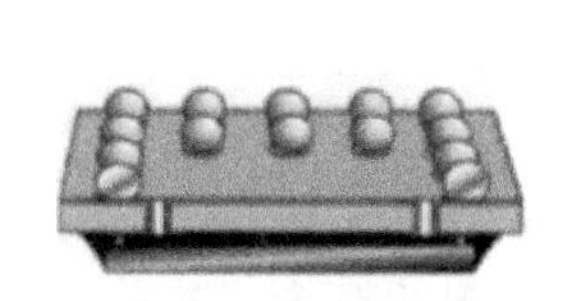
图 8-27　硬质基片 CSP 产品

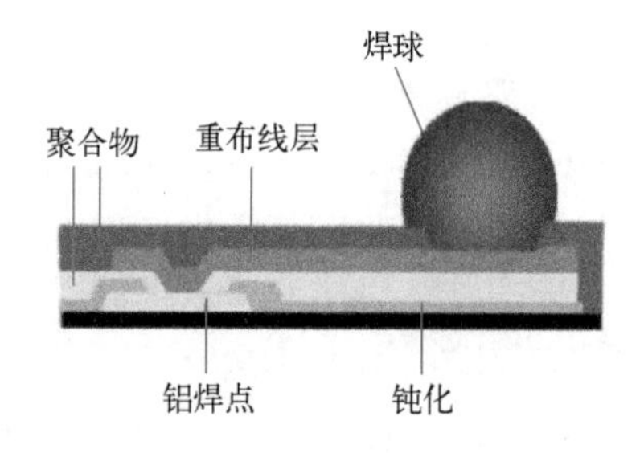

图 8-28　圆片级 3M 工艺结构

（1）在圆片上制作接触器的圆片级 CSP 产品的封装工艺流程

圆片→二次布线→减薄→在圆片上制作接触器→接触器电镀→测试→筛选→划片→激光打标

（2）在圆片上制作焊球的圆片级 CSP 产品的封装工艺流程

圆片→二次布线→减薄→在圆片上制作焊球→模塑包封或表面涂敷→测试→筛选→划片→激光打标

5. 叠层 CSP 产品的封装工艺流程

叠层 CSP 产品使用的基片一般是硬质基片。叠层 CSP 作为一种 3D 结构封装技术，其在每个封装体内包含 2 个或更多个 IC 芯片。图 8-29 所示为一种典型的 4 芯片叠层 CSP 产品。

（1）采用引线键合的叠层 CSP 产品的封装工艺流程

圆片→减薄→划片→芯片键合→引线键合→包封→在基片上安装焊球→测试→筛选→激光打标

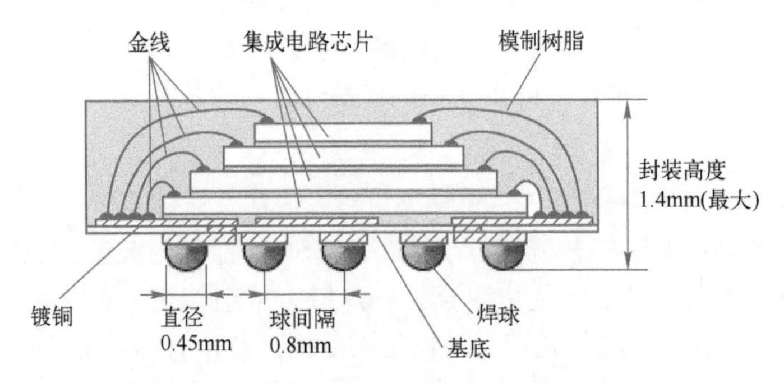

图 8-29　4 芯片叠层 CSP 产品结构示意图

采用引线键合的叠层 CSP 产品，最下面一层的芯片尺寸最大，最上面一层的芯片尺寸最小。芯片键合时，多层芯片可以同时固化（导电胶装片），也可以分步固化；引线键合时，先键合下面一层的引线，后键合上面一层的引线。

（2）采用倒装片键合的叠层 CSP 产品的封装工艺流程

圆片→二次布线→制作凸点(减薄)→划片→倒装键合→包封(下填充)→在基片上安装焊球→测试→筛选→激光打标

在叠层 CSP 产品中，如果把倒装片键合和引线键合组合起来使用，在封装时，先要进行芯片键合和倒装片键合，再进行引线键合。

另外，还存在其他封装工艺类型，如 μBGA、Stacked BGA 等，这里不再赘述。

6. CSP 的优点

1）更直接的导电通路。

2）更容易做到频率为 500~600 MHz。

3）所有导电通路具有较低的电抗。

4）由于 CSP 芯片质量小，因此在再流焊过程中有更好的自对中特性。热传导更均匀，只需对现有 BGA 设备稍加修改即可完成 CSP 焊接。

8. 2. 2　SoC、SoPC 技术

片上系统（System on Chip，SoC）是 20 世纪 90 年代出现的概念。随着时间的不断推移，SoC 技术也在不断完善，早期定义 SoC 为“系统级芯片”，即 SoC 为包含处理器、存储器和片上逻辑的集成电路。这大致反映了 1995 年左右 SoC 设计的基本情况。随着 RF 电路模块和数模混合信号模块被集成在单一芯片中，SoC 的定义也在不断地完善，SoC 中包含一个或多个处理器、存储器、模拟电路模块、数模混合信号模块以及片上可编程逻辑。SoC 定义的发展和完善过程，也大致反映了 SoC 技术在近几十年的发展趋势。

随着设计与制造技术的发展，集成电路设计从晶体管的集成发展到逻辑门的集成，又发展到 IP 的集成，即片上系统设计技术。SoC 可以有效地降低电子/信息系统产品的开发成本，缩短开发周期，提高产品的竞争力。

SoC 本质上是一种集成电路。它将所有或大部分必要的电子电路和部件集成到单一芯片上。主要包括 CPU 核心、内存、输入/输出控制器、外围设备和其他功能模块。SoC 的设计目标是让它成为系统的主要计算引擎。

MCU 只是芯片级的芯片，而 SOC 是系统级的芯片，它集成了 MCU 和 MPU 的优点，即在

拥有内置 RAM 和 ROM 的同时，又有 MPU 那样的性能，它可以存放并运行系统级别的代码，也就是说可以运行操作系统。

可编程片上系统（System on a Programmable Chip，SoPC）是指硬件逻辑可编程的片上系统，如 FPGA（现场可编程门阵列）就被用于创建系统级的设计。

与 SoC 相比，SoPC 提供了更多的灵活性，因为硬件逻辑可以在芯片制造后根据需求进行修改和配置。SoPC 可以修改硬件配置信息，使其成为相应的芯片，可以是 MCU，也可以是 SOC。

8.2.3 MCM 技术

多芯片组件（Multi-Chip Module，MCM）技术是一种电子组件封装技术，它涉及将多个集成电路、半导体管芯和其他分立元器件集成到一个统一的多层互连基板上。这种技术的目的是简化系统设计并提供更高性能、更低功耗和更优管理。

MCM 技术广泛应用于多个领域，包括但不限于通信、计算机、医疗设备、军事和航空航天等。它支持模块化设计，使得系统更容易维护、升级和修复。随着技术的发展，MCM 技术正在推动电子领域的创新，使设备更加小巧、轻便和高效。

1. MCM 技术的内涵

MCM 技术属于混合微电子技术的范畴，是混合微电子技术向高级阶段发展的集中体现，是一种典型的高级混合集成电路技术，如图 8-30 所示。

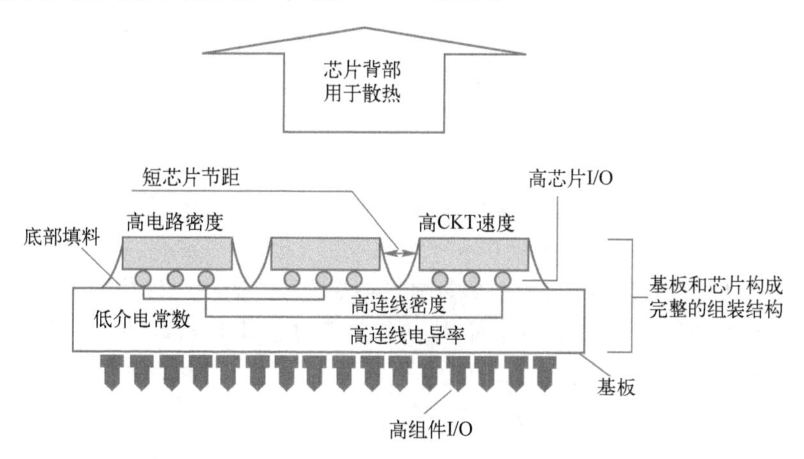

图 8-30 MCM 结构示意图

定性来说，MCM 应具备以下三个条件：

1）高密度多层布线基板。

2）内装两块以上的裸芯片 IC（一般为大规模集成电路）。

3）组装在同一个封装内。

也就是说，MCM 是一种在高密度多层布线基板上组装两块以上裸芯片 IC（一般为 LSI）以及其他微型元器件，并封装在同一外壳内的高密度微电子组件。

2. 优点

MCM 技术有以下主要优点。

1）使电路组装更加高密度化，进一步实现整机的小型化和轻量化。与同样功能的 SMT 组装电路相比，通常 MCM 的质量可减轻 80%~90%，其尺寸可减小 70%~80%。在军事应用领域，MCM 的小型化和轻量化效果更为明显，采用 MCM 技术可使导弹体积缩小 90%以上，质量可减轻 80%以上。卫星微波通信系统中，采用 MCM 技术制作的 T/R 组件，其体积仅为原来的 1/20~1/10。

2）进一步提高性能，实现高速化。与通常的 SMT 组装电路相比，MCM 的信号传输速度一般可提高 4~6 倍。NEC 公司在 1979~1989 年间研究了 MCM 在大型计算机中的应用，从采用一般的厚膜多层布线到使用多芯片组件，再到混合多芯片组件，系统的运算速度提高了 37 倍，达 220 亿次/s。采用 MCM 技术后，有效地减少了高速 VLSI 之间的互连距离和互连电容、电阻与电感，从而使信号传输延迟大大减少。

3）提高可靠性。统计表明，电子整机的失效大约 90%是由封装和互连引起的。MCM 与 SMT 组装电路相比，其单位面积内的焊点减少了 95%以上，单位面积内的 I/O 数减少了 84%以上，单位面积内的接口减少了 75%以上，且大大改善了散热，降低了结温，使热应力和过载应力大大降低，从而提高可靠性可达 5 倍以上。

4）易于实现多功能。MCM 可将模拟电路、数字电路、光电元器件、微波元器件、传感器以及其他片式元器件等组装在一起，通过高密度互连构成具有多种功能的微电子部件、子系统或系统。

3. 类型和特点

通常可按 MCM 所用高密度多层布线基板的结构和工艺，将 MCM 分为以下四个类型。

1）叠层型 MCM（MCM Laminate，MCM-L），也称为 L 型多芯片组件，系采用高密度多层 PCB 构成的多芯片组件，其特点是生产成本低，制造工艺较为成熟，但布线密度不够高，其组装效率和性能较低，主要应用于 30 MHz 和 100 个焊点/英寸^{2}以下的产品，以及应用环境不太严酷的消费类电子产品和个人计算机等民用领域。

2）厚膜陶瓷型 MCM（MCM Ceramic MCM-C），系采用高密度厚膜多层布线基板或高密度共烧陶瓷多层基板构成的多芯片组件。其主要特点是布线密度较高，制造成本适中，能耐受较恶劣的使用环境，其可靠性较高，特别是采用低温共烧陶瓷多层基板构成的 MCM-C，还易于在多层基板中埋置元器件，进一步缩小体积，构成多功能微电子组件。MCM-C 主要应用于 30~50 MHz 的高可靠性中高档产品。包括汽车电子及中高档计算机和数字通信领域。

3）沉积型 MCM（MCM Deposition MCM-D），系采用高密度薄膜多层布线基板构成的多芯片组件。其主要特点是布线密度和组装效率高，具有良好的传输特性、频率特性和稳定性。

4）混合型 MCM（MCM-C/D 和 MCM-L/D），系采用高密度混合型多层基板构成的多芯片组件。这是一种高级类型的多芯片组件，具有最佳的性价比和高组装密度，其噪声和布线延迟均比其他类型的 MCM 小。这种 MCM 混合了多层基板，结合了不同基板的工艺技术，发挥了各自的长处，特别适用于巨型高速计算机系统、高速数字通信系统、高速信号处理系统以及笔记本计算机子系统。

任务实施

1. 实训目的及要求

1）了解常见的微组装技术。

2）了解常见的微组装技术涉及的关键技术。

3）了解 SMT 智能制造中常见的产品类型、组装类型及组装方式。

4）熟悉带有微组装元器件的 PCB。

5）掌握对带有微组装元器件的 PCB 进行 SMT 测试和实验的流程。

2. 实训器材及软件

EDA 软件：1 套。

微组装 PCB：一份

SMT 制造实验仿真平台：一套。

3. 知识储备

（1）元器件级立体叠层（Ⅳ型）工艺流程（见图 8-31）

元器件级立体叠层（Package on Package，PoP）指的是在底部元器件上面再放置元器件，逻辑+存储的 PoP 通常为 2~4 层，存储型 PoP 可达 8 层。

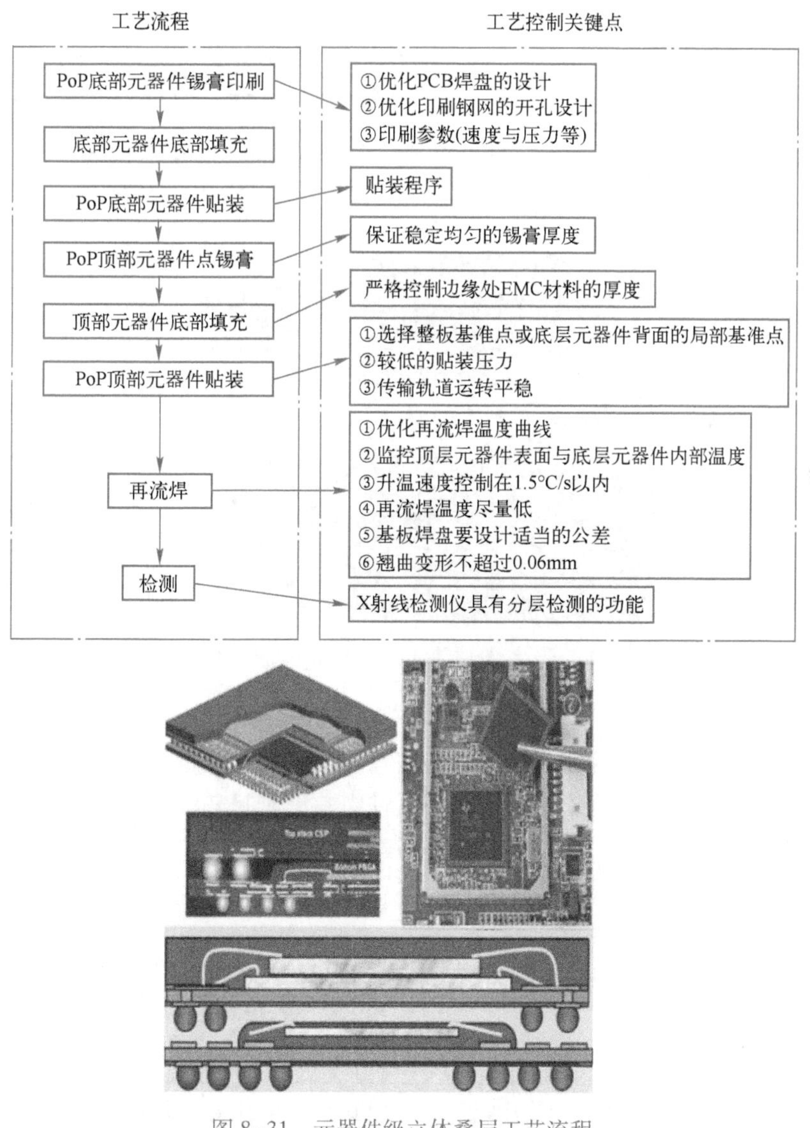

图 8-31　元器件级立体叠层工艺流程

（2）板级立体叠层（V型）工艺流程（见图 8-32）

多芯片组件（Multi-chip Module，MCM）是在混合集成电路（HIC）基础上发展起来的，它将多片高密度组装在合多层互连基板上，然后封装在同一外壳内，以形成高密度、高可靠的专用集成组件。

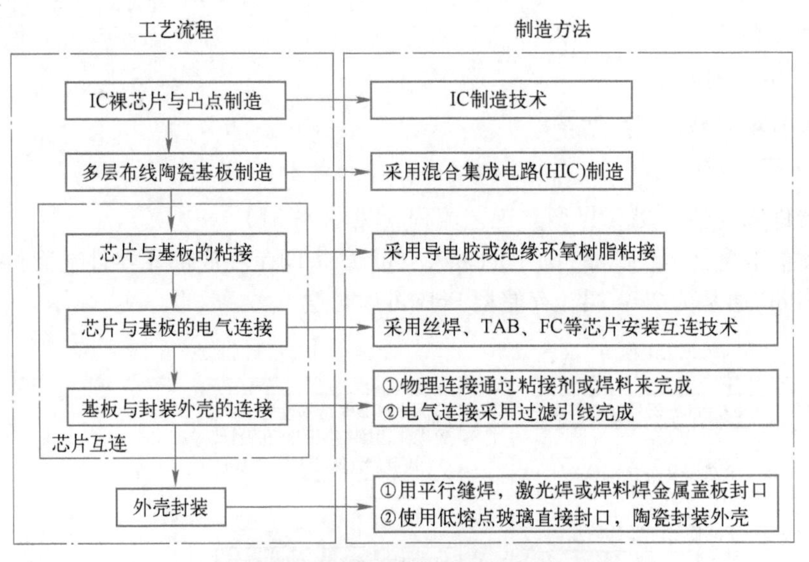

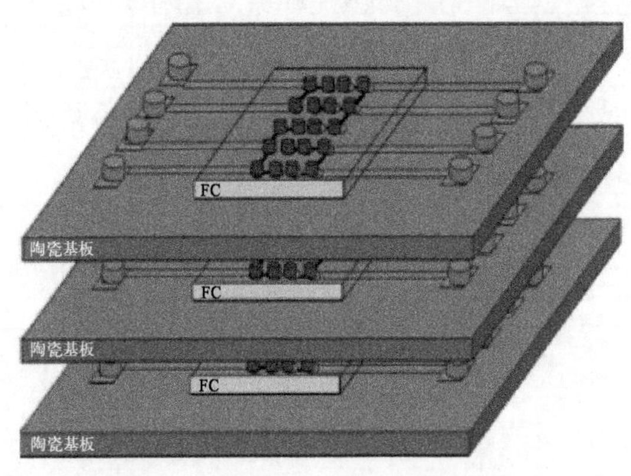

图 8-32 板级立体叠层（V型）工艺流程

（3）光电路组装技术（见图 8-33）

光电路组装技术将以光纤为中心的光电子技术应用于电子电路的组装技术，光子板级组装就是将光电元器件及其构成的光通路与电子元器件组装集成起来，形成一个新的板级组装。可以看成是一个特殊的多芯片模块，包含光电路基板、光电元器件、光波导、光纤和光插接器等。

4. 实训内容及步骤

1）打开仿真课程平台，单击主界面上的“微电子 SMT 组装工艺”按钮，进入下一级界面，如图 8-34 所示。

2）单击“微电子组装工艺”按钮，出现微电子组装工艺界面，如图 8-35 所示。

从图 8-35 中可以看出，微电子组装工艺主要涉及三种组装工艺流程的设计：FC 智能卡、PoP 手机和 MCM 军工。

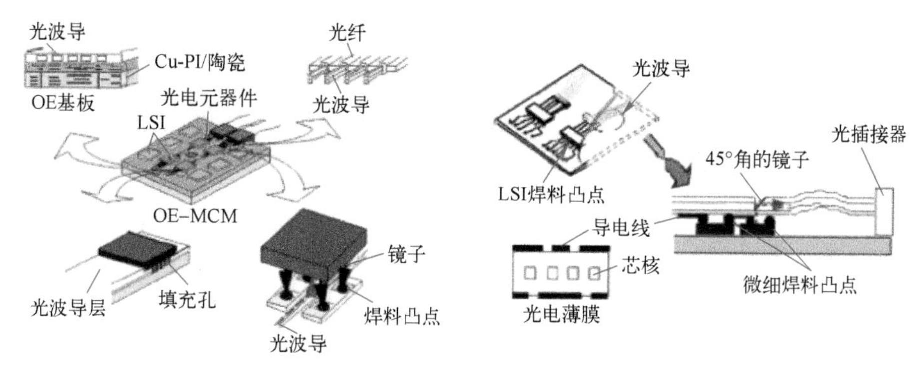

图 8-33 光电路组装技术

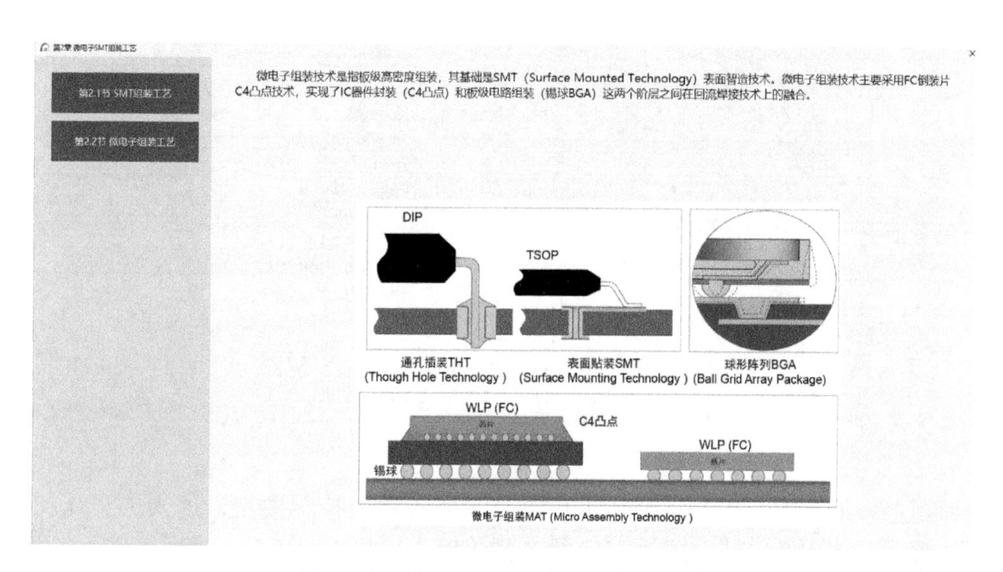

图 8-34 “微电子 SMT 组装工艺”界面

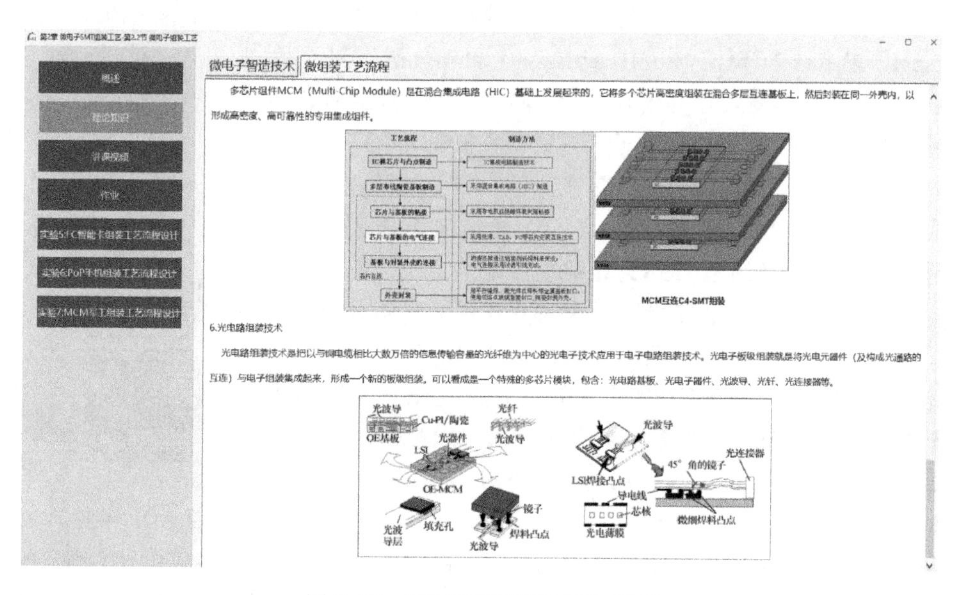

图 8-35 “微电子组装工艺”界面

3）单击“FC 智能卡组装工艺流程设计”按钮，进入工艺流程设计。图 8-36 中展示的流程及组装方式为正确的工艺流程。如果工艺流程选择不正确，则相应的工艺序号中的答案颜色会显示为红色，答案正确则显示为蓝色。使用者可以通过这种方式检验工艺流程的正确与否。这里的“组装类型”为“ⅠA 单面贴装”，主要工艺流程为：

贴装自动进板→PCB 顶部丝印锡膏→喷印锡膏→API 锡膏检测→FC 顶部点胶→PCB 顶部 SMC 贴装→PCB 顶部 SMD 贴装→PCB 再流焊→AOI 焊点检测→X-Ray 焊点检测→贴装自动出板

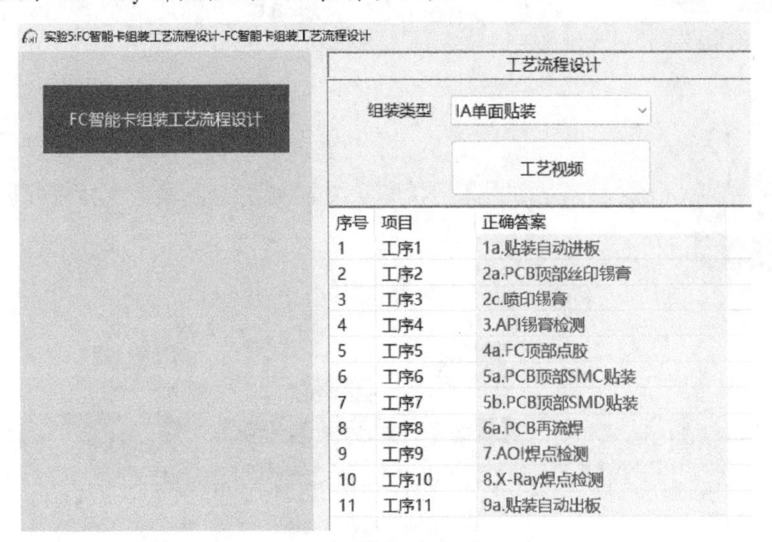

图 8-36　FC 智能卡组装工艺流程设计

4）回到上一级界面，单击“PoP 手机组装工艺流程设计”按钮，进入工艺流程设计。图 8-37 中展示的流程及组装方式为正确的工艺流程，工艺流程正确与否的验证方式与第 3）步类似，这里不再赘述。“组装类型”为“ⅣA 器件级立体叠层”，主要工艺流程为：

贴装自动进板→PCB 顶部丝印锡膏→喷印锡膏→API 锡膏检测→PCB 顶部 SMC 贴装→PCB 顶部 SMD 贴装→气相再流焊→贴装自动出板→贴装自动进板→叠层顶部喷印锡膏→AOI 锡膏检测→FC 顶部点胶→器件叠层贴装→叠层气相再流焊→AOI 焊点检测→X-Ray 焊点检测→贴装自动出板

5）回到上一级界面，单击“MCM 军工组装工艺流程设计”按钮，进入工艺流程设计。图 8-38 中展示的流程及组装方式为正确的工艺流程。工艺流程正确与否的验证方式与第 3）步类似，这里不再赘述。“组装类型”为“ⅣB 板级立体叠层”，主要工艺流程为：

MCM 底层自动进板→MCM 底层丝印锡膏→API 锡膏检测→MCM 底层 SMC 贴装→MCM 底层 SMD 贴装→MCM 底层气相再流焊→MCM 底层 AOI 焊点检测→MCM 底层自动出板→MCM 顶层自动进板→MCM 顶层丝印锡膏→MCM 顶层喷印锡膏→API 锡膏检测→MCM 顶层 SMC 贴装→MCM 顶层 SMD 贴装→MCM 顶层气相再流焊→MCM 顶层 AOI 焊点检测→MCM 顶层 X-Ray 焊点检测→MCM 顶层贴装自动出板→MCM 底层自动进板→MCM 底层底部填充→MCM 底层底部喷印锡膏→MCM 底层置球→MCM 顶层翻面后自动进板→MCM 顶层喷印锡膏→手动翻面→板叠层贴装→气相再流焊→X-Ray 焊点检测→自动出板

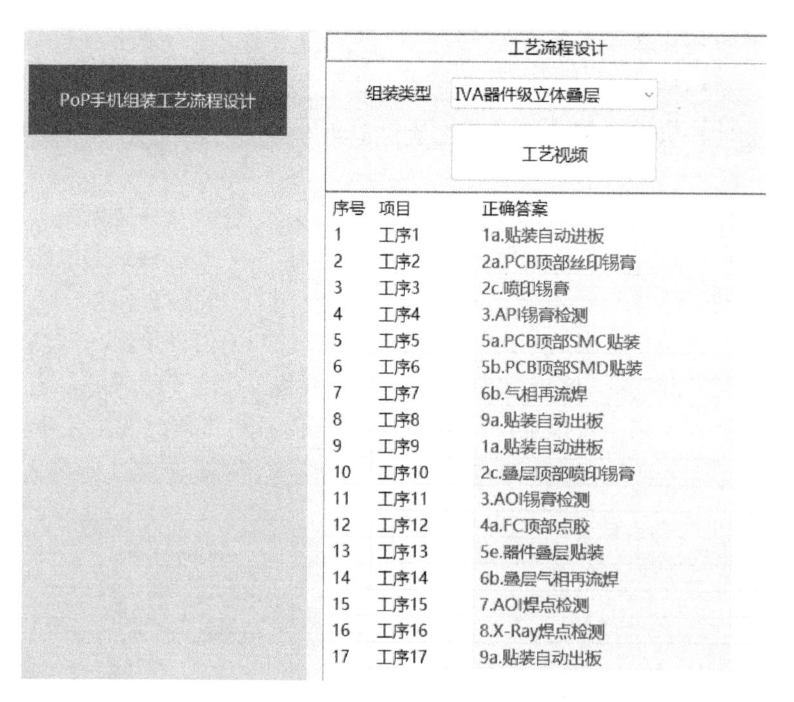

图 8-37　PoP 手机组装工艺流程设计

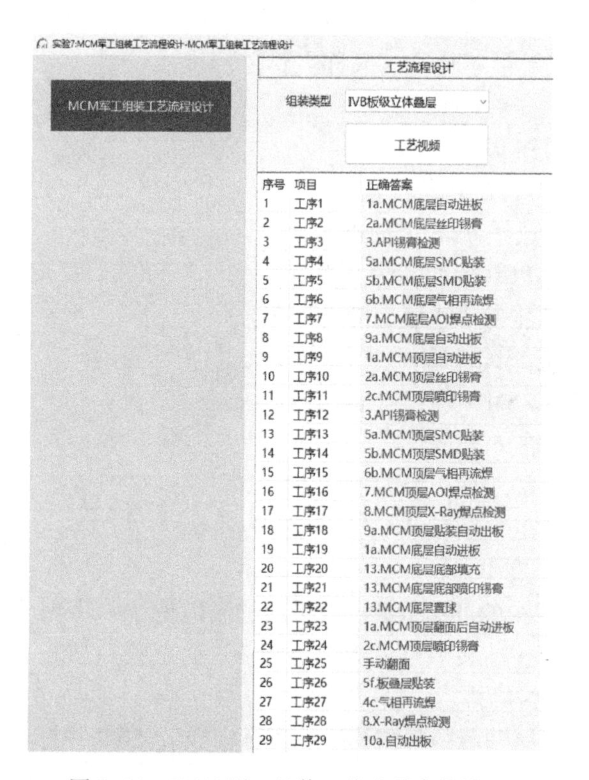

图 8-38　MCM 军工组装工艺流程参数设置

项目小结

SMT 组装工艺和微组装工艺在电子制造领域各自扮演着重要角色，且两者在技术和应用层面有着紧密的联系和互补性。

SMT 组装工艺是一种高效、高精度的电子组装工艺。SMT 组装工艺广泛应用于消费电子产品、通信设备和计算机等领域，为现代电子产品的小型化、轻量化和高性能化提供了有力支持。

微组装工艺则更加关注微小型化和高度集成化的需求。它涉及集成电路、厚薄膜技术、电路互连、微电子焊接以及高密度组装等多个方面。微组装工艺通过精细的电路设计、元器件布局和封装技术，实现了芯片和元器件之间的精确连接，进一步提高了电子产品的集成度和性能。微组装工艺不仅关注物理层面的连接，还涉及元器件间的信号传输、散热管理和可靠性保障等多个方面的优化，并广泛应用于高性能计算、通信和医疗电子等领域。通过仿真课程平台的参数设置及工艺流程视频，可以加深读者对 SMT 组装工艺和微组装工艺步骤的理解，提升专业技能。

习题与练习

1. 单项选择题

1）PBGA 是（　　）。

A. 塑封 BGA，其基板一般为 2~4 层有机材料构成的多层板

B. 陶瓷基板，芯片与基板间的电气连接采用倒装的安装方式

C. 封装中央有低陷的矩形芯片区（又称空腔区）

D. 陶瓷柱阵列

E. 微型球阵列，美国称 μBGA

2）BGA 封装与 QFP 等传统封装方式相比，不同点在于（　　）。

A. 有机基板及焊球形成了 PCB 上的支撑及焊点

B. 金属引线框形成了 PCB 上的支撑及焊点

3）SMT 组装工艺方式中的ⅠB 型是指（　　）。

A. PCB 有一面全部是 SMC/SMD

B. PCB 双面均有 SMC/SMD

C. SMC/SMD 和 THT 在 A 面

D. SMC/SMD 和 THT 在 A 面，SMC 在 B 面

E. SMC/SMD 和 THT 在 A 面，SMC/SMD 在 B 面

F. THT 在 A 面，SMC 在 B 面

4）SMT 组装工艺方式中的ⅡB 型最普遍采用的流程是（　　）。

A. A 面印锡膏→点胶→贴装→再流焊→翻面→B 面点胶→贴装→固化→翻面→A 面自动插装 THT 并打弯→翻面→波峰焊

B. A 面印锡膏→点胶→贴装→再流焊→A 面自动插装 THT 并打弯→翻面→B 面点胶→贴装→固化→翻面→波峰焊

C. B 面点胶→贴装→固化→翻面→A 面自动插装 THT 并打弯→A 面印锡膏→点胶→贴装→再流焊→波峰焊

5）C4 凸点是（　　）。

A. 一个金球块，采用焊球键合（主要采用金线）或电镀技术，然后用导电的各向同性黏

结剂完成组装

B. 采用薄膜工艺在B2IT电路板上电镀Cu，形成微细的扁平状Cu凸起，在加压的同时进行加热压接

C. 在IC芯片的I/O焊盘上形成导电凸起，由高熔点的焊料（95Pb5Sn）包围，再流焊时凸点不变形，只是低熔点的焊料熔化

6）光电路组装技术（　　）。

A. 使用频率在1 GHz以上

B. 使用频率在1 MHz以上

C. 指通过光信号传输，把光源、互连通道、接收器等组成部分连成一体，彼此间交换信息的光电混合互连技术

2. 简答题

1）BGA封装的类型有哪些？

2）简述CSP的特点和类别。

3）简述倒装技术的分类。

4）MCM的类型有哪些？它们各有什么特点？

项目 9　SMT 产品品质管理及控制

SMT 产品品质管理及控制是一个复杂且精细的过程，它涉及从原材料采购到最终产品出厂的每一个环节。在 SMT 生产过程中，需要严格控制各项工艺参数。通过合理的参数设置和精细的工艺控制，可以确保电子元器件的精确安装和焊接质量。在品质管理及控制的过程中，数据分析和反馈也起着至关重要的作用。通过收集和分析生产过程中的数据，可以及时发现潜在问题并采取相应的纠正措施。同时，通过持续改进和反馈，可以不断完善品质管理体系，提高产品质量。

任务 9.1　产品质量 VR 控制演示

任务描述

学完本项目，读者应能对品质管理的基本概念、预防性品质管理的方法、SMT 品质管理的一般流程等有个概括性的了解，并通过 VR 质量控制演示，更加深入地理解质量控制的解决方法及手段。

相关知识

9.1.1　品质管理概述

产品质量是企业的生命线。SMT 作为一项复杂的综合性系统工程技术，必须从 PCB 设计、元器件、材料、工艺、设备和规章制度等多方面进行质量控制，才能保证 SMT 加工的质量。

（1）品质管理的定义

品质管理是指对确定和达到质量要求所必需的职能和活动的管理。其目的主要是为了提升产品本身的质量和竞争力。

电子产品的质量主要由生产过程来保证和实现，电子产品的质量特性主要有：

1）性能——如单板电性能有关指标。

2）寿命——如元器件的寿命。

3）可靠性——如 GSM 整机的故障率、焊点是否饱满、是否有锡球等。

4）安全性——如电子产品在使用和维护过程中与人身和环境的关系。

5）经济性——如电子产品的成本。

6）外观质量特性——如包装、单板脏污及元器件破损等。

（2）品质管理发展的三个阶段（见表 9-1）

表 9-1　品质管理发展的三个阶段

品质管理发展的阶段	时　　间	特　　点
质量检验	20 世纪初~ 20 世纪 30 年代	质量检验是在泰勒的科学管理基础上发展起来的，它强调检验工作的监督职能，检验机构和人员拥有对半成品和成品的验收合格决定权，检查方法以全数检查及筛选合格品为主，主要通过“事后检验”的方法来保证产品质量。20 世纪 20 年代出现了利用数理统计控制工序质量的方法
统计质量管理	20 世纪 40 年代~ 20 世纪 50 年代	从单纯依靠检验把关逐步变为检验把关、工序管理和预防相结合，并在工序管理中应用了数理统计方法
全面质量管理	20 世纪 60 年代至今	为适应现代化技术密集型产品的需要，在统计质量管理的基础上，动员组织企业全体职工参加质量管理，对产品生产的全过程实行系统全面的质量管理

(3) 全面质量管理的特点

1) 全面质量管理既包括产品质量，又包括工作质量，例如现在衡量“直通率”的高低，实际上是以衡量各部门的“工作质量”为主的，各种“质量攻关小组”设立的目的也大多是为了改善“工作质量”。

2) 全过程的质量管理：在设计、采购、制造、销售、使用和维护的全过程中实行质量管理。

3) 全员性的质量管理：产品质量的保证不只是质量保证部门的职责。

4) 建立用户第一、下道工序就是用户、服务对象就是用户的观念。

5) 严格把关与积极预防相结合，以预防为主。

6) 质量管理所运用的方法和手段是全面的、多样的。

9.1.2　现场质量

1. 现场质量的影响因素

现场质量，是指生产现场按照产品设计要求实际生产出来的产品质量，也就是现场的制造质量。现场质量管理就是对制造质量及其相关工作质量的管理，其主要影响因素有 6 项，具体如下。

1) 人员：操作技能低、技术不熟练、不按指导书操作。

2) 设备：设备的保养不好，精度下降。

3) 来料：来料不符合要求。

4) 工艺方法：加工工艺不合理，工装不准确。

5) 环境：温度、湿度等对质量的影响。

6) 测试：主要指测量工具、测量方法以及经过培训和授权的测量人。

2. 现场质量的管理要点

1) 加强工艺管理，稳定地改进工艺，使制造过程处于稳定的控制状态。

2) 合理选择检验方式和方法。首检、巡检、抽检和固定检验相结合。

3) 建立一支专业的检验队伍。

4) 及时掌握质量动态，深入现场，以现场为中心。

5) 及时对不良品进行统计和分析，没有找到责任人和原因“不放过”，没有提出防患措施“不放过”，当事人没有受到教育“不放过”。

6) 工序控制，统计过程控制。

7）做好“5S”。“5S”是整理（Seiri）、整顿（Seiton）、清扫（Seiso）、清洁（Seiketsu）和素养（Shitsuke）这5个词的缩写。“5S”是指在生产现场对人员、机器、材料和方法等生产要素进行有效管理。

3. 现场质量的管理程序

为了使质量管理工作能够有计划、按步骤进行，在20世纪60年代初，美国质量管理专家戴明首先将质量管理过程总结成4个密切相关的工作阶段，即：计划（P）阶段、执行（D）阶段、检查（C）阶段和处理（A）阶段。这就是质量管理的PDCA循环，也称作戴明循环。

1）P阶段，根据用户要求，并以取得最佳经济效果为目标，通过调查、设计和试制，制定技术经济指标、质量目标、管理项目，以及达到目标的具体措施和方法。

2）D阶段，按照所制定的计划和措施去实施。

3）C阶段，在实施了一个阶段之后，对照计划和目标，检查执行的情况和效果，及时发现问题。

4）A阶段，根据检查的结果，采取相应的措施，或修正改进原来的计划，或寻找新的目标，制定新的计划。A阶段的结束，也是下一个PDCA循环的开始。

4. 现场质量管理的8个步骤

为了便于解决问题和改进工作，PDCA循环在具体实施时，可以分解为8个步骤：

1）分析现状，找出存在的质量问题。

2）对“5M1E”进行研究，调查造成质量问题的原因。所谓“5M1E”，是指影响现场质量的6个因素。即：人员（Man）、设备（Machine）、材料（Material）、方法（Method）、测试（Measurement）和环境（Environment）。

3）寻找影响现场质量的主要因素。

4）制定解决问题的计划与措施。

5）按照计划的内容，由执行者严格加以实施。

6）按照计划的要求，对实施的效果进行检查。

7）巩固成果，将成功的经验标准化。

8）将遗留的问题转入下一个PDCA循环。

与PDCA循环相对照，则以上8个步骤中，步骤1）~4）属于P阶段，步骤5）属于D阶段，步骤6）属于C阶段，步骤7）和8）属于A阶段。

9.1.3 预防性品质管理

相对于传统的“检查错误然后补救”的被动型品质管理办法，新的品质管理办法把防出错的关口提前，即预防性品质管理。

1. 传统品质管理办法

传统品质管理办法如图9-1所示，这是一种被动型的补救管理办法。依赖检查/返修的品质管理有以下缺点：成本高、检查速度经常无法配合生产速度、不是所有的问题都能被检测出来，返修会缩短产品寿命等。

2. 预防性品质管理办法

（1）新的质量管理理念

1）先质后量的制程管理。在未能保证品质的情况下提高产量，只会造成浪费和损失（如材料、时间、设备使用、能源的浪费和企业名誉上的损失）。

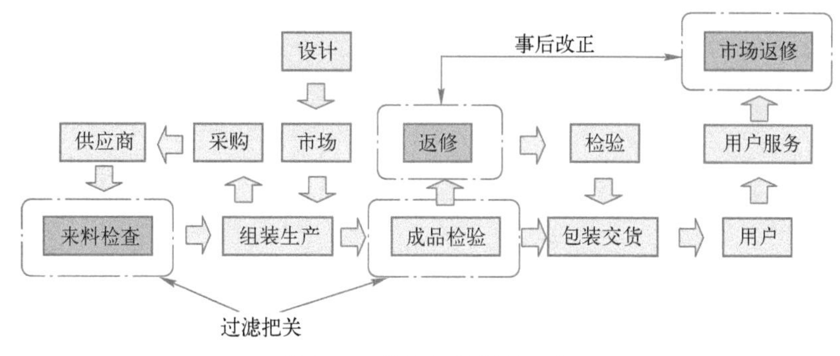

图 9-1　传统品质管理办法

2）通过品质管理可以实现：高质量=高直通率+高可靠性（寿命保证）。

3）不提倡检查、返修或淘汰的一贯做法，更不能容忍错误发生。

4）任何返修工作都可能给成品质量添加不稳定因素。质量是在设计和生产过程中实现的，而不是通过检查和返修来保证的。

5）质量是企业中每个员工的责任，而不只是质量部门的工作。

（2）新的工艺管理方法

1）面向制造的设计（Design for Manufacture，DFM）。实施 DFM，必须配合产品设计、设备技术和质量水平要求来进行，要求技术人员对元器件、材料、工艺、设备和设计有全面的认识，并要求设计人员与工艺人员的良好沟通。

2）工艺优化和改进，组装方式与工艺流程应按照 DFM 的规定进行。

3）要求技术人员了解设备的特性和功能，掌握操作技术。由于首次设计未必能将所有工艺参数都定得最优且最完善，因此需要微调改正。例如贴片程序、印刷参数和温度曲线等。

4）工艺改进包括设计在内的全程整合处理和改进。工艺改进不仅给企业带来了生产效率和质量的提高，同时也带来了工艺技术水平的不断提高。对优化后的制造能力做出计量，并初步确定监控方法。

5）工艺监控。工艺监控是确保生产效率和质量的重要活动。生产线上的变数很多，如设备、人员和材料等，这些变数都在不同程度地互相影响，互相牵制。如何开展有效且足够的监控，不会影响生产效率和生产成本，是一项重要的工作。

6）要求技术人员具备良好的测量知识、统计知识、因果分析能力，以及对设备功能的深入了解等。

7）供应链管理。稳定的原材料货源与优良的质量是保证 SMT 生产质量的基础。

（3）故障预防性生产

故障预防性生产主要在设计、原材料检测和产品制造等过程中对可能出现的质量缺陷进行预先估计，并做出提前防备，以减少故障的出现，如图 9-2 所示。

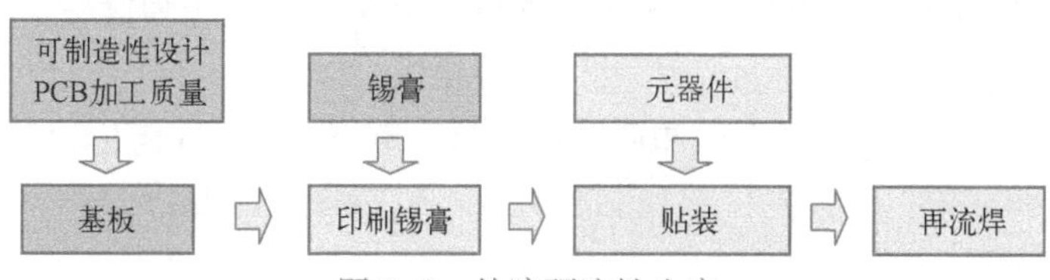

图 9-2　故障预防性生产

（4）预防性工艺方法

1）同样的设备条件，使用不同的工艺会有不同的效益。

2）把计算机集成制造系统（Computer Integrated Manufacturing Systems，CIMS）应用到SMT生产中。

3）应用以过程控制为基础的ISO9000质量管理体系运行模式。

4）应用数据处理技术。

（5）策略

1）控制输入：控制输入是指在品质管理过程中，通过采取一系列预防措施来避免错误或尽量减少更正性活动，从而防止资金、时间或其他资源的损耗。

2）控制输出：在品质管理中，控制输出通常指的是对生产过程或产品质量的控制和监测结果。这些输出可以是数据、报告或其他形式的信息，用于评估产品或服务的质量是否符合既定的标准和要求。

3）培训：培训是指针对品质管理中的预防性措施进行的培训活动。这种培训旨在提高员工对品质问题预防的认识和重视程度，使他们掌握品质问题预防的有效方法和工具，从而提升产品或服务的质量水平。

4）坚持按照规定操作：在预防性品质管理中，“坚持按照规定操作”是一个至关重要的原则。这一原则强调在生产或提供服务的过程中，必须严格遵守既定的操作规程、质量标准和工作流程，以确保产品或服务质量达到预期的要求。

5）持续改善：持续改善指的是逐渐、连续地增加改善，它涉及每一个人、每一个环节的连续不断的改进。持续改善不仅局限于产品质量，还包括企业的管理技术、专业技术以及全体人员的思维观念和行为习惯等。持续改善的原则是“持续的不以善小而不为”，即不能因为某个改善较小就忽视其重要性，而是要从小事做起，集小事成大事。持续改善的方法通常包括制定改善目标、实施改善计划、检查改善效果以及调整改善策略等步骤。在预防性品质管理中，持续改善扮演着至关重要的角色。通过持续改善，企业可以不断优化生产流程，提高产品质量，降低成本，从而增强市场竞争力。

6）审核：审核是指对品质管理体系、过程、产品和服务进行系统性、独立性的检查，以确保其符合既定的质量标准和要求，并预防潜在的质量问题。这种审核通常基于抽样方法，旨在评估品质管理体系的有效性、符合性以及改进的潜力。

（6）方法

1）建立必要的检查表：建立必要的检查表意味着为了预防质量问题的发生，需要设计和实施一系列的检查表来监控和评估品质管理体系、生产过程、产品和服务的关键要素和环节。这些检查表是品质管理工具中的重要组成部分，它们有助于系统地收集数据、积累信息，并对数据进行整理和分析，从而及时发现潜在的质量问题并采取相应的预防措施。

2）对机器监测：对机器监测是一个至关重要的环节。它指的是对生产设备、机器或系统进行的系统性、定期性的检查、测量和评估，旨在预防设备故障、确保生产过程的稳定性和提高产品质量。

3）元器件、材料等的过程控制：元器件、材料等的过程控制指的是对生产过程中所使用的元器件、材料等关键物料进行严格的控制和管理，以确保其质量符合既定的标准和要求，从而预防潜在的质量问题。

4）更改日志：更改日志是一个用于记录和跟踪项目或产品在整个生命周期内所发生的重

要更改的文件。这些更改可能涉及设计、材料、工艺、测试方法或其他与品质管理相关的方面。更改日志的主要目的是确保所有更改都被正确记录、评估、批准和实施，从而维护产品的质量和一致性。

5）校验日志：校验日志是一个用于记录校验过程、结果及相应措施的文件。它详细记录了每一次校验活动的具体情况，包括校验的时间、地点、人员、校验对象、校验方法、校验结果以及针对结果采取的措施等。预防性品质管理注重在产品或服务的设计、开发、生产等阶段就进行质量预防，以降低质量缺陷的发生率。

6）纠正措施日志：纠正措施日志是一个文档，用于记录企业在生产过程中发现的质量问题，以及针对这些问题采取的纠正措施。其目的在于确保质量问题得到及时、有效的解决，防止类似问题再次发生，从而持续提升产品质量和客户满意度。

7）工艺监测：工艺监测是指对生产过程中的工艺参数进行实时监测和分析的方法和技术。这是预防性品质管理中的一个重要环节，旨在确保生产过程的稳定性和产品质量的一致性。

8）对流程进行认证：对流程进行认证是指对企业的生产流程、工艺流程和管理流程等进行第三方评价，以确保其符合特定的标准、规范或要求。这种认证通常由独立的认证机构或第三方评价机构进行，旨在提高流程的稳定性、可靠性和效率，从而预防潜在的质量问题。

9）首件确认：首件确认是一个至关重要的环节。它指的是在每个班次刚开始时或生产流程、材料、设备等发生变更后，对加工的第一件或前几件产品进行的确认和检验。其目的是确保产品符合既定的质量标准和客户要求，预防批量性不良品的产生。

10）SPC 数理统计工艺控制：在预防性品质管理中，SPC（Statistical Process Control，统计过程控制）数理统计工艺控制是一种非常重要的方法。它利用数理统计原理，通过收集和分析生产过程中的数据，对工艺过程进行监控和评估，以确保产品质量的一致性和稳定性。SPC 数理统计工艺控制的核心思想是借助统计技术对过程的各个阶段进行监控，并对过程的异常趋势提出预警，使过程维持在受控状态，从而达到保证质量与改进的目的。这种方法强调全过程监控和全系统参与。

11）信息反馈：信息反馈是指将产品或服务在生产、检测、使用等各个环节中产生的质量信息，及时、准确地传回相关的质量控制部门或人员，以便其根据这些信息对生产过程进行调整和优化，从而预防质量问题的发生或及时纠正已出现的问题。

9.1.4　SMT 品质管理方法及流程

1. SMT 品质管理方法

（1）制定质量目标

质量目标首先应尽量保证高直通率，而且质量目标应是可测量的。

（2）过程方法

SMT 品质管理的流程覆盖整个生产过程，具体为

SMT 产品设计 →采购控制 →生产过程控制 →质量检验 →图纸文件管理 →产品维护 →服务提供 →人员培训 →数据分析

品质管理首先由编制本企业的规范文件，如 DFM、通用工艺、检验标准、审核和评审制度来具体实现。然后通过系统管理和连续监视与控制，实现 SMT 产品的高质量生产，提高 SMT 生产能力和效率。

1）SMT 产品设计。PCB 设计是保证表面安装质量的首要条件之一。PCB 的可制造性设计包括机械结构、电路、焊盘、导线、过孔、阻焊、可制造性、可测试性、可返修性和可靠性设计等。

2）采购控制。根据采购产品的重要性，将供方和采购产品分类。对供方要有一套选择、评定和控制的办法，以此采购合格产品。同时应制定一套严格的进货检验和验证制度。

SMT 生产主要的采购控制有元器件、工艺材料、PCB 加工质量和模板加工质量。

下面以元器件采购控制为例。

① 尽量定点采购，要与元器件厂签协议，必须满足可贴装性、可焊性和可靠性的要求。

② 如果分散采购，要建立入厂检验制度，并抽测电性能、外观（共面性、标识、封装尺寸、包装形式）和可焊性（包括润湿性试验、抗金属分解试验）。

③ 做好防静电措施，注意防潮保存。

④ 元器件的存放、保管和发放均要有一套严格的管理制度，做到先进先出和账、物、卡相符，库管人员应受到培训，库房条件应能保证元器件的质量不至于受损。

3）生产过程控制。生产过程直接影响产品的质量，因此应对工艺参数、人员、设备、材料、加工、环境、监视和测试方法等影响生产过程质量的因素加以控制，使其处于受控条件下。

受控条件具体如下：

① 设计原理图、装配图、样件和包装要求等。

② 产品工艺文件或作业指导书，如工艺过程卡、操作规范、检验和试验指导书等。

③ 生产设备、工装、卡具、模具和辅具等（应始终保持合格有效）。

④ 配置并使用合适的监视和测量装置。

⑤ 有明确的质量控制点。SMT 生产中的质量控制点和关键工序有：锡膏印刷、贴装和炉温调控。对质量控制点的要求是：现场有质量控制点标识，有规范的质量控制点文件，控制数据记录正确、及时、清楚，对控制数据进行分析处理，定期评估并确保可追溯性。

在 SMT 生产中，对锡膏、贴片胶和元器件损耗应进行定额管理，并作为关键工序或特殊过程的控制内容之一。

关键岗位应有明确的岗位责任制。操作工人应严格培训考核，并持证上岗。有一套正规的生产管理办法，如实行首件检验、自检、互检及检验员巡检制度，上道工序检验不合格的不能转入下道工序。

4）产品批次管理。产品要做好标识，如生产批号、数量、生产日期、操作者和检验员都要标识清楚，并可实现追溯（如计划文件、工序卡和随工单等）。

5）不合格品的控制。不合格品的控制程序应对不合格品的隔离、标识、记录、评审和处理做出明确的规定。通常 SMA 返修不应超过 3 次，元器件返修不应超过 2 次。

6）生产设备的维护和保养。按照设备管理办法，对关键设备应由专职维护人员定检，使设备始终处于完好状态，对设备状态实施跟踪与监控，以便及时发现问题，采取纠正和预防措施，并及时加以维护和修理。

7）生产环境。

① 生产环境包括水电气供应，SMT 生产线环境要求（温度、湿度、噪声和洁净度），SMT 现场（含元器件库）防静电系统，SMT 生产线的出入制度、设备操作规程和工艺纪律等。

② 生产现场实行定置管理，做到定置合理，标识正确。库房材料和在制品分类储存，码

放整齐，台账相符。

③ 文明生产，现场清洁、无杂物；文明作业，无野蛮无序操作行为。

④ 现场管理要有制度、有检查、有考核、有记录，每日进行“5S”活动。

8）人员素质。SMT 生产对人员素质要求较高，不仅要技术熟练，还要重视产品质量，责任心强，专业应有明确分工（一技多能更好）。在 SMT 生产中，除生产线应配备经严格培训，考核合格，技术熟练的生产工人和检验人员外、还必须配备下列人员：SMT 主持工艺师/SMT 工程技术负责人、SMT 工艺师、SMT 工艺装备工程师、SMT 检测工程师、质量统计管理员、生产线线长。

9）质量检验。

① 质量检验部门应独立于生产部门之外，职责明确，有专职检验员，能力强，技术水平高，责任心强。质量检验部门负责原材料、元器件的进货检验和过程产品（工序）、最终产品的检验，合格者放行。

② 检验依据文件齐全，严格按检验规程、检验标准或技术规范进行。

③ 主要检验设备、仪表、量具齐全，处于完好状态，按期校准，少数特殊项目委托专门检验机构进行。

10）图纸文件管理。要制定文件控制程序，对设计、工艺文件的编制、评审、批准、发放、使用、更改、再次批准、标识、回收和作废等全过程活动进行管理，确保使用有效的适用版本，防止使用作废文件。

11）产品防护。

① 标识：应建立并保护好防护标识，如防碰撞、防雨淋等。

② 搬运：在生产和交付产品的不同阶段，应根据产品当时的特点，在搬运过程中选用适当的设备和搬运方法，防止产品在生产和交付过程中受损。

③ 包装：应根据产品特点和用户的要求对产品进行包装，重点是防止产品受损，例如 SMA 应用防静电袋包装，在包装箱内固定，防止碰撞和静电对 SMA 的损害。

④ 储存：做到通风、防潮、防雨、控温、防静电、防雷、防火、防小动物、防盗等，以防止意外事故的发生。

12）服务提供。服务包括对产品放行（包括内部各工序的放行）、交付（指交付给用户）、交付后活动（包括售后服务等）的控制。在这些活动中，应按企业的规定实行。

13）员工培训。SMT 日新月异的发展，要求技术人员不断学习、研究，全面提高技术水平，才能做出最优化、最低成本的生产作业。

通过培训提高员工的技术技能，增强员工的质量意识和顾客满意度，满足质量工作要求。

14）数据分析。为了改进产品质量，收集与产品、过程及质量管理有关的数据，可使用统计技术或其他方法进行分析，以得到以下信息，并作为持续改进的依据。

① 顾客对提供的产品或服务的满意程度，应特别关注不满意的情况。

② 全部产品要求的符合性情况。

③ 生产过程、产品特性和变化趋势的情况，避免不良趋势的进一步发展。

④ 涉及供方提供的产品及有关外包过程的信息，通过这些信息可对供方实施有效控制。

2. SMT 品质管理流程

SMT 品质管理包含多个控制点，其流程如图 9-3 所示。

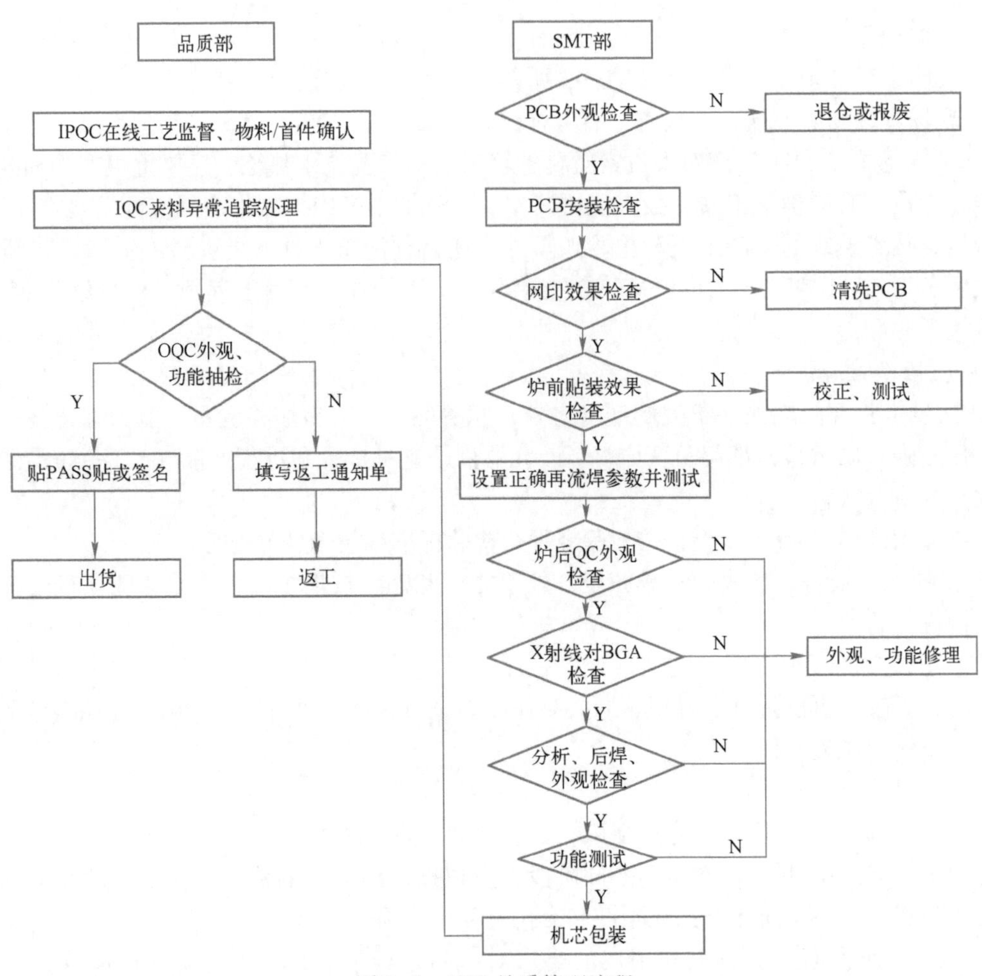

图 9-3　SMT 品质管理流程

任务实施

1. 实训目的及要求

1）了解 SMT 产品质量 VR 控制仿真平台。

2）熟悉 SMT 产品常见质量问题。

3）了解 SMT 产品常见质量问题的解决方法。

4）通过观看产品质量 VR 控制视频，掌握常见质量问题的解决方式。

5）了解质量控制 VR 仿真流程。

缺焊膏-VR 处理

网板塞孔-VR 处理

贴装飞件-VR 处理

2. 实训设备

SMT 虚拟仿真实训系统：1 套。

SMT 虚拟仿真实训系统使用说明书：1 套。

3. 知识储备

（1）SMT 产品质量控制

SMT 产品质量控制主要分为生产故障和产品质量缺陷两大类。

其中生产故障主要由缺锡膏、网板塞孔、贴装缺料和贴装飞件等引起。产品质量缺陷主要有移位、桥接、虚焊、墓碑、锡球等。常见 SMT 产品质量问题及处理方法见表 9-2 和图 9-4。

表 9-2　常见 SMT 产品质量问题及处理方法

序号	类　型		质量问题	处理方法
1	生产故障	网板塞孔	时间长	更换新锡膏
2			异物	清洗钢网
3			溶剂喷得过多	采用干擦
4			网孔壁不光滑	重开钢网
5			压力过大	调整刮刀压力
6		贴装飞件	吸嘴堵塞	清洗吸嘴，或更换新吸嘴
7			夹持器损坏	更换新的夹持器
8			轴上有污染物	清洗吸嘴轴
9			过滤器污染	更换过滤器滤芯
10			电磁阀连接头处泄漏	检查压力
11			支撑针高度不一致	重新设置支撑针
12			PCB 不平	清除异物
13			元器件有残缺	更换元器件
14			程序设定不合理	重新设置程序
15		元器件错位	贴装位置不对	校正贴片机定位坐标
16			贴装压力不够	增加贴装压力
17			锡膏印不准	校正丝印机定位坐标
18			锡膏量不够	加大锡膏量
19			锡膏中助焊剂含量太高	减少锡膏中助焊剂的含量，调整预再流曲线
20			锡膏厚度不均	增强锡膏中助焊剂的活性
21			焊盘或引脚可焊性不良	改进零件或 PCB 的可焊性
22			焊盘比引脚大得多	改进零件与焊盘之间的尺寸比例
23	产品质量缺陷	桥接	锡膏塌落	增加锡膏金属含量或黏度，换锡膏
24			锡膏太多	减小模板孔径，降低刮刀压力
25			在焊盘上多次印刷	用其他印刷方法
26			加热速度过快	调整再流焊温度曲线
27		虚焊	焊盘和元器件可焊性差	加强 PCB 和元器件的可焊性
28			印刷参数不正确	减小锡膏黏度，检查刮刀压力及速度
29			再流焊温度和升温速度不当	调整再流焊温度曲线
30		墓碑	印刷位置有移位	校正丝印机定位坐标
31			锡膏中的助焊剂使元器件浮起	采用助焊剂含量少的锡膏
32			锡膏的厚度不够	增加印刷模板的厚度
33			加热速度过快且不均匀	调整再流焊温度曲线
34			焊盘设计不合理	严格按规范进行焊盘设计
35			元器件可焊性差	选用可焊性好的锡膏

（续）

序号	类型		质量问题	处理方法
36	产品质量缺陷	锡球	加热速度过快	调整再流焊温度曲线
37			锡膏吸收了水分	降低环境湿度
38			锡膏被氧化	采用新的锡膏，缩短预热时间
39			PCB 焊盘污染	换 PCB 或增加锡膏活性
40			锡膏过多	减小模板孔径，降低刮刀压力

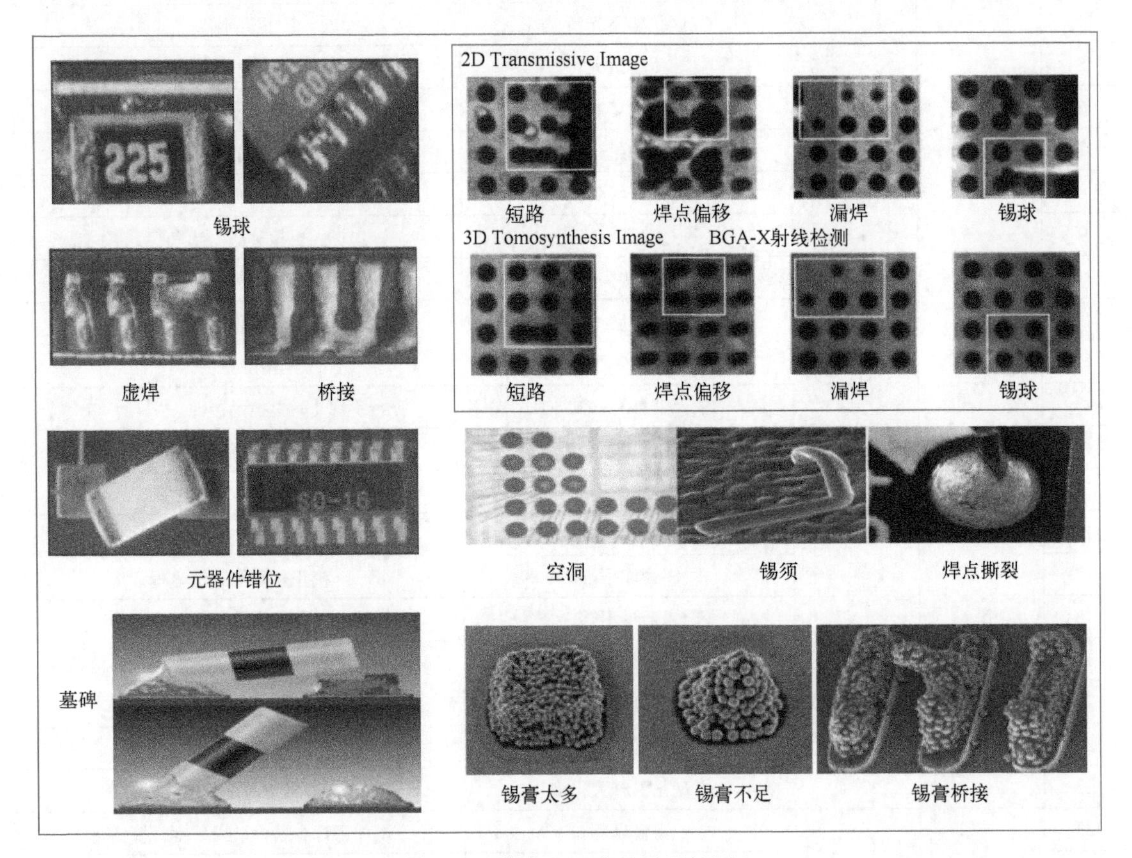

图 9-4 常见 SMT 产品质量问题

（2）SMT 产品质量 VR 控制

产品质量 VR 控制

SMT 产品质量 VR 控制是一种创新的质量控制方法，它结合了VR 技术与 SMT 生产流程，旨在提高产品质量的稳定性和一致性。

SMT 产品质量 VR 控制主要包含以下内容。

（1）虚拟环境构建

通过高精度的 3D 建模技术，构建出 SMT 生产线的虚拟环境。这个虚拟环境可以精确模拟现实生产线的布局、设备和工艺流程等。

（2）虚拟操作与模拟

在虚拟环境中，操作人员可以通过 VR 设备进行虚拟操作，模拟实际 SMT 生产中出现的质量问题，并针对问题进行调整和优化。

（3）实时数据监测与分析

通过 VR 技术与现实生产线的实时数据连接，可以实现对生产过程中各种数据的实时监测和分析。这包括温度、湿度、压力和速度等关键工艺参数的监测，以及电子元器件的识别、验证等质量检测环节。一旦发现数据异常或质量问题，系统会立即发出警报，提醒操作人员及时处理。

（4）人员培训与技能提升

SMT 产品质量 VR 控制可以用于操作人员的培训和技能提升。通过 VR 设备，操作人员可以在虚拟环境中反复进行模拟操作和实践，以提高他们的技能水平和操作熟练度。同时，系统还可以根据操作人员的表现进行实时反馈和评估，帮助他们更好地掌握 SMT 生产技术。

4. 实训内容及步骤

这里采用软件 VR 方式，进行常见 SMT 产品质量的 VR 控制。采用的软件是微电子 SMT 组装技术仿真课程平台。在主界面中单击“产品质量 VR 控制”，如图 9-5 所示，即可进入产品质量 VR 控制界面，如图 9-6 所示。

图 9-5　主界面

从图 9-6 中可以看出，该部分主要涉及“元器件移位”“桥接”“虚焊”“墓碑”和“锡球”五种质量问题的 VR 控制。在界面中依次单击上述五种问题的按钮，即出现每一种问题的 VR 控制。

造成元器件移位的原因及故障处理方法如图 9-7 所示。可在软件中单击“播放”按钮，然后漫游到相应设备处，观看解决该故障的相应操作。

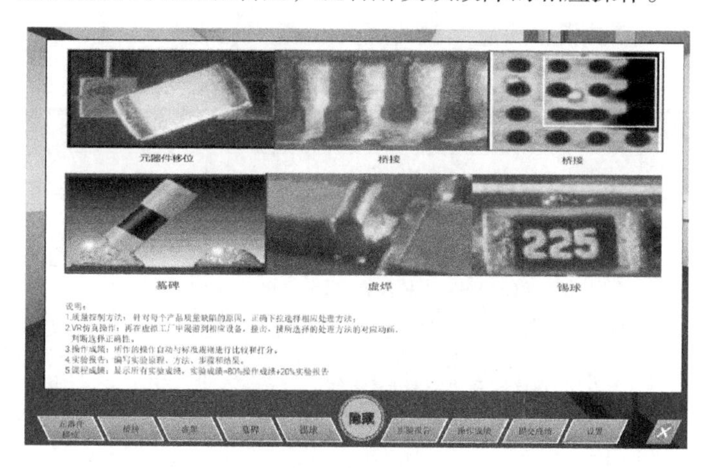

图 9-6　产品质量 VR 控制界面

元器件移位

原因	故障处理	Play
贴装位置不对	校正贴片机定位坐标	▶
贴装压力不够	校正贴片机定位坐标	▶
锡膏印不准	校正丝印机定位坐标	▶
锡膏量不够	加大锡膏量	▶
助焊剂含量太高	减少锡膏中助焊剂的含量，调整预再流温度	▶
锡膏厚度不均	增强锡膏中助焊剂的活性	▶
焊盘或引脚可焊性不良	改进零件或PCB的可焊性	▶
焊盘比引脚大得多	改进零件与焊盘之间的尺寸比例	▶

图 9-7　造成元器件移位的原因及故障处理方法

造成桥接的原因及故障处理方法如图 9-8 所示。

引起虚焊、墓碑、锡球的原因及故障处理方法如图 9-9~图 9-11 所示。

5. 实训结果及数据

1）熟悉 SMT 产品常见质量问题。

桥接
原因
故障处理
Play
锡膏塌落
增加锡膏金属含量或黏度，换锡膏
锡膏太多
减小模板孔径，降低刮刀压力
在焊盘上多次印刷
用其他印刷方法
加热速度过快
调整再流焊温度曲线

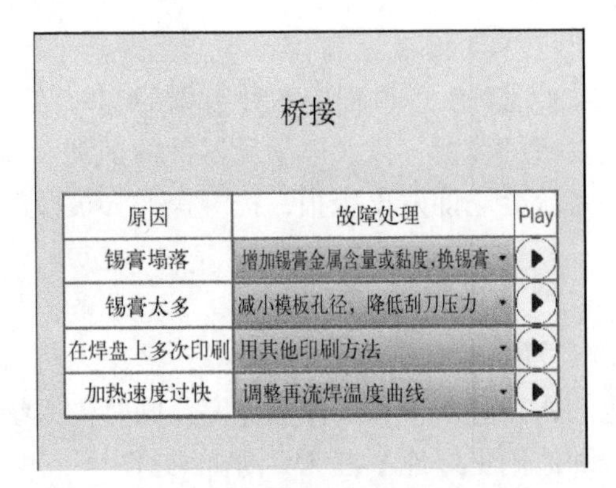

图 9-8　造成桥接的原因及故障处理方法

虚焊
原因
故障处理
Play
焊盘/元器件可焊性差
加强PCB和元器件的可焊性
印刷参数不正确
印刷参数不正确
再流焊温度/升温速度不当
调整再流焊温度曲线

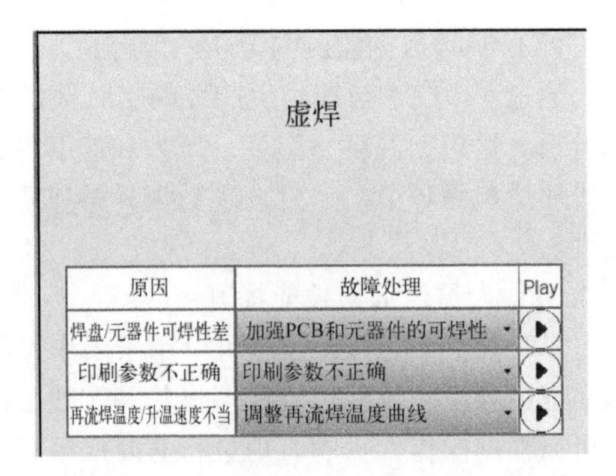

图 9-9　造成虚焊的原因及故障处理方法

墓碑
原因
故障处理
Play
印刷位置的移位
校正丝印机定位坐标
锡膏中的助焊剂使元器件浮起
采用助焊剂含量少的锡膏
锡膏的厚度不够
增加印刷模板的厚度
组件可焊性差
选用可焊性好的锡膏
加热速度过快且不均匀
调整再流焊温度曲线
焊盘设计不合理
严格按规范进行焊盘设计

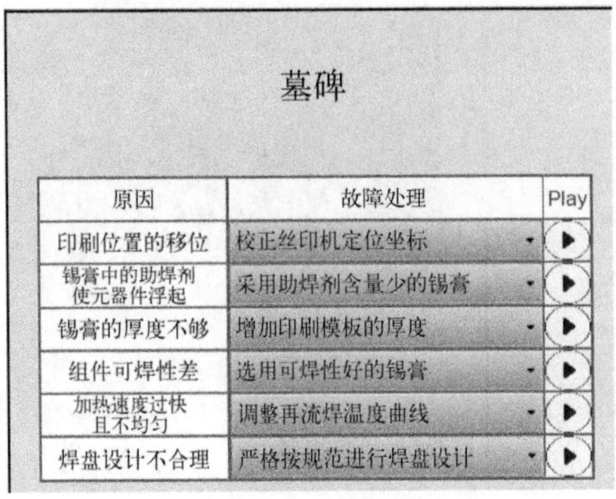

图 9-10　造成墓碑的原因及故障处理方法

锡球
原因
故障处理
Play
加热速度过快
调整再流焊温度曲线
锡膏吸收了水分
降低环境湿度
锡膏被氧化
采用新的锡膏，缩短预热时间
锡膏过多
减小模板孔径，降低刮刀压力
PCB焊盘污染
换PCB或增加锡膏活性

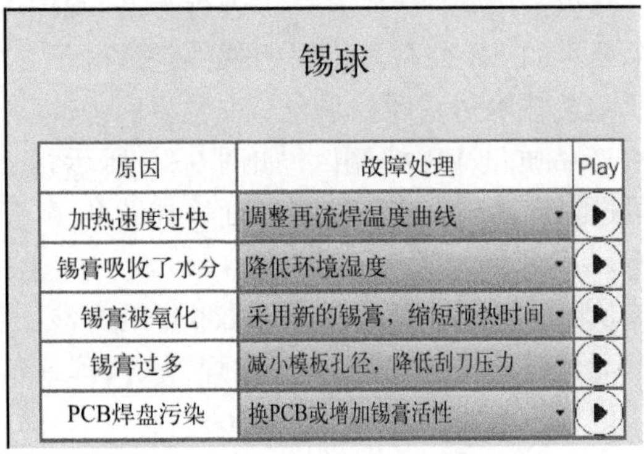

图 9-11　造成锡球的原因及故障处理方法

2）掌握 SMT 产品常见质量问题的解决方法。

3）通过观看产品质量 VR 控制视频，掌握常见质量问题的解决方式。

6. 考核评价

序号	考核内容	配分	评分标准	考核记录	扣分	得分
1	了解仿真平台	20	了解平台操作说明书			
2	熟悉 SMT 产品常见质量问题	30	了解 SMT 产品常见质量问题			
3	掌握 SMT 产品常见质量问题的解决方法	30	熟悉 SMT 产品常见质量问题的处理操作			
4	观看 VR 质量控制视频，结合虚拟仿真软件，梳理质量控制的处理方法	20	根据视频与仿真软件，正确梳理出质量控制的处理方法			
	分数合计	100				

任务 9.2 质量认证

任务描述

质量认证是确保 SMT 生产过程和产品质量的一个重要环节。通过质量认证，企业能够证明其 SMT 产品符合相关的质量标准和要求，从而提高产品的竞争力，赢得客户的信任。SMT 产品质量认证通常涉及以下四个方面：原材料质量控制、生产过程控制、产品检测与质量评估、管理体系审核。学习完本项目，读者应对质量认证标准有所了解。

相关知识

9.2.1　产品质量认证

质量认证可分为产品质量认证和质量管理体系认证。随着工业的不断发展，出于买方对产品质量的客观需要，产生了产品质量认证（第三方）。为了保持产品质量的稳定提高，出现了质量管理体系及认证。也就是说，先有产品质量认证，后发展出了质量体系认证，并逐步衍生为一系列的认证和认可活动。

根据市场需要，质量认证的发展由产品质量认证开始，逐步延伸到质量管理体系，又发展到环境管理体系和职业健康安全管理体系，并向其他管理领域发展。科学的管理方法也和科学技术一样在不断地进步。

针对以 SMT 生产为主的电子产品制造行业，遵循质量认证体系标准对于保证电子产品质量、提高企业形象、得到消费者认可有着相当重要的意义。

9.2.2　SMT 标准

SMT 有一些常用的标准，以下是其中四个：

1. IPC-A-610

IPC-A-610 作为电子装配的标准，被人们广泛地接受，它主要涵盖了 SMT 制造过程中的质量管理、工艺规范、组装方法和电子元器件的外观等方面。其主要关注焊点。2024 年，IPC 发布了 IPC-A-610J 更新标准。IPC-A-610J 是电子工业中使用较为广泛的电子组件验收标准。IPC-A-610J 是与 J-STD-001 和 IPC/WHMA-620 协同开发的。该标准被广泛应用于筛选、分类、检查和接收不同电子元器件和组件的过程中。IPC-A-610J 能够保证电子元器件在不同环境下都能够正常使用，并且寿命更长。

2. J-STD-001

J-STD-001 标准是由 IPC 和 JEDEC 共同发布的，主要涵盖各种焊接方法、工艺规范、质量管理和检测方案等。J-STD-001 广泛应用于电子产品生产中，能够保证电子元器件之间的稳定连接，并且使电子产品具有更高的可靠性和性能。

3. IPC-7525

IPC-7525 标准重点考虑的是 SMT 粘贴工艺的质量，它涉及贴装工艺的所有方面，包括粘贴剂的性能、面积、温度、湿度和时间等。IPC-7525 能够保证在贴装过程中，每个电子元器件都能够正确贴装并且寿命更长。

4. IEC 61190-1-2

IEC 61190-1-2 标准是由国际电工委员会发布的，主要涵盖了 SMT 组装和焊接过程中的电气连接和机械连接的鉴定、评估和维护等。IEC 61190-1-2 能够保证电子元器件的电气连接稳定性，并且能够对电子元器件的机械连接进行评估和维护。

以上标准都是在 SMT 制造过程中非常重要的。遵守这些标准能够保证电子产品的质量更高、更可靠，从而带来更好的用户体验。在使用这些标准时，还需要根据具体情况进行适当的调整和优化，从而对不同的 SMT 制造过程进行定制化的规范和管理。

任务实施

1. 实训目的及要求

1）了解 SMT 品质管理的基本概念。

2）了解 SMT 质量认证的基本概念。

3）了解 SMT 质量认证体系。

4）了解 SMT 生产管理控制程序。

2. 实训设备

SMT 生产管理控制程序：1 套。

SMT 生产半成品：若干。

3. 知识储备

（1）质量管理

贴装是 SMT 生产中的重要环节，其质量管理对于确保产品质量、提升生产效率以及满足客户需求具有至关重要的意义。SMT 企业应建立并优化其质量管理体系，以确保产品质量和企业的持续发展。建立并优化企业质量管理体系包含的内容如下。

1）明确质量目标与标准：SMT 企业应首先明确其质量目标和标准，包括产品的性能指标、生产过程的控制要求以及客户满意度的提升等。企业应根据市场需求和自身能力，制定合理的质量目标和标准，并将其贯穿于整个生产过程中，确保每个环节都符合质量要求。

2）建立质量管理体系框架：企业应建立一套完整的质量管理体系框架，包括质量策划、质量控制、质量知名度提升和质量改进等方面。通过明确各部门的职责和权限，确保质量管理体系的有效运行。企业还应建立完善的质量管理制度和流程，确保各项工作有章可循、有据可查。

3）强化质量控制措施：SMT 贴装过程中，质量控制是关键。企业应加强对原材料、生产设备、工艺流程以及员工操作等方面的控制，确保每个环节都符合质量要求。企业还应建立严格的质量检验和测试制度，对生产出的产品进行检测，确保产品质量的稳定性和可靠性。

4）加强员工培训与技能提升：员工是企业的核心资源，其技能水平直接影响到产品质量。企业应加强对员工的培训和技能提升，提高员工的操作水平和质量意识。通过定期组织内部培训、外部培训以及技能竞赛等活动，激发员工的学习热情和创新精神，为企业的质量管理提供有力支持。

5）持续改进与创新：质量管理体系的建立并非一劳永逸，企业需要不断对其进行持续改进和创新。

企业可通过收集和分析客户反馈、生产过程数据以及市场信息等，发现潜在的问题和改进空间，并及时调整质量管理体系。企业还应积极引入新技术、新工艺和新设备，提升生产效率和产品质量，满足市场的不断变化和升级需求。

6）建设质量文化：质量文化的建设是 SMT 企业质量管理体系的重要组成部分。只有当保障质量成为企业员工的共同价值观和自觉行为时，质量管理体系才能真正发挥作用，为企业的持续发展和市场竞争提供有力保障。

企业的质量管理体系是确保产品质量和企业持续发展的基础。通过明确质量目标与标准、建立质量管理体系框架、强化质量控制、加强员工培训与技能提升、持续改进与创新以及建设质量文化等措施，企业可以不断提升其质量管理水平，满足客户需求，赢得市场信任，实现可持续发展。

（2）SMT 生产流程控制

在 SMT 生产过程中，流程控制是至关重要的。流程控制可以确保生产线的高效运转，减少生产过程中的错误和浪费。SMT 生产中常见的流程控制如下。

1）流程控制需要确保材料的准确性。在 SMT 生产中，使用的元器件、PCB 和其他材料必须准确地匹配生产要求。这需要在供应链中建立稳定的供应商网络，以确保物料的质量和及时供应。此外，对于材料的质量，还需要进行检查，以防止次品进入生产线。

2）流程控制需要优化工艺参数。在 SMT 生产中，工艺参数（如温度、速度、压力等）对产品质量和生产效率有着重要影响。通过对工艺参数的优化和控制，可以提高产品的质量，并确保生产线的稳定运行。例如，尽量减少焊接过程中的温度波动；以免引起焊接不良等质量问题。

3）流程控制需要合理安排生产任务。生产任务的合理安排可以确保生产线的高效运转，并确保产品按时交付。这需要基于产品需求和工艺特点来合理制定生产计划，并根据实际情况灵活调整。同时，对于不同工序的生产任务，还需要合理分配资源，以确保生产线的平衡和均衡负载。

4）流程控制需要持续监测和改进。持续监测是确保流程控制效果的关键。通过持续监测关键指标（如生产效率、产品质量等），可以及时发现问题并采取改正措施。同时，还需要定期进行流程改进，以优化生产流程从而提高生产线的效率和质量。

5）流程控制需要注重员工培训和团队合作。在 SMT 生产过程中，操作人员需要精通各种设备和工艺要求。因此，流程控制需要注重员工培训，并确保操作人员的技能水平达到要求。此外，团队合作也是流程控制的关键，不同岗位之间需要密切沟通和合作，以确保整个生产线的协调运行。

在 SMT 生产管理中，流程控制是确保产品质量和生产效率的重要措施。通过材料准确性、工艺参数优化、生产任务安排、持续监测和改进以及人员培训和团队合作，可以实现高效的 SMT 生产管理。只有实现严格的流程控制，才能满足客户需求，提高企业竞争力。

4. 实训步骤

参照 SMT 生产工序流程，完成巡检，将巡检结果填入表 9-3。

表 9-3　过程质量控制检验指导书

序号	检查项目	品质要求	管理方式			备　注	检查结果
			检查方法	检查频次	缺陷类别		
1	锡膏	1）锡膏 1 罐约 500 g，在（5±2）℃的恒温冰箱内储存，避免在阳光直射和高温环境中放置。 2 打开锡膏，目测锡膏颜色应一致，且无杂质、异物和变色，锡膏干湿度应适宜。 3）机器搅拌锡膏的时间为 5 min，手动搅拌时间为 10 min，速度为顺时针方向 50 次/min，锡膏回温时间为 2 h	目检	0.5 件/h	CR（致命缺陷）	注意锡膏搅拌后的黏度和黏度测试	

（续）

序号	检查项目	品质要求	管理方式			备　注	检查结果
			检查方法	检查频次	缺陷类别		
2	锡膏印刷	1）印刷机上的产品型号、印刷网板和PCB要在印刷前进行一致性核对。 2）印刷时检查网板整洁度；印刷D29板时，刮刀速度为（50±5）mm/s；印刷D30板时，刮刀速度为（80±5）mm/s；下沉压力为4~6kg。 3）使用完毕后，要用乙醇将网板清洁干净	目检	5件/h	MA（严重缺陷）		
3	贴片	1）机器内输出的生产型号、PCB和元器件应保证一致性，元器件上料时必须依照最新受控下发的BOM物料清单执行，不能有错件、漏件、掉件、反向、竖起和破损等现象。 2）元器件上料时必须依照料单和程式将料盘装在料架中，不能有插错等现象	目检	5件/h	CR	上料时按程式将料盘装在料架中	
4	再流焊	1）PCB再流焊时要注意再流焊温度、链速、热风机转速和冷却风机转速等，温度高低不均易造成元器件破损、开裂、有锡珠、焊点大、有残留物等。 2）巡检过程中，注意防止再流焊烟道流下的油脂滴落在PCB上，造成短路、烧坏等现象	目检 测温仪	10件/h	CR	按SMT炉温参数履历表进行监视和核对	
5	目检	1）按从左到右的顺序，检查经过再流焊且冷却烘干后的产品的PCB表面，元器件不应出现遗漏、掉件、偏移、松动、连锡、虚焊和反向等不良现象。 2）将目检合格的PCB放入自动光学测试仪进行检测，主要检测漏装、短路、空焊、贴反、偏移、反向、多锡和少锡等现象	目检	5件/h	CR		

5. 实训结果及数据

1）了解SMT品质管理和认证的基本概念。

2）熟悉SMT质量认证体系。

3）熟悉SMT生产管理控制程序。

6. 考核评价

序号	考核内容	配分	评分标准	考核记录	扣分	得分
1	了解SMT产品品质管理的基本概念	20	熟悉品质管理的概念			
2	了解SMT质量认证的基本概念	30	了解质量认证的概念			
3	通过质量控制程序案例熟悉质量控制过程	20	理解质量控制的过程			
4	熟悉SMT生产线质量控制过程容易出现的质量情况及应对措施	30	根据巡检情况完成过程质量控制检验指导书			
	分数合计	100				

项目小结

SMT产品品质管理及控制是一个涉及多个环节和层面的综合过程，旨在确保SMT生产过程的高质量、稳定性和可靠性。SMT 产品品质管理主要包含原材料质量控制、生产工艺控制、设备维护与管理、员工培训与素质提升等方面。质量认证主要包含 ISO9001 质量管理体系认证、IPC 标准认证以及客户特定认证。通过实施有效的品质管理和获得相关认证，企业可以提升 SMT 生产的质量、效率和企业竞争力，为客户提供更优质的产品和服务。

习题与练习

1. 单项选择题

1）从管理角度而言，制造执行系统（MES）包括（　　）。

A. 计划排程管理、生产调度管理、生产过程控制、项目看板管理、质量管理、设备管理、工具工装管理、采购管理、库存管理、制造数据管理

B. 公司和车间级生产管理系统、工艺设计管理平台、产品物料管理系统、质量信息管理系统、制造资源管理系统的集成接口

C. 用户界面和定制接口、功能结构套件、数据库和底层功能程序

2）现场管理中的“5S”是整理（Seiri）、整顿（Seiton）、清扫（Seiso）、清洁（Seiketsu）和（　　）这 5 个词的缩写。

A. 销售（Sale）

B. 素养（Shitsuke）

C. 服务（Service）

2. 简答题

1）电子产品的质量特性主要有哪些？

2）管理和质量保证标准主要有哪些？

3）SMT 质量控制的流程覆盖整个生产过程，请简述其主要包括的流程。

参 考 文 献

[1] 龙绪明．电子SMT制造技术与技能［M］．2版．北京：电子工业出版社，2021.
[2] 顾霭云，张海程，徐民．表面组装技术（SMT）基础与通用工艺［M］．北京：电子工业出版社，2014.
[3] 何丽梅，黄永定．SMT技术基础与设备［M］．2版．北京：电子工业出版社，2011.
[4] 张凤香，何培森．SMT运行与编程技术［M］．北京：科学出版社，2015.
[5] 贾忠中．SMT可制造性设计［M］．北京：电子工业出版社，2015.
[6] 鲁世金，张有杰．SMT基础与技能项目教程［M］．北京：科学出版社，2015.
[7] 何丽梅．SMT：表面组装技术［M］．2版．北京：机械工业出版社，2013.
[8] 周德俭．SMT组装质量检测与控制［M］．北京：国防工业出版社，2007.
[9] 李朝林，徐少明，魏子凌．SMT制程［M］．天津：天津大学出版社，2009.
[10] 日本雅马哈株式会社．雅马哈贴片机操作指南［Z］．2008.
[11] 德国西门子股份公司．西门子贴片机操作指南［Z］．2007.